河南省"十四五"普通高等教育规划教材

数学分析(三)

主　编　崔国忠
副主编　石金娥　郭从洲

科学出版社

北　京

内 容 简 介

本书共三册,按三个学期设置教学,介绍了数学分析的基本内容.

第一册内容主要包括数列的极限、函数的极限、函数连续性、函数的导数与微分、函数的微分中值定理、Taylor公式和L'Hospital法则. 第二册内容主要包括不定积分、定积分、广义积分、数项级数、函数项级数、幂级数和Fourier级数. 第三册内容主要包括多元函数的极限和连续、多元函数的微分学、含参量积分、多元函数的积分学.

本书在内容上,涵盖了本课程的所有教学内容,个别地方有所加强; 在编排体系上,在定理和证明、例题和求解之间增加了结构分析环节,展现了思路形成和方法设计的过程,突出了教学中理性分析的特征; 在题目设计上,增加了例题和课后习题的难度,增加了结构分析的题型,突出分析和解决问题的培养和训练.

本书可供高等院校数学及其相关专业选用教材,也可作为优秀学生的自学教材,同时也是一套青年教师教学使用的非常有益的参考书.

图书在版编目(CIP)数据

数学分析: 全 3 册/崔国忠主编. —北京: 科学出版社, 2018.7
河南省"十四五"普通高等教育规划教材
ISBN 978-7-03-057600-2

Ⅰ. ①数… Ⅱ. ①崔… Ⅲ. ①数学分析 Ⅳ. ①O17

中国版本图书馆 CIP 数据核字(2018)第 113102 号

责任编辑: 张中兴 梁 清 孙翠勤 / 责任校对: 张凤琴
责任印制: 张 伟 / 封面设计: 迷底书装

科学出版社 出版
北京东黄城根北街 16 号
邮政编码: 100717
http://www.sciencep.com

北京中石油彩色印刷有限责任公司 印刷
科学出版社发行 各地新华书店经销

*

2018年7月第 一 版 开本: 720×1000 B5
2022年8月第五次印刷 印张: 49 1/4
字数: 998 000

定价: 128.00元(全3册)

目　　录

多元函数的微积分学

数学是刻画自然界中量和形关系的一门基础学科, 是人类在认识自然、改造自然的活动中所凝练的智慧的高度升华, 更是人类进一步认识自然、改造自然的强有力的工具.

我们知道, 人类要认识自然、改造自然, 必须要研究自然现象, 分析产生这一自然现象的原因, 寻找产生或影响这一自然现象的因素, 刻画这些因素和自然现象之间的规律, 并研究这些规律, 找出形成因果关系间的机制, 从而通过预知原因以求预知结果, 通过改变原因以求实现某个结果. 这个过程可以简单表示为

$$原因(影响元素) \xrightarrow[如何影响]{规律} 结果(现象),$$

抽象为数学语言, 可以表示为

$$自变量 \xrightarrow{函数关系} 因变量.$$

因此, 对自然界感知的过程, 从数学分析的观点来看, 实际就是对函数的研究. 以函数作为研究对象, 穷其基本性质的研究, 这正是数学分析, 这也正如我们以前所学习的《数学分析》的一元函数微积分学理论.

但是, 就我们以前所学的《数学分析》内容来说, 在上述描绘的感知自然的过程中, 所对应的范围很小, 所刻画的自然现象很少, 具有很大的局限性. 因为我们以前所学的《数学分析》是一元函数微积分学, 即变元只有一个, 至多刻画一个影响元素. 但是, 我们知道, 自然界中某个自然现象或某个结果的产生通常有众多因素的制约, 单靠一个变量是不能代表或刻画众多的制约因素的, 一元函数便不能描述这些现象. 如导弹的预警, 需要预知导弹某时刻在空间的具体位置, 即导

弹的轨迹, 刻画导弹的轨迹需要一个时间变量和三个空间变量, 这就需要四个变量; 刻画自然界广泛存在的波的传播等扩散现象也是如此, 因此, 要研究复杂的自然现象必须将一元函数及其理论进行推广, 这就形成了我们将要学习的多元函数的微积分学理论.

这是从应用背景出发简述了引入多元函数及其相关理论的必要性. 从科学理论的发展角度看, 引入多元函数及其理论也是数学理论的自然发展. 任何科学理论的发展都遵循从简单到复杂的发展思路, 因此, 随着一元函数理论的发展, 研究对象自然就从简单的一元函数发展到多元函数, 形成多元函数理论.

那么, 整个多元函数的微积分学的基本内容是什么? 如何引入这些基本内容(框架结构)? 简单回顾一下一元函数微积分理论的框架体系结构:

先建立实数系的基本理论, 构建函数建立的基础; 然后给出一元函数 $y = f(x)$, $x \in I \subset \mathbf{R}^1$ 的定义; 建立极限理论; 由此构建一元函数的分析性质——单变量微分学和积分学、级数理论. 即

$$\mathbf{R}^1 \text{及其基本定理} \longrightarrow \text{函数 } f(x) \longrightarrow \text{极限理论} \longrightarrow \text{函数的分析性质}.$$

完备的实数系理论为函数的研究提供了坚实的理论基础, 极限理论为其研究内容(函数的分析性质(微分学、积分学、级数理论)) 的建立提供了有力的工具.

可以设想, 对多元函数的研究基本上沿一元函数理论的框架进行, 即将一元函数理论框架结构移植到多元函数上, 当然, 在移植的过程中, 要根据研究对象的相同特性和差异特性进行平行的推广(以体现相同之处)和延伸发展(以体现区别之处), 因此, 我们仍然先引入多元函数建立的基础——多维集合与多维空间, 进一步建立多元函数的极限理论, 并在此基础上建立多元函数的微分学和积分学.

第 13 章　n 维距离空间及多元函数

本章中, 我们引入多元函数微积分学理论的研究对象——多元函数, 并建立多元函数的极限理论和连续性理论.

当然, 首先必须介绍多元函数建立的基础——n 维距离空间 $\mathbf{R}^n$. 高等代数中从代数学的角度引入了 n 维 Euclid 空间 $\mathbf{R}^n$ 的概念, 现在, 我们从分析学的角度引入 n 维 Euclid 空间 $\mathbf{R}^n$.

13.1　n 维距离空间及基本概念

我们知道, 在一元函数的微积分理论中, 为定义函数, 引入了实数系用以刻画函数的定义域和值域; 引入了邻域用以刻画极限, 而邻域是利用距离刻画的, 因此, 在实数集合上引入了距离的概念, 才使得数学分析理论的建立有了可能, 但由于实数集合中的距离是最简单、直观的自然距离, 我们在使用实数的距离概念时, 没有刻意地重新引入或强调这一点, 因为我们认为这是朴素而自然的一件事情, 这种朴素和自然的属性掩盖了 "距离" 本质的重要性. 换一种说法, 如果仅将实数系视为全体实数的集合, 那么, 这些实数仅仅是众多的刻板的孤立的点 (数), 相互缺少联系, 实数集合也缺少生机; 有了距离的概念, 或者说将距离引入实数集合, 使得集合中的这些实数生动活泼起来, 使得这些实数间能够建立丰富多彩的关系, 因此, 实数集合上装备了距离, 才有了邻域的概念, 使得建立函数成为可能, 才能进一步引入极限, 从而建立了函数的微积分理论. 只是一维实数轴 (包括一维的距离) 过于简单, 导致我们没有注意到这一点. 实际上, 正是这一点带来了从 "集合" 到 "空间" 的本质变化——集合上装备了距离便形成了空间. 因此, 实数轴或全体实数的集合 $\mathbf{R}^1$ 上装备了距离 $d = d(x, y)$ 便形成了一维空间, 通常记为 $(\mathbf{R}^1, d)$, 也简记为 $\mathbf{R}^1$ 或 $\mathbf{R}$.

因此, 为引入多元函数理论, 必须引入相应的多维集合、多维空间及其距离的概念. 下面, 我们以一般的 n 维空间 $\mathbf{R}^n$ 为例引入相关概念.

一、距离空间

通过对实数系上距离的高度抽象, 我们引入集合上的距离概念.

定义 1.1 设 X 是一个非空的集合，若对 X 中任意两个元素 x, y，都有唯一确定的实数 $d(x, y)$ 与之对应且满足

1) 正定性: $d(x, y) \geqslant 0$，$\forall x, y \in X$，且 $d(x, y) = 0$ 当且仅当 $x = y$;

2) 对称性: $d(x, y) = d(y, x)$，$\forall x, y \in X$;

3) 三角不等式: $d(x, y) \leqslant d(x, z) + d(z, y), \forall x, y, z$,

则称 $d(x, y)$ 是定义在集合 X 上的元素 x, y 之间的距离.

距离也称为度量，是一维空间 $\mathbf{R}^1$ 上距离概念的推广. 虽然也称之为距离，但不是真正意义上的距离，只是借用了距离的概念，使之不那么抽象. 如在 $\mathbf{R}^2$ 上定义 $d(x, y) = \max\limits_{i=1,2} |x_i - y_i|$，其中 $x = (x_1, x_2), y = (y_1, y_2)$，可以验证 $d(x, y)$ 满足距离的定义，但并非实际意义上的点与点间的距离. 当然，我们知道，在 $\mathbf{R}^2$ 上可以定义常规的距离，这也说明，同一集合上可以定义不同的距离.

定义 1.2 若在集合 X 上装备了距离 $d(x, y)$，称 (X, d) 为距离空间，简记为 X.

距离空间也称为度量空间. 集合 X 与对应的空间 X 是有区别的，二者是两个完全不同的概念，集合上装备距离后构成距离空间，才使得对空间的元素进行度量和对元素间进行运算有可能、有意义，赋予了集合新的生命力.

同一集合 X 上，可以引入不同的距离 d_1, d_2，形成不同的距离空间 (X, d_1)，(X, d_2).

二、n 维距离空间 $\mathbf{R}^n$

记 $\mathbf{R}$ 为全体实数的集合，令

$$\mathbf{R}^n = \mathbf{R} \times \mathbf{R} \times \cdots \times \mathbf{R} = \{(x_1, x_2, \cdots, x_n) : x_i \in \mathbf{R}, i = 1, 2, \cdots, n\},$$

这是一个所有 n 维点的集合，$x = (x_1, x_2, \cdots, x_n)$ 是点(元素)的坐标表示，也用于表示这个点，x_i 为第 i 个坐标分量. 如

$\mathbf{R}^1 = \mathbf{R}$: 一维实数集合，数轴上点的全体，即实数系;

$\mathbf{R}^2 = \mathbf{R} \times \mathbf{R} = \{(x, y) : x \in \mathbf{R}, y \in \mathbf{R}\}$: 全体二维平面点的集合;

$\mathbf{R}^3 = \mathbf{R} \times \mathbf{R} \times \mathbf{R}$: 全体三维"空间"点的集合.

上述 $\mathbf{R}^n$，由于没有定义距离，因而，是集合而不是空间. 下面，将 $\mathbf{R}^1, \mathbf{R}^2, \mathbf{R}^3$ 中距离进行推广，引入 $\mathbf{R}^n$ 中距离.

对任意的 $x = (x_1, x_2, \cdots, x_n) \in \mathbf{R}^n$，$y = (y_1, y_2, \cdots, y_n) \in \mathbf{R}^n$，定义

$$d(x, y) = \left(\sum_{i=1}^{n} (y_i - x_i)^2 \right)^{1/2},$$

则可验证: $d(x,y)$ 满足距离定义中的 1) —3).

事实上, 1), 2)显然成立; 关于3)的证明, 可以用高等代数中的内积方法, 这里采用 Cauchy 不等式来证明. 由 Cauchy 不等式

$$\left(\sum_{i=1}^{n} a_i b_i\right)^2 \leqslant \left(\sum_{i=1}^{n} a_i^2\right)\left(\sum_{i=1}^{n} b_i^2\right), \quad \forall a_i \geqslant 0, b_i \geqslant 0,$$

得

$$\sum_{i=1}^{n}(a_i + b_i)^2 = \sum_{i=1}^{n} a_i^2 + 2\sum_{i=1}^{n} a_i b_i + \sum_{i=1}^{n} b_i^2$$

$$\leqslant \sum_{i=1}^{n} a_i^2 + 2\left(\sum_{i=1}^{n} a_i^2\right)^{1/2}\left(\sum_{i=1}^{n} b_i^2\right)^{1/2} + \sum_{i=1}^{n} b_i^2$$

$$= \left(\sqrt{\sum a_i^2} + \sqrt{\sum b_i^2}\right)^2,$$

因而, 对任意的 $x = (x_1, x_2, \cdots, x_n)$, $y = (y_1, y_2, \cdots, y_n)$, $z = (z_1, z_2, \cdots, z_n) \in \mathbf{R}^n$, 记 $a_i = z_i - x_i, b_i = y_i - z_i$, 则 $a_i + b_i = y_i - x_i$, 代入上述公式, 得

$$\left(\sum_{i=1}^{n}(y_i - x_i)^2\right)^{1/2} \leqslant \left(\sum_{i=1}^{n}(z_i - x_i)^2\right)^{1/2} + \left(\sum_{i=1}^{n}(y_i - z_i)^2\right)^{1/2},$$

即

$$d(x, y) \leqslant d(x, z) + d(z, y),$$

故 $d(x, y) = \left(\sum_{i=1}^{n}(y_i - x_i)^2\right)^{1/2}$ 为定义在 $\mathbf{R}^n$ 上的距离.

常用 $d = d(x, y)$ 或 $d(x, y) = |x - y|$ 表示上述定义的两点距离, 也称自然距离. 这样, 在 $\mathbf{R}^n$ 上装备了距离 d, 称 $(\mathbf{R}^n, d)$ 为 n 维距离空间(或 Euclid 空间), 简记为 $\mathbf{R}^n$.

上述定义的距离 d 是最常用的距离, 在 $\mathbf{R}^n$ 中还可引入如下距离: 如, $d_1(x, y) = \max\limits_{i=1,2,\cdots,n} |x_i - y_i|$ 和 $d_2(x, y) = \sum_{i=1}^{n} |x_i - y_i|$, 因此, 同一集合上可以引入不同的距离, 构建不同的距离空间, 而不同的距离也有不同的作用和实际应用背景, 如上述的距离 $d_2(x, y) = \sum_{i=1}^{n} |x_i - y_i|$, 经常用于纠错编码理论.

对 n 维空间 $\mathbf{R}^n$, 我们已经在高等代数中对 $\mathbf{R}^n$ 空间的结构进行了初步的研究, 给出了它的一组基 $\{e_i = (0, \cdots, 0, 1, 0, \cdots, 0) : i = 1, 2, \cdots, n\}$, 并且所有 n 维空间都与 $\mathbf{R}^n$ 等距同构, 因此, $\mathbf{R}^n$ 是有限维空间的典型代表, 通过对 $\mathbf{R}^n$ 的研究来获得有限

维空间的性质.

当然, 也存在无限维空间. 前述我们常用的集合记号 $C[a,b]$, 装备距离

$$d(x(t),y(t)) = \max_{t\in[a,b]} \left| x(t) - y(t) \right|, \quad \forall x(t), y(t) \in C[a,b],$$

则 $(C[a,b],d)$ 是一个无限维空间.

类似地, 在集合 $R[a,b]$, $C^2[a,b]$ 上都可以装备距离, 使其成为距离空间.

三、$\mathbf{R}^n$ 中的基本点集

引入类似实数系 $\mathbf{R}^1$ 上邻域、开(闭)区间的概念.

给定 $\mathbf{R}^n$, $x_0 = (x_1^0, x_2^0, \cdots, x_n^0) \in \mathbf{R}^n$, $\delta > 0$.

1. 邻域

定义 1.3　集合 $U(x_0,\delta) = \{x \in \mathbf{R}^n : d(x,x_0) < \delta\}$ 称为点 x_0 的 δ (开)邻域.

例如, $n=1$ 时, $U(x_0,\delta) = (x_0 - \delta, x_0 + \delta)$ 为实数系中的开区间; $n=2$ 时, $U(x_0,\delta)$ 是以 x_0 为心, 以 δ 为半径的开圆(不含圆周); $n=3$ 时, $U(x_0,\delta)$ 是以 x_0 为心, 以 δ 为半径的开球(不含球面). 上述邻域通称为球(圆)形邻域. 有时还用到矩形邻域, 如 $\mathbf{R}^2$ 中, $(x_0,y_0) \in \mathbf{R}^2, a>0, b>0$, 则可定义 (x_0,y_0) 的矩形邻域为

$$\{(x,y) \in \mathbf{R}^2 : |x - x_0| < a, |y - y_0| < b\};$$

特别地, 当 $a=b$ 时, 矩形邻域也称为方形邻域.

因为给定一个圆形邻域, 总可作包含和被包含的矩形邻域, 反之也成立, 因而圆(球)形邻域和矩形邻域是等价的.

还经常用到如下的去心邻域的概念

球形去心邻域: $\overset{\circ}{U}(x_0,\delta) = U(x_0,\delta) \setminus \{x_0\} = \{x \in \mathbf{R}^n : 0 < d(x,x_0) < \delta\}$;

矩形去心邻域: $\{(x,y) \in \mathbf{R}^2 : |x - x_0| < a, |y - y_0| < b,$ 且 $(x,y) \neq (x_0,y_0)\}$;

但是, 矩形去心邻域不能写成 $\{(x,y) \in \mathbf{R}^2 : 0 < |x - x_0| < a, 0 < |y - y_0| < b\}$, 这样不仅去"心", 还去掉两条直线 $x = x_0$ 和 $y = y_0$ 上的包含在邻域中的部分线段.

有了邻域的概念, 就可以引入 $\mathbf{R}^n$ 中的各种点和集合的定义了.

2. 内点、外点及边界点

设集合 $E \subset \mathbf{R}^n$, 以下邻域都为球邻域.

定义 1.4　1) 设 $M_0 \in E$, 若存在 $\delta > 0$, 使得 $U(M_0,\delta) \subset E$, 称 M_0 为 E 的

内点.

2) 设 $M_1 \notin E$, 若存在 $\delta > 0$, 使得 $U(M_1, \delta) \bigcap E = \varnothing$, 称 M_1 为 E 的外点.

3) 设 $M \in \mathbf{R}^n$, 若对 $\forall \varepsilon > 0$, 有 $U(M, \varepsilon) \bigcap E \neq \varnothing$, 且存在 $M' \in U(M, \varepsilon)$, 但 $M' \notin E$, 称 M 为 E 的边界点.

信息挖掘　从定义可知, E 的内点 M 必有 $M \in E$; E 的外点 M 必有 $M \notin E$; E 的边界点 M, 可能有 $M \in E$, 也可能有 $M \notin E$(见后面的例子).

内点和边界点与集合 E 的关系更密切, 为此, 记

$$\mathring{E} = \{x: x \text{ 为 } E \text{ 的内点}\}, \quad \partial E = \{x: x \text{ 为 } E \text{ 的边界点}\},$$

分别称为 E 的内点集和边界点集.

如平面上单位开圆 $E = \{(x, y) \in \mathbf{R}^2: x^2 + y^2 < 1\}$, 则其所有点都是内点, 即 $\mathring{E} = E$; 而边界点集为 $\partial E = \{(x, y) \in \mathbf{R}^2: x^2 + y^2 = 1\}$. 平面单位闭圆 $E_1 = \{(x, y) \in \mathbf{R}^2: x^2 + y^2 \leqslant 1\}$, 则 $\mathring{E}_1$ 为单位开圆 E; 边界点集仍为 $\partial E = \{(x, y) \in \mathbf{R}^2: x^2 + y^2 = 1\}$. 对平面圆环 $E_2 = \{(x, y) \in \mathbf{R}^2: 1 < x^2 + y^2 \leqslant 2\}$, 其内点集 $\mathring{E}_2 = \{(x, y) \in \mathbf{R}^2: 1 < x^2 + y^2 < 2\}$, 边界点集 $\partial E = \{(x, y) \in \mathbf{R}^2: x^2 + y^2 = 1\} \bigcup \{(x, y) \in \mathbf{R}^2: x^2 + y^2 = 2\}$.

集合中还经常涉及另外两类点:

定义 1.5　1) 设 $M \in E$, 若存在 $\delta > 0$, 使得 $U(M, \delta) \bigcap E = \{M\}$, 称 M 为 E 的孤立点.

2) 设 $M \in \mathbf{R}^n$, 若对 $\forall \varepsilon > 0$, $U(M, \varepsilon)$ 中都含有 E 中无限个点, 则称 M 为 E 的聚点.

信息挖掘　1) 由定义可知, 孤立点必是边界点, 内点必是聚点, 边界点要么是聚点, 要么是孤立点. 对 E 的聚点 M, 既可能有 $M \in E$, 也可能有 $M \notin E$. 如圆环

$$E = \{(x, y): 1 < x^2 + y^2 \leqslant 2\}$$

不属于 E 的聚点, 为位于单位圆曲线 $x^2 + y^2 = 1$ 上的内边界点; 属于 E 的聚点, 为内点及位于圆周曲线 $x^2 + y^2 = 2$ 上的外边界点.

2) 聚点还有等价定义: 设 $M \in \mathbf{R}^n$, 若对 $\forall \varepsilon > 0$, 都存在 $M' \in E$ 且 $M' \neq M$, 使 $M' \in U(M, \varepsilon)$(即 $U(M, \varepsilon)$ 中至少含有一个异于 M 的 E 中的点), 则称 M 为 E 的聚点.

因此, 两个定义中"无限个"与"一个"是等价的. 事实上, 由"无限个"推出"一个"是显然的, 只需由"一个"推出"无限个". 由定义, 对 $\forall \varepsilon > 0$, 存在点 $M_1 \in E \bigcap U(M, \varepsilon)$, 且 $0 < |M_1 - M| < \varepsilon$, 再取 $\varepsilon_1 = |M_1 - M| < \varepsilon$, 则存在

$M_2 \in E \bigcap U(M, \varepsilon_1)$ 且 $0 < |M_1 - M| < \varepsilon_1$，再取 $\varepsilon_2 = |M_2 - M| < \varepsilon_1$，则存在 $M_3 \in E \bigcap U(M, \varepsilon_2)$，如此下去得到点列 $\{M_n\}$ 且 $M_n \in E \bigcap U(M, \varepsilon)$.

E 的所有聚点的集合记为 E'，也称 E' 为 E 的导集.

例如，记 $E = \{(x, y, z) \in \mathbf{R}^3 : 0 < x^2 + y^2 + z^2 < 1\}$，则

$$\mathring{E} = E,$$

$$\partial E = \{x^2 + y^2 + z^2 = 1, (x, y, z) \in \mathbf{R}^3\} \bigcup \{(0, 0, 0)\},$$

$$E' = \{x^2 + y^2 + z^2 \leqslant 1, (x, y, z) \in \mathbf{R}^3\}.$$

3. 基本集合

下面引入基本集合的定义，设 $E \subset \mathbf{R}^n$.

定义 1.6　若 $\mathring{E} = E$，称 E 为开集；若 $E' \subset E$，称 E 为闭集.

没有聚点的集合也是闭集，如孤立点集.

闭集的另一定义为：记 $\overline{E} = E \bigcup E'$，称为 E 的闭包，显然，E 是闭集等价于 $E = \overline{E}$. 事实上，若 $E' \subset E$，则 $\overline{E} = E \bigcup E' = E$；反之，若 $\overline{E} = E$，则

$$E' \subset E \bigcup E' = \overline{E} = E,$$

因而，两个定义等价.

开集和闭集对应于一维空间中的开区间和闭区间，是 $\mathbf{R}^n$ 中最基本的集合概念，但它们并没有完全涵盖 $\mathbf{R}^n$ 中的所有集合，即存在非开、非闭的集合.

如 $E = [0, 1) \subset \mathbf{R}^1$，则 $\mathring{E} = (0, 1)$，$\mathring{E} \neq E$，E 不是开集，$E' = [0, 1]$，$E' \not\subset E$，因而，E 也不是闭集.

经常用到的集合概念还有

定义 1.7　记 $0 \in \mathbf{R}^n$ 为原点，若存在实数 $c > 0$，使 $\forall x \in E$，成立

$$\|x\| \triangleq d(x, 0) < c,$$

即 $E \subset U(0, c)$，称 E 为有界集.

有界性还可以用直径的定义来刻画：记 $r = \sup\limits_{x, y \in E} \{d(x, y)\}$，称 r 为 E 的直径，集合 E 有界等价于 $r < +\infty$.

定义 1.8　设 $E \subset \mathbf{R}^n$ 为开集，若对 $\forall M_1, M_2 \in E$，都可用含在 E 内的有限折线连接 M_1 和 M_2，称 E 为开区域，开区域连同边界称为闭区域.

区域的概念是指集合是连通的，如实数轴上的集合 $E = (0, 1) \bigcup (2, 3)$ 不是区域.

四、$\mathbf{R}^n$ 中点列及收敛性

为引入函数的极限, 我们从 $\mathbf{R}^n$ 中的点列开始引入极限的概念. 类比已知, 一个自然的引入方式是利用一维数列的极限定义 *n* 维点列的极限.

记 $x_k = (x_1^{(k)}, x_2^{(k)}, \cdots, x_n^{(k)}) \in \mathbf{R}^n$, $k = 1, 2, \cdots$, 则 $\{x_k\}$ 就是 $\mathbf{R}^n$ 中的一个点列.

定义 1.9 给定点列 $\{x_k\} \subset \mathbf{R}^n$, 若存在 $x_0 = (x_1^{(0)}, x_2^{(0)}, \cdots, x_n^{(0)}) \in \mathbf{R}^n$, 使

$$\lim_{k \to +\infty} d(x_k, x_0) = 0,$$

则称点列 $\{x_k\}$ 收敛于点 x_0, 记为 $\lim\limits_{k \to +\infty} x_k = x_0$, 或 $x_k \to x_0$, x_0 称为 $\{x_k\}$ 的极限点.

将定义中的极限用 "ε-δ" 语言叙述, 得到点列极限的如下等价的定义:

定义 1.9′ 若对任意的 $\varepsilon > 0$, 存在 $K \in \mathbf{N}^+$, 使得当 $k > K$ 时成立

$$d(x_k, x_0) < \varepsilon \quad \text{或} \quad x_k \in U(x_0, \varepsilon),$$

则称点列 $\{x_k\}$ 收敛于点 x_0.

自然地, 我们给出 *n* 维点列收敛性和一维点列收敛性的关系.

定理 1.1 *n* 维点列 $\{x_k\}$ 收敛于 *n* 维点 x_0 的充分必要条件是

$$x_i^{(k)} \to x_i^{(0)}, \quad i = 1, 2, \cdots, n, \ k \to +\infty,$$

故, 点列 $\{x_k\}$ 的极限也是唯一的.

由此定理可知, *n* 维点列的收敛性本质上就是一维数列的收敛性, 因此, 我们略去关于 *n* 维点列极限的性质和计算.

作为 *n* 维点列极限的应用, 我们刻画聚点的特性.

定理 1.2 M_0 是集合 *E* 的聚点的充分必要条件是存在点列 $\{M_k\} \subseteq E$, 使得

$$M_k \to M_0.$$

这是聚点的一个有用的性质, 它可以利用极限建立集合中的点和聚点间的关系, 实现聚点和集合内的点的性质之间的相互转移. 这种处理问题的思想是把聚点问题转化为已知的极限来处理, 再次体现了化不定为确定的思想.

下面的定理深刻揭示了闭集的闭性.

定理 1.3 设 *E* 是闭集, $M_k \in E$, 若 $M_k \to M_0$, 则必有 $M_0 \in E$.

此定理揭示了闭集很好的性质——对极限运算的封闭性, 正是这个性质建立了连续函数具有好性质的基础, 在一元函数理论中, 我们已经对此有了深刻的理解.

上述几个定理的证明较简单, 我们略去证明.

五、$\mathbf{R}^n$ 中的基本定理

在单元微积分学中, 建立函数一系列分析性质的基础是实数系的基本定理:

确界定理、闭区间套定理、Weierstrass 致密性定理、Cauchy 收敛准则、有限开覆盖定理, 正是这些定理, 为以后函数分析性质的研究提供了强有力的基础和工具, 因而, 在完成了多维空间上各种集合的定义之后, 自然要考虑这些基本定理能否推广到 n 维空间.

我们简单分析一下这些定理能否推广, 并简析推广性结论的证明思路.

从确界定理开始. 由于确界定理是比较数的大小, 而 n 维空间中的点是没有大小关系的, 因而不能推广到 n 维空间, 其他定理都可作相应的推广. 当然, 在对这些推广的定理进行证明时, 一般采用两种思路: 其一为直接转化方法, 此方法常用于处理简单的推广性结论, 即将推广结论直接转化为已知的简单形式, 直接利用简单形式的结论给出证明; 其二为化用方法, 适用于较为复杂的推广性结论, 此时通常不能直接转化为已知的简单形式, 需要借用简单结论的证明方法和思想, 通过适当修改用于证明复杂的推广性结论. 当然, 两种方法的难易程度也表明了应用时的选择原则. 下面, 我们以 $\mathbf{R}^2$ 为例, 进行基本定理的推广.

1. 闭矩形套定理

定理 1.4 若闭矩形区域列 $I_n = \{(x,y): a_n \leqslant x \leqslant b_n, c_n \leqslant y \leqslant d_n\}$ 满足矩形套条件:
1) $I_{n+1} \subset I_n$, $n=1,2,\cdots$;
2) $b_n - a_n \to 0, d_n - c_n \to 0$,
则存在唯一的 (x_0, y_0), 使 $(x_0, y_0) \in I_n, \forall n$.

简析 这是一维空间上的闭区间套定理的推广, 证明思路是优先考虑直接转化方法, 将其转化为已知一维闭区间套的情形, 直接利用已知的结论证明; 因此, 只需分别对 $\{[a_n, b_n]\}$, $\{[c_n, d_n]\}$ 应用闭区间套定理即可. 我们略去具体的证明.

2. Weierstrass 致密性定理

定理 1.5 $\mathbf{R}^2$ 中有界点列必有聚点.

简析 证明思想仍是转化为一维实数系情形, 利用一维情形下相应的定理, 分别考虑两个一维分量点列并用相应的 Weierstrass 定理即可. 在证明过程中, 难点是对不同数列选取共同子列的方法, 由于我们还要用到这种方法, 我们给出较为详细的证明, 注意总结这个方法.

证明 设 $\{M_n(x_n, y_n)\} \subset \mathbf{R}^2$ 是有界点列, 则 $\{x_n\}, \{y_n\} \subset \mathbf{R}^1$ 也是有界点列, 由 Weierstrass 定理, 则 $\{x_n\}$ 有收敛子列 $\{x_{n_k}\}$, 显然, $\{y_{n_k}\}$ 也有界, $\{y_{n_k}\}$ 也有收敛子列 $\{y_{n_{k_l}}\}$, 因而, $\{x_{n_{k_l}}\}, \{y_{n_{k_l}}\}$ 都收敛, 不妨设它们分别收敛于 x_0, y_0, 记 $M_0(x_0, y_0)$, 则 $\{M_{n_{k_l}}(x_{n_{k_l}}, y_{n_{k_l}})\}$ 收敛于 $M_0(x_0, y_0)$, 因而, $\{M_n\}$ 有聚点 M_0.

3. 有限开覆盖定理

定理 1.6　设有开矩形集合 $E = \{\Delta_i : i \in I\}$，其中 I 为指标集，Δ_i 为 $\mathbf{R}^2$ 中的开矩形 $\Delta_i = \{(x, y) : \alpha_i < x < \beta_i, \gamma_i < y < \delta_i\}$，若矩形集合 E 覆盖有界闭集 D，即 $D \subset \bigcup_{i \in I} \Delta_i$，则必存在 E 中有限个开集 Δ_i，$i = 1, 2, \cdots, k$ 使 $D \subset \bigcup_{i=1}^{k} \Delta_i$.

简析　由于 n 维有界闭集不能像 n 维点列那样离散为等价的 n 个一维对应的情形，不能利用直接转化方法，必须采用一维实数系该定理的证明思路证明此定理.

证明　不妨设 $D = \{(x, y) \in \mathbf{R}^2 : a \leqslant x \leqslant b, c \leqslant y \leqslant d\}$. 我们采用反证法.

通过对闭集 D 进行等分，构造 D 的一系列子集 D_n，具有性质

1) D_n 是闭矩形套；

2) D_n 不能被有限覆盖.

由性质 1)，利用定理 1.4，则存在 $M_0(x_0, y_0) \in D_n \subset D$，$\forall n$.

由于 $M_0 \in D \subset \bigcup_{i \in I} \Delta_i$，则存在 k，使得 $M_0 \in \Delta_k \in E$，又 Δ_k 为开集，故存在 $\delta > 0$，使 $U(M_0, \delta) \subset \Delta_k$，根据 $M_0(x_0, y_0)$ 的性质，则当 n 充分大时，$D_n \subset U(M_0, \delta) \subset \Delta_k$，这与 D_n 的性质 2)矛盾.

从证明过程看，基本上是将一维情形的证明过程移植过来，即体现了化用的思想.

4. Cauchy 收敛准则

定理 1.7　$\mathbf{R}^2$ 中点列 M_n 收敛的充要条件为：对任意 $\varepsilon > 0$，存在 $N \in \mathbf{N}^+$，当 $n, m > N$ 时，有 $d(M_n, M_m) < \varepsilon$.

利用直接转方法化为一维的形式，略去证明.

上述 $\mathbf{R}^2$ 中的定理可平行推广至 $\mathbf{R}^n$ 中. 正如实数系中基本定理的关系一样，$\mathbf{R}^n$ 中的基本定理也是等价的.

致密性定理和有限覆盖定理更深刻地揭示了有限维空间的性质，这两个结论和现代分析中的"紧"性理论极为密切.

定义 1.10　设 E 为一集合，若 E 的所有收敛子列的极限都属于 E，则称 E 为紧集.

定理 1.8　在 n 维空间 $\mathbf{R}^n$ 中，集合 E 的以下三个命题等价：

1) E 是紧集；

2) E 是有界闭集；

3) E 中任一点列必有收敛于 E 中的点的子列.

这个结论深刻揭示了有限维空间与无限维空间的区别.

习　题　13.1

1. 对任意的 $x = (x_1, x_2, \cdots, x_n) \in \mathbf{R}^n$, $y = (y_1, y_2, \cdots, y_n) \in \mathbf{R}^n$, 定义

$$d(x, y) = \sum_{i=1}^n |y_i - x_i|,$$

证明: $d(x, y)$ 是 $\mathbf{R}^n$ 中的距离.

2. 记 $E = (0,1) \times (-1,2] = \{(x,y) : x \in (0,1), y \in (-1,2]\}$, 求 $\mathring{E}$, ∂E 和 E'.

3. 设 $E = \{(x,y) : x > 0, y > 0, x \neq y\}$, 求 $\mathring{E}$, ∂E 和 E'.

4. 证明: $E = \{(x,y) : x^2 + y^2 = 1\}$ 是 $\mathbf{R}^2$ 中的有界闭集.

5. 设集合 $E \subset \mathbf{R}^n$, 证明: $\mathring{E}$ 是开集, $\overline{E}$ 是闭集.

6. 证明定理 1.2.

7. 将闭区间套定理推广到任意的 n 维空间 $\mathbf{R}^n$ 中, 得到闭集套定理.

(提示: 可以引入区域的直径

$$d(E) = \mathrm{diam}E = \sup\{d(x,y) : x, y \in E\}.)$$

8. 证明: $\mathbf{R}^n$ 中有界无限点集必有一个聚点.

9. 给定 $\mathbf{R}^2$ 上定义的函数 $f(x,y)$, 区域 $D = \{(x,y) : 0 \leqslant x \leqslant 1, 0 \leqslant y \leqslant 1\}$, 若对任意的 $p_0(x_0, y_0) \in D$, 都存在 $U(p_0, \delta_{p_0})$, 使得 $f(x,y)$ 在 $U(p_0, \delta_{p_0})$ 上有界, 证明: $f(x,y)$ 在 D 上有界.

10. 用 Weierstrass 定理证明 Cauchy 收敛准则.

13.2　多元函数及其极限

一、多元函数

我们已经使用过多元函数的形式, 如空间曲面的一般方程式: $F(x, y, z) = 0$, 这里 $F(x, y, z)$ 就是一个三元函数. 下面, 我们严格地给出多元函数的定义.

和一元函数类似, 定义在 $\mathbf{R}^n$ 上的多元函数也是特殊的映射, 因此, 我们仍从映射的角度引入多元函数的定义.

定义 2.1　设 $E \subset \mathbf{R}^n$, $\mathbf{R} = \mathbf{R}^1$, 给定一个映 E 到 $\mathbf{R}$ 中的映射 f: 对任意 $p \in E$, 存在唯一的 $u \in \mathbf{R}$, 使

$$f : p \mapsto u,$$

称映射 f 为定义在 E 上的一个 n 元函数; u 为对应于 p 点的函数值, 记 $u = f(p)$; E 称为函数 f 的定义域; $D = \{u \in \mathbf{R} : u = f(p), p \in E\}$ 称为函数 f 的值域.

由于定义域是一个 n 维集合, 因此, 上述函数是 n 元函数, 若记 $p = p(x_1,$

$x_2, \cdots, x_n$)，或 $x = (x_1, x_2, \cdots, x_n)$，则 *n* 元函数也可以写为 $u = f(x_1, x_2, \cdots, x_n)$，在不至于混淆的情形下也可以简记为 $u = f(p)$，或 $u = f(x)$，与一元函数形式统一.

例 1　上半球面方程 $z = \sqrt{1 - x^2 - y^2}$ 为一个二元函数，定义域为 $E = \{(x, y) \in \mathbf{R}^2 : x^2 + y^2 \leqslant 1\}$.

关于多元函数定义域和值域的确定，由于和一元函数类似，故略去.

对二元函数，由空间解析几何理论可知，其有明显的几何意义，即 $z = f(x, y)$ 表示三维空间的曲面.

和一元函数类似，我们引入多元函数，也是为了研究多元函数的微积分等分析性质，可以设想，建立相应微积分理论的基础仍是极限，因此，我们从多元函数的极限入手，开始建立多元函数的相关理论.

二、多元函数的极限

类比一元函数和多元函数结构上的共性和差异，从两个方面构建多元函数的极限理论. 先从共性的方面开始，进行极限理论的平行推广.

1. 重极限

我们将一元函数的极限进行共性推广到多元函数，形成多元函数的重极限.

设 $p_0 \in \mathbf{R}^n$，$f(p)$ 是 *n* 元函数，类比一元函数的极限，得到如下重极限的定义.

定义 2.2　设 $f(p)$ 在 $\overset{\circ}{U}(p_0)$ 中有定义，若存在实数 A，使得对任意 $\varepsilon > 0$，存在 $\delta > 0$，对任意的 $p \in \overset{\circ}{U}(p_0)$ 且 $0 < d(p, p_0) < \delta$，都成立

$$|f(p) - A| < \varepsilon,$$

则称 $f(p)$ 在 p_0 点存在极限，称 A 是 $f(p)$ 在 p_0 点的极限，记作 $\lim\limits_{p \to p_0} f(p) = A$ 或简记为 $f(p) \to A (p \to p_0)$.

从形式上看与单元函数的极限定义同，但是实际上还是有区别的，区别在于变量的极限过程，若记 $p = (x_1, x_2, \cdots, x_n)$，$p_0 = (x_1^{(0)}, x_2^{(0)}, \cdots, x_n^{(0)})$，$p \to p_0$ 表示 *n* 维变元的极限过程

$$(x_1, x_2, \cdots, x_n) \to (x_1^{(0)}, x_2^{(0)}, \cdots, x_n^{(0)}),$$

因此，$\lim\limits_{p \to p_0} f(p) = A$ 也常写为

$$\lim_{(x_1, x_2, \cdots, x_n) \to (x_1^{(0)}, x_2^{(0)}, \cdots, x_n^{(0)})} f(x_1, x_2, \cdots, x_n) = A,$$

或

$$\lim_{\substack{x_1 \to x_1^{(0)} \\ \cdots \\ x_n \to x_n^{(0)}}} f(x_1, x_2, \cdots, x_n) = A,$$

因此，也把这样的极限称为 n 重极限. 特别地，$n = 2$ 时，也常记作 $\lim\limits_{(x,y) \to (x_0,y_0)} f(x,y) = A$，或者 $\lim\limits_{\substack{x \to x_0 \\ y \to y_0}} f(x,y) = A$，也称为二重极限.

由定义知，不一定要求 $f(p)$ 在 p_0 点有定义.

定义中距离条件形式 "$0 < d(p, p_0) < \delta$" 可等价写为集合形式：$p \in \overset{\circ}{U}(p_0, \delta)$，因此，也可以如下等价地定义多元函数的极限.

定义 2.2′　设 $f(p)$ 在 $\overset{\circ}{U}(p_0)$ 中有定义，若存在实数 A，使得对任意 $\varepsilon > 0$，存在 $\delta > 0$，对一切满足 $p \in \overset{\circ}{U}(p_0, \delta) \subset \overset{\circ}{U}(p_0)$ 的 p 都成立

$$|f(p) - A| < \varepsilon,$$

则称 A 是 $f(p)$ 在 p_0 点的极限.

由于上述定义中的 A 是有限确定的或正常的实数，点 $p_0 = (x_1^{(0)}, x_2^{(0)}, \cdots, x_n^{(0)})$ 也是正常的点，上述重极限也称为正常重极限.

2. 重极限的计算

我们以二元函数为例，讨论多元函数重极限的计算.

类似于一元函数极限理论的框架，有了重极限的定义，我们首先要掌握利用定义处理简单函数的重极限，为更复杂、更一般的函数重极限的计算奠定基础.

（Ⅰ）简单函数极限结论的验证——定义法

类似一元函数，用定义证明正常重极限的基本方法仍然是放大法，即对刻画函数极限过程的项 $|f(p) - A|$ 进行放大，从控制对象 $|f(p) - A|$ 中分离出刻画自变量变化趋势的项 $d(p, p_0)$，由于此因子形式复杂，通常先分离出组成因子 $|x_i - x_i^{(0)}|$，再将这些因子转化为 $d(p, p_0)$；一元函数极限证明中各种技术与方法仍适用.

例 2　用定义证明：$\lim\limits_{(x,y) \to (1,1)} (x^2 + xy + y^3) = 3$.

简析　对 $|x^2 + xy + y^3 - 3|$ 放大，从中分离出 $d(p, p_0)$ 或等价分离出因子 $|x - 1|$ 和 $|y - 1|$，为从中产生上述两个因子，通常用形式统一法；放大过程中为了控制相应的系数，需要用预控制技术来控制变量 x 和变量 y.

证明　记点 $p(x,y), p_0(1,1)$，由于

$$|x^2+xy+y^3-3|=|(x^2-1)+(xy-1)+(y^3-1)|$$
$$=|(x-1)(x+1)+(x-1)y+(y-1)+(y-1)(y^2+y+1)|,$$

为分离出 $|x-1|$ 和 $|y-1|$，须对相关因子的系数如 $x+1,y,y^2+y+1$ 进行控制，为此采用预控制技术对 x,y 作预控制；先假设 $p(x,y)\in\{(x,y):|x-1|<1,|y-1|<1\}$，则 $0<x<2$，$0<y<2$，因而

$$|x^2+xy+y^3-3|<3|x-1|+2|x-1|+|y-1|+7|y-1|$$
$$=5|x-1|+8|y-1|$$
$$<8[|x-1|+|y-1|]$$
$$<8[d(p,p_0)+d(p,p_0)]=16d(p,p_0),$$

故，对 $\forall \varepsilon>0$，取 $\delta=\min\left\{\dfrac{\varepsilon}{16},1\right\}$，对一切 $p(x,y)\in U(p_0,\delta)$，都有

$$|x^2+xy+y^3-3|<\varepsilon,$$

故 $\lim\limits_{(x,y)\to(1,1)}(x^2+xy+y^3)=3$.

例3　用定义证明：$\lim\limits_{(x,y)\to(1,1)}\dfrac{x^2+xy^2+y^3}{2xy-1}=3$.

简析　考虑对 $\left|\dfrac{x^2+xy^2+y^3}{2xy-1}-3\right|$ 进行放大处理，由于

$$\left|\dfrac{x^2+xy^2+y^3}{2xy-1}-3\right|=\left|\dfrac{x^2+xy^2+y^3-6xy+3}{2xy-1}\right|,$$

对分式的放大，需要对分子放大，对分母缩小，必须寻求分母的正下界，由于在此极限过程中，分母的极限为 1，由极限的保序性，分母应该有正的下界，为确定此下界，必须对变量 x,y 进行预控制，假设 $p(x,y)\in \overset{\circ}{U}\left(p_0,\dfrac{1}{4}\right)$，其中 $p_0(1,1)$，则

$\dfrac{3}{4}<x<\dfrac{5}{4}$，$\dfrac{3}{4}<y<\dfrac{5}{4}$，因而 $|2xy-1|=2xy-1\geqslant\dfrac{1}{8}$，此时，分子放大估计为

$$|x^2+xy^2+y^3-6xy+3|$$
$$\leqslant|(x-1)(x+1)+xy(y-1)+(y-1)(y^2+y+1)-5y(x-1)-5(y-1)|$$
$$<20(|x-1|+|y-1|)\leqslant40d(p,p_0),$$

由此得到放大结果

$$\left| \frac{x^2 + xy^2 + y^3}{2xy - 1} - 3 \right| \leqslant 320 d(p, p_0).$$

证明　记点 $p(x,y), p_0(1,1)$，对 $\forall \varepsilon > 0$，取 $\delta = \min\left\{ \frac{\varepsilon}{320}, \frac{1}{4} \right\}$，对一切 $p(x,y) \in \overset{\circ}{U}(p_0, \delta)$，都有

$$\left| \frac{x^2 + xy^2 + y^3}{2xy - 1} - 3 \right| < 320 d(p, p_0) \leqslant \varepsilon,$$

故 $\lim\limits_{(x,y) \to (1,1)} \dfrac{x^2 + xy^2 + y^3}{2xy - 1} = 3$.

（Ⅱ）一般函数极限的计算

利用定义只能处理一些简单函数的极限，更一般函数的极限计算必须依靠计算法则、极限的性质和特殊的技术、方法来完成. **可以证明，多元函数极限运算和一元函数极限运算一样都成立相应的运算法则和相同的性质**，我们不再一一叙述，同时，一元函数中，特殊的结构对应特殊的计算思想和计算方法同样适用于多元函数，因此，下面的例子都可以从一元函数对应的结构中寻找对应的计算方法.

例 4　计算 $\lim\limits_{(x,y) \to (0,0)} (x^2 + y) \cdot \sin \dfrac{1}{x^2 + y^2}$.

结构分析　从结构看，对应的一元函数相似的结构类型为 $\lim\limits_{x \to 0} f(x) \cdot \sin g(x)$，结构中包含正弦函数因子 $\sin x$. 对这类极限的处理方法依据有两个，其一是重要极限 $\lim\limits_{x \to 0} \dfrac{\sin x}{x} = 1$；其二是结论：无穷小量与有界函数的乘积仍为无穷小量. 进一步分析结构，具有明显的无穷小量的结构特征，符合第二种处理方法的结构，由此确定解题思路和方法.

解　由于 $\lim\limits_{(x,y) \to (0,0)} (x^2 + y) = 0$，$\sin \dfrac{1}{x^2 + y^2}$ 是有界函数，故

$$\lim\limits_{(x,y) \to (0,0)} (x^2 + y) \cdot \sin \dfrac{1}{x^2 + y^2} = 0.$$

用定义也很容易证明此结论.

例 5　计算 $\lim\limits_{(x,y) \to (0,0)} xy \cdot \ln(x^2 + y^2)$.

结构分析　题目类型：$0 \cdot \infty$ 待定型极限的计算，涉及困难因子 $\ln 0$ 型结构；类比已知：涉及此因子在一元极限理论常用的结论是 $\lim\limits_{x \to 0^+} x^k \ln x = 0, k > 0$；处理

方法: 利用形式统一法, 将题目转化为此类型, 利用一元函数的极限结论进行求解, 从下面的解题过程中体会形式统一法的应用. 值得注意的是, 在一元函数极限理论中, 对 $0·\infty$ 型极限的计算常用的方法是将其转化为 $\dfrac{0}{0}$ 或 $\dfrac{\infty}{\infty}$ 型后再利用 L'Hosptial 法则进行计算. 在多元函数极限计算中, 不能利用 L'Hosptial 法则.

解　由于

$$原式 = \lim_{(x,y)\to(0,0)} \frac{xy}{x^2+y^2} \cdot (x^2+y^2)\ln(x^2+y^2),$$

且 $\lim\limits_{(x,y)\to(0,0)} (x^2+y^2)\ln(x^2+y^2)=0$, $\left| \dfrac{xy}{x^2+y^2} \right| \leqslant 2$ 有界, 故原式 $=0$.

抽象总结　将上述方法抽象可以形成求解多元函数重极限的基本思路和方法: 结构分析, 类比已知(一元函数极限的计算思想、方法和结论), 形式统一.

例 6　计算 $\lim\limits_{(x,y)\to(0,0)} (x^2+y^2)^{x^2y^2}$.

结构分析　题型结构: 幂指结构; 类比已知: 一元函数极限计算理论中的对数方法.

解　记 $f(x,y)=(x^2+y^2)^{x^2y^2}$, 则由例 5,

$$\lim_{(x,y)\to(0,0)} \ln f(x,y) = \lim_{(x,y)\to(0,0)} x^2y^2\ln(x^2+y^2)=0,$$

故 $\lim\limits_{(x,y)\to(0,0)} (x^2+y^2)^{x^2y^2}=1$.

通过上述例子, 我们基本构建了多元函数极限存在条件下的计算理论.

3. 重极限的不存在性

初步掌握了函数极限的计算之后, 研究极限的不存在性也是必须掌握的内容之一. 相对而言, 具体函数的极限计算比较简单, 极限的不存在性较难处理, 类比一元函数极限的不存在性的研究思路与框架, 我们建立多元函数极限不存在性的研究理论与方法.

类比已知, 现在已知的极限理论有数列极限理论和一元函数极限理论, 必须利用已知的这些理论研究多元函数极限的不存在性; 相对来说, 一元函数极限理论与多元函数极限联系更为紧密, 为此, 我们先简单分析多元函数和一元函数的关系, 为利用一元函数的极限理论研究多元函数的极限做准备.

正如点列极限中体现的那样, 从整体结构看, 多元是一元的推广, 体现简单与复杂的关系; 从元素构成看, 多元可以离散为一元, 体现整体与部分的关系; 对整体成立的性质, 对部分也成立, 反之, 对部分不成立的性质, 对整体也不成立,由此, 得到判断多元函数极限不存在性的初步的理论和方法.

我们以二元函数为例建立相关理论.

我们先建立二元函数极限和数列极限的关系, 得到一个类似于 Heine 归结原理的结论, 其证明思想也类似.

定理 2.1 $\lim\limits_{(x,y)\to(x_0,y_0)} f(x,y) = A$ 的充要条件是对任意以 $p_0\,(x_0,y_0)$ 为极限的点列 $p_k\,(x_k,y_k)$ 都有 $\lim\limits_{k\to+\infty} f(x_k,y_k) = A$.

证明 必要性. 由于 $\lim\limits_{(x,y)\to(x_0,y_0)} f(x,y) = A$, 故对任意 $\varepsilon > 0$, 存在 $\delta > 0$, 当 $p(x,y)$ 满足 $0 < d(p,p_0) < \delta$ 时, 有

$$|f(x,y) - A| < \varepsilon.$$

又 $\lim\limits_{k\to+\infty} p_k = p_0$, 故对上述 δ, 存在 k_0, 使得 $k > k_0$ 时有 $d(p_k,p_0) < \delta$, 因而

$$|f(p_k) - A| = |f(x_k,y_k) - A| < \varepsilon,$$

故 $\lim\limits_{k\to+\infty} f(x_k,y_k) = A$.

充分性. 由于具有"任意性条件"结构, 我们采用反证法.

若 $\lim\limits_{(x,y)\to(x_0,y_0)} f(x,y) \neq A$, 则存在 $\varepsilon_0 > 0$, 对任意 $\delta > 0$, 存在点 $p(x,y) \in \mathring{U}(p_0,\delta)(p_0 = (x_0,y_0))$, 使得

$$|f(x,y) - A| > \varepsilon_0.$$

下面的证明过程是通过 δ 的任意性, 构造一个以 $p_0(x_0,y_0)$ 为极限的点列 $\{p_k(x_k,y_k)\}$, 制造矛盾.

取 $\delta_1 = 1$, 存在 $p_1(x_1,y_1)$ 满足

$$0 < d(p_1,p_0) < 1, \quad |f(p_1) - A| > \varepsilon_0;$$

取 $\delta_2 = \min\left\{\dfrac{1}{2}, d(p_1,p_0)\right\}$, 得到 $p_2(x_2,y_2) \neq p_1$ 满足

$$0 < d(p_2,p_0) < \delta_2 < \frac{1}{2} \quad 且 \quad |f(p_2) - A| > \varepsilon_0;$$

如此下去, 可构造点列 $\{p_k\}$ 满足

$$0 < d(p_k,p_0) < \frac{1}{k} \quad 且 \quad |f(p_k) - A| > \varepsilon_0,$$

即 $p_k \to p_0$, 但 $f(p_k) \nrightarrow A$, 故, 得到矛盾, 充分性得证.

正如一元函数的 Heine 定理, 定理 2.1 主要用于证明极限的不存在性, 但是, 上述定理并非最简, 因为二元函数与一元函数联系更紧密, 所以, 我们给出一个更好用的结论.

定理 2.2　若 $\lim\limits_{(x,y)\to(x_0,y_0)}f(x,y)=A$，则对任意过点 $p_0(x_0,y_0)$ 的连续曲线 $l:y=y(x)$（即 $y(x)$ 是连续函数），沿曲线 l 都成立 $\lim\limits_{x\to x_0}f(x,y(x))=A$.

证明　记点 $p(x,y)$，$p_0(x_0,y_0)$，由于 $\lim\limits_{(x,y)\to(x_0,y_0)}f(x,y)=A$，则对任意 $\varepsilon>0$，存在 $\delta>0$，对一切满足 $0<d(p,p_0)<\delta$ 的 p 都成立

$$|f(p)-A|<\varepsilon.$$

由 $y(x)$ 的连续性，对 $\dfrac{\delta}{2}$，存在 $\delta':\dfrac{\delta}{2}>\delta'>0$，当 $|x-x_0|<\delta'$ 时，有

$$|y(x)-y(x_0)|<\frac{\delta}{2}.$$

由于连续曲线 $l:y=y(x)$ 过点 $p_0(x_0,y_0)$，则 $y(x_0)=y_0$.

因而，当 $|x-x_0|<\delta'$ 时，曲线 l 上的点 $p(x,y(x))$ 和 $p_0(x_0,y_0)$ 满足

$$d(p,p_0)=\sqrt{(x-x_0)^2+(y(x)-y_0)^2}<\delta,$$

故

$$|f(x,y(x))-A|=|f(p)-A|<\varepsilon,$$

因此，$\lim\limits_{x\to x_0}f(x,y(x))=A$.

抽象总结　1) **证明过程总结**　在证明过程中，我们给出了将二元函数离散为一元函数的方法：沿特殊路径(曲线)可以将二元函数降维为一元函数，把这种方法称为特殊路径法或降维方法.

2) **定理应用分析**　此定理的作用和 Heine 定理相同，通常用于处理二元函数重极限的不存在性，体现为如下的推论.

推论 2.1　若存在定理 2.2 中的曲线 l_1,l_2，使得 $\lim\limits_{\substack{(x,y)\to(x_0,y_0)\\(x,y)\in l_i}}f(x,y),i=1,2$ 存在但不相等，则 $\lim\limits_{(x,y)\to(x_0,y_0)}f(x,y)$ 必不存在.

推论 2.2　若存在定理 2.2 中的曲线 l，使得极限 $\lim\limits_{\substack{(x,y)\to(x_0,y_0)\\(x,y)\in l}}f(x,y)$ 不存在，则 $\lim\limits_{(x,y)\to(x_0,y_0)}f(x,y)$ 必不存在.

由上述推论可知，要证明函数的极限不存在，只需找到满足推论的曲线即可，这是解决这类问题的关键；一般来讲，我们尽可能寻找简单的曲线，如直线、抛物线等，当然，必须根据题型结构，具体问题具体分析. 但是，有一个需要遵循的原则是：**选择这样的曲线，使得沿曲线，函数结构尽可能简单；将研究对象结构简单化是解决问题的重要思路，结构越简单越容易处理.**

当然，定理 2.2 中曲线方程可以为其他形式. 条件中的沿曲线 l 的极限形式也

表示为 $\lim\limits_{\substack{(x,y)\to(x_0,y_0)\\(x,y)\in l}} f(x,y)$ 或 $\lim\limits_{\substack{x\to x_0\\y=y(x)}} f(x,y)$ 或 $\lim\limits_{x\to x_0} f(x,y)|_l$.

下面, 通过例子说明结论的应用.

例 7 证明函数 $f(x,y) = \dfrac{xy}{x^2+y^2}$ 在 $(0,0)$ 的重极限不存在.

结构分析 从函数结构看, 难点出现在分母上, 分母为两个不同变量的和, 处理问题的出发点是能否选择满足定理2.2的曲线, 使得沿此曲线, 将不同的部分合并, 以简化结构, 显然, 对本例, 这样的曲线存在, 最简单的就是直线 $y=kx$.

解 沿直线 $y=kx$ 考虑对应的极限, 由于

$$\lim\limits_{\substack{x\to 0\\y=kx}} f(x,y) = \lim\limits_{x\to 0}\frac{x\cdot kx}{x^2+k^2x^2} = \frac{k}{1+k^2},$$

显然, k 取不同值时, 上述极限有不同的结果, 故相应的重极限不存在.

总结 从另外的角度对函数 $f(x,y) = \dfrac{xy}{x^2+y^2}$ 进行结构分析: 函数是有理式结构; 从形式上看, 分子和分母是等幂的二元多项式结构; 对具有这样结构特点的函数沿直线可以对函数进行简化.

例 8 考察 $f(x,y) = \begin{cases} 1, & 0<y<x^2, \\ 0, & \text{其他} \end{cases}$, 在点 $p_0(0,0)$ 处的极限的存在性(图 13-1).

结构分析 从函数结构看, 类似于一元函数的分段函数结构, 从函数的"分段定义"的结构看, 应在表达式对应的不同区域内分别选择曲线.

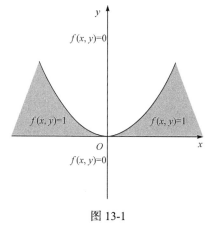

图 13-1

解 取抛物线 $y=kx^2$, 其中 $0<k<1$, 则此抛物线完全落在区域 $\{(x,y):0<y<x^2\}$, 因而 $\lim\limits_{\substack{x\to 0\\y=kx^2}} f(x,y) = \lim\limits_{x\to 0} 1 = 1$; 另外,

取半直线 $y=kx$, 则不论 k 取何值, 当 x 充分小时, 直线总落在使 $f(x,y)=0$ 的区域, 因而,

$$\lim\limits_{\substack{x\to 0\\y=kx}} f(x,y) = \lim\limits_{x\to 0} 0 = 0,$$

故 $\lim\limits_{(x,y)\to(0,0)} f(x,y)$ 不存在.

抽象总结 我们把上述讨论重极限不存在的方法称为特殊路径法, 这是证明重极限不存在的主要方法.

在处理多元函数的极限时, 通常有两类题目: 计算重极限和讨论重极限的存在性, 对重极限的计算, 目的明确, 只需利用各种计算方法和技术进行计算即可;

对讨论重极限存在性的题目, 难度相对大, 因为答案不确定, 极限可能存在, 也可能不存在, 当然, 就这类题目的提法而言, 一般向不存在的方向考虑; 处理的技术方法通常有:

1) 先通过简单特殊的路径确定可能的极限值, 然后验证这个值是否就是极限.

2) 当确定极限不存在后, 通过选择不同的路径, 利用沿不同的路径对应的极限值不同, 证明重极限的不存在性.

3) 当题目较复杂时, 要求选择的特殊路径也复杂, 此时, 选择路径的出发点是尽可能使题目中复杂的因子(特别是分母)简单化, 多个因子通过特殊的路径能够合并, 如例 7, 通过路径 $y = kx$, 将分母的两项和 $x^2 + y^2$ 合并为一项.

4) 当给出的函数是 "分段" 函数(对二元函数实际是分片函数), 尽可能通过不同的定义区域选择相应的路径, 得到不同的极限, 如例 8.

5) 常用的特殊路径有直线(坐标轴)、抛物线等.

例 9　考察 $f(x,y) = \dfrac{xy}{x+y}$ 在点 $p_0(0,0)$ 处的极限.

结构分析　函数结构: 有理式结构, 从形式上看, 分子是二阶(次)项, 分母是一阶(次)项, 从单元函数的极限看, 应有 $\dfrac{xy}{x+y} \to 0$. 但事实并非如此, 此函数具有特殊的结构, 即在直线 $y + x = 0$ 上函数没有定义, 或者说函数在此直线上产生奇性, 即函数具有奇异线, 这种函数结构更复杂, 一方面, 我们前述关于函数重极限的定义不适于此类型的函数, 需要推广函数重极限的定义; 另一方面, 函数在奇异线附近具有复杂的性质, 需要新的技术方法进行处理.

首先, 我们推广重极限的定义.

定义 2.2″　设 $f(p)$ 在区域 D 上有定义, $p_0 \in D'$, 若存在实数 A, 使得对任意 $\varepsilon > 0$, 存在 $\delta > 0$, 对任意的 $p \in D$ 且 $0 < d(p,p_0) < \delta$, 都成立

$$|f(p) - A| < \varepsilon,$$

称 $f(p)$ 在 p_0 点存在极限, 称 A 是 $f(p)$ 在 p_0 点的极限, 记作 $\lim\limits_{p \to p_0} f(p) = A$ 或简记为 $f(p) \to A\,(p \to p_0)$.

此定义将函数重极限的定义推广到具有奇异线的函数上.

对具有奇异线结构的函数, 处理的主要方法是扰动法, 即沿奇异线附近选择曲线(在奇异线附近进行扰动), 使奇异项结构简化, 从而简化函数结构.

方法　选取的特殊路径为 $x + y = x^k$, $k > 0$, 将此路径与奇异线 $x + y = 0$ 进行对比, 相当于将右端的 0 变为扰动项 x^k, 这种方法称为扰动法.

解 对 $k > 0$, 连续曲线 $y = -x + x^k$ 过点 $p_0(0,0)$, 而且

$$\lim_{\substack{x \to 0 \\ y = x^k - x}} f(x,y) = \lim_{x \to 0} \frac{x(x^k - x)}{x^k} = \lim_{x \to 0}(x - x^{2-k}) = \begin{cases} 0, & 0 < k < 2, \\ -1, & k = 2, \end{cases}$$

故 $\lim\limits_{(x,y) \to (0,0)} f(x,y)$ 不存在.

此例表明多元函数的极限要比一元函数的极限复杂得多, 不能从形式上简单下结论, 形式上的阶并不是真正的阶, 换句话说, 沿不同的曲线会改变形式上的阶; 体现了一元函数和多元函数的差异; 同时, 扰动法是处理具有奇异线结构的函数极限的重要方法, 要深刻理解和把握, 但是, 选择扰动曲线时一定要注意, 曲线要有意义, 一定要过点 p_0.

总结 通过上述例子总结, 研究重极限不存在的方法为特殊路径法和扰动法.

4. 非正常极限

非正常极限指的是极限值为无穷或者是无穷远处的极限(变量趋向于无穷远处), 无穷又分为正无穷、负无穷、无穷, 对 n 元函数, 自变量的个数有 n 个, 自变量趋于无穷远处时, 可以是某个分量趋于无穷, 因此, 多元函数的非正常极限有不同的具体形式, 我们只以个别形式为例加以说明.

（Ⅰ） $\lim\limits_{p \to p_0} f(p) = +\infty$ 的情形

定义 2.3 设多元函数 $f(p)$ 在 $\overset{\circ}{U}(p_0)$ 内有定义, 若对任意的实数 $M > 0$, 存在 $\delta > 0$, 当 $p \in \overset{\circ}{U}(p_0)$ 且 $0 < d(p,p_0) < \delta$ 时, 成立

$$f(p) > M,$$

称 $f(p)$ 当 $p \to p_0$ 时发散到正无穷, 简记为 $\lim\limits_{p \to p_0} f(p) = +\infty$.

类似定义 $\lim\limits_{p \to p_0} f(p) = -\infty$ 和 $\lim\limits_{p \to p_0} f(p) = \infty$.

例 10 证明 $\lim\limits_{(x,y) \to (0,0)} \dfrac{1}{x^2 + xy + y^2} = \infty$.

结构分析 题型: 非正常重极限的结论验证; 类比已知: 定义法验证; 具体方法: 缩小法; 与放大法的思想基本一致, 是通过缩小, 分离出相应的项 $d(p,p_0)$, 只是这样的项出现在分母上.

证明 记 $p(x,y)$, $p_0(0,0)$, 由于

$$|x^2 + y^2 + xy| \leqslant x^2 + y^2 + |xy| \leqslant 2(x^2 + y^2),$$

则

$$\left|\frac{1}{x^2+xy+y^2}\right| \geqslant \frac{1}{2(x^2+y^2)} = \frac{1}{2d^2(p,p_0)},$$

故，对 $\forall M > 0$，取 $\delta = \dfrac{1}{2\sqrt{M}} > 0$，当 $p(x,y) \in \overset{\circ}{U}(p_0,\delta)$ 时，有

$$\left|\frac{1}{x^2+xy+y^2}\right| \geqslant \frac{1}{2(x^2+y^2)} \geqslant \frac{1}{2\delta^2} > M,$$

故 $\lim\limits_{(x,y)\to(0,0)} \dfrac{1}{x^2+xy+y^2} = \infty$.

（Ⅱ）无穷远处的极限

无穷远处的极限形式较多，我们以二元函数为例，给出 $\lim\limits_{(x,y)\to(x_0,+\infty)} f(x,y) = A$ 形式的定义，其他形式的定义可以类似给出.

定义 2.4 若对任意的 $\varepsilon > 0$，存在 $M > 0$，当 $|x-x_0| < \dfrac{1}{M}$，$y > M$ 时，成立

$$|f(x,y) - A| < \varepsilon,$$

称 A 为 $f(x,y)$ 当 $(x,y) \to (x_0,+\infty)$ 时的极限，记为 $\lim\limits_{(x,y)\to(x_0,+\infty)} f(x,y) = A$.

例 11 证明 $\lim\limits_{(x,y)\to(1,+\infty)} y\sin\dfrac{1}{x+y} = 1$.

结构分析 函数结构含有 $\sin\dfrac{1}{x+y}$ 或 $\sin 0$ 结构的因子，类比已知需要用到重要极限 $\lim\limits_{x\to0}\dfrac{\sin x}{x}=1$，为借用这个结论，可以考虑用形式统一方法，我们对 $\left|y\sin\dfrac{1}{x+y}-1\right|$ 进行放大，分析如下：

$$\left|y\sin\frac{1}{x+y}-1\right| = \left|\frac{y}{x+y}\frac{\sin(x+y)^{-1}}{(x+y)^{-1}}-1\right|$$

$$= \left|\frac{y}{x+y}\left(\frac{\sin(x+y)^{-1}}{(x+y)^{-1}}-1\right)+\frac{y}{x+y}-1\right|$$

$$\leqslant \left|\frac{y}{x+y}\left(\frac{\sin(x+y)^{-1}}{(x+y)^{-1}}-1\right)\right|+\left|\frac{x}{x+y}\right|,$$

由定义，控制变量的形式是 $|x-1| < \dfrac{1}{M}$ 和 $y > M$，因此，要分离的因子形式是 $|x-1|, y$，为此，需要将其他的项用常数来控制，保留要分离的因子即可.

证明 对任意的 $\varepsilon > 0$ ，由于 $\lim\limits_{t \to 0} \dfrac{\sin t}{t} = 1$ ，因而，存在 $\delta \in (0,1)$ ，当 $0 < |t| < \delta$ 时，有

$$\left| \frac{\sin t}{t} - 1 \right| < \varepsilon .$$

取 $M = \dfrac{1}{\varepsilon}$ ，则当 $|x - 1| < \dfrac{1}{M}$ ， $y > M$ 时，

$$\left| \frac{y}{x+y} \right| = \frac{y}{x+y} \leqslant 1,$$

$$\left| \frac{x}{x+y} \right| = \frac{x}{x+y} \leqslant \frac{2}{y} \leqslant \frac{2}{M} < 2\varepsilon,$$

因而，

$$\left| y \sin \frac{1}{x+y} - 1 \right| \leqslant \left| \frac{\sin(x+y)^{-1}}{(x+y)^{-1}} - 1 \right| + \frac{2}{y} < 3\varepsilon ,$$

故 $\lim\limits_{(x,y) \to (1,+\infty)} y \sin \dfrac{1}{x+y} = 1$.

证明过程中，因子 $|x-1|$ 的作用并不明显，只是用来保证 $0 < x < 2$ ，没有用到这个因子充分小，事实上，对本题而言，将点 $(1, +\infty)$ 改变为任意的 $(A, +\infty)$ ，结论都成立.

三、累次极限

我们将一元函数的极限推广到多元函数，引入了重极限的概念，体现了一元函数和多元函数在极限中的共性；另外，可以设想，随着变量个数的增加，也必然带来极限方面的区别. 下面，我们仍以二元函数为例讨论这些区别.

首先，我们指出：多元函数可以通过适当地限制变元的取值范围(限制定义域)降元为低维的多元函数；通过这种方法可以利用低维的多元函数的性质讨论高维的多元函数的性质. 如给定一个二元函数 $f(x, y)$ ，给定一条曲线 $l: y = y(x)$ ，则沿曲线 l ，二元函数降元为一元函数，即 $f(x,y)|_l = f(x, y(x))$ ；因此，可以利用一元函数 $f(x, y(x))$ 的某些性质研究二元函数 $f(x, y)$ 的某些性质，达到化未知为已知的目的. 特殊的情形是：若固定其中的一个变元，如取 $x = x_0$ ，相当于取直线 $l: x = x_0$ ，此时 $f(x, y)$ 降为一元函数 $f(x_0, y)$ ，即沿平面直线，二元函数降元为一元函数；同样，如果固定 $y = y_0$ ， $f(x, y)$ 降为另一一元函数 $f(x, y_0)$. 类似地，由于空间直线的参数方程一般形式为 $x = x(t), y = y(t), z = z(t)$ ，因而，三元函数

$f(x,y,z)$ 沿空间直线降为一元函数 $f(x(t),y(t),z(t))$；由于空间曲面的参数方程一般形式为 $x=x(u,v),y=y(u,v),z=z(u,v)$，因而，三元函数 $f(x,y,z)$ 沿空间曲面降为二元函数 $f(x(u,v),y(u,v),z(u,v))$.我们把这种转化称为函数的降元. 前述的定理 2.2 和推论 2.1 及推论 2.2 正是利用这种降元思想，将二元函数的重极限与降元后的一元函数的极限相关联，从而，利用一元函数的极限理论研究二元函数的重极限问题，这也正是化未知为已知的研究思想的应用与体现；同时，由于高维的多元函数可以用无限多种方式降元为多个低维的多元函数，因此，也可以借助整体与部分的关系，利用已知的低维的多元函数的性质研究多元函数的性质.

利用上述思想和方法，我们研究多元函数的重极限，引入重极限不存在性证明的累次极限法. 我们以二元函数为例，首先通过特殊的方式将二元函数降元为一元函数，考察对应的一元函数的极限，引入累次极限.

考虑二元函数 $f(x,y)$.首先，固定某个变量比如 y，相当于沿直线 $y=$ 常数，此时二元函数 $f(x,y)$ 降元为变元 x 的一元函数 $f(x,y)$，对此一元函数，考虑如下的一元函数的极限：$\lim\limits_{x\to x_0}f(x,y)$，若此极限存在，这个极限与 y 有关，记 $\lim\limits_{x\to x_0}f(x,y)=\varphi(y)$；$\varphi(y)$ 也是一元函数，再次考虑一元函数的极限 $\lim\limits_{y\to y_0}\varphi(y)$，如果此极限存在，由此确定一个极限值. 这个过程相当于对二元函数 $f(x,y)$ 分别依次求两个不同的一元函数极限的过程，这样的极限显然不同于重极限，称为累次极限.

定义 2.5 设 $f(x,y)$ 在 $\mathring{U}(p_0)\,(p_0=(x_0,y_0))$ 中有定义，若对任一固定的 $y\neq y_0$，存在极限 $\lim\limits_{x\to x_0}f(x,y)=\varphi(y)$，同时，存在极限 $\lim\limits_{y\to y_0}\varphi(y)=A$，称 A 为 $f(x,y)$ 在 $p_0(x_0,y_0)$ 点的先对 x，再对 y 的累(二)次极限，记为 $\lim\limits_{y\to y_0}\lim\limits_{x\to x_0}f(x,y)=A$.

注 固定 $y\neq y_0$，$\varphi(y)$ 可以在 y_0 点没有定义.

类似地，我们可以定义另一个累次极限 $\lim\limits_{x\to x_0}\lim\limits_{y\to y_0}f(x,y)=B$，因此，二元函数的两个累次极限是对同一个二元函数的不同顺序的两个一元函数的极限；多元函数的累次极限就是将多元函数依次视为一元函数，依次对相应的变量的求极限的过程. 如对三元函数 $f(x,y,z)$，可定义 $\lim\limits_{x\to x_0}\lim\limits_{y\to y_0}\lim\limits_{z\to z_0}f(x,y,z)$ 及其他的 5 个累次极限.

由于累次极限的实质是一元函数的极限，其计算相对容易.

例 12 求 $f(x,y)=\dfrac{x+y+xy+x^2+y^2}{x+y}$ 在 $(0,0)$ 点的两个累次极限.

解　固定 $y \neq 0$，则

$$\lim_{x \to 0} f(x,y) = \lim_{x \to 0} \frac{x+y+xy+x^2+y^2}{x+y} = \frac{y+y^2}{y} = 1+y,$$

因而 $\lim\limits_{y \to 0} \lim\limits_{x \to 0} f(x,y) = 1$.

同样，$\lim\limits_{x \to 0} \lim\limits_{y \to 0} f(x,y) = 1$.

这样，对多元函数，我们就引入了两种极限：重极限和累次极限. 因此，很自然地要考虑的问题是：重极限和累次极限二者的关系如何？累次极限间的关系如何？先看几个例子.

例 13　考察 $f(x,y) = \begin{cases} x \sin\dfrac{1}{y} + y \sin\dfrac{1}{x}, & (x,y) \neq (0,0), \\ 0, & (x,y) = (0,0) \end{cases}$ 在 $(0,0)$ 的重极限和二

次极限.

解　计算重极限：由于 $|f(x,y)| \leqslant |x| + |y|$，故 $\lim\limits_{(x,y) \to (0,0)} f(x,y) = 0$.

计算累次极限：固定 $x \neq 0$，由于 $\lim\limits_{y \to 0} y \sin\dfrac{1}{x} = 0$，但 $\lim\limits_{y \to 0} x \sin\dfrac{1}{y}$ 不存在，故

$\lim\limits_{y \to 0} f(x,y)$ 不存在，因而，$\lim\limits_{x \to 0} \lim\limits_{y \to 0} f(x,y)$ 不存在；同样，$\lim\limits_{y \to 0} \lim\limits_{x \to 0} f(x,y)$ 也不存在.

本例表明，**重极限存在，累次极限可以不存在.**

例 14　考察 $f(x,y) = \dfrac{xy}{x^2+y^2}$ 在 $(0,0)$ 的二次极限和重极限.

解　易计算 $\lim\limits_{y \to 0} \lim\limits_{x \to 0} f(x,y) = \lim\limits_{x \to 0} \lim\limits_{y \to 0} f(x,y) = 0$；由例 7 可知，此函数的重极限不存在.

例 7 和例 14 表明：**累次极限存在且相等，而重极限可以不存在.**

例 15　考察 $f(x,y) = \dfrac{x^2 y^2}{x^2+y^2}$ 在 $(0,0)$ 的二次极限和重极限.

解　易计算 $\lim\limits_{y \to 0} \lim\limits_{x \to 0} f(x,y) = \lim\limits_{x \to 0} \lim\limits_{y \to 0} f(x,y) = 0$.

利用 Cauchy 不等式 $2xy \leqslant x^2 + y^2$，则

$$\left| \frac{x^2 y^2}{x^2+y^2} \right| \leqslant \frac{1}{2} |xy|, \quad (x,y) \neq (0,0),$$

故 $\lim\limits_{(x,y) \to (0,0)} f(x,y) = 0$.

此例表明，**重极限和累次极限都存在且相等.**

注　对例 15, 研究重极限的下述方法错在何处: 取曲线 l: $y^2 = -x^2 + x^k$, 则沿此曲线, 当 $x \to 0$ 时, 有

$$f(x, y)|_l = \frac{x^2(-x^2 + x^k)}{x^k} = -x^{4-k} + x^2 \to \begin{cases} 0, & k < 4, \\ -1, & k = 4, \\ 不存在, & k > 4, \end{cases}$$

故重极限不存在.

上述几个例子似乎表明: 二重极限和二次极限没有关系, 因为重极限存在时, 累次极限不一定存在, 而累次极限存在时, 重极限也不一定存在. 这揭示了二者之间的区别, 但从另一角度考虑, 重极限和累次极限是对同一函数的极限行为, 二者应该有联系, 事实上, 成立如下结论.

定理 2.3　若 $f(x, y)$ 在 (x_0, y_0) 存在二重极限 $\lim\limits_{(x,y) \to (x_0, y_0)} f(x, y)$ 和累次极限 $\lim\limits_{x \to x_0} \lim\limits_{y \to y_0} f(x, y)$, 则二者必相等, 即

$$\lim_{(x,y) \to (x_0, y_0)} f(x, y) = \lim_{x \to x_0} \lim_{y \to y_0} f(x, y).$$

简析　由于只有极限的定义可用, 必须利用定义, 借助函数本身建立两个极限间的关系.

证明　**法一**　设 $\lim\limits_{(x,y) \to (x_0, y_0)} f(x, y) = A$, 由定义, 则, 对任意的 $\varepsilon > 0$, 存在 $\delta > 0$, 使对任意 $p(x, y) \in \overset{\circ}{U}(p_0, \delta)$ ($p_0 = (x_0, y_0)$), 成立

$$|f(x, y) - A| < \varepsilon / 2,$$

故, 对任意满足 $0 < |x - x_0| < \dfrac{\delta}{2}$ 的 x, 由于 $\lim\limits_{x \to x_0} \lim\limits_{y \to y_0} f(x, y)$ 存在, 因而, 对上述 x, $\lim\limits_{y \to y_0} f(x, y) = \varphi(x)$ 存在, 因此, 在上式中, 对固定的 x, 令 $y \to y_0$, 则

$$|\varphi(x) - A| \leqslant \varepsilon / 2 < \varepsilon, \quad \forall x: 0 < |x - x_0| < \frac{\delta}{2},$$

故 $\lim\limits_{x \to x_0} \varphi(x) = A$, 因而 $\lim\limits_{x \to x_0} \lim\limits_{y \to y_0} f(x, y) = A$.

注　注意观察下述证明, 分析证明过程是否合适.

法二　设 $\lim\limits_{(x,y) \to (x_0, y_0)} f(x, y) = A$, 则对任意 $\varepsilon > 0$, 存在 $\delta > 0$, 使对任意 $p(x, y) \in \overset{\circ}{U}(p_0, \delta)$ ($p_0 = (x_0, y_0)$), 成立

$$|f(x, y) - A| < \frac{\varepsilon}{2}, \tag{1}$$

任取固定的 $x \in U(x_0, \delta / \sqrt{2})$, 则对任意的 $y_i \in U(y_0, \delta / \sqrt{2})$, $i = 1, 2$, 对应 $(x, y_i) \in$

$\overset{\circ}{U}(p_0,\delta)$，故

$$|f(x,y_1)-f(x,y_2)|\leqslant|f(x,y_1)-A|+|f(x,y_2)-A|<\varepsilon,$$

因而对固定的 x: $|x-x_0|<\delta/\sqrt{2}$，$\lim\limits_{y\to y_0}f(x,y)$ 存在，记为 $\lim\limits_{y\to y_0}f(x,y)=\varphi(x)$. 由 (1)式，固定 x 后，令 $y\to y_0$，则

$$|\varphi(x)-A|\leqslant\frac{\varepsilon}{2}<\varepsilon, \qquad (2)$$

由于(2)式对任意的 $x\in U(x_0,\delta/\sqrt{2})$ 都成立，因而 $\lim\limits_{x\to x_0}\varphi(x)=A$，故

$$\lim_{x\to x_0}\lim_{y\to y_0}f(x,y)=A.$$

注　因为没有用到累次极限 $\lim\limits_{x\to x_0}\lim\limits_{y\to y_0}f(x,y)$ 存在的条件，上述证明是错误的，错误的原因在于没有正确利用 Cauchy 收敛准则: 利用 Cauchy 收敛准则证明 $\lim\limits_{y\to y_0}f(x,y)$ 的存在性时，应先固定 x，再验证对任意的 $\varepsilon>0$，存在 $\delta>0$，使 $y',y''\in\overset{\circ}{U}(y_0,\delta)$ 时有 $|f(x,y')-f(x,y'')|<\varepsilon$，因此，应先给定 x，再给出 $\varepsilon>0$，因而，x 与 ε 应该是无关的. 但上述证明过程，顺序正好相反，因而，x 与 $\varepsilon>0$ 有关，因此，错误在于没有正确运用 Cauchy 收敛准则.

定理2.3在重极限和一个累次极限存在的条件下，给出了二者之间的关系，但对另一个累次极限没有任何结论，可能存在，也可能不存在，换句话说，一个累次极限不存在并不能保证重极限不存在，如 $f(x,y)=y\sin\dfrac{1}{x}$.

定理 2.3 给出了两类极限之间的联系，容易得到下面推论.

推论 2.3　若累次极限 $\lim\limits_{x\to x_0}\lim\limits_{y\to y_0}f(x,y)$，$\lim\limits_{y\to y_0}\lim\limits_{x\to x_0}f(x,y)$ 和重极限 $\lim\limits_{(x,y)\to(x_0,y_0)}f(x,y)$ 都存在，则三者必相等.

推论 2.3 给出了两个二次极限可换序的条件. 由此得到判断重极限不存在的一个简单方法.

推论 2.4　若两个累次极限存在但不相等，则重极限必不存在.

例 16　考察 $f(x,y)=\dfrac{x^2-y^2+x^3+y^3}{x^2+y^2}$ 在 $(0,0)$ 的重极限和二次极限.

解　易计算 $\lim\limits_{y\to 0}\lim\limits_{x\to 0}f(x,y)=-1$，$\lim\limits_{x\to 0}\lim\limits_{y\to 0}f(x,y)=1$，二者存在，但不相等，故重极限不存在.

例 16 也可以利用特殊路径法证明重极限不存在，只需考察函数沿路径 $y=kx$ 的极限即可.

总结 至此, 我们已经得到判断重极限不存在的方法有特殊路径法——适用于简单结构的函数; 扰动法——适用于具有奇异线的复杂函数; 累次极限法——适用于两个累次极限都存在的较为简单的函数. 这些方法都要熟练掌握.

习 题 13.2

1. 用定义证明下列极限问题:

1) $\lim\limits_{(x,y)\to(0,0)}(\sqrt{1+x}-\sqrt{1+y})=0$;

2) $\lim\limits_{(x,y)\to(0,0)}(\sqrt{1+x^2+y^2}+1)=2$;

3) $\lim\limits_{(x,y)\to(0,0)}\dfrac{1+x^2+y^2}{x^2+y^2}=+\infty$;

4) $\lim\limits_{(x,y)\to(+\infty,+\infty)}xye^{-(x^2+y^2)}=0$;

5) $\lim\limits_{(x,y)\to(0,0)}\dfrac{\sin(x^2+y^2)}{|x|+|y|}=0$;

6) $\lim\limits_{(x,y)\to(0,+\infty)}y\sin\dfrac{x+1}{y}=1$.

2. 计算下列极限:

1) $\lim\limits_{(x,y)\to(0,0)}\dfrac{x^2y}{x^2+|y|}$;

2) $\lim\limits_{(x,y)\to(0,0)}\dfrac{1}{xy}\ln(1+x^2y^2)$;

3) $\lim\limits_{(x,y)\to(0,0)}xy\ln(x^2+y^2)$;

4) $\lim\limits_{(x,y)\to(0,0)}\dfrac{\ln(1+x^2+y^2)}{\sqrt{1+x^2+y^2}-1}$;

5) $\lim\limits_{(x,y)\to(0,0)}\dfrac{\ln(x^2+e^{y^2})}{1-\cos\sqrt{x^2+y^2}}$;

6) $\lim\limits_{(x,y)\to(0,0)}(x^2+y^2)^{|xy|}$;

7) $\lim\limits_{(x,y)\to(\infty,\infty)}\dfrac{x+y}{x^2-xy+y^2}$;

8) $\lim\limits_{(x,y)\to(+\infty,+\infty)}\dfrac{(1+x^2y^2)}{e^{xy}}$.

3. 讨论下列函数在(0, 0)点的重极限的存在性:

1) $f(x,y)=\dfrac{x^2+y^3}{x+y}$;

2) $f(x,y)=\dfrac{x^2y}{x^3+y^3}$;

3) $f(x,y)=\dfrac{x^4y^2}{x^5+y^{10}}$;

4) $f(x,y)=\dfrac{x^4+y^3}{x^4-y^3}$;

5) $f(x,y)=\dfrac{x+y}{x^2+(x-y)^2+y}$;

6) $f(x,y)=\dfrac{x+y+xy+x^2+y^2}{x+y}$.

4. 给出下列表达式的定义:

1) $\lim\limits_{(x,y)\to(x_0,y_0)}f(x,y)=\infty$;

2) $\lim\limits_{(x,y)\to(x_0,+\infty)}f(x,y)=\infty$;

3) $\lim\limits_{(x,y)\to(-\infty,+\infty)}f(x,y)=A$.

5. 讨论下列函数在(0, 0)点的重极限和累次极限的存在性:

1) $f(x,y)=\dfrac{xy}{x+y}$;

2) $f(x,y)=(x+y^2)\sin\dfrac{1}{x}\sin\dfrac{1}{y^2}$;

3) $f(x,y)=\dfrac{x^2}{x+y}$;

4) $f(x,y)=x\ln(1-\cos x)\sin\dfrac{1}{y}$.

6. 设定义在 $\mathbf{R}^2$ 上的函数 $f(x,y)$ 满足: 存在极限 $\lim\limits_{y\to y_0}f(x,y)=g(x)$, 且 $\lim\limits_{x\to x_0}f(x,y)=h(y)$

关于 y 一致成立, 即对任意的 $\varepsilon > 0$, 存在与 y 无关的 $\delta = \delta(x_0, \varepsilon) > 0$, 当 $|x - x_0| < \delta$ 时, 成立

$$|f(x, y) - h(y)| < \varepsilon, \quad \forall y.$$

证明: $\lim\limits_{y \to y_0} \lim\limits_{x \to x_0} f(x, y) = \lim\limits_{x \to x_0} \lim\limits_{y \to y_0} f(x, y)$.

13.3　多元函数的连续性与一致连续性

一、多元函数的连续性

将一元函数连续性进行自然推广, 就得到多元函数的连续性.

定义 3.1　设多元函数 $f(x)$ 在 $U(x_0)$ 内有定义, 若 $\lim\limits_{x \to x_0} f(x) = f(x_0)$, 则称 $f(x)$ 在 x_0 点连续.

显然, 连续性是由重极限来定义的, 与累次极限无关.

连续性是局部概念, 通过每一点的连续性很容易将定义推广到区域连续性.

假设多元函数 $f(x)$ 在开集区域 D 内有定义, 若 $f(x)$ 在 D 内每一点连续, 则称 $f(x)$ 在 D 内连续, 记为 $f(x) \in C(D)$.

对含有边界点的集合, 可以类似于一元函数的左、右连续性, 引入多元函数在边界点处的连续性: 假设 $x_0 \in \partial D$ 为 D 的边界点, 若 $\lim\limits_{\substack{x \to x_0 \\ x \in D}} f(x) = f(x_0)$, 则称 $f(x)$ 在边界点 x_0 处连续.

有了边界点处的连续性定义, 就可以定义任意集合上多元函数的连续性.

类似单元函数的连续性, 可以建立多元函数的连续性运算法则, 略去.

例 1　讨论函数 $f(x, y) = \tan(x^2 + y^2)$ 的连续性.

简析　类似一元函数, 此函数为初等函数, 只需讨论其在定义域上的连续性.

解　由于其定义域为 $\left\{(x, y) : x^2 + y^2 \neq k\pi + \dfrac{\pi}{2}\right\}$, 因而, 函数的不连续点为 $\left\{(x, y) : x^2 + y^2 = k\pi + \dfrac{\pi}{2}\right\}$ (系列同心圆), 即此函数在定义域内连续.

由于对多元函数的连续性的讨论本质上是对函数重极限的讨论, 对一般的例子我们不再进行讨论.

我们知道, 对 n 元函数, 固定其中的一个变元就得到一个新的 $n-1$ 元函数, 二者连续性的关系如何? 用定义很容易证明如下结论, 我们以二元函数为例进行说明.

定理 3.1　设 $f(x, y)$ 在 (x_0, y_0) 连续, 则固定 $y = y_0$ 时, 一元函数 $f(x, y_0)$ 在 x_0 点连续; 固定 $x = x_0$ 时, 一元函数 $f(x_0, y)$ 在 y_0 点连续.

注　定理 3.1 的逆不成立, 见下例.

例 2　讨论 $f(x,y)=\begin{cases}0, & xy=0,\\1, & xy\neq0\end{cases}$ 在 $(0,0)$ 点的连续性.

解　显然, $\lim\limits_{(x,y)\to(0,0)}f(x,y)$ 不存在, 故函数在 $(0,0)$ 点不连续.

但若固定 $y=0$, 此时, $f(x,0)=0$, 显然在 $x=0$ 点连续; 同样, 固定 $x=0$, 此时, $f(0,y)=0$, 显然, $f(0,y)$ 在 $y=0$ 点连续, 这种连续性称为一元连续性, 因此, 一元连续性不能保证二元连续性.

自然要问, 增加什么条件能保证定理 3.1 的逆成立?

定理 3.2　设 $f(x,y)$ 在开集 D 内关于变量 x,y 分别连续, 又设 $f(x,y)$ 对 x 连续关于 y 是一致的, 即对任意的 x_0, 对任意的 $\varepsilon>0$, 存在与 y 无关的 $\delta(x_0,\varepsilon)>0$, 使得当 $|x-x_0|<\delta$ 时, 成立

$$|f(x,y)-f(x_0,y)|<\varepsilon,\quad\forall y,$$

则 $f(x,y)$ 在 D 内连续.

简析　只需证明 $f(x,y)$ 在任意的点 $(x_0,y_0)\in D$ 处连续, 等价于证明对任意的 $\varepsilon>0$, 确定仅依赖于 x_0,y_0,ε 的 δ, 当 $(x,y)\in U((x_0,y_0),\delta)$ 时,

$$|f(x,y)-f(x_0,y_0)|<\varepsilon;$$

类比已知相关的条件, 其一为单元连续性, 相当于已知估计

$$|f(x_0,y)-f(x_0,y_0)|<\varepsilon,$$

或

$$|f(x,y_0)-f(x_0,y_0)|<\varepsilon,$$

显然, 需利用插项技术建立它们之间的联系, 但是, 具体插项方法不唯一, 如

$$|f(x,y)-f(x_0,y_0)|\leqslant|f(x,y)-f(x_0,y)|+|f(x_0,y)-f(x_0,y_0)|,$$

或

$$|f(x,y)-f(x_0,y_0)|\leqslant|f(x,y)-f(x,y_0)|+|f(x,y_0)-f(x_0,y_0)|,$$

因此, 必须利用第二个条件选择适当的插项方法, 可以体会下面的插项方法, 总结两种插项方法的不同.

证明　对任意的 $(x_0,y_0)\in D$, 对任意的 $\varepsilon>0$, 由 $f(x,y)$ 对单个变元的连续性, 则 $\lim\limits_{y\to y_0}f(x_0,y)=f(x_0,y_0)$, 因而, 存在 $\delta_1=\delta_1(x_0,y_0,\varepsilon)>0$, 当 $|y-y_0|<\delta_1$ 时, 成立

$$|f(x_0,y)-f(x_0,y_0)|<\varepsilon.$$

又, $f(x,y)$ 对 x 连续关于 y 是一致的, 存在与 y 无关的 $\delta_2=\delta_2(x_0,\varepsilon)>0$, 使得当 $|x-x_0|<\delta_2$ 时, 成立

$$|f(x, y) - f(x_0, y)| < \varepsilon, \quad \forall y .$$

因而, 取 $\delta = \min\{\delta_1, \delta_2\}$, 当 $|x - x_0| < \delta$, $|y - y_0| < \delta$ 时,

$$|f(x, y) - f(x_0, y_0)| < |f(x, y) - f(x_0, y)| + |f(x_0, y) - f(x_0, y_0)| < 2\varepsilon,$$

故, $f(x, y)$ 在 (x_0, y_0) 点连续. 由 $(x_0, y_0) \in D$ 的任意性, 则 $f(x, y)$ 在区域 D 内连续.

除上述定理中的条件外, 还有其他的条件形式, 如"关于一个变元连续, 关于另一个变元单调"或"关于一个变元连续, 关于另一个变元满足 Lipschitz 条件"等(见课后习题).

二、一致连续

将一元函数的一致连续性推广到多元函数. 给定多元函数 $f(x)$.

定义 3.2 设 $f(x)$ 在区域 D 上有定义, 若对任意的 $\varepsilon > 0$, 存在 $\delta > 0$, 使得对 $\forall p_1, p_2 \in D$ 且 $d(p_1, p_2) < \delta$ 都成立

$$|f(p_1) - f(p_2)| < \varepsilon ,$$

称 $f(x)$ 在 D 上一致连续.

和一元函数的一致连续性相同, 与连续性相比, 一致连续具有整体概念的属性, 在研究一致连续性时, 一定要注意这一点.

一致连续性是函数的非常重要的分析性质, 必须熟练掌握具体函数一致连续性的判断方法. 由于具有与极限的定义相似的结构, 用定义判断具体函数的一致连续性的基本方法仍然是放大法, 此方法的基本思路是从 $|f(p_1) - f(p_2)|$ 项中分离出 $d(p_1, p_2)$, 从而可进一步用 δ 来控制, 并因而由 ε 确定 δ, 具体的放大过程可以简单表示为

$$|f(p_1) - f(p_2)| \leqslant \cdots \leqslant G(d(p_1, p_2)) ,$$

其中 $G(t)$ 是 $t > 0$ 时的单调递增的正函数, 且 $\lim\limits_{t \to 0^+} G(t) = 0$. 放大过程中的难点是如何甩掉无关项, 分离出 $d(p_1, p_2)$, 进而得到 $G(d(p_1, p_2))$. 放大过程中常用的技术方法有预控制技术、主项控制技术、插项技术等.

例 3 证明: $f(x, y) = x^2 y + xy^2$ 在 $D = [0,1] \times [0,1]$ 上一致连续.

证明 对任意 $\varepsilon > 0$, 取 $\delta = \dfrac{\varepsilon}{6} > 0$, 则对任意 $p_i(x_i, y_i) \in D(i = 1, 2)$ 且 $d(p_1, p_2) < \delta$, 都有

$$
\begin{aligned}
|f(p_1) - f(p_2)| &= |x_1^2 y_1 + x_1 y_1^2 - x_2^2 y_2 - x_2 y_2^2| \\
&= |x_1^2 y_1 - x_1^2 y_2 + x_1^2 y_2 - x_2^2 y_2 + x_1 y_1^2 - x_2 y_1^2 + x_2 y_1^2 - x_2 y_2^2| \\
&\leqslant 3|y_1 - y_2| + 3|x_1 - x_2| \leqslant 6d(p_1, p_2) < 6\delta = \varepsilon,
\end{aligned}
$$

故 $f(x,y)$ 在 D 上一致连续.

上述证明过程中主要用到了基于形式统一思想的插项技术.

非一致连续性的证明也是非常重要的. 由于目前我们掌握的相关理论有多元函数一致连续性的定义和一元函数非一致连续性的理论, 因此, 多元函数非一致连续性的研究可以沿两个方向进行: 其一是建立基于定义的、和一元函数非一致连续性理论相似的判别理论, 即特殊点列法; 其二是借用一元函数非一致连续性的结论, 将多元函数, 特别是二元函数的非一致连续性的研究转化为一元函数的非一致连续性, 即直接转化法.

下面, 我们沿着这两个方向给出相应结论.

定理 3.3　$f(x)$ 在 D 上非一致连续的充要条件为: 存在两个点列 $\{p_{1k}\},\{p_{2k}\}$, 使 $d(p_{1k},p_{2k})\to 0$, 但 $|f(p_{1k})-f(p_{2k})|\nrightarrow 0$.

一个更简单的方法是: 将多元函数(特别是二元函数)的非一致连续性的证明转化为相应的一元函数的非一致连续性的证明.

定理 3.4　设二元函数 $f(x,y)$ 在区域 D 上一致连续, 则对任何包含在 D 内的一致连续的简单曲线 $l:y=y(x),x\in I$ (即 $y(x)$ 在 I 上一致连续), $f(x,y)$ 沿曲线 l 所对应的一元函数 $f(x,y(x))$ 在 I 上一致连续.

证明　由于 $f(x,y)$ 在区域 D 上一致连续, 故, 对任意 $\varepsilon>0$, 存在 δ, 当 $p',p''\in D$ 且 $d(p',p'')<\delta$ 时, 成立

$$|f(p')-f(p'')|<\varepsilon.$$

又, $y(x)$ 在 I 上一致连续, 故对 $\dfrac{\delta}{2}$, 存在 $\delta':\dfrac{\delta}{2}>\delta'>0$, 当 $x',x''\in I$ 且 $|x'-x''|<\delta'$ 时,

$$|y(x')-y(x'')|<\dfrac{\delta}{2}.$$

因而, 对任意 $x',x''\in I$, 当 $|x'-x''|<\delta'$ 时, 沿曲线 l, $p'(x',y(x')),p''(x'',y(x''))$ 满足

$$d(p',p'')=\sqrt{(x''-x')^2+(y(x'')-y(x'))^2}<\delta,$$

所以

$$|f(p')-f(p'')|<\varepsilon,$$

故 $f(x,y(x))$ 在 I 上一致连续.

推论 3.1　设二元函数 $f(x,y)$ 在区域 D 上连续, 若存在 D 内的一条一致连续曲线 $l:y=y(x),x\in I$ (I 为一维区间), 使得沿曲线 l, 一元函数 $f(x,y(x))$ 在 I 上非一致连续, 则 $f(x,y)$ 在 D 上非一致连续.

总结　此推论将二元函数的非一致连续性的证明转化为一元函数的非一致连续性的证明,当然,重点是确定推论中的曲线,这就需要结合一元函数的性质选择曲线;和一元函数中"坏点"理论相似,二元函数的非一致连续性也通常由于"坏线"的存在,破坏了一致连续性,因此,利用推论时,先确定"坏线",在"坏线"附近选择相应的曲线.

例4　讨论 $f(x,y)=xy$ 在 $\mathbf{R}^2$ 上的一致连续性.

简析　已知相关形式的一元函数的一致连续性的结论为:在整个实数轴 $\mathbf{R}^1$ 上,一元函数 $f(x)=x^\alpha$,当 $0<\alpha\le 1$ 时一致连续;当 $\alpha>1$ 时非一致连续(坏点为 ∞).利用此结论很容易确定"坏点"和"坏线",形成相应的两种方法.

证明　**法一**　用定理 3.4 证明.由于函数 $y=x$ 在 $\mathbf{R}^1$ 上一致连续,因而,对应的直线 $y=x$ 在 $\mathbf{R}^1$ 上是一致连续的,而沿直线 $y=x$: $f(x,x)=x^2$ 在 $\mathbf{R}^1$ 上非一致连续,故 $f(x,y)=xy$ 在 $\mathbf{R}^2$ 上非一致连续.

法二　用定理 3.3 证明.取点列 $p_{1n}(n,n)$, $p_{2n}\left(n-\dfrac{1}{n},n-\dfrac{1}{n}\right)$,则

$$d(p_{1n},p_{2n})=\left[\frac{1}{n^2}+\frac{1}{n^2}\right]^{1/2}=\frac{\sqrt{2}}{n}\to 0,$$

但 $|f(p_{1n}-p_{2n})|=\left[n^2-\left(n-\dfrac{1}{n}\right)^2\right]=2+\dfrac{1}{n^2}\to 2$,故 $f(x,y)=xy$ 在 $\mathbf{R}^2$ 上非一致连续.

习　题　13.3

1. 讨论下列函数的连续性:

1) $f(x,y)=\begin{cases}x(x^2+y^2)^{-\alpha}, & (x,y)\ne(0,0),\\ 0, & (x,y)=(0,0);\end{cases}$　　2) $f(x,y)=\begin{cases}\dfrac{\sin xy}{y}, & y\ne 0,\\ 0, & y=0;\end{cases}$

3) $f(x,y)=\begin{cases}\dfrac{\sin x-\sin y}{x-y}, & x\ne y,\\ \cos x, & x=y.\end{cases}$

2. 设 $f(x,y)$ 在区域 D 内关于变量 x,y 分别连续,又设 $f(x,y)$ 满足下列条件之一:

1) $f(x,y)$ 对 y 连续关于 x 是一致的,即对任意的 y_0,对任意的 $\varepsilon>0$,存在与 x 无关的 $\delta(y_0,\varepsilon)>0$,使得当 $|y-y_0|<\delta$ 时,成立

$$|f(x,y)-f(x,y_0)|<\varepsilon,\quad\forall x;$$

2) $f(x,y)$ 对变量 y 的 Lipschitz 连续性关于 x 是一致的,即存在常数 L,使得对任意的 x, y_1,

y_2，成立

$$|f(x,y_1)-f(x,y_2)|<L|y_1-y_2|;$$

3）对固定的 x，$f(x,y)$ 关于 y 是单调的. 证明：$f(x,y)$ 在区域 D 内连续.

3. 讨论 $f(x,y)=\dfrac{1}{1-xy}$ 在 $D=[0,1)\times[0,1)$ 上的一致连续性.

（提示：法一　从形式上看，坏点为 $(1,1)$，故取 $p_{1n}\left(1-\dfrac{1}{n},1-\dfrac{1}{n}\right)$，$p_{2n}\left(1-\dfrac{2}{n},1-\dfrac{2}{n}\right)$；法二 沿直线 $y=x$，考虑一元函数 $f(x,x)=\dfrac{1}{1-x^2}$ 在 $[0,1)$ 上的非一致连续性.）

13.4　有界闭区域上多元连续函数的性质

我们知道，一元连续函数在闭区间上具有一系列很好的性质：有界性定理、最值定理、介值定理、Cantor 定理等，那么能否将这些结论推广至多元函数？

我们首先分析一元连续函数在闭区间上具有好性质的原因，其根本原因在于在实数系中成立闭区间上的 Weierstrass 定理. 我们知道，实数系中主要定理都可以平行推广至多维空间，而闭区间在多维空间中的推广就是有界闭域，其上也成立 Weierstrass 定理，由此可猜想，相应的有界闭域上的连续函数也应具有相应的好的性质，这就是本节的研究内容.

仍以二元函数为例进行研究，相应的结论可平行推广至任意的多元函数，要特别注意，在下述推广定理的证明中，主要用到的两种方法是：①直接转化法——转化为一元函数，直接利用一元函数相应的结论进行证明；②化用思想法——利用一元函数相应结论证明的思想方法来证明多元函数的结论. 因此，必须对一元函数相应的结论和证明方法熟练掌握.

设 $D\subset\mathbf{R}^2$ 是有界闭域，$f(x,y)$ 为定义在 D 上的二元函数.

定理 4.1（有界性定理）　设 $f(x,y)$ 在 D 上连续，则 $f(x,y)$ 在 D 上有界.

证明　反证法. 设 $f(x,y)$ 在 D 上无界，则对 $\forall M>0$，存在 $p_M(x_M,y_M)\in D$，使得

$$|f(p_M)|=|f(x_M,y_M)|\geqslant M,$$

因此，取 $M_1=1$，则得 $p_1(x_1,y_1)\in D$，使 $|f(p_1)|\geqslant 1$；取 $M_2=\max\{2,|f(p_1)|+1\}$，则得 $p_2\in D$，使 $|f(p_2)|\geqslant M_2\geqslant 2$；依此下去，可构造互不重合的点列 $\{p_n(x_n,y_n)\}\subset D$，使 $|f(p_n)|\geqslant n,n=1,2,\cdots$.

又，$\{p_n(x_n,y_n)\}\subset D$，则由 Weierstrass 定理，存在收敛子列 $\{p_{n_k}\}$，使得

$p_{n_k} \to p_0 \in D$，而利用连续性有 $\lim\limits_{k \to \infty} f(p_{n_k}) = f(p_0)$，但由 $\{p_n\}$ 的构造方法，$\lim\limits_{k \to \infty} f(p_{n_k}) = \infty$，矛盾，故 $f(x)$ 在 D 上有界.

定理 4.2 (最值定理)　设 $f(x,y)$ 在 D 上连续，则 $f(x,y)$ 在 D 上达到最大值与最小值.

证明　记 $E = \{f(p): p \in D\}$，则 E 是 $\mathbf{R}^1$ 中的有界集，因而，E 有上确界 M 和下确界 m，下证确界是可达的，即存在 $p_i(x_i, y_i) \in D, i = 1, 2$，使 $f(p_1) = M$，$f(p_2) = m$.

只证上确界 M 的可达性，仍用反证法.

若上确界 M 不可达，即 $\forall (x,y) \in D$，都有 $f(x,y) < M$. 构造函数

$$F(x,y) = \frac{1}{M - f(x \cdot y)},$$

显然，$F(x,y)$ 在 D 上非负、连续，因而，$F(x,y)$ 在 D 上有界. 但另一方面，因为 $M = \sup E = \sup\{f(p): p \in D\}$，故存在 $p_n \in D$，使 $f(p_n) \to M$，因而 $F(p_n) = \dfrac{1}{M - f(p_n)} \to +\infty$，与 $F(x,y)$ 的有界性矛盾. 故存在 $p_1(x_1, y_1) \in D$，使得 $f(p_1) = M$. 类似地，存在 $p_2(x_2, y_2) \in D$ 使 $f(p_2) = m$，因而，确界可达，可达的确界就是相应的最值.

注　对确界的可达性，也可以用类似于一元函数的相应证明方法，利用确界定义来证明，即利用定义构造点列 p_n，使 $M - \dfrac{1}{n} < f(p_n) \leqslant M$，利用 Weierstrass 定理可得 $p_{n_k} \to p_0 \in D$，由连续性，得到 $f(p_0) = M$.

定理 4.3 (介值定理)　设 $f(x,y)$ 在 D 上连续，若有 $p_i(x_i, y_i) \in D, i = 1, 2$，使得 $f(p_1) < f(p_2)$，则对 $\forall k: f(p_1) < k < f(p_2)$，存在 $p_0 \in D$，使 $f(p_0) = k$.

简析　一元函数的介值定理是用闭区间套定理证明的，即构造一系列端点异号的闭区间，利用闭区间套定理将介值点套出来，这种证明思想不易推广到多元函数，因为在多维空间中的闭区域的边界不是点，因而，我们考虑转化法，转化为一元函数，利用一元函数的介值定理来证明. 关键的问题是，如何将二元函数转化为一元函数？一般性的方法是，沿曲线 $l: y = y(x)$ 考虑二元函数，则，在曲线 l 上二元函数 $f(x,y)$ 将化成一元函数 $f(x, y(x))$. 由此，确定证明的思路.

证明　令 $F(x,y) = f(x,y) - k$，$(x,y) \in D$，只需证 $F(x,y)$ 在 D 上有零点. 构造将二元函数转化为一元函数的曲线(与 p_i 有关)如下：由于 D 是有界闭区域，因此，D 中两点都可用含于 D 内的有限条折线连接起来，因而，对 p_1, p_2，存在直线段 $\overline{M_{i-1}M_i}$ $(i = 1, \cdots, k)$ 连接 p_1, p_2，其中 $M_0 = p_1, M_k = p_2$.

沿折线 $\overline{M_0M_k}$，考虑二元函数 $F(x,y)$，显然，$F(p_1)<0,F(p_2)>0$，逐一验证各节点处的值 $F(M_i)$，若存在 M_i，使 $F(M_i)=0$，则问题得证. 否则，对任意 M_i，都有 $F(M_i)\neq 0$，此时必存在某直线段 $\overline{M_{j-1}M_j}$，使 $F(M_{j-1})<0,F(M_j)>0$，因而，存在 $p_0\in\overline{M_{j-1}M_j}$，使 $F(p_0)=0$，即存在 $p_0\in D$，使 $f(p_0)=k$.

事实上，设 $\overline{M_{j-1}M_j}$ 的参数方程为

$$\begin{cases} x=x_{j-1}+t(x_j-x_{j-1}), \\ y=y_{j-1}+t(y_j-y_{j-1}), \end{cases} \quad 0\leqslant t\leqslant 1,$$

沿直线段 $\overline{M_{j-1}M_j}$，二元函数 $F(x,y)$ 转化为关于 t 的一元函数，记为

$$G(t)=F(x,y)\big|_{\overline{p_1p_2}}=F(x_1+t(x_2-x_1),y_1+t(y_2-y_1)),$$

则 $G(t)\in C[0,1]$，且 $G(0)=F(M_{j-1})<0,G(1)=F(M_j)>0$，故存在 $t_0\in(0,1)$，使 $G(t_0)=0$，取 $x_0=x_1+t_0(x_2-x_1),y_0=y_1+t_0(y_2-y_1)$，记 $p_0=(x_0,y_0)$，则 $F(p_0)=G(t_0)=0$.

定理 4.4（一致连续性定理）　设 $f(x,y)$ 在 D 上连续，则 $f(x,y)$ 在 D 上必一致连续.

简析　从连续到一致连续，实际是从局部过渡到整体，从而联想到用有限开覆盖定理，这与一元函数 Cantor 定理的证明思想相同.

证明　对 $\forall\varepsilon>0$，任取 $p_0\in D$，由连续性，存在 δ_{p_0}，使对 $\forall p\in U(p_0,\delta_{p_0})$，成立 $|f(p)-f(p_0)|<\dfrac{\varepsilon}{2}$.

显然 $D\subset\bigcup_{p_0\in D}U\left(p_0,\dfrac{\delta_{p_0}}{2}\right)$，由有限开覆盖定理：存在有限个点 $p_1,\cdots,p_k\in D$，使 $D\subset\bigcup_{i=1}^{k}U\left(p_i,\dfrac{\delta_i}{2}\right)$，取 $\delta=\min\left\{\dfrac{\delta_1}{2},\cdots,\dfrac{\delta_k}{2}\right\}$，则当 $p,q\in D$，且 $d(p,q)<\delta$ 时，若 $p\in U\left(p_i,\dfrac{\delta_i}{2}\right)$，则

$$d(q,p_i)<d(q,p)+d(p,p_i)<\dfrac{\delta_i}{2}+\delta<\delta_i,$$

因而 $p,q\in U(p_i,\delta_i)$，故

$$|f(p)-f(q)|<|f(p)-f(p_i)|+|f(p_i)-f(q)|<\dfrac{\varepsilon}{2}+\dfrac{\varepsilon}{2}=\varepsilon,$$

故 $f(x,y)$ 在 D 上一致连续.

至此, 我们建立了多元函数在有界闭域上的性质. 下面给出两个应用例子, 请读者注意总结思想方法.

例 1　设 $f(t)$ 在 (a,b) 上有连续的导数, 在区域 $D = (a,b) \times (a,b)$ 内定义二元函数

$$F(x,y) = \begin{cases} \dfrac{f(x)-f(y)}{x-y}, & x \neq y, \\ f'(x), & x = y, \end{cases}$$

证明: $F(x,y)$ 在 D 内连续.

简析　函数的结构特点是 $F(x,y)$ 为分片函数; 处理方法是: 在分片区域的内部利用连续性的性质和运算法则进行讨论; 在分界线上用定义来讨论; 难点也是分界线上点的处理, 注意到函数的不同表达式, 可以考虑用形式统一的思想来证明.

证明　记 $D_1 = \{(x,y) \in D : x \neq y\}$, $D_2 = \{(x,y) \in D : x = y\}$, 对任意 $p_0(x_0,y_0) \in D$.

若 $(x_0,y_0) \in D_1$, 由于 D_1 为开集, 则存在 $\delta > 0$, 使得 $U(p_0,\delta) \subset D_1$, 故

$$\lim_{(x,y) \to (x_0,x_0)} F(x,y) = \lim_{(x,y) \to (x_0,x_0)} \frac{f(x)-f(y)}{x-y} = \frac{f(x_0)-f(y_0)}{x_0-y_0} = F(x_0,y_0),$$

因而, $F(x,y)$ 在 (x_0,y_0) 点连续.

若 $(x_0,y_0) \in D_2$, 设 $x_0 = y_0 \triangleq c \in (a,b)$, 下证: 对 $\forall c \in (a,b)$, 有

$$\lim_{(x,y) \to (c,c)} F(x,y) = f'(c).$$

由于 $f'(x)$ 在 c 点连续, 故, 对任意 $\varepsilon > 0$, 存在 $\delta > 0$, 当 $|x-c| < \delta$ 且 $x \in (a,b)$ 时,

$$|f'(x) - f'(c)| < \varepsilon,$$

因此, 对任意 $p(x,y) \in D$, 当 $d(p,p_0) < \delta$ 时, 有 $|x-c| < \delta, |y-c| < \delta$, 因而对处于 x,y 之间的任何 ξ, 也必有

$$|\xi - c| < \max\{|x-c|, |y-c|\} < \delta_1 = \delta.$$

利用中值定理, 当 $x \neq y$ 时, 存在 x,y 之间的 ξ, 使得

$$\frac{f(x)-f(y)}{x-y} = f'(\xi),$$

故

$$|F(x,y) - f'(c)| = \begin{cases} |f'(\xi)-f'(c)|, & x \neq y, \\ |f'(x)-f'(c)|, & x = y, \end{cases}$$

因而, 总有

$$|F(x,y) - f'(c)| < \varepsilon,$$

因此 $F(x,y)$ 在 (c,c) 点连续.

由 $p_0(x_0,y_0)\in D$ 的任意性, 故 $F(x,y)$ 在 D 上连续.

抽象总结　总结上述证明过程, 可以将上述方法总结为如下步骤: ①任意取点; ②在开集部分利用性质和运算法则处理; ③在其余部分, 必须利用定义进行处理.

例 2　设二元函数 $f(x,y)$ 在圆周曲线 $l:x^2+y^2=1$ 上连续且不恒为常数, 证明: $f(x,y)$ 在 l 上能得到最大值 M 和最小值 m, 且对 $\forall k:m<k<M$, 至少存在两个点 $p_1(x_1,y_1),p_2(x_2,y_2)$, 使 $f(p_i)=k,i=1,2$.

简析　题型结构为最值存在性和介值点的存在性; 处理工具为连续函数的最值定理和介值定理; 要点是验证相应条件.

证明　记 $D=\{(x,y):x^2+y^2=1\}$, 则 D 是有界闭集, 因而, $f(x,y)$ 在 D 上取得最大值 M 和最小值 m, 即存在点 $p,q\in D$, 使 $f(p)=M,f(q)=m$.

由于点 p,q 将 l 分成两部分 C_1,C_2 (都包含点 p,q, 二者仍是闭集), 在 C_1,C_2 上分别用介值定理, 则存在两个点 $p_1\in C_1,p_2\in C_2$, 使 $f(p_i)=k,i=1,2$.

习　题　13.4

1. 设 $f(x,y)$ 在区域 D 连续且 $|f(x,y)|\equiv 1$, 对 $\forall(x,y)\in D$, 证明: 在 D 上或者 $f(x,y)\equiv 1$, 或者 $f(x,y)\equiv -1$.

2. 设 $f(x,y,z)$ 在 $\mathbf{R}^3$ 上连续, 满足: 对任意的 $(x,y,z)\neq(0,0,0)$ 和任意的实数 $k>0$, 有
$$f(x,y,z)>0, \quad f(kx,ky,kz)=kf(x,y,z),$$
证明: 存在正常数 a,b, 使得
$$a\sqrt{x^2+y^2+z^2}\leqslant f(x,y,z)\leqslant b\sqrt{x^2+y^2+z^2}.$$

3. 设 $h(t)$ 为 $[0,+\infty)$ 上的连续函数, 非负函数 $f(x,y,z)$ 定义在 $\mathbf{R}^3$ 上, 又设 $\lim\limits_{t\to+\infty}h(t)=+\infty$, $\lim\limits_{r\to+\infty}h(f(x,y,z))=+\infty$, 其中 $r=\sqrt{x^2+y^2+z^2}$, 证明: $f(x,y,z)$ 必是无界函数.

4. 设 $f(x,y)$ 在 $\mathbf{R}^2$ 上连续, $\lim\limits_{(x,y)\to(\infty,\infty)}f(x,y)=A$, 证明: $f(x,y)$ 在 $\mathbf{R}^2$ 上一致连续.

第 14 章 偏导数与全微分

从本章开始，我们将一元函数的导数和微分的概念推广到多元函数，构建多元函数的微分理论，并进一步研究多元函数的微分性质及其在几何上的应用.

14.1 偏导数和全微分的基本概念

我们以二元函数为例，沿类似于一元函数导数和微分的引入框架，建立多元函数的偏导数和全微分的概念，当然，由于多元函数是一元函数的推广，因此，我们挖掘二者的共性以将概念进行推广，考虑二者间的差异以引入新概念，这是我们建立多元函数相应理论的基本思路.

一、偏导数

我们先将一元函数的导数的概念推广到多元函数. 考虑到导数引入的背景问题是为了研究函数的相对变化率——函数的增量相对于自变量的改变量的比率，这是导数问题的本质，将这种研究问题的思想引入多元函数，即考虑共性问题. 注意到多元函数与一元函数存在变元个数的差异，这种差异也必然引起相应问题研究方法的差异. 由此，我们采用从简单到复杂、从特殊到一般的研究思想，引入由单个变元的改变所引起函数改变的相对变化率，即偏导数. 我们先以简单的二元函数为例引入相应的概念.

1. 偏导数的定义

在区域 D 上给定二元函数 $u=f(x, y)$，任取点 $p_0(x_0, y_0)$，考察在此点自变量的改变所引起的函数的变化. 先考虑一种最简单的情形: 单个变量的变化所引起的函数的改变.

不妨仅考虑自变量仅在 x 方向上发生改变，设改变量为 Δx，即变量由点 $p_0(x_0, y_0)$ 变到点 $p(x_0 + \Delta x, y_0)$，则引起的函数的改变量为

$$\Delta_x u(x_0, y_0) = f(x_0 + \Delta x, y_0) - f(x_0, y_0).$$

由于这一改变量是仅由一个变量 x 而不是所有变量的变化所引起的，因而称为函数 $f(x, y)$ 在 p_0 点关于 x 的偏增量. 类似地，可以定义 $f(x, y)$ 在 p_0 点关于 y 的偏增量

$$\Delta_y u(x_0, y_0) = f(x_0, y_0 + \Delta y) - f(x_0, y_0).$$

考虑这些偏增量关于相应变量的变化率, 引入多元函数的偏导数.

定义 1.1 若

$$\lim_{\Delta x \to 0} \frac{\Delta_x u(x_0, y_0)}{\Delta x} = \lim_{\Delta x \to 0} \frac{f(x_0 + \Delta x, y_0) - f(x_0, y_0)}{\Delta x}$$

存在, 则称 $f(x, y)$ 在 $p_0(x_0, y_0)$ 点存在关于 x 的偏导数, 相应的极限称为 $f(x, y)$ 在 $p_0(x_0, y_0)$ 点关于 x 的偏导数, 记为 $f_x(p_0)$ 或 $\dfrac{\partial f}{\partial x}\Big|_{p_0}$, 或用函数 u 记为 $u_x(p_0)$ 或 $\dfrac{\partial u}{\partial x}\Big|_{p_0}$, 因而

$$f_x(p_0) = \lim_{\Delta x \to 0} \frac{f(x_0 + \Delta x, y_0) - f(x_0, y_0)}{\Delta x}.$$

类似可以定义 $f(x, y)$ 在 $p_0(x_0, y_0)$ 关于 y 的偏导数

$$f_y(p_0) = \lim_{\Delta x \to 0} \frac{f(x_0, y_0 + \Delta y) - f(x_0, y_0)}{\Delta y}.$$

信息挖掘 1) 我们利用定义来讨论偏导数的本质.

对二元函数 $f(x, y)$, 固定变量 $y = y_0$, 得到一元函数 $h(x) = f(x, y_0)$, 假设 $h(x)$ 在 x_0 点可导, 则

$$\begin{aligned} h'(x_0) &= \lim_{\Delta x \to 0} \frac{h(x_0 + \Delta x) - h(x_0)}{\Delta x} \\ &= \lim_{\Delta x \to 0} \frac{f(x_0 + \Delta x, y_0) - f(x_0, y_0)}{\Delta x} = f_x(p_0), \end{aligned}$$

因而, 二元函数 $f(x, y)$ 在 $p_0(x_0, y_0)$ 关于 x 的偏导数实际就是固定变量 $y = y_0$ 后, 函数 $f(x, y_0)$ 在 x_0 点对 x 的导数, 因而, 偏导数的本质还是导数.

2) 由于偏导数是通过极限定义的, 因而, 偏导数是局部概念.

我们利用局部概念的性质, 将一点处的偏导数推广到区域上, 建立偏导函数的概念.

设函数 $f(x, y)$ 定义在区域 D 上. 由极限的唯一性, 在偏导数存在的情况下, $f(x, y)$ 在区域 D 内任意点 $p(x, y)$ 处关于 x 的偏导数由点 $p(x, y)$ 唯一确定, 因而, 它也是点 $p(x, y)$ 的函数, 是变量 x, y 的二元函数, 这就是偏导函数.

定义 1.2 若 $f(x, y)$ 在 D 上每一点 $p(x, y)$ 都存在关于 x 的偏导数 $f_x(x, y)$, 此时偏导数 $f_x(x, y)$ 是变量 x, y 的二元函数, 称为 $f(x, y)$ 的关于 x 的偏导函数, 简称偏导数, 记为 $u_x(p) = u_x(x, y)$ 或 $f_x(p) = f_x(x, y)$, 简写为 u_x, f_x. 类似可以定义 $f(x, y)$ 关于 y 的偏导函数 $u_y(x, y)$, $f_y(x, y)$.

由于 $f_x(x,y)$, $f_y(x,y)$ 是对变量求一次偏导数, 二者也称为 $f(x,y)$ 的一阶偏导数.

因此, 对给定的函数, 既可以计算在一点处的偏导数, 如 $f_x(p_0)$, 也可以计算函数的偏导(函)数, 如 $f_x(x,y)$, 而在偏导数存在的情况下, 函数在一点处的偏导数也是偏导函数在此点处的函数值, 如 $f_x(p_0) = f_x(x,y)|_{p_0}$.

由偏导数的本质可知, $f(x,y)$ 对 x 的偏导数就是将变量 y 视为常量时, $f(x,y)$ 关于 x 的导数; 对其他变量的偏导数具有同样的含义.

注 对多元函数, 涉及边界点处的偏导数通常是特殊的方向导数, 其将在后面章节中介绍, 因此, 一般都没有给出边界点处一般偏导数的定义, 当然, 我们可以用如下方式定义边界点处的偏导数: 设 $p_0 \in \partial D \bigcap D$, 定义

$$f_x(p_0) = \lim_{\substack{\Delta x \to 0 \\ (x_0 + \Delta x, y_0) \in D}} \frac{f(x_0 + \Delta x, y_0) - f(x_0, y_0)}{\Delta x}.$$

偏导数的定义可以推广到任意的多元函数, 如对三元函数 $u = f(x, y, z)$, 可以定义三个偏导数, 即

$$u_x(x,y,z) = \lim_{\Delta x \to 0} \frac{u(x + \Delta x, y, z) - u(x, y, z)}{\Delta x},$$

$$u_y(x,y,z) = \lim_{\Delta y \to 0} \frac{u(x, y + \Delta y, z) - u(x, y, z)}{\Delta y},$$

$$u_z(x,y,z) = \lim_{\Delta z \to 0} \frac{u(x, y, z + \Delta z) - u(x, y, z)}{\Delta z},$$

类似地, 可以推广至任意 n 元函数的偏导数.

2. 偏导数的计算

由于偏导数本质上还是导数, 因此, 一元函数导数的计算法则、思想、方法和技术都可以推广并运用到偏导数的计算.

具体的计算思想通常有两种. ①对由一个初等函数给出的表达式, 用一元函数的求导法, 如计算关于 x 的偏导数时, 其余变量相对于 x 可以视为常量, 只需对 x 求导即可; ②特殊点处的定义方法, 如对"分片"或分块函数, 在分界线或分界面上的点处用定义计算偏导数.

例 1 设 $u(x,y) = xy + x^2 + y^3$, 求 $u_x(x,y)$, $u_y(x,y)$, 及 $u_x(0,1)$, $u_y(0,2)$.

简析 只需注意 $u_x(x,y)$ 为偏导函数, $u_x(0,1)$ 为偏导函数值即可.

解 将 y 视为常量, 关于变量 x 求导, 即得 u 关于 x 的偏导数, 即

$$u_x(x,y) = y + 2x,$$

因而，$u_x(0,1)=1$.

类似地，$u_y(x,y)=x+3y^2$，因而 $u_y(0,2)=12$.

例 2　给定 $u(x,y,z)=\ln(x+y^2+z^3)$，求 $u_x(x,y,z)$，$u_y(x,y,z)$，$u_z(x,y,z)$.

解　利用复合函数的求导法则，计算可得

$$u_x(x,y,z)=\frac{1}{x+y^2+z^3},$$

$$u_y(x,y,z)=\frac{2y}{x+y^2+z^3},$$

$$u_z(x,y,z)=\frac{3z^2}{x+y^2+z^3}.$$

例 3　给定 $u(x,y)=x^y$，求 $u_x(x,y)$ 和 $u_y(x,y)$.

简析　当 y 视为常数时，$u(x,y)=x^y$ 为 x 的幂函数；当 x 视为常数时，$u(x,y)=x^y$ 为 y 的指数函数.

解　计算得 $u_x(x,y)=yx^{y-1}$，$u_y(x,y)=x^y\ln x$.

注　上述的计算在相应的定义域内都成立.

例 4　给定 $f(x,y)=\begin{cases}\dfrac{xy}{x^2+y^2}, & x^2+y^2\neq0,\\ 0, & x^2+y^2=0,\end{cases}$ 求 f_x,f_y，并讨论函数 $f(x,y)$ 分别

关于变量 x,y 的连续性和二元连续性.

简析　函数的结构特点有两个：从形式看，函数具有分片结构，由此决定讨论的方法和分片函数的连续性讨论类似，即根据导数的局部性质，对任意的取点进行分类讨论；从元素结构看，具有对称性，即函数表达式关于变量 x 和 y 是对称的，由此决定在计算中可以通过对某个变量的表达式对称得到对另一个变量的表达式，简化计算和讨论，这是讨论多元函数问题时应该特别注意的技术手段.

解　记 $D_1=\{(x,y):x^2+y^2\neq0\}$，则 D_1 为开集；任意取点 $p(x,y)$.

若 $p(x,y)\in D_1$，则存在 $U(p)\subset D_1$，因而，可以直接计算得

$$f_x(x,y)=\frac{y(y^2-x^2)}{(x^2+y^2)^2};$$

若点 $p(x,y)=(0,0)$，用定义计算，则

$$f_x(0,0)=\lim_{\Delta x\to0}\frac{f(0+\Delta x,0)-f(0,0)}{\Delta x}=\lim_{\Delta x\to0}\frac{0-0}{\Delta x}=0.$$

故

$$f_x(x,y) = \begin{cases} \dfrac{y(y^2 - x^2)}{(x^2 + y^2)^2}, & x^2 + y^2 \neq 0, \\ 0, & x^2 + y^2 = 0. \end{cases}$$

利用对称性, 则

$$f_y(x,y) = \begin{cases} \dfrac{x(x^2 - y^2)}{(x^2 + y^2)^2}, & x^2 + y^2 \neq 0, \\ 0, & x^2 + y^2 = 0. \end{cases}$$

下面, 讨论函数对单个变量的连续性. 对固定的 $y_0 = 0$, 则

$$f(x, y_0) = 0,$$

此时, $f(x, y_0)$ 关于 x 连续.

对固定的 $y_0 \neq 0$, 则

$$f(x, y_0) = \frac{xy_0}{x^2 + y_0{}^2},$$

此时, $f(x, y_0)$ 关于 x 连续.

因而, 对固定变量 y, $f(x,y)$ 关于 x 连续. 同样利用对称性, 对固定变量 x, $f(x,y)$ 关于 y 连续.

继续讨论二元连续性. 对 $p(x,y) \neq (0,0)$, 显然, $f(x,y)$ 在此点连续. 在点 $(0,0)$处, 由于

$$\lim_{(x,y)\to(0,0)} f(x,y) = \lim_{(x,y)\to(0,0)} \frac{xy}{x^2 + y^2}$$

不存在, 因而, $f(x,y)$ 在点$(0,0)$不连续. 故, $f(x,y)$ 在 D_1 内连续, 在点 $(0,0)$ 不连续.

3. 偏导数与连续

掌握了偏导函数的计算后, 我们继续利用偏导函数研究函数的分析性质.

我们知道, 对一元函数, 可导必连续. 对多元函数, 例 4 表明, 偏导数的存在并不能保证函数的连续性. 以二元函数为例, 设 $f(x,y)$ 关于 x 的偏导数存在, 由定义, 是指将 y 视为常量时关于 x 可导, 因而能保证 $f(x,y)$ 关于 x 连续, 同样, 若 $f(x,y)$ 关于 y 的偏导数存在, 则能保证 $f(x,y)$ 关于 y 的连续性. 我们还知道, 关于两个变量分别连续的函数并不一定是二元连续函数, 即偏导数存在, 甚至两个

偏导的同时存在性, 不能保证二元函数的连续性. 如例 4, $f_x(0,0) = f_y(0,0) = 0$, 但 $f(x,y)$ 在 $(0,0)$ 点不连续.

当然, 在后续内容中, 我们会继续利用偏导函数研究函数的分析性质.

4. 偏导数的几何意义

一元函数在某点处的导数的几何意义为函数对应的曲线的在该点处的切线斜率, 由于多元函数的偏导数本质上是导数, 因而, 应该具有同样的几何意义.

二元函数 $u = f(x,y)$ 表示空间曲面 Σ, 在此曲面上取点 $M_0(x_0, y_0, u_0) \in \Sigma$, $u_0 = f(x_0, y_0)$, 考察 $u_x(x_0, y_0)$ 的几何意义.

由定义, 则

$$u_x(x_0, y_0) = \left[\frac{\mathrm{d}}{\mathrm{d}x} f(x, y_0)\right]\Bigg|_{x=x_0},$$

若记一元函数 $g(x) = f(x, y_0)$, 其几何意义为曲面 Σ 与平面 $y = y_0$ 的交线, 则由于

$$u_x(x_0, y_0) = \left[\frac{\mathrm{d}}{\mathrm{d}x} g(x)\right]\Bigg|_{x=x_0} = g'(x_0),$$

因而, $u_x(x_0, y_0)$ 表示曲线 $z = g(x)$ 在 $(x_0, g(x_0))$ 处对 x 方向的切线斜率, 注意到曲线 $z = g(x)$ 为交线

$$l: \begin{cases} u = f(x, y), \\ y = y_0, \end{cases}$$

故, 偏导数 $u_x(x_0, y_0)$ 的几何意义为曲线 l 在点 (x_0, y_0, u_0) 处对 x 轴的切线斜率; $u_y(x_0, y_0)$ 的几何意义类似.

二、全微分

1. 全微分的定义

利用类似的思想和方法, 引入多元函数的微分理论.

给定二元函数 $u = f(x, y)$, 考虑 x, y 同时变化对 Δu 的影响. 设变量由点 $p(x, y)$ 变化至点 $q(x + \Delta x, y + \Delta y)$, 则函数的改变量为

$$\Delta u(x, y) = f(x + \Delta x, y + \Delta y) - f(x, y),$$

由于这个改变量是由全部的两个变量同时改变所引起的, 因而, 也称其为函数 u 在点 $p(x, y)$ 处的全增量. 类似一元函数可微的定义, 考虑全增量和两个自变量增

量之间是否存在主线性关系, 从而引入二元函数可微的定义.

定义 1.3 若存在 A, B (仅与 (x, y) 有关, 与 $\Delta x, \Delta y$ 无关), 使

$$\Delta u(x, y) = A\Delta x + B\Delta y + o(\rho),$$

其中 $\rho = \sqrt{\Delta x^2 + \Delta y^2}$, 则称 $u = f(x, y)$ 在点 $p(x, y)$ 可微, 称 $A\Delta x + B\Delta y$ 为 $f(x, y)$ 在点 $p(x, y)$ 的全微分, 记为 $du(x, y)$ 或 $df(x, y)$, 因而

$$du(x, y) = A\Delta x + B\Delta y.$$

与一元函数类似, 若引入自变量的微分, 则全微分常用的形式为

$$du = A dx + B dy.$$

类似一元函数, dx, dy 是两个独立的变量, 与 x, y 无关, 故, du 仅与 dx, dy, x, y 有关.

推广至 n 元函数, 在可微的条件下, 其全微分为

$$du(x_1, x_2, \cdots, x_n) = u_{x_1} dx_1 + \cdots + u_{x_n} dx_n.$$

由定义可知, 多元函数的可微和一元函数的可微, 其实质都是考察函数增量和自变量增量是否存在线性关系. 但要注意, 由一元函数的可微性定义推广到二元函数的可微性的定义时, 定义式中无穷小量形式的变化和区别, 由此, 可微性的定义可以类似推广到任意的 n 元函数, 如对三元函数 $u = f(x, y, z)$, 其可微性是指存在 A, B, C, 使得

$$\Delta u = f(x + \Delta x, y + \Delta y, z + \Delta z) - f(x, y, z)$$
$$= A\Delta x + B\Delta y + C\Delta z + o(\rho),$$

其中 $\rho = \sqrt{(\Delta x)^2 + (\Delta y)^2 + (\Delta z)^2}$.

2. 可微的必要条件

我们通过讨论可微与偏导数、连续性的关系, 给出可微的必要条件.

定理 1.1 若 $u = f(x, y)$ 在点 $p(x_0, y_0)$ 可微, 则函数 u 在点 p 关于 x, y 的偏导数都存在, 且

$$f_x(x_0, y_0) = A, \quad f_y(x_0, y_0) = B,$$

其中 A, B 见可微性定义. 因此, 在可微的条件下, 在点 $p(x_0, y_0)$ 的全微分为

$$du|_{(x_0, y_0)} = f_x(x_0, y_0) dx + f_y(x_0, y_0) dy,$$

因而, $f(x, y)$ 的全微分可以表示为

$$df(x, y) = f_x(x, y) dx + f_y(x, y) dy.$$

简析 与一元函数相关的结论的证明类似, 借助可微的定义, 建立全增量与

偏增量的关系, 从而建立全微分和偏导数的关系.

证明 由于 $f(x,y)$ 在 $p(x_0,y_0)$ 可微, 由定义, 存在 A, B, 使得

$$\Delta u(x_0,y_0) = f(x_0 + \Delta x, y_0 + \Delta y) - f(x_0,y_0) = A\Delta x + B\Delta y + o(\rho).$$

取 $\Delta y = 0$, 则

$$\Delta_x u(x_0,y_0) = f(x_0 + \Delta x, y_0) - f(x_0,y_0) = A\Delta x + o(\Delta x),$$

因而,

$$f_x(x_0,y_0) = \lim_{\Delta x \to 0} \frac{f(x_0 + \Delta x, y_0) - f(x_0,y_0)}{\Delta x}$$

$$= \lim_{\Delta x \to 0} \frac{A\Delta x + o(\Delta x)}{\Delta x} = A,$$

类似可得 $f_y(x_0,y_0) = B$.

定理 1.2 若 $u = f(x,y)$ 在点 $p(x_0,y_0)$ 可微, 则其必在此点连续.

证明 由于函数 u 在 p 点可微, 则存在实数 A, B, 使得

$$\Delta u(x_0,y_0) = A\Delta x + B\Delta y + o(\sqrt{\Delta x^2 + \Delta y^2}),$$

因而,

$$\lim_{(\Delta x, \Delta y) \to (0,0)} (f(x_0 + \Delta x, y_0 + \Delta y) - f(x_0,y_0)) = \lim_{(\Delta x, \Delta y) \to (0,0)} \Delta u(x_0,y_0) = 0,$$

即

$$\lim_{(\Delta x, \Delta y) \to (0,0)} f(x_0 + \Delta x, y_0 + \Delta y) = f(x_0,y_0),$$

故 $f(x,y)$ 在点 p 连续.

定理 1.1 的逆不成立, 即偏导数存在不一定保证函数可微. 如

$$f(x,y) = \begin{cases} \dfrac{xy}{x^2 + y^2}, & x^2 + y^2 \neq 0, \\ 0, & x^2 + y^2 = 0 \end{cases}$$

在 $(0,0)$ 点偏导数存在且直接计算得 $f_x(0,0) = f_y(0,0) = 0$, 但

$$\Delta u(0,0) - (f_x(0,0)\Delta x + f_y(0,0)\Delta y) = \frac{\Delta x \Delta y}{\Delta x^2 + \Delta y^2}$$

在点 $(0,0)$ 不存在极限, 因而, $f(x,y)$ 在 $(0,0)$ 点不可微.

从上述两个定理可知, 可微的要求高于偏导数, 因此, 偏导数存在不一定保证连续性, 但可微可以保证连续性.

3. 可微性的判断

判断可微性的主要方法是定义法——既可以判断可微性, 也可以判断不可微性; 必要条件只能用于判断不可微性.

用定义判断 $f(x,y)$ 在 (x_0,y_0) 点是否可微, 其方法和步骤为: 先判断偏导数的存在性, 若在此点偏导数不存在, 则必不可微, 在偏导数存在的条件下计算此点的偏导数 $f_x(x_0,y_0), f_y(x_0,y_0)$, 然后考察极限

$$\lim_{(\Delta x,\Delta y)\to(0,0)} \frac{[f(x_0+\Delta x,y_0+\Delta y)-f(x_0,y_0)]-(f_x(x_0,y_0)\Delta x+f_y(x_0,y_0)\Delta y)}{\sqrt{\Delta x^2+\Delta y^2}},$$

若此极限存在且为 0, 则 $f(x,y)$ 在 (x_0,y_0) 点可微, 否则, $f(x,y)$ 在 (x_0,y_0) 点不可微.

也可以用可微的必要条件来判断不可微性, 如, 若 $f(x,y)$ 在此点不连续或偏导数不存在, 则 $f(x,y)$ 在此点必不可微.

例 5 考察例 3 中函数 $f(x,y)$ 在 $(0,0)$ 点的可微性.

解　法一　用定义证明.

由例 3 知, $f_x(0,0)=f_y(0,0)=0$, 因而,

$$\frac{\Delta u(0,0)-[f_x(0,0)\Delta x+f_y(0,0)\Delta y]}{\sqrt{\Delta x^2+\Delta y^2}} = \frac{\Delta x\Delta y}{(\Delta x^2+\Delta y^2)^{3/2}}.$$

由于

$$\lim_{\substack{x\to 0^+ \\ y=k\sqrt{x}}} \frac{xy}{(x^2+y^2)^{3/2}} = \lim_{x\to 0}\frac{kx^{3/2}}{(x^2+k^2x)^{3/2}} = \frac{1}{k^2}, \quad k\neq 0,$$

因而, $\displaystyle\lim_{(\Delta x,\Delta y)\to(0,0)}\frac{xy}{(x^2+y^2)^{3/2}}$ 不存在, 故

$$\lim_{(\Delta x,\Delta y)\to(0,0)} \frac{\Delta u(0,0)-[f_x(0,0)\Delta x+f_y(0,0)\Delta y]}{\sqrt{\Delta x^2+\Delta y^2}}$$

不存在, 因而, $f(x,y)$ 在 $(0,0)$ 点不可微.

法二　利用必要条件证明.

由例 3 知, $f(x,y)$ 在 $(0,0)$点不连续, 故 $f(x,y)$ 在 $(0,0)$ 点不可微.

上述结论和例子表明, 多元函数偏导数的存在性并不一定保证函数的可微性, 从光滑性角度看, 可微函数的光滑性高于偏导数存在的函数的光滑性, 这与一元函数可导与可微的等价性不同, 是由一元与多元函数的差异性造成的, 那么, 在偏导数存在的条件下增加什么条件才能保证可微性呢? 我们回答此问题.

定理 1.3　设 $f_x(x,y)$，$f_y(x,y)$ 在点 $p_0(x_0,y_0)$ 及其邻域内存在，$f_x(x,y)$，$f_y(x,y)$ 在点 $p_0(x_0,y_0)$ 连续，则 $u=f(x,y)$ 在 (x_0,y_0) 点可微.

结构分析　要证明的结论为函数的可微性；类比已知，只有定义可用；确定思路，用定义证明. 具体方法分析：由定义可知，函数的可微性研究的是全增量，偏导数研究的是偏增量，故本定理要求由偏导存在性通过附加条件导出可微性，因此，必须建立偏增量与全增量之间的关系，更准确地说，以偏增量表示全增量(建立已知与未知的联系). 利用形式统一法，可以通过插项技术将全增量表示为偏增量，进一步将偏增量与偏导数联系起来，建立(偏)导数和(偏)增量间关系的工具是中值定理，由此确定了具体证明方法.

证明　考虑全增量 $\Delta u(x_0,y_0)$，则

$$\begin{aligned}\Delta u(x_0,y_0)&=f(x_0+\Delta x,y_0+\Delta y)-f(x_0,y_0)\\&=f(x_0+\Delta x,y_0+\Delta y)-f(x_0,y_0+\Delta y)\\&\quad+f(x_0,y_0+\Delta y)-f(x_0,y_0).\end{aligned}$$

利用一元函数的中值定理，存在 $\theta_i\in(0,1)$，$i=1,2$，使得

$$\Delta u(x_0,y_0)=f_x(x_0+\theta_1\Delta x,y_0+\Delta y)\Delta x+f_y(x_0,y_0+\theta_2\Delta y)\Delta y.$$

由于 $f_x(x,y)$，$f_y(x,y)$ 在 $p_0(x_0,y_0)$ 点连续，则存在 α,β，使得

$$f_x(x_0+\theta_1\Delta x,y_0+\Delta y)=f_x(p_0)+\alpha,\quad f_y(x_0,y_0+\theta_2\Delta y)=f_y(p_0)+\beta,$$

其中 $\lim\limits_{(\Delta x,\Delta y)\to(0,0)}\begin{pmatrix}\alpha\\\beta\end{pmatrix}=0$，故

$$\Delta u=f_x(p_0)\Delta x+f_y(p_0)\Delta y+\alpha\Delta x+\beta\Delta y.$$

由于 $\left|\dfrac{\alpha\Delta x}{\sqrt{\Delta x^2+\Delta y^2}}\right|\leqslant|\alpha|\to0$，$\left|\dfrac{\beta\Delta y}{\sqrt{\Delta x^2+\Delta y^2}}\right|\leqslant|\beta|\to0$，因而

$$\alpha\Delta x+\beta\Delta y=o(\sqrt{\Delta x^2+\Delta y^2}),$$

故 $f(x,y)$ 在 $p_0(x_0,y_0)$ 可微.

4. 全微分的计算

由定理 1.1，全微分的计算实际是偏导数的计算.

例 6　求 $u=\mathrm{e}^{xy}$ 在 $p_0(0,1)$ 处的全微分.

解　计算得 $u_x=y\mathrm{e}^{xy}$，$u_y=x\mathrm{e}^{xy}$ 且二者在 p_0 点存在且连续，故函数在此点可微，因而，

$$\mathrm{d}u\big|_{p_0}=u_x(p_0)\mathrm{d}x+u_y(p_0)\mathrm{d}y=\mathrm{d}x.$$

例 7　计算 $u = x - \cos y + \ln(x + z)$ 的全微分.

解　直接利用公式得

$$du = u_x dx + u_y dy + u_z dz ,$$

其中 $u_x = 1 + \dfrac{1}{x+z}$, $u_y = \sin y$, $u_z = \dfrac{1}{x+z}$.

习　题　14.1

1. 用定义计算 $u = xy e^{xy} + \ln(1 + xy)$ 在 $(0,0)$ 点的偏导数 $u_x(0,0)$, $u_y(0,0)$.

2. 给定函数 $u = \begin{cases} \dfrac{xy}{x+y}, & x+y \neq 0, \\ 0, & x+y = 0, \end{cases}$ 讨论 $u_x(p_0)$ 的存在性, 若存在, 计算其值; 若不存在,

说明理由. 其中 1) $p_0(0,0)$; 2) $p_0(1,-1)$.

3. 计算下列函数在给定点处的偏导数 $u_x(p_0)$, $u_y(p_0)$:

1) $u = x^2 + y\ln(1 + \sin x)$, $p_0(0,0)$;　　　2) $u = \dfrac{e^{xy}}{x + xy}$, $p_0(1,0)$;

3) $u = 2^{\frac{x}{y}} + \arctan \dfrac{x+y}{x-y}$, $p_0(0,1)$;　　　4) $u = \begin{cases} xy\sin \dfrac{1}{x^2+y^2}, & x^2+y^2 \neq 0, \\ 0, & x^2+y^2 = 0, \end{cases}$ $p_0(1,0)$;

5) $u = \begin{cases} (x^2+y^2)\ln(x^2+y^2), & x^2+y^2 \neq 0, \\ 0, & x^2+y^2 = 0, \end{cases}$ $p_0(0,0)$.

4. 计算下列函数的偏导数:

1) $u = x^2 y + y^2 z$;　　　　　　　　2) $u = \dfrac{xy + yz + zx}{\sqrt{x^2+y^2+z^2}}$.

5. 设 $f(x,y,z) = \sqrt{x^2+y^2+z^2}$, 证明: $f_x^2 + f_y^2 + f_z^2 = 1$.

6. 计算下列函数的全微分:

1) $u = \dfrac{1}{1+x+y^2+z^3}$;　　　　　2) $u = x\sec(x+y)$.

7. 设 $f(x,y)$, $g(x,y)$ 都是可微函数, 用定义证明: $d(fg) = f dg + g df$.

8. 设 $f(x,y)$ 在 $p_0(x_0,y_0)$ 点连续, $g(x,y)$ 在 $p_0(x_0,y_0)$ 点可微, $g(p_0) = 0$, 证明: $f(x,y) \cdot g(x,y)$ 在 $p_0(x_0,y_0)$ 点可微且

$$d(f(x,y) \cdot g(x,y))|_{p_0} = f(p_0) dg|_{p_0} .$$

9. 讨论函数 $f(x,y,z) = \sqrt{x^2+y^2+z^2}$ 在 $(0,0,0)$ 点的连续性、可微性及偏导数的连续性.

10. 讨论函数 $f(x,y) = \begin{cases} xy\sin \dfrac{1}{x^2+y^2}, & x^2+y^2 \neq 0, \\ 0, & x^2+y^2 = 0 \end{cases}$ 在 $(0,0)$ 点的连续性、可微性及偏导数的

连续性.

11. 设 $f(x,y) = \begin{cases} (x^2+y^2)\sin\dfrac{1}{x^2+y^2}, & x^2+y^2 \neq 0, \\ 0, & x^2+y^2 = 0, \end{cases}$ 计算并证明:

1) 计算 $f_x(x,y)$ 和 $f_y(x,y)$;

2) $f_x(x,y)$ 和 $f_y(x,y)$ 在 $(0,0)$ 点不连续;

3) $f_x(x,y)$ 和 $f_y(x,y)$ 在 $(0,0)$ 点的任何邻域内无界;

4) 判断 $f(x,y)$ 在 $(0,0)$ 点的可微性.

12. 设 $f(x,y)$ 在凸区域 D 上存在偏导数 $f_x(x,y)$ 和 $f_y(x,y)$,则对 D 内任何两点 (x_0,y_0) 和 $(x_0+\Delta x, y_0+\Delta y)$,存在 $0<\theta_1<1$ 和 $0<\theta_2<1$,使得

$$f(x_0+\Delta x, y_0+\Delta y) - f(x_0,y_0)$$
$$= f_x(x_0+\theta_1\Delta x, y_0+\Delta y)\Delta x + f_y(x_0, y_0+\theta_2\Delta y)\Delta y.$$

注:区域 D 是凸的是指区域 D 内的任意两点的连线仍包含在区域 D 内.

13. 利用全微分近似计算下列量:

1) $5\times1.9^4 + 2\times4.1^5$;　　　　　2) $2^{0.01}\times(\sin29°17')^{1.08}$.

14.2　高阶偏导数与高阶全微分

一、高阶偏导数

仍以二元函数为例,引入多元函数的高阶偏导函数,简称高阶偏导数.

给定函数 $u=f(x,y)$,若两个一阶偏导数 u_x,u_y 都存在,它们仍是变量 x 和 y 的二元函数,因而,可以继续对 u_x,u_y 求偏导,对一阶偏导数继续求一次偏导数,就是 $f(x,y)$ 的二阶偏导数,类似可以引入更高阶的偏导数,但是,随着变量个数的增加,高阶偏导数的类型更多、更复杂,我们仅给出各种二阶偏导数的定义.

定义 2.1　若 $u_x(x,y)$ 关于 x 的偏导数存在,称此偏导数为 u 对 x 的二阶偏导数,记为 $\dfrac{\partial^2 u}{\partial x^2}$ 或 u_{xx} 或 u_{x^2},因而,$u_{xx}=(u_x)_x$,或 $\dfrac{\partial^2 u}{\partial x^2}=\dfrac{\partial(u_x)}{\partial x}$;若 $u_x(x,y)$ 关于 y 的偏导存在,称此偏导数为 u 先对 x,再对 y 的二阶混合偏导,记为 $\dfrac{\partial^2 u}{\partial y\partial x}$ 或 u_{xy},因而,$u_{xy}=(u_x)_y=\dfrac{\partial(u_x)}{\partial y}$.

类似可定义其他形式的偏导数 u_{yx} 和 u_{yy},上述几个偏导函数,是函数对变量依次计算两次偏导数,因此,都称为 u 的二阶偏导数,u_{yx},u_{xy} 称为二阶混合偏导数.

类似可定义三阶偏导数:$u_{xxx},u_{x^2y},u_{yx^2},u_{xy^2},u_{y^2x},u_{y^3},u_{xyx},u_{yxy}$.

类似还可定义 n 元函数的高阶导数, 如对函数 $u = f(x, y, z)$, 其二阶导数有如下 9 种形式:

$$u_{x^2}, u_{xy}, u_{xz}, u_{y^2}, u_{yx}, u_{yz}, u_{z^2}, u_{zx}, u_{zy}.$$

高阶混合偏导数与求偏导的顺序有关. 如: u_{yx}, u_{xy} 是两个不同的函数, 不一定有相等关系.

高阶偏导数的计算是通过低阶偏导数依次计算得到的, 正如一阶偏导数的计算, 在对某阶偏导数继续计算对某个变量的高一阶的偏导数时, 仍将其余变量视为常量, 对这个变量求导, 当然, 对"分段点"处的高阶偏导数的计算, 必须从低阶偏导数, 依次用定义进行计算.

例 1　计算 $u(x, y) = x^2 + x \sin y + e^{x^2} y^2$ 的二阶偏导数.

解　由于

$$u_x(x, y) = 2x + \sin y + 2x e^{x^2} y^2,$$

$$u_y(x, y) = x \cos y + 2 e^{x^2} y,$$

故

$$u_{xx}(x, y) = 2 + 2 e^{x^2} y^2 + 4x^2 e^{x^2} y^2,$$

$$u_{xy}(x, y) = \cos y + 4xy e^{x^2},$$

$$u_{yx}(x, y) = \cos y + 4xy e^{x^2},$$

$$u_{yy}(x, y) = -x \sin y + 2 e^{x^2}.$$

例 2　设 $f(x, y) = \begin{cases} xy \dfrac{x^2 - y^2}{x^2 + y^2}, & x^2 + y^2 \neq 0, \\ 0, & x^2 + y^2 = 0, \end{cases}$　计算 $f_{xy}(0,0), f_{yx}(0,0)$.

解　易计算

$$f_x(x, y) = \begin{cases} \dfrac{x^4 + 4x^2 y^2 - y^4}{(x^2 + y^2)^2} y, & (x, y) \neq (0, 0), \\ 0, & (x, y) = (0, 0), \end{cases}$$

$$f_y(x, y) = \begin{cases} \dfrac{x^4 - 4x^2 y^2 - y^4}{(x^2 + y^2)^2} x, & (x, y) \neq (0, 0), \\ 0, & (x, y) = (0, 0), \end{cases}$$

故

$$f_{xy}(0,0) = \lim_{y \to 0} \frac{f_x(0,y) - f_x(0,0)}{y} = -1,$$

$$f_{yx}(0,0) = \lim_{x \to 0} \frac{f_y(x,0) - f_y(0,0)}{x} = 1.$$

当然, 利用结构的对称性可以简化计算.

从上面两个例子可知, 两个混合偏导数 f_{xy}, f_{yx} 可能相等, 也可能不相等. 那么, 什么条件下二者相等? 这实际是求混合偏导数的换序问题.

定理 2.1　若 f_{xy}, f_{yx} 在 $p_0(x_0, y_0)$ 点存在且连续, 则 $f_{xy}(x_0, y_0) = f_{yx}(x_0, y_0)$.

简析　思路: 用定义证明. 由定义,

$$
\begin{aligned}
f_{xy}(x_0, y_0) &= \lim_{\Delta y \to 0} \frac{f_x(x_0, y_0 + \Delta y) - f_x(x_0, y_0)}{\Delta y} \\
&= \lim_{\Delta y \to 0} \frac{1}{\Delta y} \left\{ \lim_{\Delta x \to 0} \left[\frac{f(x_0 + \Delta x, y_0 + \Delta y) - f(x_0, y_0 + \Delta y)}{\Delta x} \right. \right. \\
&\quad \left. \left. - \frac{f(x_0 + \Delta x, y_0) - f(x_0, y_0)}{\Delta x} \right] \right\} \\
&= \lim_{\Delta y \to 0} \lim_{\Delta x \to 0} \frac{1}{\Delta x \Delta y} \cdot W,
\end{aligned}
$$

其中, $W(\Delta x, \Delta y) = f(x_0 + \Delta x, y_0 + \Delta y) - f(x_0, y_0 + \Delta y) - f(x_0 + \Delta x, y_0) + f(x_0, y_0)$. 类似地,

$$f_{xy}(x_0, y_0) = \lim_{\Delta x \to 0} \lim_{\Delta y \to 0} \frac{1}{\Delta x \Delta y} \cdot W.$$

因而, 要证明结论的实质是关于 $\dfrac{1}{\Delta x \Delta y} \cdot W$ 的两个累次极限可换序的问题, 将 W 视为 $\Delta x, \Delta y$ 的二元函数 $W(\Delta x, \Delta y)$, 什么条件可保证累次极限可换序? 利用前面已知的结论, 问题转化为二重极限的存在性.

关键的问题: 如何利用条件证明相应的重极限的存在性. 注意到 W 的增量结构, 将增量与导数联系起来的有效工具就是中值定理, 但是, 直接利用中值定理对 W 进行处理, 会产生问题, 如

$$
\begin{aligned}
W &= f(x_0 + \Delta x, y_0 + \Delta y) - f(x_0, y_0 + \Delta y) - f(x_0 + \Delta x, y_0) + f(x_0, y_0) \\
&= f_x(x_0 + \theta_1 \Delta x, y_0 + \Delta y)\Delta x - f_x(x_0 + \theta_2 \Delta x, y_0)\Delta x \\
&= [f_x(x_0 + \theta_1 \Delta x, y_0 + \Delta y) - f_x(x_0 + \theta_1 \Delta x, y_0)]\Delta x \\
&\quad + [f_x(x_0 + \theta_1 \Delta x, y_0) - f_x(x_0 + \theta_2 \Delta x, y_0)]\Delta x
\end{aligned}
$$

$$= f_{xy}(x_0 + \theta_1\Delta x, y_0 + \theta_3\Delta y)\Delta x\Delta y + [f_x(x_0 + \theta_1\Delta x, y_0) - f_x(x_0 + \theta_2\Delta x, y_0)]\Delta x,$$

由于 $\theta_1 \neq \theta_2$, 第二项不易处理.

分析 θ_1, θ_2 产生的原因, 是将 W 分解为两个不同的函数, 分别对这两个函数使用了中值定理, 因此, 为了解决 $\theta_1 \neq \theta_2$ 的问题, 关键是能否将 W 视为一个函数的增量结构, 应用一次中值定理; 进一步仔细分析 W 的结构, 分别考虑 Δx, Δy, 就可以将其视为一个方向上的增量, 即将 W 视为一个函数的增量结构; 注意到 W 在两个方向 x, y 上的对称性结构, 它实际上可以视为两个不同函数的增量结构, 这也正是解决问题的关键线索.

证明 记

$$W = f(x_0 + \Delta x, y_0 + \Delta y) - f(x_0, y_0 + \Delta y) - f(x_0 + \Delta x, y_0) + f(x_0, y_0),$$

$$\phi(y) = f(x_0 + \Delta x, y) - f(x_0, y),$$

则 $W = \phi(y_0 + \Delta y) - \phi(y_0)$, 即将 W 表示为 $\phi(y)$ 的增量结构. 利用中值定理, 存在常数 $\theta_1 \in (0,1)$, 使得

$$W = \phi'(y_0 + \theta_1\Delta y)\Delta y = [f_y(x_0 + \Delta x, y_0 + \theta_1\Delta y) - f_y(x_0, y_0 + \theta_1\Delta y)]\Delta y.$$

再次利用中值定理, 存在 $\theta_2 \in (0,1)$, 使得

$$W = f_{yx}(x_0 + \theta_2\Delta x, y_0 + \theta_1\Delta y)\Delta x\Delta y.$$

故, $\displaystyle\lim_{(\Delta x, \Delta y) \to (0,0)} \frac{1}{\Delta x\Delta y} \cdot W = f_{yx}(x_0, y_0)$.

利用对称性, 或记 $\varphi(x) = f(x, y_0 + \Delta y) - f(x, y_0)$, 则 $W = \varphi(x_0 + \Delta x) - \varphi(x_0)$, 即将 W 表示为 $\varphi(x)$ 的增量结构, 类似可得

$$W = f_{xy}(x_0 + \theta_3\Delta x, y_0 + \theta_4\Delta y)\Delta x\Delta y,$$

其中 θ_3, θ_4 为类似的常数. 因而,

$$\lim_{(\Delta x, \Delta y) \to (0,0)} \frac{1}{\Delta x\Delta y} \cdot W = f_{yx}(x_0, y_0),$$

故 $f_{xy}(x_0, y_0) = f_{yx}(x_0, y_0)$.

注 还可以利用累次极限和重极限的关系, 在得到一个重极限后直接得到结论.

二、高阶微分

给定可微函数 $u = f(x, y)$, 则

$$\mathrm{d}u(x, y) = f_x(x, y)\mathrm{d}x + f_y(x, y)\mathrm{d}y,$$

若将 d$u(x, y)$视为 x, y 的函数还是可微的, 则可继续关于 x, y 求微分, 称为函数 u 关于 x, y 的二阶微分, 记为 d$^2u(x, y)$, 因而

$$d^2u(x, y) = d(du(x, y)).$$

利用微分计算法则, 则

$$\begin{aligned}
d^2u(x, y) &= d(f_x dx + f_y dy)\\
&= [f_x dx + f_y dy]_x dx + [f_x dx + f_y dy]_y dy\\
&= f_{xx}dx^2 + f_{yx}dydx + f_{xy}dxdy + f_{yy}dy^2,
\end{aligned}$$

注意, d$^2u(x, y)$ 表示二阶微分, d$x^2 = dx \cdot dx$.

若还有 $f_{xy} = f_{yx}$, 则

$$d^2u(x, y) = f_{xx}dx^2 + 2f_{xy}dxdy + f_{yy}dy^2.$$

在关于 x, y 求高阶微分时, dx, dy 是与 x, y 无关的量, 在计算关于 x, y 的微分时, 将其视为常量.

在高阶微分存在且混合偏导数与求导顺序无关的情况下, 可归纳证明成立如下的高阶微分计算公式:

$$d^nu = d(d^{n-1}u) = \sum_{k=0}^n C_n^k \frac{\partial^n f}{\partial x^{n-k}\partial y^k}dx^{n-k}dy^k,$$

其中 d$x^k = \overbrace{dx \cdot dx \cdots \cdot dx}^{k}$.

习 题 14.2

1. 求下列函数的二阶偏导数:

1) $u = \dfrac{xyz}{\sqrt{x^2 + y^2 + z^2}}$;

2) $u = x\sin\dfrac{1}{x + y}$.

2. 对下列函数计算 $\dfrac{\partial^3 u}{\partial x\partial y^2}$ 和 $\dfrac{\partial^3 u}{\partial x^2\partial y}$:

1) $u = xe^{y^2} + x^2 y$;

2) $u = \arctan(x^2 + y)$.

3. 设 $u = x^2 y + xy$, 计算 d^3u .

4. 设 $f(x,y) = \begin{cases} \dfrac{xy^2}{x^2 + y^4}, & (x,y) \neq (0,0),\\ 0, & (x,y) = (0,0), \end{cases}$ 讨论 $f_{xy}(x, y)$ 和 $f_{yx}(x, y)$ 在点$(0, 0)$的存在性.

5. 设 $f_x(x,y)$ 和 $f_y(x,y)$ 在点 (x_0, y_0) 的某邻域内存在且二者在点 (x_0, y_0) 可微, 证明: $f_{xy}(x_0, y_0) = f_{yx}(x_0, y_0)$.

14.3   复合函数的求导法则

仍以二元函数为例讨论多元复合函数的偏导数的计算, 由于多元复合函数的多样性, 我们以一种最基本的情形为例, 导出最基本的求导法则, 然后推广至其他情形.

一、基本型复合函数的偏导计算

给定二元函数 $u = f(x, y)$, 通过中间变量 x, y 复合为变量 s, t 的函数, 设

$$x = \varphi(s, t), \quad y = \psi(s, t),$$

则复合函数为

$$u = f(\varphi(s, t), \psi(s, t)),$$

x, y 称为中间自变量, s, t 称为(最终)自变量, 函数 u 通过中间自变量复合为最终自变量 s, t 的函数, 复合函数的偏导数和微分的计算, 就是计算函数关于最终自变量的偏导数和微分. 和一元函数类似, 计算的基本法则为链式法则.

定理 3.1 设 $\dfrac{\partial x}{\partial s}, \dfrac{\partial x}{\partial t}, \dfrac{\partial y}{\partial s}, \dfrac{\partial y}{\partial t}$ 在 (s_0, t_0) 点存在, 而 $u = f(x, y)$ 在 (x_0, y_0) 点可微, 其中 $x_0 = \varphi(s_0, t_0), y_0 = \psi(s_0, t_0)$, 则 $u = f(\varphi(s, t), \psi(s, t))$ 在 (s_0, t_0) 的偏导数存在, 且

$$\frac{\partial u}{\partial s}\bigg|_{(s_0, t_0)} = \frac{\partial u}{\partial x}\bigg|_{(x_0, y_0)} \cdot \frac{\partial x}{\partial s}\bigg|_{(s_0, t_0)} + \frac{\partial u}{\partial y}\bigg|_{(x_0, y_0)} \cdot \frac{\partial y}{\partial s}\bigg|_{(s_0, t_0)},$$

$$\frac{\partial u}{\partial t}\bigg|_{(s_0, t_0)} = \frac{\partial u}{\partial x}\bigg|_{(x_0, y_0)} \cdot \frac{\partial x}{\partial t}\bigg|_{(s_0, t_0)} + \frac{\partial u}{\partial y}\bigg|_{(x_0, y_0)} \cdot \frac{\partial y}{\partial t}\bigg|_{(s_0, t_0)}.$$

这就是复合函数偏导数计算的链式法则.

结构分析 要证明偏导数的关系, 须研究变量的改变量和函数的偏增量之间的关系, 分析清楚最终自变量的改变如何通过改变中间变量, 最终影响函数的偏增量. 如要计算 $\dfrac{\partial u}{\partial s}$, 是将 u 视为 (s, t) 的复合函数 $u = u(s, t)$, 考察 u 关于 s 的偏增量 $\Delta_s u$ 对自变量 s 的增量 Δs 的变化率的极限 $\lim\limits_{\Delta s \to 0} \dfrac{\Delta_s u}{\Delta s}$. 进一步分析: s 方向上改变量 Δs 如何产生 $\Delta_s u$, 下述的变化链反映了它们之间的关系:

$$\Delta s \to \begin{cases} \Delta_s x \\ \Delta_s y \end{cases} \to \Delta_s u = \Delta_{x, y} u,$$

因而, $\Delta_s u$ 相对于作为 (s,t) 的函数 $u(s,t)$ 为偏增量, 但同时, 作为 x,y 的函数又是全增量, 由此, 建立相互间的关系.

证明 只证明第一式. 设 $u = u(s,t)$ 在 (s_0,t_0) 点附近只在 s 方向上发生了改变量 Δs, 由于 $x = \varphi(s,t), y = \psi(s,t)$, 则在 x,y 两个方向都发生改变

$$\Delta x = \Delta_s x = \varphi(s_0 + \Delta s, t_0) - \varphi(s_0, t_0) = \varphi(s_0 + \Delta s, t_0) - x_0,$$

$$\Delta y = \Delta_s y = \psi(s_0 + \Delta s, t_0) - \psi(s_0, t_0) = \psi(s_0 + \Delta s, t_0) - y_0,$$

进而影响到函数 $u(x,y)$, 使其发生改变(在 (x_0,y_0) 点), 因而

$$\Delta_s u(s_0,t_0) = \Delta_{x,y} u(x_0,y_0),$$

其中 $\Delta_{x,y}u$ 表示函数 u 由 x,y 改变而产生的全增量. 由于 $u = f(x,y)$ 在 (x_0,y_0) 点可微, 故

$$\Delta_{x,y} u(x_0,y_0) = \frac{\partial u}{\partial x}\bigg|_{(x_0,y_0)} \Delta x + \frac{\partial u}{\partial y}\bigg|_{(x_0,y_0)} \Delta y + o(\sqrt{\Delta x^2 + \Delta y^2}),$$

因而,

$$\frac{\partial u}{\partial s}\bigg|_{(s_0,t_0)} = \lim_{\Delta s \to 0} \frac{\Delta_s u}{\Delta s}\bigg|_{(s_0,t_0)} = \lim_{\Delta s \to 0} \frac{\Delta_{x,y} u}{\Delta s}\bigg|_{(x_0,y_0)}$$

$$= \lim_{\Delta s \to 0}\left[\frac{\partial u}{\partial x}\bigg|_{(x_0,y_0)} \cdot \frac{\Delta_s x|_{(s_0,t_0)}}{\Delta s} + \frac{\partial u}{\partial y}\bigg|_{(x_0,y_0)} \cdot \frac{\Delta_s y|_{(s_0,t_0)}}{\Delta s} + \frac{o(\sqrt{\Delta x^2 + \Delta y^2})}{\Delta s}\right].$$

又

$$\lim_{\Delta s \to 0} \frac{o(\sqrt{\Delta x^2 + \Delta y^2})}{\Delta s} = \lim_{\Delta s \to 0} \frac{o(\sqrt{\Delta x^2 + \Delta y^2})}{\sqrt{\Delta x^2 + \Delta y^2}} \cdot \frac{\sqrt{\Delta x^2 + \Delta y^2}}{\Delta s} = 0,$$

则

$$\frac{\partial u}{\partial s}\bigg|_{(s_0,t_0)} = \frac{\partial u}{\partial x}\bigg|_{(x_0,y_0)} \cdot \frac{\partial x}{\partial s}\bigg|_{(s_0,t_0)} + \frac{\partial u}{\partial y}\bigg|_{(x_0,y_0)} \cdot \frac{\partial y}{\partial s}\bigg|_{(s_0,t_0)}.$$

类似可证明另一式.

抽象总结 定理 3.1 中的链式法则一般可以写为

$$\frac{\partial u}{\partial s} = \frac{\partial u}{\partial x} \cdot \frac{\partial x}{\partial s} + \frac{\partial u}{\partial y} \cdot \frac{\partial y}{\partial s}, \qquad \frac{\partial u}{\partial t} = \frac{\partial u}{\partial x} \cdot \frac{\partial x}{\partial t} + \frac{\partial u}{\partial y} \cdot \frac{\partial y}{\partial t},$$

分析公式两端各项含义, 此链式法则可以抽象表述为

$$\boxed{\begin{matrix}\text{复合函数对最终}\\\text{自变量的偏导数}\end{matrix}} = \sum_{\text{所有中间变量}} \boxed{\begin{matrix}\text{函数对中间}\\\text{变量的偏导数}\end{matrix}} \cdot \boxed{\begin{matrix}\text{此中间变量}\\\text{对此自变量的偏导数}\end{matrix}}.$$

掌握了上述公式的含义, 不管复合函数形式和结构如何变化, 复合函数的偏导计算变得非常简单, 只需准确确定函数、中间变量、自变量, 计算简单函数的偏导数, 代入链式法则即可, 但是, 要特别注意, 必须准确确定所有中间变量.

例 1　计算 $u = f(x, y)$ 与 $x = \varphi(t), y = \psi(t)$ 的复合函数 $u = f(\varphi(t), \psi(t))$ 的导函数 $\dfrac{\mathrm{d}u}{\mathrm{d}t}$.

结构分析　题型为复合函数的偏导数计算; 难点是确定变量的身份: 函数为 u, 自变量为 t, 中间变量是 x, y, 复合函数为一元函数 $u(t) = f(\phi(t), \psi(t))$, 因此, 可以计算一元函数的导数, 代入链式法则即可.

解　由链式法则得

$$\frac{\mathrm{d}u}{\mathrm{d}t} = \frac{\partial u}{\partial x} \cdot \frac{\mathrm{d}x}{\mathrm{d}t} + \frac{\partial u}{\partial y} \cdot \frac{\mathrm{d}y}{\mathrm{d}t} = u_x \varphi'(t) + u_y \psi'(t).$$

例 2　计算 $u = f(x, y, z)$ 与 $x = \varphi(s, t), y = \psi(s), z = w(t)$ 的复合函数的一阶偏导数.

简析　函数为 u, 自变量为 s, t, 中间变量是 x, y, z, 得到的复合函数 $u(s, t)$ 为 s, t 的二元函数, 可以计算 u 对 s, t 的偏导数.

解　由链式法则,

$$\frac{\partial u}{\partial s} = \frac{\partial u}{\partial x} \cdot \frac{\partial x}{\partial s} + \frac{\partial u}{\partial y} \cdot \frac{\partial y}{\partial s} + \frac{\partial u}{\partial z} \cdot \frac{\partial z}{\partial s} = \frac{\partial u}{\partial x} \cdot \frac{\partial \varphi}{\partial s} + \frac{\partial u}{\partial y} \psi'(s),$$

$$\frac{\partial u}{\partial t} = \frac{\partial u}{\partial x} \cdot \frac{\partial x}{\partial t} + \frac{\partial u}{\partial y} \cdot \frac{\partial y}{\partial t} + \frac{\partial u}{\partial z} \cdot \frac{\partial z}{\partial t} = \frac{\partial u}{\partial x} \cdot \frac{\partial \varphi}{\partial t} + \frac{\partial u}{\partial z} w'(t).$$

例 1 与例 2 是典型的常规型复合函数, 其特点是在函数与自变量的函数关系式中不含最终自变量, 或中间变量与最终自变量不同时作为变量出现在原来的函数关系中, 而事实上经常会出现这种情况.

二、其他类型复合函数偏导的计算

对其他类型的复合函数的偏导数的计算, 其基本思想是, 通过引入新的中间变量转化为基本型. 我们以例子的形式进行说明, 下面例子中假设出现的各阶(偏)导数都存在且混合偏导数可以换序.

例 3　计算 $u = f(x, y, t)$ 与 $x = \varphi(s, t), y = \psi(s, t)$ 的复合函数 $u = f(\varphi(s, t), \psi(s, t), t)$ 的偏导数.

简析　本例的特点是中间变量 x, y 与自变量 t 一同出现在函数关系 $u = f(x, y, t)$ 中; 处理方法是: 引入新的中间变量, 化为基本型.

解　引入函数 $z = t$, 则复合函数 $u = f(\varphi(s, t), \psi(s, t), t)$ 也可视为 $u = f(x, y, z)$

与 $x=\varphi(x,t),y=\psi(s,t)$，$z=t$ 复合而成. 由链式法则及 $\dfrac{\partial z}{\partial t}=z'(t)=1$，得

$$\frac{\partial u}{\partial s}=\frac{\partial u}{\partial x}\cdot\frac{\partial x}{\partial s}+\frac{\partial u}{\partial y}\cdot\frac{\partial y}{\partial s}+\frac{\partial u}{\partial z}\cdot\frac{\partial z}{\partial s}=\frac{\partial u}{\partial x}\cdot\frac{\partial\varphi}{\partial s}+\frac{\partial u}{\partial y}\cdot\frac{\partial\psi}{\partial s},$$

$$\frac{\partial u}{\partial t}=\frac{\partial u}{\partial x}\cdot\frac{\partial\varphi}{\partial t}+\frac{\partial u}{\partial y}\cdot\frac{\partial\psi}{\partial t}+\frac{\partial u}{\partial z}.$$

例 4　计算 $w=f(x,y)$ 与 $y=\varphi(x)$ 的复合函数 $w=f(x,\varphi(x))$ 关于 x 的一阶和二阶导函数.

解　记 $u=x$，则 $w(x)=f(x,\varphi(x))$ 可以视为由 $w=f(u,y)$ 与 $u=x,y=\varphi(x)$ 复合而成. 由链式法则，则

$$\frac{\mathrm{d}w}{\mathrm{d}x}=\frac{\partial w}{\partial u}\cdot\frac{\partial u}{\partial x}+\frac{\partial w}{\partial y}\cdot\frac{\partial y}{\partial x}=\frac{\partial w}{\partial u}+\frac{\partial w}{\partial y}\varphi'(x),$$

$$\frac{\mathrm{d}^2w}{\mathrm{d}x^2}=\frac{\mathrm{d}}{\mathrm{d}x}\left(\frac{\partial w}{\partial u}\right)+\frac{\mathrm{d}}{\mathrm{d}x}\left(\frac{\partial w}{\partial y}\varphi'(x)\right)=\frac{\mathrm{d}}{\mathrm{d}x}\left(\frac{\partial w}{\partial u}\right)+\frac{\mathrm{d}}{\mathrm{d}x}\left(\frac{\partial w}{\partial y}\right)\varphi'(x)+\frac{\partial w}{\partial y}\varphi''(x),$$

而

$$\frac{\mathrm{d}}{\mathrm{d}x}\left(\frac{\partial w}{\partial u}\right)=\frac{\partial^2w}{\partial u^2}\cdot\frac{\partial u}{\partial x}+\frac{\partial^2w}{\partial y\partial u}\cdot\frac{\partial y}{\partial x}=\frac{\partial^2w}{\partial u^2}+\frac{\partial^2w}{\partial y\partial u}\cdot\varphi'(x),$$

$$\frac{\mathrm{d}}{\mathrm{d}x}\left(\frac{\partial w}{\partial y}\right)=\frac{\partial^2w}{\partial u\partial y}+\frac{\partial^2w}{\partial y^2}\cdot\varphi'(x),$$

故

$$\frac{\mathrm{d}^2u}{\mathrm{d}x^2}=\frac{\partial^2w}{\partial u^2}+2\frac{\partial^2w}{\partial y\partial u}\varphi'(x)+\frac{\partial^2w}{\partial y^2}\varphi'^2(x)+\frac{\partial w}{\partial y}\varphi''(x).$$

由于 $u=x$，上式也可以表示为

$$\frac{\mathrm{d}^2u}{\mathrm{d}x^2}=\frac{\partial^2w}{\partial x^2}+2\frac{\partial^2w}{\partial y\partial x}\varphi'(x)+\frac{\partial^2w}{\partial y^2}\varphi'^2(x)+\frac{\partial w}{\partial y}\varphi''(x).$$

例 5　设 $u=f\left(x^2y,\dfrac{y}{x}\right)$，求 $\dfrac{\partial u}{\partial x},\dfrac{\partial^2u}{\partial x^2}$.

解　引入中间变量 $\xi=x^2y,\eta=\dfrac{y}{x}$，则 $u=f\left(x^2y,\dfrac{y}{x}\right)$ 可视为由 $u=f(\xi,\eta)$ 与 $\xi=x^2y,\eta=\dfrac{y}{x}$ 复合而成，故

$$\frac{\partial u}{\partial x}=\frac{\partial u}{\partial\xi}\cdot\frac{\partial\xi}{\partial x}+\frac{\partial u}{\partial\eta}\cdot\frac{\partial\eta}{\partial x}=2xy\frac{\partial u}{\partial\xi}-\frac{y}{x^2}\frac{\partial u}{\partial\eta},$$

$$\frac{\partial^2 u}{\partial x^2} = \frac{\partial}{\partial x}\left[2xy\frac{\partial u}{\partial \xi} - \frac{y}{x^2}\frac{\partial u}{\partial \eta}\right]$$

$$= \frac{\partial}{\partial x}(2xy)\frac{\partial u}{\partial \xi} + 2xy\frac{\partial}{\partial x}\left(\frac{\partial u}{\partial \xi}\right) - \frac{\partial}{\partial x}\left(\frac{y}{x^2}\right)\frac{\partial u}{\partial \eta} - \frac{y}{x^2}\frac{\partial}{\partial x}\left(\frac{\partial u}{\partial \eta}\right)$$

$$= 2y\frac{\partial u}{\partial \xi} + 2xy\left[2xy\frac{\partial^2 u}{\partial \xi^2} - \frac{y}{x^2}\frac{\partial^2 u}{\partial \eta \partial \xi}\right] + \frac{2y}{x^3}\frac{\partial u}{\partial \eta} - \frac{y}{x^2}\left[2xy\frac{\partial^2 u}{\partial \eta \partial \xi} - \frac{y}{x^2}\frac{\partial^2 u}{\partial \eta^2}\right]$$

$$= 4x^2 y^2\frac{\partial^2 u}{\partial \xi^2} - 4\frac{y^2}{x}\frac{\partial^2 u}{\partial \xi \partial \eta} + \frac{y^2}{x^4}\frac{\partial^2 u}{\partial \eta^2} + 2y\frac{\partial u}{\partial \xi} + \frac{2y}{x^3}\frac{\partial u}{\partial \eta^2}.$$

例 6　设 $u = u(x, y)$，证明在极坐标变换 $\begin{cases} x = r\cos\theta, \\ y = r\sin\theta \end{cases}$ 下成立

$$\left(\frac{\partial u}{\partial r}\right)^2 + \frac{1}{r^2}\left(\frac{\partial u}{\partial \theta}\right)^2 = \left(\frac{\partial u}{\partial x}\right)^2 + \left(\frac{\partial u}{\partial y}\right)^2.$$

结构分析　要证明的结论分析: 结论的右边表明，函数 u 为变量 x，y 的函数，左边函数 u 为变量 r，θ 的函数; 条件分析: 由所给的变量关系式知，函数 u 应视为通过中间变量 x，y 复合为 r，θ 的复合函数; 因此，结论的证明实际是复合函数偏导数的计算; 重点是等式证明的方向，由所给的变量关系式和复合函数偏导的计算公式可知，将 x，y 视为中间变量时，计算导数较为方便，因此，计算左边比较简单.

证明　由于

$$\frac{\partial u}{\partial r} = \frac{\partial u}{\partial x}\cdot\frac{\partial x}{\partial r} + \frac{\partial u}{\partial y}\cdot\frac{\partial y}{\partial r} = \frac{\partial u}{\partial x}\cdot\cos\theta + \frac{\partial u}{\partial y}\cdot\sin\theta,$$

$$\frac{\partial u}{\partial \theta} = \frac{\partial u}{\partial x}\cdot\frac{\partial x}{\partial \theta} + \frac{\partial u}{\partial y}\cdot\frac{\partial y}{\partial \theta} = \frac{\partial u}{\partial x}\cdot(-r\sin\theta) + \frac{\partial u}{\partial y}\cdot r\cos\theta,$$

代入即可.

三、复合函数的全微分——一阶微分形式的不变性

设 $u = f(x, y)$ 与 $x = \varphi(s, t), y = \psi(s, t)$ 复合成 $u = f(\varphi(s, t), \psi(s, t))$，考察将 u 视为 x, y 的函数和视为 s, t 的复合函数的全微分形式.

$u = f(x, y)$ 作为 x, y 的函数，则

$$\mathrm{d}u = f_x\mathrm{d}x + f_y\mathrm{d}y,$$

$u = f(\varphi(s, t), \psi(s, t))$ 作为 s, t 的函数，则

$$du = \frac{\partial u}{\partial s} ds + \frac{\partial u}{\partial t} dt .$$

考察二者关系. 由于

$$\frac{\partial u}{\partial s} = \frac{\partial u}{\partial x} \cdot \frac{\partial x}{\partial s} + \frac{\partial u}{\partial y} \cdot \frac{\partial y}{\partial s}, \quad \frac{\partial u}{\partial t} = \frac{\partial u}{\partial x} \cdot \frac{\partial x}{\partial t} + \frac{\partial u}{\partial y} \cdot \frac{\partial y}{\partial t},$$

且 $dx = \frac{\partial \varphi}{\partial s} ds + \frac{\partial \varphi}{\partial t} dt$, $dy = \frac{\partial \psi}{\partial s} ds + \frac{\partial \psi}{\partial t} dt$, 代入可得

$$du = \frac{\partial u}{\partial s} ds + \frac{\partial u}{\partial t} dt = \left(\frac{\partial u}{\partial x} \cdot \frac{\partial x}{\partial s} + \frac{\partial u}{\partial y} \cdot \frac{\partial y}{\partial s} \right) ds + \left(\frac{\partial u}{\partial x} \cdot \frac{\partial x}{\partial t} + \frac{\partial u}{\partial y} \cdot \frac{\partial y}{\partial t} \right) dt$$

$$= \frac{\partial u}{\partial x} dx + \frac{\partial u}{\partial y} dy.$$

由此可知, 不论将函数 u 视为 x, y 的函数还是视为 s, t 的复合函数, 函数的一阶全微分形式一样, 称为一阶微分形式的不变性.

类似一元函数, 复合函数的高阶微分不再具有不变性.

习　题　14.3

1. 设 $u = f(x, y)$, $x = s + t$, $y = s - t$, 求 u_{st}, u_{tt}.

2. 设 $u = f(x, y)$, $x = \phi(s - at)$, $y = \phi(s + at)$, 求 u_s, u_t.

3. 求下列复合函数的一阶偏导数:

1) $u = f(xy, x + y)$; 2) $u = f(\sqrt{x^2 + y^2}, e^{xy})$.

4. 设 $u = f(r)$, $r = \sqrt{x^2 + y^2}$, $f(r)$ 具有连续的二阶导数, 证明:

$$\frac{\partial^2 u}{\partial x^2} + \frac{\partial^2 u}{\partial y^2} = \frac{1}{r} \frac{du}{dr} + \frac{d^2 u}{dr^2}.$$

5. 设 $\phi(t)$, $\varphi(t)$ 具有二阶导数, 验证 $u = \phi(x + at) + \varphi(x - at)$ 是偏微分方程 $\frac{\partial^2 u}{\partial t^2} = a^2 \frac{\partial^2 u}{\partial x^2}$ 的解.

6. 设 $u = f(x, y)$ 可微, 满足 $x \frac{\partial f}{\partial x} = -y \frac{\partial f}{\partial y}$, 作极坐标变换 $\begin{cases} x = r \cos \theta, \\ y = r \sin \theta, \end{cases}$ 证明: $\frac{\partial u}{\partial r} = 0$.

7. 若 $f(x, y, z)$ 对任意的正实数 t 满足 $f(tx, ty, tz) = t^n f(x, y, z)$, 称 $f(x, y, z)$ 为 n 次齐次函数. 设 $f(x, y, z)$ 可微, 证明 $f(x, y, z)$ 为 n 次齐次函数的充要条件是 $x \frac{\partial f}{\partial x} + y \frac{\partial f}{\partial y} + z \frac{\partial f}{\partial z} = nf(x, y, z)$.

8. 设 $\phi(t)$, $\varphi(t)$ 具有二阶导数, 验证 $u = x\phi(x + y) + y\varphi(x + y)$ 满足方程 $\frac{\partial^2 u}{\partial x^2} - 2 \frac{\partial^2 u}{\partial x \partial y} + \frac{\partial^2 u}{\partial y^2} = 0$.

14.4　隐函数的求导法

　　虽然目前我们所遇到的函数都是显函数, 其表达式是以自变量表示的函数表达式, 其一般形式为 $z = f(x, y)$ 或更一般的 n 元显函数 $z = f(x_1, \cdots, x_n)$, 但在工程技术领域, 我们经常遇到隐函数: 即一组变量所满足的方程或方程组, 进一步由方程(组)确定的某些函数关系. 这些函数关系有时能通过求解方程(组)而得到, 有些不能求出其解. 如由方程 $z(x^2 + y^2 + 1) = x$ 直接求解可以确定函数 $z(x, y) = \dfrac{x}{x^2 + y^2 + 1}$, 而由方程 $x + yu - k\sin u = 0$ 所确定的隐函数 $u = u(x, y)$, 由于方程的不可解性, 不能由此方程给出 u 的显示表达式, 像这样的例子还有很多. 然而, 在实际问题的研究中, 通常需要我们去了解这些隐函数的分析性质, 如连续性、可微性等. 如何在不必知道函数表达式的条件下, 了解更多的函数的分析性质, 这正是本节的任务.

　　本节, 我们只介绍隐函数的求导方法, 其存在性及其理论基础放在本章最后.

一、单个方程所确定的隐函数的求导

　　设给定 $n+1$ 元单个方程

$$F(z, x_1, \cdots, x_n) = 0 ,$$

在某些条件下, 可设想: 这 $n+1$ 个变元只有 n 个独立, 即可以从中解出一个量比如 z, 将 z 用剩下的 n 个独立的变量 $x_1, \cdots, x_n$ 表示, 即, 对任意一组给定的量 $x_1, \cdots, x_n$, 将方程视为以 z 为未知量的方程有唯一解 $z = z(x_1, \cdots, x_n)$, 因此, 变量 z 完全由这 n 个独立的变量所确定. 由此就确定了一个函数关系 $z = f(x_1, \cdots, x_n)$.

　　我们的目的是在仅知道方程, 不必解出函数关系的情况下, 计算 $z = f(x_1, \cdots, x_n)$ 的各阶偏导数, 问题抽象为: 设由方程 $F(z, x_1, \cdots, x_n) = 0$ 确定了隐函数 $z = f(x_1, \cdots, x_n)$, 试计算 z_{x_i}, $i = 1, \cdots, n$ 及高阶偏导.

　　结构分析　由题意知, 题目的条件有两个: 方程 $F(z, x_1, \cdots, x_n) = 0$ 和确定的隐函数 $z = f(x_1, \cdots, x_n)$, 因此, 必须从方程 $F(z, x_1, \cdots, x_n) = 0$ 出发计算隐函数的偏导数, 将两个条件结合起来, 就确定了解决问题的思路: 将 z 视为函数 $z(x_1, \cdots, x_n)$ 代入方程, 从而得到一个以 $x_1, \cdots, x_n$ 为变量的复合函数方程

$$F(z(x_1, \cdots, x_n), x_1, \cdots, x_n) = 0,$$

通过两端求导, 就可以由此计算 z_{x_i}.

　　具体过程如下:

由题意, 方程可视为如下复合形式的方程

$$F(z(x_1,\cdots,x_n),x_1,\cdots,x_n)=0,$$

其自变量为 $x_1,\cdots,x_n$, 中间变量为 z.

由复合函数的偏导计算, 对方程两端关于变量 x_i 求导, 则

$$F_z\cdot\frac{\partial z}{\partial x_i}+F_{x_i}=0, \quad i=1,\cdots,n,$$

故

$$\frac{\partial z}{\partial x_i}=-\frac{F_{x_i}}{F_z}, \quad i=1,\cdots,n.$$

从公式可知, 若表达式 $F(z,x_1,\cdots,x_n)$ 是已知的, 就可以计算隐函数 $z=f(x_1,\cdots,x_n)$ 的偏导数. 当然, 必须满足条件 $F_z\neq 0$, 事实上, 这个条件正是由方程 $F(z,x_1,\cdots,x_n)=0$ 确定隐函数 $z=f(x_1,\cdots,x_n)$ 的条件.

上述过程是典型的隐函数的求导过程, 由此过程可看出, 先确定隐函数, 将方程视为复合函数的方程, 对方程求导, 利用求导法则得到隐函数的偏导数. 这种求导的思想应该熟练掌握, 不必记住公式.

从上述求导过程中, 可以发现, 隐函数求导的基本思想是将确定的隐函数代入方程, 将方程视为方程和隐函数复合而成的复合方程, 对复合方程两端求相应的偏导数即可, 因此, 隐函数偏导数的计算核心技术还是复合函数的偏导数的计算.

由方程确定的隐函数具有局部性(见第一册对应的内容), 如上述问题中, 对给定的定点 $(z_0,x_1^0,\cdots,x_n^0)$, 若 $F_z(z_0,x_1^0,\cdots,x_m^0)\neq 0$, 则在 $(z_0,x_1^0,\cdots,x_n^0)$ 附近能确定隐函数 $z=f(x_1,\cdots,x_n)$, 因此, 隐函数的求导也是局部的.

例 1　求由方程 $x^2+y^2+z^2=1$ 所确定的隐函数 $z=z(x,y)$ 的偏导数.

解　将 z 视为函数形式 $z=z(x,y)$, 而方程的右端是复合函数形式: x,y 是独立变量, $z=z(x,y)$ 是 x,y 的函数, 由此, 两端关于 x 求导, 则

$$2x+2zz_x=0,$$

故, $z_x=-\dfrac{x}{z}$, 类似地, $z_y=-\dfrac{y}{z}$.

我们知道, 对任意给定的一组变量 (x,y), 方程 $x^2+y^2+z^2=1$ 的解并不唯一, 有两个解 $z=\pm\sqrt{x^2+y^2}$, 那么, 可以说方程能确定隐函数吗? 这正是隐函数存在性的局部性质, 事实上, 记

$$F(x,y,z)=x^2+y^2+z^2-1,$$

则 $F_z(x,y,z)=2z$, 因此, 只有在满足 $z_0\neq 0$ 的点 (x_0,y_0,z_0) 附近, 才能确定隐函

数. 事实上, 当 $z_0 > 0$ 时, 通过求解方程可知, 在此点附近确定的隐函数为 $z = \sqrt{x^2 + y^2}$, 当 $z_0 < 0$ 时, 在此点附近确定的隐函数为 $z = -\sqrt{x^2 + y^2}$, 但是, 可以验证, 不论何种形式的隐函数都成立例 1 的结论.

例 2 设 $x + yu - k\sin u = 0$, 求 u_x, u_y 和 u_{xx}.

解 由题意, 由方程确定隐函数 $u = u(x, y)$, 对方程两端关于 x 求导, 则

$$1 + yu_x - ku_x\cos u = 0,$$

因此, $u_x = \dfrac{1}{k\cos u - y}$.

两端关于 y 求导, 则

$$u + yu_y - ku_y\cos u = 0,$$

因而, $u_y = \dfrac{u}{k\cos u - y}$.

为计算 u_{xx}, 对第一个方程关于 x 再求导, 则

$$yu_{xx} - ku_{xx}\cos u + k(u_x)^2\sin u = 0,$$

故, $u_{xx} = \dfrac{k\sin u}{(k\cos u - y)^3}$.

例 3 设 $F(xy, x + y + z) = 0$, 求 $\dfrac{\partial z}{\partial x}$ 和 $\dfrac{\partial z}{\partial y}$.

解 由题意, 由方程确定的隐函数为 $z = z(x, y)$, 记 $u = xy$, $v = x + y + z$, 则方程可以视为由 $F(u, v) = 0$ 与 $u = xy$, $v = x + y + z$ 复合而成, 对 $F(u, v) = 0$ 关于 x 求导, 则

$$yF_u + (1 + z_x)F_v = 0,$$

因此, $z_x = -\dfrac{yF_u + F_v}{F_v}$.

利用对称性, 则 $z_y = -\dfrac{xF_u + F_v}{F_v}$.

二、由方程组所确定的隐函数的导数

由线性代数的方程组理论可知: 在一定条件下, 一般由 m 个方程可确定出 m 个未知量, 因此, 假设给定如下 m 个方程的方程组:

$$\begin{cases} F_1(u_1, \cdots, u_m, x_1, \cdots, x_n) = 0, \\ \quad\quad\cdots\cdots \\ F_m(u_1, \cdots, u_m, x_1, \cdots, x_n) = 0, \end{cases}$$

则任给一组数 $x_1, \cdots, x_n$，上述方程组是以 $u_1, \cdots, u_m$ 为未知量的方程组，设其有唯一解 $u_1, \cdots, u_m$，于是，对任意的 $(x_1, \cdots, x_n)$，由此确定唯一一组数 $u_1, \cdots, u_m$ 与之对应，由此，进而确定一组隐函数

$$
\begin{cases}
u_1 = u_1(x_1, \cdots, x_n), \\
\qquad \cdots\cdots \\
u_m = u_m(x_1, \cdots, x_n),
\end{cases}
$$

我们的目的是在不必计算出上述隐函数的情况下，计算偏导数 $\dfrac{\partial u_i}{\partial x_j}$，$i = 1, \cdots, m$，

$j = 1, \cdots, n$ 及高阶偏导数.

　　和单个方程确定的隐函数的求导类似，将每个方程都视为复合函数方程，利用复合函数的求导法则可以计算偏导数，以对 x_1 的偏导数的计算为例，对方程组的每个方程两端关于 x_1 求偏导，则

$$
\begin{cases}
\dfrac{\partial F_1}{\partial u_1} \cdot \dfrac{\partial u_1}{\partial x_1} + \cdots + \dfrac{\partial F_1}{\partial u_m} \cdot \dfrac{\partial u_m}{\partial x_1} + \dfrac{\partial F_1}{\partial x_1} = 0, \\
\qquad\qquad\qquad \cdots\cdots \\
\dfrac{\partial F_m}{\partial u_1} \cdot \dfrac{\partial u_1}{\partial x_1} + \cdots + \dfrac{\partial F_m}{\partial u_m} \cdot \dfrac{\partial u_m}{\partial x_1} + \dfrac{\partial F_m}{\partial x_1} = 0,
\end{cases}
$$

由此可得关于 $\dfrac{\partial u_1}{\partial x_1}, \cdots, \dfrac{\partial u_m}{\partial x_1}$ 的线性方程组，求解，则

$$
\frac{\partial u_1}{\partial x_1} = -\frac{\dfrac{D(F_1, \cdots, F_m)}{D(x_1, u_2, \cdots, u_m)}}{\dfrac{D(F_1, \cdots, F_m)}{D(u_1, \cdots, u_m)}}, \quad \cdots, \quad \frac{\partial u_m}{\partial x_1} = -\frac{\dfrac{D(F_1, \cdots, F_m)}{D(u_1, \cdots, u_{m-1}, x_1)}}{\dfrac{D(F_1, \cdots, F_m)}{D(u_1, \cdots, u_m)}},
$$

其中函数行列式

$$
\frac{D(F_1, \cdots, F_m)}{D(u_1, \cdots, u_m)} = \begin{vmatrix} \dfrac{\partial F_1}{\partial u_1} & \cdots & \dfrac{\partial F_1}{\partial u_m} \\ \vdots & & \vdots \\ \dfrac{\partial F_m}{\partial u_1} & \cdots & \dfrac{\partial F_m}{\partial u_m} \end{vmatrix}.
$$

　　类似可以计算其他的偏导数.

　　例 4　计算由 $\begin{cases} F(x, y, z) = 0, \\ G(x, y, z) = 0 \end{cases}$ 所确定的隐函数 $y = y(x), z = z(x)$ 的导数 $y'(x), z'(x)$.

解　由题意得, 由方程组确定两个隐函数 $y = y(x), z = z(x)$, 将方程组视为由此复合而成的复合函数方程组, 对 x 求导, 则

$$\begin{cases} F_1' + F_2' \dfrac{\partial y}{\partial x} + F_3' \dfrac{\partial z}{\partial x} = 0, \\ G_1' + G_2' \dfrac{\partial y}{\partial x} + G_3' \dfrac{\partial z}{\partial x} = 0, \end{cases}$$

解之得

$$y'(x) = -\frac{\dfrac{D(F,G)}{D(x,z)}}{\dfrac{D(F,G)}{D(y,z)}}, \quad z'(x) = -\frac{\dfrac{D(F,G)}{D(y,x)}}{\dfrac{D(F,G)}{D(y,z)}},$$

其中, F_1' 表示函数 F 对第一个变量的偏导数, F_2' 表示函数 F 对第二个变量的偏导数, 如若 $F = F(u,v,w)$, 则 $F_2' = F_v(u,v,w)$.

从上述两种情形看, 隐函数的求导相当简单, 但要注意掌握方法实质, 注意从题目中分析清楚确定的隐函数. 也注意不必记公式, 要做到灵活运用.

例 5　设 $x = r\cos\theta, y = r\sin\theta$, 求 $\dfrac{\partial r}{\partial x}, \dfrac{\partial \theta}{\partial x}, \dfrac{\partial r}{\partial y}, \dfrac{\partial \theta}{\partial y}$.

简析　从题型可知, 确定两个隐函数 $r = r(x,y), \theta = \theta(x,y)$.

解　**法一**　对两式关于 x 求导, 则

$$\begin{cases} 1 = \cos\theta \cdot \dfrac{\partial r}{\partial x} - r\sin\theta \cdot \dfrac{\partial \theta}{\partial x}, \\ 0 = \sin\theta \cdot \dfrac{\partial r}{\partial x} - r\cos\theta \cdot \dfrac{\partial \theta}{\partial x}, \end{cases}$$

解之得

$$\begin{cases} \dfrac{\partial r}{\partial x} = \cos\theta, \\ \dfrac{\partial \theta}{\partial x} = -\dfrac{\sin\theta}{r}, \end{cases}$$

类似可得

$$\begin{cases} \dfrac{\partial r}{\partial y} = \sin\theta, \\ \dfrac{\partial \theta}{\partial y} = \dfrac{\cos\theta}{r}. \end{cases}$$

注　还可用微分法, 利用复合函数一阶微分的不变性计算隐函数的偏导数.

法二　两端微分, 则

$$\begin{cases} dx = \cos\theta \cdot dr - r\sin\theta \cdot d\theta, \\ dy = \sin\theta \cdot dr - r\cos\theta \cdot d\theta, \end{cases}$$

解得

$$\begin{cases} dr = \cos\theta \cdot dx + \sin\theta \cdot dy, \\ d\theta = -\dfrac{\sin\theta}{r} \cdot dx + \dfrac{\cos\theta}{r} \cdot dy. \end{cases}$$

由微分定义得

$$\frac{\partial r}{\partial x} = \cos\theta, \quad \frac{\partial r}{\partial y} = \sin\theta, \quad \frac{\partial\theta}{\partial x} = -\frac{\sin\theta}{r}, \quad \frac{\partial\theta}{\partial y} = \frac{\cos\theta}{r}.$$

例 6　从方程组 $\begin{cases} x+y+z+u+v=1, \\ x^2+y^2+z^2+u^2+v^2=2 \end{cases}$ 中求出 u_x, v_x, u_{xx}, v_{xx}.

简析　这是 5 个变元、2 个方程的方程组, 由方程组理论, 两个方程的方程组至多可以确定两个变量, 因此, 上述 5 个变量, 至少有 3 个是独立的, 而从题目中可分析出: 变元 x, y, z 独立, 确定两个隐函数 $u = u(x,y,z), v = v(x,y,z)$.

解　由题意, 方程组可以确定隐函数 $u = u(x,y,z), v = v(x,y,z)$, 因此, 利用复合函数求导法则, 对方程组的方程两端关于 x 求偏导, 则

$$\begin{cases} 1 + u_x + v_x = 0, \\ 2x + 2uu_x + 2vv_x = 0, \end{cases} \tag{1}$$

解之得 $u_x = \dfrac{x-v}{v-u}$, $v_x = \dfrac{u-x}{v-u}$.

再对 (1) 式两端关于 x 求偏导

$$\begin{cases} u_{xx} + v_{xx} = 0, \\ 1 + u_x^2 + uu_{xx} + v_x^2 + vv_{xx} = 0, \end{cases}$$

求解得

$$u_{xx} = -v_{xx} = \frac{1 + \left(\dfrac{x-v}{v-u}\right)^2 + \left(\dfrac{u-x}{v-u}\right)^2}{v-u}.$$

例 7　设 $\begin{cases} x+y=u+v, \\ \dfrac{x}{y} = \dfrac{u^2}{v}, \end{cases}$　计算 du, dv.

简析　由题意, 通过方程组确定隐函数为 $u = u(x,y), v = v(x,y)$, 利用微分法对方程组两端求微分就可以计算出 du, dv, 但是, 注意到方程组的结构, 直接对方程组微分, 需要利用除法的微分法则计算两个商式的微分, 我们知道, 在四则运

算法则中, 除法的微分法则最复杂, 因此, 我们尽可能化简结构, 避开复杂的计算, 为此, 我们对第二个方程进行变形, 将商的形式转化为乘积形式.

解　由题意, 方程组确定隐函数 $u = u(x, y), v = v(x, y)$, 将方程组变形

$$\begin{cases} x + y = u + v, \\ xv = yu^2, \end{cases}$$

两端微分, 则

$$\begin{cases} \mathrm{d}x + \mathrm{d}y = \mathrm{d}u + \mathrm{d}v, \\ v\mathrm{d}x + x\mathrm{d}v = u^2\mathrm{d}y + 2yu\mathrm{d}u, \end{cases}$$

求解得

$$\mathrm{d}u = \frac{x + v}{x + 2yu}\mathrm{d}x + \frac{x - u^2}{x + 2yu}\mathrm{d}y, \quad \mathrm{d}v = \frac{2yu - v}{x + 2yu}\mathrm{d}x + \frac{2yu + u^2}{x + 2yu}\mathrm{d}y.$$

在掌握了基本的运算法则后, 一定要掌握利用结构特点确定最简洁的解决问题的技术路线.

习　题　14.4

1. 计算由下列方程所确定的隐函数的一阶偏导数 u_x, u_y :

1) $y^2 + xe^{yu} + y^2u = 0$;

2) $\ln(x^2 + y^2 + u^2) = xyu$.

2. 按要求, 求解下列题目:

1) $\begin{cases} x^2 + y^2 + z^2 = 1, \\ x = y, \end{cases}$ 求 $\mathrm{d}y, \mathrm{d}z, \mathrm{d}^2z$;

2) $\begin{cases} x + y = \dfrac{u}{1 + v^2}, \\ \dfrac{x}{y^2 + 1} = \dfrac{yu^2}{v}, \end{cases}$ 求 u_x, u_y, v_x, v_y ;

3) $\begin{cases} u = f(x, y), \\ g(x, y, z) = 0, \\ h(x, y, z) = 0, \end{cases}$ 求 $\dfrac{\mathrm{d}u}{\mathrm{d}x}$;

4) $\begin{cases} x = e^u \cos v, \\ y = e^u \sin v, \\ z = uv, \end{cases}$ 求 z_x, z_y .

14.5　复合函数求导的应用——方程的变换

从上节例子可知, 隐函数的求导并不困难, 但是作为其应用——偏微分方程的变换是比较困难的. 所谓偏微分方程就是由多元函数及其偏导数构成的函数方

程. 偏微分方程的变换是指通过给定的一组变量关系, 将一个已知的偏微分方程
转换为另一种形式. 一般来说, 通过方程变换, 把结构复杂的偏微分方程简化为
简单结构的偏微分方程, 由此把握偏微分方程的结构特征(类似于二次型化为标
准形), 有利于偏微分方程的研究, 这种变换在偏微分方程理论中非常有用. 常见
的方程变换有两种, 其一为部分变换, 即将一个函数的已知的关于某组变量的偏
微分方程, 通过给定的一组变量关系, 转化为此函数关于另一组变量的偏微分方
程; 在这个过程中, 函数不变, 只是自变量发生改变. 其二称为完全变换, 即将一
个函数的已知的关于某组变量的偏微分方程, 通过一组变量关系和一个函数关系,
转换为另一个函数关于另一组变量的偏微分方程, 在这个过程中, 变量和函数都
发生改变. 方程变换的难点在于: 转换过程中, 必须准确把握问题的含义, 准确
确定函数、变量、中间变量等各种量之间的关系; 根据复合函数偏导数计算的链
式法则, 一般原则是要计算的偏导数是函数对最终自变量的偏导数, 可以根据此
原则确定变量的身份.

　　下面通过具体的例子说明相应的变换方法和思想.

一、部分变换

　　例 1　给定变量关系式 $u = x^2 - y^2, v = 2xy$, 变换方程

$$\frac{\partial^2 w}{\partial x^2} + \frac{\partial^2 w}{\partial y^2} = 0.$$

　　结构分析　首先明确题意: 由要变换的方程可知, 方程是函数 $w = w(x,y)$ 关
于变量 x, y 所满足的偏微分方程; 给定的一组变量关系为 $u = x^2 - y^2, v = 2xy$. 在
变量关系式中, 只涉及自变量 x, y 和两个新的变量 u, v , 利用这组关系式可以实现
变量 x, y 和 u, v 之间的转换, 即利用给定的关系式将自变量由 x, y 转换为 u, v , 也
可以利用隐函数理论, 由方程组 $\begin{cases} u - x^2 + y^2 = 0, \\ v - 2xy = 0 \end{cases}$ 确定隐函数 $x = x(u,v)$,
$y = y(u,v)$, 将变量 u, v 转换为 x, y , 因此, 函数 $w = w(x,y)$ 通过变量关系
$x = x(u,v), y = y(u,v)$, 转换为 w 关于 u, v 的函数 $w = w(u,v)$, 故, 函数 w 没变, 自
变量由 x, y 变成了 u, v , 而 x, y 成了中间变量. 因此, 本题的目标是将 w 关于原变
量 x, y 的偏微分方程转换为 w 关于新变量 u, v 的偏微分方程, 这正是偏微分方程
的部分变换.

　　因此, 变换过程中重点要解决的是两类偏导数的关系. 用到的理论还是隐函
数和复合函数的求导. 其变换过程是先利用隐函数理论由给出的变量关系式确定
隐函数 $x = x(u,v)$, $y = y(u,v)$, 再利用函数的复合将函数 $w = w(x,y)$ 复合成函数

$w = w(u, v)$, 进而讨论 w 关于 x, y 的偏导数与 w 关于 u, v 的偏导数的关系.

根据变换要求, 需要计算 w 关于 x, y 的偏导数, 类比已知, 复合函数的计算公式给出了函数对最终自变量的导数, 因此, 应将 x, y 视为最终自变量, u, v 应是中间变量, 应用链式法则建立二者的联系. 当然, 还必须利用变量关系式计算中间变量对最终自变量的偏导数.

或者, 更简单些, 根据链式法则的求导原则, 根据要变换的方程, 需要计算偏导数 $\dfrac{\partial^2 w}{\partial x^2}$ 和 $\dfrac{\partial^2 w}{\partial y^2}$, 因而, 应视 x, y 为最终自变量.

解　由变量关系式得

$$u_x = 2x, \quad u_y = -2y, \quad v_x = 2y, \quad v_y = 2x.$$

将函数 $w(x, y)$ 视为函数 $w(u, v)$ 与变量 $u = x^2 - y^2, v = 2xy$ 的复合, 由链式法则, 则

$$\frac{\partial w}{\partial x} = \frac{\partial w}{\partial u} \cdot \frac{\partial u}{\partial x} + \frac{\partial w}{\partial v} \cdot \frac{\partial v}{\partial x} = 2x \frac{\partial w}{\partial u} + 2y \frac{\partial w}{\partial v},$$

$$\frac{\partial w}{\partial y} = \frac{\partial w}{\partial u} \cdot \frac{\partial u}{\partial y} + \frac{\partial w}{\partial v} \cdot \frac{\partial v}{\partial y} = -2y \frac{\partial w}{\partial u} + 2x \frac{\partial w}{\partial v},$$

进而,

$$\frac{\partial^2 w}{\partial x^2} = 2 \frac{\partial w}{\partial u} + 2x \left[\frac{\partial^2 w}{\partial u^2} \cdot \frac{\partial u}{\partial x} + \frac{\partial^2 w}{\partial u \partial v} \cdot \frac{\partial v}{\partial x} \right] + 2y \left[\frac{\partial^2 w}{\partial v \partial u} \cdot \frac{\partial u}{\partial x} + \frac{\partial^2 w}{\partial v^2} \cdot \frac{\partial v}{\partial x} \right]$$

$$= 2 \frac{\partial w}{\partial u} + 4x^2 \frac{\partial^2 w}{\partial u^2} + 4xy \frac{\partial^2 w}{\partial u \partial v} + 4xy \frac{\partial^2 w}{\partial u \partial v} + 4y^2 \frac{\partial^2 w}{\partial v^2},$$

$$\frac{\partial^2 w}{\partial y^2} = -2 \frac{\partial w}{\partial u} - 2y \left[\frac{\partial^2 w}{\partial u^2} \cdot \frac{\partial u}{\partial y} + \frac{\partial^2 w}{\partial u \partial v} \cdot \frac{\partial v}{\partial y} \right] + 2x \left[\frac{\partial^2 w}{\partial v \partial u} \cdot \frac{\partial u}{\partial y} + \frac{\partial^2 w}{\partial v^2} \cdot \frac{\partial v}{\partial y} \right]$$

$$= -2 \frac{\partial w}{\partial u} + 4y^2 \frac{\partial^2 w}{\partial u^2} - 4xy \frac{\partial^2 w}{\partial u \partial v} - 4xy \frac{\partial^2 w}{\partial v \partial u} + 4x^2 \frac{\partial^2 w}{\partial v^2},$$

故

$$\frac{\partial^2 w}{\partial x^2} + \frac{\partial^2 w}{\partial y^2} = 4(x^2 + y^2) \left[\frac{\partial^2 w}{\partial u^2} + \frac{\partial^2 w}{\partial v^2} \right],$$

因而, 方程变为

$$\frac{\partial^2 w}{\partial u^2} + \frac{\partial^2 w}{\partial v^2} = 0.$$

注　例 1 中变换后方程的形式没有发生变化, 原因很简单, 因为原方程就是最简单的标准的椭圆型方程, 不可能再简化了, 只是通过例子说明方程变换的过程.

例 2　给定变量关系式 $u = u(x, y), x = r\cos\theta, y = r\sin\theta$，证明:

$$\frac{\partial^2 u}{\partial x^2} + \frac{\partial^2 u}{\partial y^2} = \frac{\partial^2 u}{\partial r^2} + \frac{1}{r}\frac{\partial u}{\partial r} + \frac{1}{r^2}\frac{\partial^2 u}{\partial \theta^2}.$$

结构分析　结论结构是一个等式，左端是函数 u 对变量 x, y 的偏导数，右端是函数 u 对变量 r, θ 的偏导数，因此，本质还是偏微分方程的部分变换; 条件结构中给出了两组变量的关系式，相互之间可以计算偏导关系，当然，相对来说，计算 x, y 关于 r, θ 的偏导数较为容易(中间变量对最终自变量的偏导数)，因此，应将 r, θ 视为最终自变量，故，证明方法可以从计算右端开始，推出左端. 当然，由于给出的关系式较简单，计算 r, θ 对 x, y 的偏导数也不复杂，因此，也可以由左端推出右端，两种方法都可以试一下.

证明　$u(r, \theta)$ 可视为由 $u = u(x, y)$ 与 $r = r\cos\theta, y = r\sin\theta$ 复合而成，由链式法则，

$$\frac{\partial u}{\partial r} = \cos\theta\frac{\partial u}{\partial x} + \sin\theta\frac{\partial u}{\partial y}, \quad \frac{\partial u}{\partial \theta} = -r\sin\theta\frac{\partial u}{\partial x} + r\cos\theta\frac{\partial u}{\partial y},$$

$$\frac{\partial^2 u}{\partial r^2} = \cos^2\theta\frac{\partial^2 u}{\partial x^2} + 2\sin\theta\cos\theta\frac{\partial^2 u}{\partial x\partial y} + \sin^2\theta\frac{\partial^2 u}{\partial y^2},$$

$$\frac{\partial^2 u}{\partial \theta^2} = -r\frac{\partial u}{\partial r} + r^2\sin^2\theta\frac{\partial^2 u}{\partial x^2} - 2r^2\sin\theta\cos\theta\frac{\partial^2 u}{\partial x\partial y} + r^2\cos^2\theta\frac{\partial^2 u}{\partial y^2},$$

代入即可.

从上述例子可知，在涉及这类偏微分方程的转换时，关键是从要证明的结论出发，确定要计算的偏导数，进而选取合适的最终自变量和中间变量; 选择的依据是复合函数的求导的链式法则，根据链式法则，可以计算函数对最终自变量的偏导数，由此，根据要计算的偏导数确定函数和最终自变量. 当然，也可以用试验方法，当选择一组变量为中间变量出现计算困难时，可以换另一组变量作为中间变量试一试.

二、完全变换

例 3　给定变量关系式 $x = u, y = \dfrac{u}{1+uv}, z = \dfrac{u}{1+uw}$，变换方程

$$x^2\frac{\partial z}{\partial x} + y^2\frac{\partial z}{\partial y} = z^2.$$

结构分析　由结论知，原偏微分方程是函数 $z = z(x, y)$ 所满足的偏微分方程，即原函数为 z，原自变量为 x, y. 由所给的变量关系式知，前两个涉及两组自变量

(x, y)和(u, v)的关系, 实现两组变量间的转换, 因而, 可以将以x, y为变量的函数 $z = z(x,y)$转化为以u, v为变量的函数$z = z(u,v)$. 最后一个等式中, 除涉及新自变 量u, v, 还有一个变量w, 此w正是由z, u确定的新函数$w = w(z(u,v),u) = w(u,v)$. 因而, 通过上述分析, 给定的关系式, 实际确定两组函数关系

原函数:z, 原自变量: x, y;

新函数:w, 新自变量: u,v.

因而, 本题要求将原函数$z = z(x,y)$满足的偏微分方程, 通过给定的关系式, 转 化为新函数$w = w(u,v)$所满足的偏微分方程. 函数和自变量都改变了, 这是完全 变换.

因此, 问题的关键是如何建立两组偏导函数的关系? 类比部分变换, 借助两 组自变量关系, 可以将原函数z关于原变量x, y的偏导数转化为原函数z关于新变 量u, v的偏导数, 必须进一步建立原函数z关于新变量u, v的偏导数与新函数w 关于新变量u, v的偏导数, 类比已知条件, 必须借助另一个变量关系式(新函数与 原函数的关系式)建立两组偏导数的关系, 由此确定解题的思想和方法.

解 先将$z = z(x,y)$视为借助于变量关系$x = u, y = \dfrac{u}{1+uv}$形成的变量关系 $u = u(x,y), v = v(x,y)$, 进而得到复合函数$z(x,y) = z(u(x,y),v(x,y))$, 由复合函数 的链式求导法则, 得

$$z_x = z_u u_x + z_v v_x , \quad z_y = z_u u_y + z_v v_y .$$

利用变量关系$x = u, y = \dfrac{u}{1+uv}$, 简化得

$$x = u, \quad y(1+uv) = u .$$

两端关于x求导, 得

$$1 = u_x , \quad y\left(u\frac{\partial v}{\partial x} + v\frac{\partial u}{\partial x}\right) = u_x ,$$

解得$u_x = 1, v_x = \dfrac{1}{u^2}$. 两端关于$y$求导, 得

$$u_y = 0 , \quad (1+uv) + y\left(u\frac{\partial v}{\partial y} + v\frac{\partial u}{\partial y}\right) = u_y ,$$

解得$u_y = 0, v_y = -\dfrac{(1+uv)^2}{u^2}$. 代入得$z_x = z_u + \dfrac{1}{u^2} z_v$, $z_y = -\dfrac{(1+uv)^2}{u^2} z_v$, 因而,

$$x^2 \frac{\partial z}{\partial x} + y^2 \frac{\partial z}{\partial y} = u^2\left(z_u + \frac{1}{u^2} z_v\right) + \left(\frac{u}{1+uv}\right)^2\left[-\frac{(1+uv)^2}{u^2} z_v\right] = u^2 z_u .$$

为计算 z_u ，利用另一个函数关系 $z(1+uw)=u$ 两端关于 u 求得，则
$$z_u(1+uw)+z(w+uw_u)=1,$$
因而， $z_u=\dfrac{1-z(w+uw_u)}{1+uw}$ ，故原方程转换为
$$u^2\frac{1-z(w+uw_u)}{1+uw}=\left(\frac{u}{1+uw}\right)^2,$$
化简得 $w_u=0$.

抽象总结　1) 此例表明，通过变换方程得以简化.

2) 对完全变换，由于原变量和新变量间可以相互转化，都可以视为中间变量或最终自变量，同样，原函数和新函数都可以视为这两组变量的复合函数，因此，在建立两个函数的偏导数关系时可以灵活进行.

3) 当然，还可以把变换化为两个阶段，先利用部分变换将左端 z 关于 x,y 的偏微分方程变换为 z 关于新变量 u,v 的偏微分方程，再通过函数关系式变换为 w 关于变量 u,v 的偏微分方程.

例 4　设 $u=x+y,v=x-y,w=xy-z$ ，变换方程 $\dfrac{\partial^2 z}{\partial x^2}+2\dfrac{\partial^2 z}{\partial x\partial y}+\dfrac{\partial^2 z}{\partial y^2}=0$.

简析　本题仍是完全变换，关键仍是建立原函数 z 关于原变量 x,y 的偏导数与新函数 w 关于新变量 u,v 的偏导数.

解　原函数 $z=z(x,y)$ ，新函数 $w=w(u,v)$ 与变量关系 $u=x+y,v=x-y$ 复合后也可视为 x,y 的函数，利用函数关系式 $w=xy-z$ ，两端分别关于 x,y 求偏导，得
$$\frac{\partial z}{\partial x}=y-\frac{\partial w}{\partial x},\quad \frac{\partial z}{\partial y}=x-\frac{\partial w}{\partial y}.$$
进一步将 w 关于新变量 x,y 的偏导数转化为 w 关于新变量 u,v 的偏导数，利用复合函数的求导法则，则
$$\frac{\partial z}{\partial x}=y-\frac{\partial w}{\partial u}\frac{\partial u}{\partial x}-\frac{\partial w}{\partial v}\frac{\partial v}{\partial x},\quad \frac{\partial z}{\partial y}=x-\frac{\partial w}{\partial u}\frac{\partial u}{\partial y}-\frac{\partial w}{\partial v}\frac{\partial v}{\partial y},$$
利用自变量关系式得， $\dfrac{\partial u}{\partial x}=1,\dfrac{\partial u}{\partial y}=1,\dfrac{\partial v}{\partial x}=1,\dfrac{\partial v}{\partial y}=-1$ ，故
$$\frac{\partial z}{\partial x}=y-\frac{\partial w}{\partial u}-\frac{\partial w}{\partial v},\quad \frac{\partial z}{\partial y}=x-\frac{\partial w}{\partial u}+\frac{\partial w}{\partial v}.$$
再求导得
$$\frac{\partial^2 z}{\partial x^2}=-\frac{\partial^2 w}{\partial u^2}-2\frac{\partial^2 w}{\partial u\partial v}-\frac{\partial^2 w}{\partial v^2},$$

$$\frac{\partial^2 z}{\partial x \partial y} = 1 - \frac{\partial^2 w}{\partial u^2} + \frac{\partial^2 w}{\partial v^2},$$

$$\frac{\partial^2 z}{\partial y^2} = -\frac{\partial^2 w}{\partial u^2} + 2\frac{\partial^2 w}{\partial u \partial v} - \frac{\partial^2 w}{\partial v^2},$$

故

$$\frac{\partial^2 z}{\partial x^2} + 2\frac{\partial^2 z}{\partial x \partial y} + \frac{\partial^2 z}{\partial y^2} = 2 - 4\frac{\partial^2 w}{\partial u^2},$$

所以，原方程变为 $\dfrac{\partial^2 w}{\partial u^2} = \dfrac{1}{2}$.

例 5　设 $x = r\cos\theta, y = r\sin\theta$，变换方程组

$$\begin{cases} \dfrac{\mathrm{d}x}{\mathrm{d}t} = y + kx(x^2 + y^2), \\[2mm] \dfrac{\mathrm{d}y}{\mathrm{d}t} = -x + ky(x^2 + y^2) \end{cases}$$

为极坐标方程.

结构分析　所变换的方程组表明函数关系为 $x = x(t), y = y(t)$. 由变量关系可知，两组变量 (r, θ)，(x, y) 间相互转化，或将原函数 (x, y) 转化为新函数 (r, θ)，由此产生新的函数关系 $r = r(x, y) = r(t), \theta = \theta(x, y) = \theta(t)$，因此，本题要求，将原函数 $x = x(t)$，$y = y(t)$ 的微分方程转化为 $r = r(t), \theta = \theta(t)$ 的微分方程. 方法仍是从变量关系出发建立二者的导数关系.

解　对关系式 $x = r\cos\theta, y = r\sin\theta$ 关于 t 求导，则

$$\begin{cases} \dfrac{\mathrm{d}x}{\mathrm{d}t} = \dfrac{\mathrm{d}r}{\mathrm{d}t}\cos\theta - r\sin\theta\dfrac{\mathrm{d}\theta}{\mathrm{d}t}, \\[2mm] \dfrac{\mathrm{d}y}{\mathrm{d}t} = \dfrac{\mathrm{d}r}{\mathrm{d}t}\sin\theta + r\cos\theta\dfrac{\mathrm{d}\theta}{\mathrm{d}t}, \end{cases}$$

求解方程组，得 $\dfrac{\mathrm{d}r}{\mathrm{d}t} = kr^3, \dfrac{\mathrm{d}\theta}{\mathrm{d}t} = -1$.

由此看到，变换后，方程组得到简化.

<h3 style="text-align:center">习 题 14.5</h3>

1. 设 $u = x, v = \mathrm{e}^x + y$，变换方程 $\dfrac{\partial z}{\partial x} - \mathrm{e}^x\dfrac{\partial z}{\partial y} = 0$.

2. 设 $\xi = x - at, \eta = x + at$，变换方程 $\dfrac{\partial^2 u}{\partial t^2} - a^2\dfrac{\partial^2 u}{\partial x^2} = 0$.

3. 设方程 $C\lambda^2 + 2B\lambda + A = 0$ 有两个互异的实根 λ_1 和 λ_2，给定变换 $\xi = x + \lambda_1 y$，$\eta = x + \lambda_2 y$，

变换方程 $A\dfrac{\partial^2 u}{\partial x^2} + 2B\dfrac{\partial^2 u}{\partial x \partial y} + C\dfrac{\partial^2 u}{\partial y^2} = 0$.

4. 设 $u = \dfrac{x}{y}$, $v = x$, $w = xz - y$, 变换方程 $y\dfrac{\partial^2 z}{\partial y^2} + 2\dfrac{\partial z}{\partial y} - \dfrac{2}{x} = 0$.

14.6 复合函数求导的几何应用

本节, 我们利用多元复合函数的求导技术, 计算一些几何量, 由此解决相应的几何问题, 包括空间曲线的切线和法平面、空间曲面的切平面和法线.

一、空间曲线的切线与法平面

本小节解决的问题是: 给定空间曲线 l 及 l 上一点 p_0, 计算此点的切线与法平面.

1. 已知 l 的参数方程形式

设给定的光滑曲线 $l: \begin{cases} x = x(t), \\ y = y(t), \\ z = z(t) \end{cases}$ 及 l 上一点 $p_0(x(t_0), y(t_0), z(t_0)) = p_0(x_0, y_0, z_0)$, 假设 $x(t), y(t), z(t)$ 都是可微的, 先计算此点的切线.

简析 类比已知, 所给的信息较少, 从切线的定义出发为研究思路.

切线就是割线的极限位置, 这是计算切线的常用方法, 为此, 我们先计算割线.

任取 $p(x(t), y(t), z(t)) \in l$ 且 $t \neq t_0$, 则割线 $\overline{pp_0}$ 的方程为

$$\frac{x - x_0}{x(t) - x_0} = \frac{y - y_0}{y(t) - y_0} = \frac{z - z_0}{z(t) - z_0}.$$

我们希望通过割线方程的极限计算切线, 那么, 如何对方程计算极限? 要计算什么量? 从割线方程知道: 方程中, 点 (x, y, z) 是表示直线(割线)上动态的点, 点 $p(x(t), y(t), z(t))$ 是割线与曲线的交点, 因此, 要计算的量是当点 p 沿曲线 l 趋向于 p_0 时, 即 $p \to p_0 (\Leftrightarrow t \to t_0)$ 时, 点 (x, y, z) 所满足的方程. 观察割线的方程, 为保证分母在极限过程中有意义, 作恒等变换, 则

$$\frac{x - x_0}{\dfrac{x(t) - x_0}{t - t_0}} = \frac{y - y_0}{\dfrac{y(t) - y_0}{t - t_0}} = \frac{z - z_0}{\dfrac{z(t) - z_0}{t - t_0}}.$$

注意到 $x_0 = x(t_0), y_0 = y(t_0), z_0 = z(t_0)$，则令 $t \to t_0$，得

$$\frac{x - x_0}{x'(t_0)} = \frac{y - y_0}{y'(t_0)} = \frac{z - z_0}{z'(t_0)},$$

这就是 p_0 的切线方程, 其方向向量为 $\{x'(t_0), y'(t_0), z'(t_0)\}$.

当然, 上述过程也可以避开对方程的极限, 直接利用割线的方向的极限为切线的方向, 也可以得到切线方程.

由几何理论可知, 切线方程的参数形式为

$$\begin{cases} x = x_0 + x'(t_0)t, \\ y = y_0 + y'(t_0)t, \\ z = z_0 + z'(t_0)t, \end{cases}$$

这种表示不论方向向量 $\{x'(t_0), y'(t_0), z'(t_0)\}$ 中是否有零分量都成立.

再计算 p_0 的法平面: 由法平面的定义, 切线就是法平面的法线, 因而, 利用点法式, 得到法平面方程

$$x'(t_0)(x - x_0) + y'(t_0)(y - y_0) + z'(t_0)(z - z_0) = 0 .$$

下面, 我们以例题的形式给出不同方程形式下的曲线切线的计算.

例 1 设光滑曲线 $l: \begin{cases} y = f(x), \\ z = g(x), \end{cases}$ 求 $p_0(x_0, y_0, z_0) \in l$ 处的切线和法平面.

简析 解决问题的思路是: 将 l 转化为参数方程形式, 实现化未知为已知.

解 通过引入新参数, 将 l 改写为如下参数形式:

$$l: \begin{cases} x = t, \\ y = y(t), \\ z = z(t), \end{cases}$$

则由公式, 在 p_0 处切线为

$$\frac{x - x_0}{1} = \frac{y - y_0}{y'(x_0)} = \frac{z - z_0}{z'(x_0)};$$

法平面为

$$(x - x_0) + y'(x_0)(y - y_0) + z'(x_0)(z - z_0) = 0 .$$

2. 已知曲线的一般方程

给定光滑曲线 $l: \begin{cases} F(x, y, z) = 0, \\ G(x, y, z) = 0 \end{cases}$ 及其上一点 $p_0(x_0, y_0, z_0) \in l$, 假设 $F(x, y, z),$

$G(x,y,z)$ 是可微的, 且 $\left.\dfrac{D(F,G)}{D(y,z)}\right|_{p_0} \neq 0$, 计算曲线 l 在 $p_0(x_0,y_0,z_0) \in l$ 处的切线和法平面.

结构分析 类比已知, 将其转化为已知情形: 参数形式或例 1 的形式. 要将曲线的一般方程形式转化为参数形式, 需要从给定由两个方程组成的方程组中求出三个函数; 要将曲线的一般方程形式转化例 1 的形式需要从上述方程组中求出两个函数. 由隐函数理论, 从上述方程组能够确定两个函数, 即可以转化为例1的形式. 由例 1 的结论知, 要计算切线和法平面, 只需计算两个隐函数的导数.

解 由条件 $\left.\dfrac{D(F,G)}{D(y,z)}\right|_{p_0} \neq 0$, 则在 p_0 附近, 由方程组可确定隐函数 $y = y(x)$,

$z = z(x)$, 故曲线 l 为 $\begin{cases} y = y(x), \\ z = z(x). \end{cases}$ 利用隐函数求导, 则

$$\left.\frac{\mathrm{d}y}{\mathrm{d}x}\right|_{p_0} = -\left.\frac{\dfrac{D(F,G)}{D(x,z)}}{\dfrac{D(F,G)}{D(y,z)}}\right|_{p_0} \overset{\triangle}{=} A_1, \qquad \left.\frac{\mathrm{d}z}{\mathrm{d}x}\right|_{p_0} = -\left.\frac{\dfrac{D(F,G)}{D(y,x)}}{\dfrac{D(F,G)}{D(y,z)}}\right|_{p_0} \overset{\triangle}{=} B_1,$$

故所求切线为

$$\frac{x-x_0}{1} = \frac{y-y_0}{A_1} = \frac{z-z_0}{B_1};$$

所求法平面为

$$(x-x_0) + A_1(y-y_0) + B_1(z-z_0) = 0.$$

观察 A_1, B_1 的结构, 还可以将上述结论改写为对称结构. 记 $A = \left.\dfrac{D(F,G)}{D(y,z)}\right|_{p_0}$,

$B = \left.\dfrac{D(F,G)}{D(z,x)}\right|_{p_0}$, $C = \left.\dfrac{D(F,G)}{D(x,y)}\right|_{p_0}$, 则所求为

切线: $\dfrac{x-x_0}{A} = \dfrac{y-y_0}{B} = \dfrac{z-z_0}{C}$;

法平面: $A(x-x_0) + B(y-y_0) + C(z-z_0) = 0.$

例 2 求两柱面的交线 $\begin{cases} x^2 + y^2 = R^2, \\ x^2 + z^2 = R^2, \end{cases}$ 在点 $\left(\dfrac{R}{\sqrt{2}}, \dfrac{R}{\sqrt{2}}, \dfrac{R}{\sqrt{2}}\right)$ 处的切线.

解 记 $F(x,y,z) = x^2 + y^2 - R^2, G(x,y,z) = x^2 + z^2 - R^2$. 利用公式, 则

$$A = 2R^2, \quad B = -2R^2, \quad C = -2R^2,$$

故所求切线为

$$x - \frac{R}{\sqrt{2}} = -\left(y - \frac{R}{\sqrt{2}}\right) = -\left(z - \frac{R}{\sqrt{2}}\right).$$

二、曲面的切平面与法线

本小节的目标是: 给定光滑曲面 $\Sigma : F(x,y,z) = 0$ 及 $M_0(x_0,y_0,z_0) \in \Sigma$, 求点 M_0 的切平面 Σ_0 与法线.

结构分析   总体思路和切线的求解思路相同, 都是根据定义确定思路; 另外, 根据解决问题的一般思想, 总希望将待解决的问题转化为已知的情形来解决. 在上一小节中, 我们掌握了曲线的切线的计算, 能否将切平面问题转化为切线问题来讨论? 这就需要了解切线和切平面的关系. 从几何理论可知, 过 M_0 任作曲线 $l \subset \Sigma$, 则对应此曲线 l, 在 M_0 点就有切线 l_{M_0}, 显然, $l_{M_0} \subset \Sigma_0$, 不仅如此, 还有 $\bigcup\limits_{l \subset M} l_{M_0} = \Sigma_0$, 即正是切线束组成了切平面, 这也是切平面的定义; 由此, 利用化未知为已知的研究思想, 通过考察任一条曲线的切线的性质, 确定切平面.

设 l 为 Σ 内过 M_0 的任一条曲线, 设其方程为 $x = x(t), y = y(t), z = z(t)$, 且 $x_0 = x(t_0), y_0 = y(t_0), z_0 = z(t_0)$, 则在 M_0 点处 l 的切线方向为 $\{x'(t_0), y'(t_0), z'(t_0)\}$, 现在挖掘 $\{x'(t_0), y'(t_0), z'(t_0)\}$ 的信息. 由于 $l \subset \Sigma$, 故 $F(x(t), y(t), z(t)) = 0$, 为产生 $\{x'(t_0), y'(t_0), z'(t_0)\}$, 对方程求导, 则

$$x'(t)F_x + y'(t)F_y + z'(t)F_z = 0.$$

特别有

$$x'(t_0)F_x(M_0) + y'(t_0)F_y(M_0) + z'(t_0)F_z(M_0) = 0,$$

因而,

$$\{x'(t_0), y'(t_0), z'(t_0)\} \cdot \{F_x(M_0), F_y(M_0), F_z(M_0)\} = 0,$$

故, 向量 $\{x'(t_0), y'(t_0), z'(t_0)\}$ 与 $\{F_x(M_0), F_y(M_0), F_z(M_0)\}$ 垂直.

这一结论的含义是什么?

进一步分析: 记 $\boldsymbol{n} = \{F_x(M_0), F_y(M_0), F_z(M_0)\}$, 它只与 M_0 有关, 为固定的方向, 而 $\{x'(t_0), y'(t_0), z'(t_0)\}$ 是任一切线方向. 故, 上述结论表明: $\boldsymbol{n}$ 与任一切线都垂直, 而所有这样的切线组成了切平面, 因此, $\boldsymbol{n}$ 与切平面垂直, 故, $\boldsymbol{n}$ 是切平面的法向量. 由点法式, 切平面 Σ_0 为

$$F_x(M_0)(x - x_0) + F_y(M_0)(y - y_0) + F_z(M_0)(z - z_0) = 0,$$

相应的法线为

$$\frac{x-x_0}{F_x(M_0)}=\frac{y-y_0}{F_y(M_0)}=\frac{z-z_0}{F_z(M_0)}.$$

由于曲面方程有不同的形式, 作为上述结论的应用, 进行分别讨论.

情形 1　设 $\Sigma: z=f(x,y)$, 此时取 $F=z-f(x,y)$ 即可.

情形 2　若已知曲面参数方程

$$\begin{cases} x=f(u,v), \\ y=g(u,v), \\ z=h(u,v), \end{cases}$$

将其转化为情形 1, 即若从 $\begin{cases} x=f(u,v), \\ y=g(u,v) \end{cases}$ 中确定隐函数 $\begin{cases} u=u(x,y), \\ v=v(x,y), \end{cases}$ 则曲面为

$$\Sigma: z=h(u,v)=h(u(x,y),v(x,y)),$$

即转化为情形 1, 此时,

$$F(x,y,z)=z-h(u(x,y),v(x,y)).$$

下面计算 F_x,F_y,F_z , 利用复合函数求导理论, 则

$$F_z=1,\quad F_x=-\frac{\partial h}{\partial u}\cdot\frac{\partial u}{\partial x}-\frac{\partial h}{\partial v}\cdot\frac{\partial v}{\partial x},\quad F_y=-\frac{\partial h}{\partial u}\cdot\frac{\partial u}{\partial y}-\frac{\partial h}{\partial v}\cdot\frac{\partial v}{\partial y}.$$

为计算 $\frac{\partial u}{\partial x},\frac{\partial u}{\partial y},\frac{\partial v}{\partial x},\frac{\partial v}{\partial y}$, 由方程组 $\begin{cases} x=f(u,v), \\ y=g(u,v) \end{cases}$ 对 x 求导, 则

$$\begin{cases} 1=\frac{\partial f}{\partial u}\cdot\frac{\partial u}{\partial x}+\frac{\partial f}{\partial v}\frac{\partial v}{\partial x}, \\ 0=\frac{\partial g}{\partial u}\cdot\frac{\partial u}{\partial x}+\frac{\partial g}{\partial v}\frac{\partial v}{\partial x}, \end{cases}$$

解之可得

$$\frac{\partial u}{\partial x}=\frac{\frac{\partial g}{\partial v}}{\frac{D(f,g)}{D(u,v)}},\quad \frac{\partial v}{\partial x}=-\frac{\frac{\partial g}{\partial u}}{\frac{D(f,g)}{D(u,v)}}.$$

对 y 求导, 则

$$\begin{cases} 1=\frac{\partial f}{\partial u}\cdot\frac{\partial u}{\partial y}+\frac{\partial f}{\partial v}\frac{\partial v}{\partial y}, \\ 0=\frac{\partial g}{\partial u}\cdot\frac{\partial u}{\partial y}+\frac{\partial g}{\partial v}\frac{\partial v}{\partial y}, \end{cases}$$

解之可得

$$\frac{\partial u}{\partial x} = -\frac{\dfrac{\partial f}{\partial v}}{\dfrac{D(f,g)}{D(u,v)}}, \quad \frac{\partial v}{\partial x} = \frac{\dfrac{\partial f}{\partial u}}{\dfrac{D(f,g)}{D(u,v)}},$$

故

$$F_x = \frac{-\dfrac{\partial h}{\partial u} \cdot \dfrac{\partial g}{\partial v} - \dfrac{\partial h}{\partial v} \cdot \dfrac{\partial g}{\partial u}}{\dfrac{D(f,g)}{D(u,v)}} = \frac{\dfrac{D(g,h)}{D(u,v)}}{\dfrac{D(f,g)}{D(u,v)}},$$

$$F_y = \frac{\dfrac{\partial h}{\partial u} \cdot \dfrac{\partial f}{\partial v} - \dfrac{\partial h}{\partial v} \cdot \dfrac{\partial f}{\partial u}}{\dfrac{D(f,g)}{D(u,v)}} = \frac{\dfrac{D(h,f)}{D(u,v)}}{\dfrac{D(f,g)}{D(u,v)}}.$$

代入得所求的切平面 Σ_0 为

$$\frac{D(g,h)}{D(u,v)}\bigg|_{M_0} (x-x_0) + \frac{D(h,f)}{D(u,v)}\bigg|_{M_0} (y-y_0) + \frac{D(f,g)}{D(u,v)}\bigg|_{M_0} (z-z_0) = 0,$$

所求的法线方程为

$$\frac{x-x_0}{\dfrac{D(y,z)}{D(u,v)}\bigg|_{M_0}} = \frac{y-y_0}{\dfrac{D(z,x)}{D(u,v)}\bigg|_{M_0}} = \frac{z-z_0}{\dfrac{D(x,y)}{D(u,v)}\bigg|_{M_0}},$$

其中, 函数行列式定义为 $\dfrac{D(f,g)}{D(u,v)} = \begin{vmatrix} f_u & f_v \\ g_u & g_v \end{vmatrix}$.

习　题　14.6

1. 在计算空间曲线的切线时, 能否通过计算方向向量计算切线?

2. 为什么说空间曲线上一点能确定一条切线和相应的法平面, 而空间曲面上一点能确定切面和相应的法线? 简述建立空间曲面上一点切平面的思路.

3. 计算下列曲线在给定点 p_0 处的切线与法平面方程:

1) $\begin{cases} x^2 + y^2 = 1, \\ x + z = 1, \end{cases}$ $p_0(0,1,1)$;

2) $\begin{cases} x^2 + y^2 = 1, \\ x^2 + z^2 = 1, \end{cases}$ $p_0(0,1,1)$;

3) $\begin{cases} x = \cos t, \\ y = \sin t, \\ z = t, \end{cases}$ $p_0\left(t = \dfrac{\pi}{4}\right)$;

4) $\begin{cases} x = z^2 + 2z - 1, \\ y = z^3 + z, \end{cases}$ $p_0(2,2,1)$.

4. 计算下列曲面在给定点 p_0 处的切平面和法线方程:

1) $x^2 + y^2 + xy + z^2 = 1$，$p_0(0,0,1)$；　　2) $\begin{cases} x = u^2 + v, \\ y = uv + 1, \quad p_0(u = 1, v = 0) . \\ z = 2v^2 - u, \end{cases}$

14.7　方向导数与梯度

前面几节，我们学习了多元函数的偏导数，从其定义看，其研究的是多元函数沿坐标轴方向函数的变化率. 但是，在许多实际问题中，更多地需要知道多元函数在某点沿某个给定方向上的变化率. 如研究有界区域内热的传导分布问题时，一般来说，要确定区域内部的热分布，需要知道区域边界上的一些已知分布条件，这些条件就包括区域边界与外部的热交换率；这个交换率一般是通过热分布函数在边界上沿某种方向(法向)的变化率来定义的，对一般的区域而言，其边界不一定平行于坐标轴，法向也不一定平行于坐标轴，这就需要研究在任意方向上的变化率. 在工程技术当中，类似于上述这样的例子还很多，对这些众多的具有实际背景问题的高度抽象，就形成了本节要研究的内容——多元函数的方向导数.

一、方向导数的定义

以三元函数 $u = f(x,y,z)$ 为例，设 $u = f(x,y,z)$ 在点 $p_0(x_0, y_0, z_0)$ 的某邻域有定义，l 是从 p_0 点出发的射线(以 p_0 为始点)，$\vec{l} = \{\cos\alpha, \cos\beta, \cos\gamma\}$ 为其方向向量，考察 $u = f(p)$ 在 p_0 点沿 $\vec{l}$ 方向的变化率.

极限思想是处理瞬时变化率的基本思想，一点处的变化率可视为平均变化率的极限，而平均变化率就是函数的改变量与引起函数改变量的变量的改变量的比值. 任取 $p(x,y,z) \in l$，则当点从 p_0 变到 p 时，函数的改变量 $\Delta f(p_0) = f(p) - f(p_0)$，此时，自变量从 p_0 变到 p，因此，在射线上，引起函数变化的自变量的改变量可取为线段 $\overline{p_0 p}$ 的长度 $|\overline{p_0 p}|$，故，在线段 $\overline{p_0 p}$ 上，函数 $u = f(x,y,z)$ 的平均变化率为 $\dfrac{\Delta f(p_0)}{|\overline{p_0 p}|}$，而在 p_0 点的变化率可通过一个极限形式来定义.

定义 7.1　若

$$\lim_{\substack{p \to p_0 \\ p \in l}} \frac{\Delta f(p_0)}{\sqrt{(x - x_0)^2 + (y - y_0)^2 + (z - z_0)^2}}$$

存在，称其为 $u = f(x,y,z)$ 在 p_0 点沿 $\vec{l}$ 方向的方向导数，记为 $\dfrac{\partial f}{\partial \vec{l}}(p_0)$ 或 $\dfrac{\partial f}{\partial \vec{l}}\bigg|_{p_0}$.

我们要解决如下问题：①方向导数如何计算；②它与偏导数的关系.

定理 7.1　设 $u = f(x,y,z)$ 在 $p_0(x_0,y_0,z_0)$ 可微, 则 $f(x,y,z)$ 在 p_0 点沿任何方向 $\vec{l}$ 的方向导数都存在, 且

$$\left.\frac{\partial f}{\partial \vec{l}}\right|_{p_0} = f_x(p_0)\cos\alpha + f_y(p_0)\cos\beta + f_z(p_0)\cos\gamma,$$

其中 $\vec{l} = \{\cos\alpha, \cos\beta, \cos\gamma\}$ 为 $\vec{l}$ 的方向.

简析　只能用定义建立方向导数和偏导数的关系. 因此, 需分析 $\Delta f(p_0)$ 与 $|\overline{p_0 p}|$ 之关系, 联系二者之桥梁便是方向向量.

证明　记 l 为以 p_0 为端点, 以 $\vec{l}$ 为方向的射线, 任取 $p(x,y,z) \in l$, 记 $\Delta x = x - x_0, \Delta y = y - y_0, \Delta z = z - z_0$. 由于 $f(p)$ 在 p_0 点可微, 故

$$\Delta f(p_0) = f_x(p_0)\Delta x + f_y(p_0)\Delta y + f_z(p_0)\Delta z + o(\sqrt{\Delta x^2 + \Delta y^2 + \Delta z^2}).$$

另外, 由于 $p \in l$, 而 $\vec{l} = \{\cos\alpha, \cos\beta, \cos\gamma\}$, 故

$$\cos\alpha = \frac{\Delta x}{|\overline{p_0 p}|}, \quad \cos\beta = \frac{\Delta y}{|\overline{p_0 p}|}, \quad \cos\gamma = \frac{\Delta z}{|\overline{p_0 p}|}.$$

因而,

$$\left.\frac{\partial f}{\partial \vec{l}}\right|_{p_0} = \lim_{\substack{p \to p_0 \\ p \in l}} \frac{\Delta f}{|\overline{p_0 p}|} = f_x(p_0)\cos\alpha + f_y(p_0)\cos\beta + f_z(p_0)\cos\gamma.$$

上述公式给出了可微条件下, 方向导数的计算公式, 故, 在此条件下, 利用偏导数和方向向量即可计算方向导数.

从上述公式看, 有了偏导数便可计算方向导数, 但一定要注意可微条件下才成立. 换句话说, 没有可微性, 只有偏导数的存在性不一定能保证方向导数存在, 我们将通过例子说明, 二者之间不存在条件和结论的关系.

例 1　讨论 $f(x,y) = \begin{cases} x+y, & x=0\text{或}y=0, \\ 1, & \text{其他} \end{cases}$ 在 $p_0(0,0)$ 点偏导数和沿任一方向 $\vec{l} = \{\cos\alpha, \cos\beta\}$ 的方向导数的存在性.

解　容易计算

$$f_x(0,0) = 1, \quad f_y(0,0) = 1.$$

对任意方向 $\vec{l} = \{\cos\alpha, \cos\beta\} = \{\cos\alpha, \sin\alpha\}$, l 是从 p_0 点出发, 以 $\vec{l}$ 为方向的射线. 当 $\alpha \neq 0, \frac{\pi}{2}, \pi, \frac{3\pi}{2}, 2\pi$ 时, 对任意的 $p(x,y) \in l$, 此时 p 不在坐标轴上, 故, $f(p) = 1$, 因而

$$\lim_{\substack{p\to(0,0)\\p\in l}}\frac{f(p)-f(0,0)}{\sqrt{x^2+y^2}}=\lim_{\substack{(x,y)\to(0,0)\\(x,y)\in l}}\frac{1}{\sqrt{x^2+y^2}}$$

不存在, 因此, 沿上述方向 $\vec{l}$ 的方向导数都不存在.

当 $\alpha=0$ 时,

$$\left.\frac{\partial f}{\partial\vec{l}}\right|_{p_0}=\lim_{\substack{p\to p_0\\p\in l}}\frac{\Delta f(p_0)}{|\overline{p_0p}|}=\lim_{\substack{p\to p_0\\p\in l}}\frac{f(x,0)-f(0,0)}{x}=1;$$

当 $\alpha=\pi$ 时,

$$\left.\frac{\partial f}{\partial\vec{l}}\right|_{p_0}=\lim_{\substack{p\to p_0\\p\in l}}\frac{\Delta f}{|\overline{p_0p}|}=\lim_{\substack{p\to p_0\\p\in l}}\frac{f(x,0)-f(0,0)}{-x}=-1.$$

类似地, 当 $\alpha=\dfrac{\pi}{2}$ 时, $\left.\dfrac{\partial f}{\partial\vec{l}}\right|_{p_0}=1$; 当 $\alpha=\dfrac{3\pi}{2}$ 时, $\left.\dfrac{\partial f}{\partial\vec{l}}\right|_{p_0}=-1$.

上例也说明: 偏导数的存在性不是方向导数存在的条件, 反过来, 某个方向导数的存在性也不能保证偏导数的存在性.

例 2　讨论函数

$$f(x,y)=\begin{cases}1, & y=x,\\0, & y\neq x\end{cases}$$

在 $p_0(0,0)$ 点沿射线 l: $y=x, x>0$ 的方向导数和偏导数的存在性.

解　由定义, 则

$$\left.\frac{\partial f}{\partial\vec{l}}\right|_{(0,0)}=\lim_{\substack{(x,y)\to(0,0)\\(x,y)\in l}}\frac{\Delta f(0,0)}{\sqrt{x^2+y^2}}=0.$$

由于

$$\lim_{x\to0}\frac{f(x,0)-f(0,0)}{x}=\lim_{x\to0}\frac{-1}{x}$$

不存在, 故 $\left.\dfrac{\partial f}{\partial x}\right|_{(0,0)}$ 不存在. 类似地, $\left.\dfrac{\partial f}{\partial y}\right|_{(0,0)}$ 也不存在.

更进一步还有例子表明: 即使函数在任何方向上的方向导数都存在, 也不一定能保证函数的偏导数存在, 甚至不能保证函数在此点的连续性.

例 3　讨论 $f(x,y)=\sqrt{x^2+y^2}$ 在 $p_0(0,0)$ 的连续性、偏导数存在性、可微性和沿任意方向的方向导数的存在性.

解　容易证明 $f(x,y)$ 在 $p_0(0,0)$ 点连续, 由于

$$\lim_{x \to 0} \frac{f(x,0) - f(0,0)}{x} = \lim_{x \to 0} \frac{\sqrt{x^2}}{x}$$

不存在, 故 $\left. \dfrac{\partial f}{\partial x} \right|_{(0,0)}$ 不存在; 类似地, $\left. \dfrac{\partial f}{\partial y} \right|_{(0,0)}$ 也不存在, 因而, $f(x,y)$ 在 $p_0(0,0)$ 点

不可微. 但对任何方向 $\vec{l} = \{\cos\alpha, \sin\alpha\}$, 容易计算都有 $\left. \dfrac{\partial f}{\partial \vec{l}} \right|_{(0,0)} = 1$, 因而, $f(x,y)$

在 $p_0(0,0)$ 点沿任意方向的方向导数都存在.

　　还有例子表明: 即使函数在任何方向上的方向导数都存在, 也不能保证函数

在此点的连续性, 如 $f(x,y) = \begin{cases} 1, & 0 < y < x^2 \\ 0, & \text{其他}, \end{cases}$ 显然, $f(x,y)$ 在 $p_0(0,0)$ 点不连续,

但是, 可以计算, 对任意方向 $\vec{l} = \{\cos\alpha, \sin\alpha\}$, 都有 $\left. \dfrac{\partial f}{\partial \vec{l}} \right|_{(0,0)} = 0$. 事实上, 若 l 落在

第一象限时, 设所在的直线方程: $y = kx$, 其中 $k = \tan\alpha > 0$, 当 x 充分小时, 直线

$y = kx$ 总落在 $f = 0$ 的区域内, 故

$$\left. \frac{\partial f}{\partial \vec{l}} \right|_{(0,0)} = \lim_{\substack{p(x,y) \to (0,0) \\ p \in l}} \frac{f(p) - f(0,0)}{\sqrt{x^2 + y^2}} = 0;$$

当射线落在其他位置时, 成立同样的结论.

二、偏导数与特殊的方向导数

　　尽管上述的例子表明, 不加任何条件, 偏导数的存在性和方向导数的存在性
没有确定的关系, 但是, 由于坐标轴上有两个相反的方向, 因而, 可以借助这两个
方向上的方向导数来研究相应的偏导数.

　　记 $\vec{l}_1 = \{1,0,0\}$ 为 x 轴正向, $\vec{l}_2 = \{-1,0,0\}$ 为 x 轴负向, 设 $f(x,y,z)$ 在 $p_0(0,0,0)$
点沿 $\vec{l}_1, \vec{l}_2$ 的方向导数存在, 且 $f_x(p_0)$ 也存在, 则

$$\left. \frac{\partial f}{\partial \vec{l}_1} \right|_{p_0} = \lim_{x \to 0^+} \frac{f(x,0,0) - f(0,0,0)}{x},$$

$$\left. \frac{\partial f}{\partial \vec{l}_2} \right|_{p_0} = \lim_{x \to 0^-} \frac{f(x,0,0) - f(0,0,0)}{|x|} = -\lim_{x \to 0^-} \frac{f(x,0,0) - f(0,0,0)}{x},$$

$$f_x(p_0) = \lim_{x \to 0} \frac{f(x,0,0) - f(0,0,0)}{x}.$$

利用极限性质, 得到下面的结论.

定理 7.2　$f_x(p_0)$ 存在的充分必要条件是 $\dfrac{\partial f}{\partial \vec{l}_1}\Big|_{p_0}$，$\dfrac{\partial f}{\partial \vec{l}_2}\Big|_{p_0}$ 存在且有

$\dfrac{\partial f}{\partial \vec{l}_1}\Big|_{p_0} = -\dfrac{\partial f}{\partial \vec{l}_2}\Big|_{p_0}$，在存在的条件下, 有关系

$$\dfrac{\partial f}{\partial \vec{l}_1}\Big|_{p_0} = -\dfrac{\partial f}{\partial \vec{l}_2}\Big|_{p_0} = f_x(p_0).$$

类似地, 在 y 轴方向成立同样的关系. 这个结论提供了在已知方向导数的情况下, 判断偏导数存在的一种方法. 如在例 3 中, 若先计算出对任何方向 $\vec{l} = \{\cos\alpha, \sin\alpha\}$, 都有 $\dfrac{\partial f}{\partial \vec{l}}\Big|_{(0,0)} = 1$, 则 $\dfrac{\partial f}{\partial \vec{l}_1}\Big|_{(0,0)} = \dfrac{\partial f}{\partial \vec{l}_2}\Big|_{(0,0)}$, 故 $f_x(0,0)$ 不存在.

作为定理 7.2 的应用, 同时也给出结构复杂的函数利用直线的参数方程形式计算方向导数的方法, 再给出一个例子.

例 4　讨论 $f(x,y) = \begin{cases} \dfrac{xy}{\sqrt{x^2+y^2}}, & (x,y) \neq (0,0), \\ 0, & (x,y) = (0,0), \end{cases}$ 证明: $f(x,y)$ 在 $p_0(0,0)$ 点沿任意方向的方向导数的存在, 但不可微.

证明　对任意方向 $\vec{l} = \{\cos\alpha, \sin\alpha\}$, 对应的射线的参数方程为

$$l: \begin{cases} x = r\cos\alpha, \\ y = r\sin\alpha, \end{cases} r \geq 0,$$

故

$$\dfrac{\partial f}{\partial \vec{l}}\Big|_{(0,0)} = \lim_{\substack{p(x,y)\to(0,0)\\ p\in l}} \dfrac{f(p)-f(0,0)}{\sqrt{x^2+y^2}}$$
$$= \lim_{r\to 0^+} \dfrac{f(r\cos\alpha, r\sin\alpha) - f(0,0)}{r}$$
$$= \cos\alpha\sin\alpha,$$

因此, $f(x,y)$ 在 $p_0(0,0)$ 点沿任意方向的方向导数都存在.

记 $\vec{l}_1 = \{1,0\}$ 为 x 轴正向, $\vec{l}_2 = \{-1,0\}$ 为 x 轴负向, 由于

$$\dfrac{\partial f}{\partial \vec{l}_1}\Big|_{(0,0)} = \cos\alpha\sin\alpha\,|_{\alpha=0} = 0, \quad \dfrac{\partial f}{\partial \vec{l}_2}\Big|_{(0,0)} = \cos\alpha\sin\alpha\,|_{\alpha=\pi} = 0,$$

因而, $\dfrac{\partial f}{\partial \vec{l}_1}\Big|_{p_0} = -\dfrac{\partial f}{\partial \vec{l}_2}\Big|_{p_0} = 0$, 故 $f_x(0,0) = 0$. 类似地, $f_y(0,0) = 0$. 由于

$$\lim_{(x,y)\to(0,0)} \frac{f(x,y)-f(0,0)-[f_x(0,0)x-f_y(0,0)y]}{\sqrt{x^2+y^2}} = \lim_{(x,y)\to(0,0)} \frac{xy}{x^2+y^2}$$

不存在, 故 $f(x,y)$ 在 $p_0(0,0)$ 点不可微.

三、梯度

在实际问题中, 还经常考虑函数在哪个方向上变化最快的问题, 这类问题通常涉及物理量——场.

设 $\Omega \subset \mathbf{R}^3$ 是一个区域, 若在时刻 t, Ω 中每一点 (x,y,z) 都有一个确定的数值 $f(x,y,z)$ 与之对应, 称 $f(x,y,z)$ 为 Ω 上的数量场. 如某个区域的温度分布就形成温度场, 一座山的高度形成高度场等. 在研究某点处的温度沿什么方向变化最快、山上某点处的雪水沿什么方向向下流动最快时, 这些问题抽象为数学问题就是本小节要研究的函数在哪个方向上变化最快的问题, 即梯度问题.

类比已知理论, 由于函数在某个方向上的变化率就是方向导数, 因此, 我们从方向导数出发进行研究.

设 $u = f(p)$ 在 p_0 点可微, 则在任意方向 $\vec{l} = \{\cos\alpha, \cos\beta, \cos\gamma\}$ 的方向导数 $\left.\dfrac{\partial f}{\partial \vec{l}}\right|_{p_0}$ 存在, 且

$$\left.\frac{\partial f}{\partial \vec{l}}\right|_{p_0} = f_x(p_0)\cos\alpha + f_y(p_0)\cos\beta + f_z(p_0)\cos\gamma$$

$$= \{f_x(p_0), f_y(p_0), f_z(p_0)\} \cdot \{\cos\alpha, \cos\beta, \cos\gamma\}.$$

记 $\mathrm{grad}u(p_0) = \{f_x(p_0), f_y(p_0), f_z(p_0)\}$, 则

$$\left.\frac{\partial f}{\partial \vec{l}}\right|_{p_0} = \left|\mathrm{grad}u(p_0)\right| \cdot |\vec{l}| \cdot \cos\theta,$$

θ 为向量 $\mathrm{grad}u(p_0)$ 和 $\{\cos\alpha, \cos\beta, \cos\gamma\}$ 的夹角, 显然 $\theta = 0$ 时, $\left.\dfrac{\partial f}{\partial \vec{l}}\right|_{p_0}$ 达到最大, 此时 $\vec{l}$ 与方向 $\mathrm{grad}u(p_0)$ 重合, 称 $\mathrm{grad}u(p_0) = \{f_x(p_0), f_y(p_0), f_z(p_0)\}$ 为函数 $u = f(p)$ 在 p_0 点的梯度.

当 p_0 改为动点 p, 就得到梯度函数 $\mathrm{grad}u(p) = \{f_x(p), f_y(p), f_z(p)\}$.

梯度是向量函数, 可以验证梯度的运算满足

1) $\mathrm{grad}(\alpha f + \beta g) = \alpha\mathrm{grad}f + \beta\mathrm{grad}g$;

2) $\mathrm{grad}(fg) = \mathrm{grad}f \cdot g + f \cdot \mathrm{grad}g$;

3) $\operatorname{grad}\dfrac{f}{g}=\dfrac{\operatorname{grad}f\cdot g-f\cdot \operatorname{grad}g}{g^2}$.

习　题　14.7

1. 用定义计算下列函数在(0,0)点沿方向 $\vec{l}=\left\{\dfrac{\sqrt{2}}{2},\dfrac{\sqrt{2}}{2}\right\}$ 的方向导数:

1) $u=\mathrm{e}^{x+y}$ ；　　　　　　　　　　　　2) $u=\sin(xy)$.

2. 计算下列函数在给定点 p_0 沿给定方向 $\vec{l}$ 的方向导数:

1) $u=x^2y+\ln(x^2+\sin y+1)$, $p_0(1,0)$, $\vec{l}=\left\{\dfrac{1}{2},\dfrac{\sqrt{3}}{2}\right\}$;

2) $u=x^y$, $p_0(1,1)$, $\vec{l}=\left\{-\dfrac{1}{2},\dfrac{\sqrt{3}}{2}\right\}$.

3. 假设 $f(x,y)$ 在 $p_0(0,0)$ 可微, $f(x,y)$ 在 $p_0(0,0)$ 点沿指向 $p_1(1,1)$ 方向的方向导数为 1, 沿指向 $p_2(-1,0)$ 的方向导数为 2, 计算 $f(x,y)$ 在 $p_3(0,0)$ 点沿指向 $p_1(1,1)$ 方向的方向导数.

4. 设 $u=|x+y|$, 问此函数在 $p_0(1,2)$ 点沿哪些方向的方向导数存在? 在 $p_1(1,1)$ 点沿哪些方向的方向导数存在?

5. 设 n 元函数 $f(x_1,x_2,\cdots,x_n)$ 可微, 给定一组线性无关的单位向量 $\vec{l}_1,\vec{l}_2,\cdots,\vec{l}_n$, 若在任意点 p 处, 都有 $\left.\dfrac{\partial f}{\partial \vec{l}_i}\right|_p=0,i=1,2,\cdots,n$, 证明: $f(x_1,x_2,\cdots,x_n)$ 为常数.

6. 设 $f(x,y)=\begin{cases}\dfrac{(x+y)\sin(xy)}{x^2+y^2}, & (x,y)\neq(0,0),\\ 0, & (x,y)=(0,0),\end{cases}$ 证明: $f(x,y)$ 在 $p_0(0,0)$ 连续, 在任意方向的方向导数存在, 但不可微.

7. 设函数都可微, 验证: $\operatorname{grad}(fg)=\operatorname{grad}f\cdot g+f\cdot \operatorname{grad}g$.

8. 设某区域的温度为 $f(x,y)=60-(x^2+y^2)$, 确定温度在点 $p_0(1,1)$ 处上升和下降最快的方向.

14.8　Taylor 公　式

以二元函数为例给出 Taylor 公式的形式和证明.

定理 8.1　设 $u=f(x,y)$ 在 $p_0(x_0,y_0)$ 对 x,y 有直到 $n+1$ 阶的连续导数, 则

$$f(x_0+h,y_0+k)$$

$$=f(x_0,y_0)+\left(h\frac{\partial}{\partial x}+k\frac{\partial}{\partial y}\right)f(x_0,y_0)+\frac{1}{2!}\left(h\frac{\partial}{\partial x}+k\frac{\partial}{\partial y}\right)^2 f(x_0,y_0)+\cdots$$

$$+\frac{1}{n!}\left(h\frac{\partial}{\partial x}+k\frac{\partial}{\partial y}\right)^{n}f(x_0,y_0)+\frac{1}{(n+1)!}\left(h\frac{\partial}{\partial x}+k\frac{\partial}{\partial y}\right)^{n+1}f(x_0+\theta h,y_0+\theta k),$$

其中 $0<\theta<1$，$\left(h\dfrac{\partial}{\partial x}+k\dfrac{\partial}{\partial y}\right)^{m}f(x,y)=\sum_{r=0}^{m}C_m^r h^{m-r}k^r\dfrac{\partial^m f}{\partial x^{m-r}\partial y^r}$.

简析　证明思路是转化为一元函数的 Taylor 公式，为此，需要构造相应的一元函数，通过引入一个参量，构造参量的一元函数形式.

证明　记 $g(t)=f(x_0+th,y_0+tk)$，则

$$g(0)=f(p_0),\quad g(1)=f(x_0+h,y_0+k).$$

由一元函数展开

$$g(1)=g(0)+g'(0)+\cdots+\frac{1}{n!}g^{(n)}(0)+\frac{1}{(n+1)!}g^{(n+1)}(\theta).$$

利用微分公式，计算 $g'(t)$，

$$g'(t)=\frac{\mathrm{d}g(t)}{\mathrm{d}t}=\left(h\frac{\partial f}{\partial x}+k\frac{\partial f}{\partial y}\right)=\left(h\frac{\partial}{\partial x}+k\frac{\partial}{\partial y}\right)f.$$

一般地，

$$\frac{\mathrm{d}^m g(t)}{\mathrm{d}t}=\left(h\frac{\partial}{\partial x}+k\frac{\partial}{\partial y}\right)^m f(x,y)=\sum_{r=0}^{m}C_m^r h^{m-r}k^r\frac{\partial^m f}{\partial x^{m-r}\partial y^r},$$

代入即可.

特别取 $n=0$，有中值公式

$$f(x_0+h,y_0+k)-f(x_0,y_0)=f_x(x_0+\theta h,y_0+\theta k)h+f_y(x_0+\theta h,y_0+\theta k)k.$$

用类似的方法可以将公式推广到任意的 n 元函数.

例 1　计算 $f(x,y)=\mathrm{e}^{x+y}$ 在 $(0,0)$ 的直到 4 次幂的 Taylor 展开式.

解　由于

$$f(0,0)=1,\quad \frac{\partial^m f}{\partial x^{m-r}\partial y^r}(0,0)=1,\forall m,$$

代入公式，则

$$\mathrm{e}^{x+y}=1+(x+y)+\frac{1}{2}(x^2+2xy+y^2)+\frac{1}{6}(x^3+3x^2y+3xy^2+y^3)$$
$$+\frac{1}{24}(x^4+4x^3y+6x^2y^2+4xy^3+y^4)+o((x^2+y^2)^2).$$

这里，我们采用了 Peano 型余项 $R_m(p,p_0)=o(|pp_0|^{m+1})$.

利用 Taylor 公式对多元函数进行展开，思路简单，但是计算量大，过程复杂，

而用 Taylor 展开研究多元函数更高级的分析性质也并不常用, 因此, 我们不再举例说明 Taylor 公式的运用.

习　题　14.8

写出二元函数的二阶 Taylor 展开式.

14.9　隐函数存在定理

前面的内容中, 我们多次遇到隐函数, 在本章的最后, 我们利用建立起来的多元函数微分理论研究隐函数问题, 重点解决隐函数存在的条件和其分析性质.

首先明确隐函数问题的提法. 一般来说, 隐函数问题通常的提法是"由给定的方程或方程组在给定点附近是否确定隐函数, 以及隐函数具有什么样的分析性质". 由此可知, 是否能确定隐函数及确定什么样的隐函数即与方程(组)有关, 也与给定的点有关. 下面, 我们仍从最简单情形开始建立隐函数理论.

一、由单个方程所确定的隐函数

先考虑如下最简单的情形:

由单个方程 $F(x, y) = 0$ 确定一元隐函数 $y = f(x)$.

首先, 要明确隐函数的含义.

所谓在点 (x_0, y_0) 附近由方程 $F(x, y) = 0$ 确定隐函数 $y = f(x)$ 是指: 存在邻域 $U((x_0, y_0))$ 及对应的 $U(x_0)$, 满足

1) $F(x_0, y_0) = 0$;

2) $y = f(x)$ 在某个邻域 $U(x_0)$ 有定义;

3) $F(x, f(x)) = 0$, $\forall x \in U(x_0)$.

其次, 要明确隐函数的局部性, 即在某一点 (x_0, y_0) 能否确定隐函数和这一点的位置有关; 即在某个点附近能确定隐函数, 在有些点附近也许不能确定隐函数; 即使能确定隐函数, 在不同的点附近, 确定的隐函数可能不相同.

例 1　考察方程 $F(x, y) = x^2 + y^2 - 1 = 0$ 确定隐函数的问题.

首先, 由定义, 只能在满足 $F(x_0, y_0) = 0$ 的点 (x_0, y_0) 附近才能讨论隐函数的存在性问题, 即在单位圆周上的点才能讨论隐函数问题. 其次, 对本例这个简单的情形来说, 在 (x_0, y_0) 点附近能否确定形如 $y = f(x)$ 的隐函数相当于能否从 $F(x, y) = x^2 + y^2 - 1 = 0$ 中解出唯一的一个 y 的表达式; 从几何上直观看, 只要 $(x_0, y_0) \neq (\pm 1, 0)$, 则总存在 $U(x_0)$, 使对任意的 $x \in U(x_0)$, 都存在唯一的 y, 使

$F(x,y)=0$, 因而存在隐函数 $f: y=f(x), x\in U(x_0)$.

事实上, 对本例, 若 (x_0,y_0) 位于上半圆周曲线上, 则在此点附近确定的隐函数为 $y=\sqrt{1-x^2}$; 若 (x_0,y_0) 位于下半圆周曲线上, 则在此点附近确定的隐函数为 $y=-\sqrt{1-x^2}$, 即对这样的点, 在此点附近都能确定隐函数. 对另外两个点 $(x_0,y_0)=(-1,0)$ 或 $(1,0)$, 尽管这些点在圆上, 但在任何邻域内都不能确定形如 $y=f(x)$ 结构的隐函数, 因为, 从几何图形上可以看到, 在此点附近的任意小邻域内作平行于 y 轴的直线, 与圆周曲线都有两个交点, 即一个 x, 对应两个 y 值, 不满足函数的定义要求. 注意到方程关于变元 x, y 的轮换对称性, 由方程在 $(x_0,y_0)\neq(0,\pm1)$ 的点附近能确定形如 $x=g(y)$ 类型的隐函数.

当然, $(x_0,y_0)\neq(\pm1,0)$ 且 $(x_0,y_0)\neq(0,\pm1)$ 时, 在此点附近, 不仅能确定隐函数 $y=f(x)$, 还能确定隐函数 $x=g(y)$.

通过上述分析可知: 首先, 只能在满足 $F(x,y)=0$ 的点的邻域内才有可能确定隐函数; 其次, 并不是在所有满足 $F(x,y)=0$ 的点的邻域内都能确定隐函数.

进一步分析上例, 通过分析两类点处性质的差异寻找能确定隐函数的条件. 从几何上, 在能确定隐函数 $y=f(x)$ 的点 (x_0,y_0) 处, 曲线 $F(x,y)=0$ 在此点都有非垂直于 x 轴的切线, 即 $F_y(x_0,y_0)\neq0$; 类似地, 在不能确定 $y=f(x)$ 型的隐函数的点 $(x_0,y_0)=(\pm1,0)$ 处, 都有 $F_y(x_0,y_0)=2y_0=0$. 在能确定隐函数 $x=g(y)$ 的点 (x_0,y_0) 上, 都有非垂直于 y 轴的切线, 即 $F_x(x_0,y_0)\neq0$; 而在不能确定隐函数 $x=g(y)$ 的点 $(x_0,y_0)=(0,\pm1)$ 上, 都有 $F_x(x_0,y_0)=2x_0=0$. 能否从上述各例中总结抽象出隐函数存在的条件?

我们仅以能确定形如 $y=f(x)$ 类型的隐函数为例进行讨论.

为此, 从另一角度分析: 若 $F(x,y)=0$ 在 (x_0,y_0) 点能确定隐函数 $y=f(x)$, 即存在 $U(x_0)$, 成立 $F(x,f(x))=0$, $\forall x\in U(x_0)$, 由复合函数的求导, 则

$$F_x+F_y\frac{\mathrm{d}f}{\mathrm{d}x}=0,$$

所以, 若能确定光滑的隐函数, 必有 $\left.\dfrac{\mathrm{d}f}{\mathrm{d}x}\right|_{(x_0,y_0)}$ 有意义, 即 $F_y(x_0,y_0)\neq0$, 由此可知, 这确实是所需条件, 事实上正是如此.

定理 9.1 (隐函数存在定理) 设 $F(x,y)$ 满足

1) 在区域 $D: |x-x_0|\leqslant a, |y-y_0|\leqslant b$ 上, F_x, F_y 连续;

2) $F(x_0,y_0)=0$;

3) $F_y(x_0,y_0)\neq0$,

则

1) 存在 $U(x_0, y_0)$, 在 $U(x_0, y_0)$ 内可由 $F(x, y) = 0$ 唯一确定一个函数 $y = f(x)$, 且 $y_0 = f(x_0)$;

2) $y = f(x)$ 在某个邻域 $U(x_0)$ 内连续;

3) $y = f(x)$ 在 $U(x_0)$ 内具有连续导数, 且 $y' = -\dfrac{F_x(x, y)}{F_y(x, y)}$.

结构分析 关于隐函数的存在性证明: 只需证明: 存在 $U(x_0)$, 在此邻域内有隐函数关系, 即对 $\forall \bar{x} \in U(x_0)$, 存在唯一的 $\bar{y}$, 使 $F(\bar{x}, \bar{y}) = 0$, 因此, 由 $F(x, y) = 0$ 确定函数关系 $\bar{y} = f(\bar{x})$, $\bar{y}$ 的确定等价于寻求 $F(\bar{x}, y) = 0$ 的唯一零点, 这是函数的零点问题, 工具就是介值定理, 寻找对应函数异号的条件, 类比已知条件, 需要借助于(偏)导数条件分析相应函数的性质. 关于连续性和可微性的证明, 由于所给条件较弱, 需用定义进行证明.

证明 1) 隐函数的存在性.

不妨设 $F_y(x_0, y_0) > 0$, 由连续性, 存在 $U(x_0, y_0)$: $|x - x_0| < \alpha, |y - y_0| < \beta$, 使 $F_y(x, y) > 0$, $\forall (x, y) \in U(x_0, y_0)$; 特别有

$$F_y(x_0, y) > 0, \quad y \in (y_0 - \beta, y_0 + \beta),$$

即一元函数 $F(x_0, y)$ 严格单增. 又由于 $F(x_0, y_0) = 0$, 故

$$F\left(x_0, y_0 - \frac{\beta}{2}\right) < 0, \quad F\left(x_0, y_0 + \frac{\beta}{2}\right) > 0.$$

再考察函数 $F\left(x, y_0 - \dfrac{\beta}{2}\right)$, $F\left(x, y_0 + \dfrac{\beta}{2}\right)$. 利用关于 x 的连续性, 则存在 $\rho: \alpha > \rho > 0$, 使对 $\forall x \in U(x_0, \rho)$,

$$F\left(x, y_0 - \frac{\beta}{2}\right) < 0, \quad F\left(x, y_0 + \frac{\beta}{2}\right) > 0.$$

任取 $\bar{x} \in U(x_0, \rho)$, $F\left(\bar{x}, y_0 - \dfrac{\beta}{2}\right) < 0$, $F\left(\bar{x}, y_0 + \dfrac{\beta}{2}\right) > 0$, 由介值定理, 则存在 $\bar{y} \in U\left(y_0, \dfrac{\beta}{2}\right)$, 使 $F(\bar{x}, \bar{y}) = 0$. 由于 $F(\bar{x}, y) = 0$ 在 $U\left(y_0, \dfrac{\beta}{2}\right)$ 也是严格单调增, 故 $\bar{y}$ 唯一, 因此, 对任意 $\bar{x} \in U(x_0, \rho)$, 存在唯一的 $\bar{y}$, 使 $F(\bar{x}, \bar{y}) = 0$, 因而确定函数关系 $f: \bar{x} \mapsto \bar{y} = f(\bar{x})$, 且满足

$$F(x, f(x)) = 0, \quad \forall x \in U(x_0, \rho),$$

由此, 在 $U(x_0, \rho)$ 内由 $F(x, y) = 0$ 确定了隐函数 $y = f(x)$.

2) 连续性.

任取 $\bar{x} \in U(x_0, \rho)$, 对 $\forall \varepsilon > 0$, 则由隐函数的结构可知: $\bar{y} = f(\bar{x})$ 满足

$$F(\overline{x}, \overline{y}) = 0, \quad F(\overline{x}, \overline{y} - \varepsilon) < 0, \quad F(\overline{x}, \overline{y} + \varepsilon) > 0.$$

考察函数 $F(x, \overline{y} \pm \varepsilon)$，则存在 $\delta > 0$，使

$$F(x, \overline{y} - \varepsilon) < 0, \quad F(x, \overline{y} + \varepsilon) > 0, \quad \forall x \in U(\overline{x}, \delta).$$

由介值定理，存在 $y = f(x) \in (\overline{y} - \varepsilon, \overline{y} + \varepsilon)$，使 $F(x, y) = 0$.

由此证明了：对 $\forall \varepsilon > 0$，存在 $\delta > 0$，当 $\forall x \in U(\overline{x}, \delta)$ 时，对应的 $y = f(x) \in (\overline{y} - \varepsilon, \overline{y} + \varepsilon)$，即当 $|x - \overline{x}| < \delta$ 时，$|y - \overline{y}| < \varepsilon$，故 $y = f(x)$ 在 $\overline{x}$ 连续.

3) 可微性.

任取 $\overline{x} \in U(x_0, \rho)$，取 Δx 充分小，使得 $\overline{x} + \Delta x \in U(x_0, \rho)$，记 $\overline{y} = f(\overline{x})$，$\overline{y} + \Delta y = f(\overline{x} + \Delta x)$，显然 $F(\overline{x}, \overline{y}) = 0$，$F(\overline{x} + \Delta x, \overline{y} + \Delta y) = 0$.

为利用可微性定义，从上式中分离出 $\Delta x, \Delta y$，进而通过研究 $\lim\limits_{\Delta x \to 0} \dfrac{\Delta y}{\Delta x}$ 的存在性得到可微性，分离这些量常用的工具为 Taylor 展开或中值定理. 由中值定理，

$$\begin{aligned}
0 &= F(\overline{x} + \Delta x, \overline{y} + \Delta y) - F(\overline{x}, \overline{y}) \\
&= F_x(\overline{x} + \theta \Delta x, \overline{y} + \theta \Delta y)\Delta x + F_y(\overline{x} + \theta \Delta x, \overline{y} + \theta \Delta y)\Delta y,
\end{aligned}$$

故

$$\lim_{\Delta x \to 0} \frac{\Delta y}{\Delta x} = \lim_{\Delta x \to 0} \frac{f(\overline{x} + \Delta x) - f(\overline{x})}{\Delta x} = \lim_{\Delta x \to 0} \frac{F_x(\overline{x} + \theta \Delta x, \overline{y} + \theta \Delta y)}{F_y(\overline{x} + \theta \Delta x, \overline{y} + \theta \Delta y)} = -\frac{F_x(\overline{x}, \overline{y})}{F_y(\overline{x}, \overline{y})}.$$

因此，$y = f(x)$ 在 $\overline{x}$ 可微且 $f'(\overline{x}) = -\dfrac{F_x(\overline{x}, \overline{y})}{F_y(\overline{x}, \overline{y})}$.

注　从上面证明过程中可知，条件 3) $F_y(x_0, y_0) \neq 0$ 的作用：一是用来保证 $F(\overline{x}, y)$ 关于 y 的严格单调性，二是用来保证 $y = f(x)$ 的可微性，因而若仅要求隐函数的存在连续性，则条件 3)可减弱为 $F(x, y)$ 关于 y 严格单调(当然须有连续性).

由此还可以得到反函数的存在性，即，如果 $y = f(x)$ 在 $[a, b]$ 上连续且严格单调，则一定存在连续的反函数 $x = f^{-1}(y)$. 事实上，此时取 $F(x, y) = y - f(x)$，对固定的 y 关于 x 连续且严格单调，因而，由 $F(x, y) = 0$ 能确定隐函数 $x = x(y)$，故 $y = f(x)$ 有连续的反函数 $x = f^{-1}(y)$.

进一步推广.

定理 9.2　若函数 $F(x_1, \cdots, x_n, y)$ 满足

1) 在区域 D: $|x_i - x_i^0| \leqslant a_i$，$|y - y^0| \leqslant b$ $(i = 1, 2, \cdots, n)$ 上对所有变量都具有连续偏导数；

2) $F(x_1^0, \cdots, x_n^0, y^0) = 0$；

3) $F_y(x_1^0, \cdots, x_n^0, y^0) \neq 0$，

则存在点 $(x_1^0, \cdots, x_n^0, y^0)$ 的某个邻域 U, 使得在区域 U 内由方程 $F(x_1, \cdots, x_n, y) = 0$ 唯一确定一个 n 元函数 $y = f(x_1, \cdots, x_n)$ 使得

　　1) $y^0 = f(x_1^0, \cdots, x_n^0)$;

　　2) $y = f(x_1, \cdots, x_n)$ 具有对所有变量的连续偏导数且

$$f_{x_i} = -\frac{F_{x_i}(x_1, \cdots, x_n, y)}{F_y(x_1, \cdots, x_n, y)}, \quad i = 1, 2, \cdots, n.$$

二、由方程组所确定的隐函数组

　　方程组情形比较多, 只考虑一种简单的情形, 其思想方法完全可以推广到一般情形.

　　给定方程组 $\begin{cases} F(x, y, z, u, v) = 0, \\ G(x, y, z, u, v) = 0, \end{cases}$ 讨论在点 $p_0(x_0, y_0, u_0, v_0)$ 附近能否从中确定两个隐函数 $u = u(x, y)$, $v = v(x, y)$.

　　定理 9.3　设 F, G 满足

　　1) 在点 $p_0(x_0, y_0, u_0, v_0)$ 的某邻域 D 内, F, G 具有一阶连续偏导数;

　　2) $F(p_0) = G(p_0) = 0$;

　　3) $J = \left.\dfrac{D(F, G)}{D(u, v)}\right|_{p_0} \neq 0$,

则

　　1) 在某个 $U(p_0)$ 内可确定隐函数组 $\begin{cases} u = u(x, y), \\ v = v(x, y), \end{cases} (x, y) \in U$;

　　2) $u(x, y), v(x, y)$ 连续;

　　3) $u(x, y), v(x, y)$ 具有一阶连续偏导, 且

$$\frac{\partial u}{\partial x} = -\frac{1}{J} \cdot \frac{D(F, G)}{D(x, v)}, \quad \frac{\partial v}{\partial x} = -\frac{1}{J} \cdot \frac{D(F, G)}{D(u, x)}.$$

　　结构分析　类比已知, 由于与要证明的结论联系最为紧密的已知结论是由单个方程所确定的隐函数, 因而, 最简单的证明思路是将其转化为单个方程的情形, 然后, 利用已知的相关理论来证明.

　　证明　由于 $J = \left.\dfrac{D(F, G)}{D(u, v)}\right|_{p_0} \neq 0$, 则 $F_u(p_0)$, $F_v(p_0)$ 至少有一个不为 0, 不妨设 $F_v(p_0) \neq 0$, 则由隐函数理论, 由 $F(x, y, u, v) = 0$ 确定一个具有连续偏导数的隐函数记为 $v = \varphi(x, y, u)$ 且 $v_0 = \varphi(x_0, y_0, u_0)$, 由隐函数的求导法则得 $\varphi_u = -\dfrac{F_u}{F_v}$. 将

$v = \varphi(x, y, u)$ 代入 $G(x, y, u, v)$，并记 $\psi(x, y, u) = G(x, y, u, \varphi(x, y, u))$，则

$$\psi_u = G_u + G_v \varphi_u = -\frac{J}{F_v},$$

故 $\psi_u(p_0) \neq 0$．因而，能从 $\psi(x, y, u) = G(x, y, u, \varphi(x, y, u)) = 0$ 确定隐函数，记为 $u = u(x, y)$，由此得到 $v = \varphi(x, y, u(x, y))$．因此，$u = u(x, y)$，$v = v(x, y)$ 即为所求的隐函数.

可以将定理 9.3 推广到更一般的情形.

习　题　14.9

1. 总结定理 9.1 证明的思路和方法，给出证明的步骤.

2. 证明由方程 $F(x, y) = x^2 + 2y^2 + 3xy$ 在点 $P_0(1, 0)$ 附近能确定隐函数 $y = f(x)$；并计算 $y = f'(1)$．

3. 证明由方程组 $\begin{cases} x^2 + y^2 + u + \mathrm{e}^v = 0, \\ x + y + uv = 0 \end{cases}$ 在点 $P_0(1, 0, 1, 0)$ 附近能确定隐函数 $u = u(x, y)$，$v = v(x, y)$，并计算 $u_x(1, 0)$，$v_y(1, 0)$．

第 15 章　极值和条件极值

在工程技术领域, 经常会遇到诸如用料最省、收益最大、效率最高等问题, 尽管这些问题的具体背景不同, 但其实质都是函数的极值问题, 在单变量微积分学中, 我们已经建立了一元函数的极值理论, 本章, 我们在一元函数极值理论的基础上, 采用与一元函数极值理论相同的框架和类似的思想, 以二元函数为例, 建立多元函数的极值理论.

15.1　无条件极值

一、基本概念

设 $u = f(x, y)$ 定义在区域 D 上, 内点 $M_0(x_0, y_0) \in D$.

定义 1.1　若在 M_0 的某邻域 $U(M_0)$ 内成立

$$f(x, y) \leqslant f(x_0, y_0), \quad \forall (x, y) \in U(M_0),$$

称 $f(x, y)$ 在 M_0 点达到极大值 $f(x_0, y_0)$, 点 $M_0(x_0, y_0)$ 称为 $f(x, y)$ 的极大值点.

类似可定义函数的极小值(点).

函数的极值是一个局部概念, 且只有区域的内点才有可能成为函数的极值点. 函数的这类极值没有附加任意的条件, 也被称为函数的无条件极值.

下面, 我们类比一元函数的极值理论框架结构, 建立二元函数的极值理论, 由于仍是已知理论的推广, 因此, 建立二元函数极值理论的过程中, 优先考虑使用直接转化法, 其次考虑使用化用法.

二、极值点的必要条件

我们首先建立某点成为极值点的必要条件.

设 $M_0(x_0, y_0)$ 为 $f(x, y)$ 的极值点, $f(x, y)$ 在 $M_0(x_0, y_0)$ 点的偏导数存在. 为利用一元函数的极值理论, 我们期望将多元函数的极值问题转化为相应的一元函数的极值问题, 为此, 利用基于特殊路径的降维方法, 考虑一元函数 $f(x, y_0)$, 则 $f(x, y_0)$ 在 x_0 点取得极值, 因而

$$\left. \frac{\mathrm{d}f(x, y_0)}{\mathrm{d}x} \right|_{x_0} = 0.$$

由多元函数偏导数的定义, 则

$$\left.\frac{\partial f(x,y)}{\partial x}\right|_{M_0} = 0 .$$

类似还有

$$\left.\frac{\partial f(x,y)}{\partial y}\right|_{M_0} = 0 .$$

因而, 若 M_0 是极值点, 则必有

$$\left.\frac{\partial f(x,y)}{\partial x}\right|_{M_0} = 0 , \quad \left.\frac{\partial f(x,y)}{\partial y}\right|_{M_0} = 0 .$$

由此发现, 满足上述条件的点在极值理论中有重要的作用, 我们为这类点进行定义.

定义 1.2　若 $f(x,y)$ 在 $M_0(x_0,y_0)$ 点的偏导数存在, 且满足

$$\left.\frac{\partial f(x,y)}{\partial x}\right|_{M_0} = 0 , \quad \left.\frac{\partial f(x,y)}{\partial y}\right|_{M_0} = 0 ,$$

称 M_0 为函数 $f(x,y)$ 的驻点.

定理 1.1　设 $f(x,y)$ 在 $M_0(x_0,y_0)$ 点的偏导数存在, 则点 M_0 是 $f(x,y)$ 的极值点的必要条件是 M_0 是 $f(x,y)$ 的驻点.

定理 1.1 给出了偏导数存在的条件下, 点 $M_0(x_0,y_0)$ 成为极值点的必要条件. 有例子表明: 上述的条件是不充分的. 如 $f(x,y)=xy$, 则 $M_0(0,0)$ 点为其驻点, 但 M_0 不是极值点.

还有例子表明: 偏导数不存在的点, 也有可能是极值点, 如 $f(x,y)=|x|$, y 轴 上 的 任 一 点 $M_0(0,y)$ 都 是 其 极 小 值 点 . 事 实 上 , $\forall M(x,y) \in U(M_0)$, $f(M)=|x| \geqslant 0 = f(M_0)$, 但可验证: $f(x,y)=|x|$ 在 M_0 点的偏导数不存在.

因此, 极值点要么属于驻点, 要么属于偏导数不存在的点, 也就是说, 我们必须在这两类点中寻找极值点, 因此, 如果我们把可能成为极值点的点称为**可疑极值点**, 则可疑极值点由函数的驻点和偏导数不存在的点组成, 至于具体的可疑极值点中哪个点是极值点, 必须进一步验证. 由此可见, 这与一元函数的极值理论完全统一.

因此, 类比一元函数的极值理论, 可疑极值点处极值性质判断的常用方法仍是: 对可疑的偏导数不存在的点, 需要用定义验证此点的极值性质; 对可疑的驻点, 不仅可以用定义验证, 还可以用更高级的方法——二阶导数法去验证, 这就是驻点成为极值点的二阶导数判别法.

三、二阶微分判别法

设 $f(x, y)$ 具有连续的二阶偏导数, 内点 M_0 为驻点, 记

$$\Delta u(x_0, y_0) = f(x_0 + \Delta x, y_0 + \Delta y) - f(x_0, y_0).$$

由于增量的差值结构, 利用 Taylor 展开式研究 $\Delta u(x_0, y_0)$, 注意到 M_0 为驻点, 则

$$\begin{aligned}
\Delta u(x_0, y_0) = \frac{1}{2}[&f_{x^2}(x_0 + \theta\Delta x, y_0 + \theta\Delta y)\Delta x^2 \\
&+ 2f_{xy}(x_0 + \theta\Delta x, y_0 + \theta\Delta y)\Delta x\Delta y \\
&+ f_{y^2}(x_0 + \theta\Delta x, y_0 + \theta\Delta y)\Delta y^2].
\end{aligned}$$

记 $A = f_{x^2}(M_0)$, $B = f_{xy}(M_0)$, $C = f_{y^2}(M_0)$, 由二阶偏导数的连续性, 利用化不定为确定的思想, 则

$$f_{x^2}(x_0 + \theta\Delta x, y_0 + \theta\Delta y) = A + \alpha,$$

$$f_{xy}(x_0 + \theta\Delta x, y_0 + \theta\Delta y) = B + \beta,$$

$$f_{y^2}(x_0 + \theta\Delta x, y_0 + \theta\Delta y) = C + \gamma,$$

其中 $\displaystyle\lim_{(\Delta x, \Delta y)\to(0,0)} \begin{pmatrix} \alpha \\ \beta \\ \gamma \end{pmatrix} = 0$. 故

$$\begin{aligned}
\Delta u(x_0, y_0) &= \frac{1}{2}[A\Delta x^2 + 2B\Delta x\Delta y + C\Delta y^2] + \frac{1}{2}[\alpha\Delta x^2 + 2\beta\Delta x\Delta y + \gamma\Delta y^2] \\
&= \frac{1}{2}\rho^2[(A\xi^2 + 2B\xi\eta + C\eta^2) + (\alpha\xi^2 + 2\beta\xi\eta + \gamma\eta^2)],
\end{aligned}$$

其中 $\rho = \sqrt{\Delta x^2 + \Delta y^2}, \xi = \dfrac{\Delta x}{\rho}, \eta = \dfrac{\Delta y}{\rho}$, $\xi^2 + \eta^2 = 1$.

记二次型 $kf = A\xi^2 + 2B\xi\eta + C\eta^2$, 则 $f(M_0)$ 是否为极值就转化为二次型 kf 在单位圆 $S:\{(\xi, \eta): \xi^2 + \eta^2 = 1\}$ 上是否保号, 我们作进一步讨论.

若 kf 是正定的, 即对任意的 $(\xi, \eta): \xi^2 + \eta^2 \neq 0$, 有 $kf(\xi, \eta) > 0$, 利用闭区域上连续函数的性质, $kf(\xi, \eta)$ 作为 ξ, η 的二元连续函数必在闭区域单位圆 S 上某一点 (ζ_1, η_1) 取得正的最小值, 即

$$f(\zeta_1, \eta_1) = \min_{(\xi, \eta)\in S} kf(\xi, \eta) = m > 0.$$

又 $\displaystyle\lim_{\rho\to 0}(\alpha\xi^2 + 2\beta\xi\eta + \gamma\eta^2) = 0$, 故存在 $\delta > 0$, 当 $\rho < \delta$ 时,

$$|\alpha\xi^2 + 2\beta\xi\eta + \gamma\eta^2| < \frac{m}{2},$$

因而, $0 < \rho < \delta$ 时,

$$\Delta u = \frac{1}{2}\rho^2[kf(\xi,\eta) + (\alpha\xi^2 + 2\beta\xi\eta + \gamma\eta^2)]$$

$$\geqslant \frac{1}{2}\rho^2[m + (\alpha\xi^2 + 2\beta\xi\eta + \gamma\eta^2)] > 0,$$

故, M_0 为 $f(x, y)$ 的极小值点.

类似地, 若 kf 为负定的, 则 M_0 为 $f(x, y)$ 的极大值点.

而当 kf 即非正定又非负定时, 则 M_0 不是极值点. 我们用反证法说明这一事实. 不妨设 $f(M_0)$ 为极大值, 构造一元函数

$$\phi(t) = f(x_0 + t\Delta x, y_0 + t\Delta y),$$

则对任意适当小的 Δx, Δy, $\phi(t)$ 在 $t = 0$ 点取得极大值. 由一元函数极值的理论, $\phi''(0) \leqslant 0$. 由于

$$\phi''(t) = f_{x^2}(x_0 + t\Delta x, y_0 + t\Delta y)\Delta x^2$$
$$+ 2f_{xy}(x_0 + t\Delta x, y_0 + t\Delta y)\Delta x\Delta y$$
$$+ f_{y^2}(x_0 + t\Delta x, y_0 + t\Delta y)\Delta y^2,$$

故

$$0 \geqslant \phi''(0) = A\Delta x^2 + 2B\Delta x\Delta y + C\Delta y^2,$$

因而, kf 是负定的, 这与 kf 的条件矛盾.

综上所述, 若记 Hesse 矩阵 $H = \begin{pmatrix} A & B \\ B & C \end{pmatrix}$, 则有如下二阶偏导数判别法:

定理 1.2 设 M_0 为 $f(M)$ 的驻点, $f(M)$ 在 M_0 附近具有二阶连续偏导数, 则
1) 若 $|H| > 0$ 且 $A > 0$ 时, 即 H 是正定矩阵, 则 M_0 为极小值点;
2) 若 $|H| > 0$ 且 $A < 0$ 时, 即 H 是负定矩阵, 则 M_0 为极大值点;
3) 当 $|H| < 0$ 时, M_0 一定不是极值点.

注意, 当 $|H| = 0$ 时, 没有任何确定的结论.

由于 $\mathrm{d}^2 f(M_0) = A\mathrm{d}x^2 + 2B\mathrm{d}x\mathrm{d}y + C\mathrm{d}y^2$, 定理 1.2 也可以用微分形式表示.

定理 1.3 设 M_0 为 $f(M)$ 的驻点, $f(M)$ 在 M_0 附近具有二阶连续偏导数, 则对任意的非零向量 $\{\mathrm{d}x, \mathrm{d}y\}$, 若 $\mathrm{d}^2 f(M_0) > 0$, 则 M_0 为极小值点; 若 $\mathrm{d}^2 f(M_0) < 0$, 则 M_0 为极大值点.

定理 1.2 可以推广到任意的 n 元函数, 这就是下面的定理.

定理 1.4 设 $f(M)$ 为 n 元函数, M_0 $(x_1^0, x_2^0, \cdots, x_n^0)$ 为 f 的驻点, 二次型

$kf = \sum\limits_{i,j=1}^{n} f_{x_i x_j}(M_0)\xi_i \xi_j$, 则当 kf 正定时, M_0 为极小值点; 当 kf 负定时, M_0 为极大值点; 当 kf 不定时, M_0 不是极值点.

有了极值理论, 最值的计算相对简单.

定义 1.3 设 $u = f(x,y)$ 在区域 D 上有定义, $M_0 \in D$, 若

$$f(M) \leqslant f(M_0), \quad \forall M \in D,$$

称 M_0 为 $f(x,y)$ 在 D 上的最大值点, $f(M_0)$ 为最大值.

类似定义最小值和最小值点.

和一元函数类似, 最值是整体性概念, 内部最值点必是极值点.

我们知道, 有界闭区域 D 上的连续函数 $f(x,y)$ 必在 D 上取得最大(小)值, 此结论解决了最值的存在性问题; 对多元函数最值的计算, 采用类似一元函数求最值的思想方法, 先求极值; 然后将极值与边界上函数最值作比较, 找出最大和最小的值即为函数在区域上的最大值和最小值. 与一元函数不同的是: 一元函数定义域的边界是两个点(无界区域的无穷远处也视为一个点), 边界值最多是两个函数值; 对二元函数, 函数在边界上化为一元函数, 其边界最值的计算是一元函数最值的计算; 对三元函数, 定义域是空间三维区域, 边界通常为曲面, 由于曲面可以用二元函数来表示(如参数方程形式), 则三元函数在边界上化为二元函数, 其边界最值的计算仍是多元函数(二元函数)最值的计算. 对任意的 $n\,(n>3)$ 元函数, 最值的计算更复杂, 边界最值的计算只能通过依次降元进行. 所以, 对多元函数, 在将内部极值与边界函数值作比较时, 应先将边界函数最值计算出来后, 再用边界上函数最值与内部极值作比较, 进一步确定函数在整个区域上的最值.

四、应用

1. 具体函数的极值计算

利用上述理论, 我们抽象总结计算具体函数极值的程序:

1) 求可疑极值点, 即驻点和偏导数不存在的点;

2) 利用定义或判别定理进行验证和判断.

例 1 讨论 $f(x,y) = \dfrac{x^2}{2p} + \dfrac{y^2}{2q}\ (p>0, q>0)$ 的极值.

解 由于 $f(x,y)$ 具有连续的二阶偏导数且

$$f_x(x,y) = \frac{x}{p}, \quad f_y(x,y) = \frac{y}{q},$$

由此求得唯一驻点 $(0,0)$.

进一步计算得, $A = \dfrac{1}{p}, B = 0, C = \dfrac{1}{q}$, 因而, $|H| > 0, A > 0$, 故 $(0,0)$ 为唯一的极小值点, 极小值为 $f(0,0) = 0$.

例 2　讨论 $f(x,y) = x^2 - 2xy^2 + y^4 - y^5$ 的极值.

解　函数 $f(x,y)$ 具有连续的二阶偏导数, 且

$$f_x(x,y) = 2x - 2y^2, \quad f_y(x,y) = -4xy + 4y^3 - 5y^4,$$

解得唯一驻点 $p(0,0)$; 由于 $|H| = 0$, 故不能用定理 1.2 来判定.

我们用定义来判断, 由于

$$\Delta f(0,0) = f(x,y) - f(0,0) = (x - y^2)^2 - y^5,$$

故, 在曲线 $x = y^2$ 且 $y > 0$ 上成立 $\Delta f < 0$; 在曲线 $x = y^2$ 且 $y < 0$ 上, 成立 $\Delta f > 0$, 因而, $p(0,0)$ 不是极值点.

例 3　记 D 是由 x 轴、y 轴与直线 $x + y = 2\pi$ 所围成的闭区域, 求

$$f(x,y) = \sin x + \sin y - \sin(x + y)$$

在 D 上的最大值和最小值.

解　由于 $f(x,y)$ 在闭区域 D 上连续, 则 $f(x,y)$ 在 D 上存在最大值和最小值. 计算得

$$f_x(x,y) = \cos x - \cos(x + y), \quad f_y(x,y) = \cos y - \cos(x + y),$$

因而, 在 D 内部有唯一驻点 $M_0\left(\dfrac{2\pi}{3}, \dfrac{2\pi}{3}\right)$, 且 $f(M_0) = \dfrac{3\sqrt{3}}{2}$.

在边界 $x = 0$ 上, $f|_{x=0} = \sin y - \sin y = 0$; 在边界 $y = 0$ 上 $f|_{y=0} = 0$; 而在边界 $x + y = 2\pi$ 上, $f|_{x+y=2\pi} = \sin x + \sin y = 0$, 故, $f(x,y)$ 在区域 D 上的最小值为 0, 最大值为 $\dfrac{3\sqrt{3}}{2}$.

2. 多元不等式的证明

例 4　证明: $yx^y(1-x) \leqslant \mathrm{e}^{-1}$, $(x,y) \in D = \{(x,y) : 0 \leqslant x \leqslant 1, y \geqslant 0\}$.

结构分析　题型为二元不等式的证明; 类比已知: 和一元不等式的证明类似, 可以利用相应的二元函数极值理论来处理; 方法: 转化为二元函数最值的计算.

证明　记 $f(x,y) = yx^y(1-x)$, 讨论 $f(x,y)$ 在区域 D 上的最值.

由于区域是无界区域, 最值不一定存在, 为此, 采用逼近思想.

对任意的 $M > 0$, 记 $D_M = \{(x,y) : 0 \leqslant x \leqslant 1, 0 \leqslant y \leqslant M\}$, 在有界闭区域 D_M 上研究函数 $f(x,y)$ 的最值.

先计算 $f(x, y)$ 在 D_M 上的内部极值点. 记 $D_M^0 = \{(x, y) : 0 < x < 1, 0 < y < M\}$, 需要计算 $f(x, y)$ 在 D_M^0 内的极值点.

由于 $f_x(x, y) = yx^{y-1}(y - (y+1)x)$, $f_y(x, y) = (1-x)x^{y-1}(1 + y\ln x)$, 求解驻点方程组

$$\begin{cases} yx^{y-1}(y - (y+1)x) = 0, \\ (1-x)x^{y-1}(1 + y\ln x) = 0. \end{cases}$$

在 D_M^0 内, 上述方程组化简为

$$\begin{cases} y - (y+1)x = 0, \\ 1 + y\ln x = 0, \end{cases}$$

由此可得 $1 - x + x\ln x = 0$.

记 $g(x) = 1 - x + x\ln x$, 则 $g'(x) = \ln x < 0, 0 < x < 1$. 由于 $\lim_{x \to 0+} g(x) = 1$, $g(1) = 0$, 故, $g(x) > 0, 0 < x < 1$, 因而, $g(x)$ 在 $0 < x < 1$ 内没有零点.

由此可得, 上述方程组在 D_M^0 内无解, 故, $f(x, y)$ 在 D_M^0 内没有驻点, $f(x, y)$ 在 D_M^0 内没有极值点.

考察函数 $f(x, y)$ 在边界处的行为.

显然, $f(x, y)|_{x=1} = 0$, $f(x, y)|_{x=0} = 0$, $f(x, y)|_{y=0} = 0$.

记 $g(x) = f(x, y)|_{y=M} = Mx^M(1-x)$, 容易判断 $g(x)$ 在 $x_0 = \dfrac{M}{M+1}$ 点达到最大值, 因而, $\max_{0<x<1} g(x) = g\left(\dfrac{M}{M+1}\right) = \left(\dfrac{M}{M+1}\right)^{M+1}$, 此数值仍是 M 的一元函数.

再记 $h(t) = \left(\dfrac{t}{t+1}\right)^{t+1}$, $w(s) = s - \ln(1+s)$, 则 $w'(s) = \dfrac{s}{s+1} > 0, s > 0$, 故 $w(s)$ 在 $(0, +\infty)$ 内单调递增, 因而, $w(s) > w(0) = 0$. 利用对数法求导, 则

$$h'(t) = h(t)\left[\ln t - \ln(t+1) + \frac{1}{t}\right] = h(t)\left[\frac{1}{t} - \ln\left(1 + \frac{1}{t}\right)\right] = h(t)w\left(\frac{1}{t}\right) > 0, \quad t > 0,$$

因而, $h(t)$ 在 $(0, +\infty)$ 内单调递增, 又由于 $h(0) = 0, h(+\infty) = \lim_{t \to +\infty} h(t) = e^{-1}$, 故 $0 < h(t) < e^{-1}, t > 0$, 因此, $\max_{0<x<1} g(x) < e^{-1}$.

综上所述, $f(x, y) \leqslant e^{-1}$, $(x, y) \in D_M$, 由 M 的任意性, 则

$$yx^y(1-x) \leqslant e^{-1}, \quad (x, y) \in D = \{(x, y) : 0 \leqslant x \leqslant 1, y \geqslant 0\}.$$

注 试抽象总结上述证明不等式的思想和方法.

3. 其他应用

在工程和技术领域及其他学科领域中, 一些问题的求解都可以转化为极值问题.

例 5 炼钢是一个氧化降碳的过程, 为确定钢水含碳量与冶炼时间的关系, 通常需要做一系列实验, 测量出相应的实验数据, 由此确定出二者的理论关系, 常用的方法是最小二乘法. 下表是测量得到的含碳量 x 与冶炼时间 t 的数据:

x/0.01%	104	180	190	177	147	134	150	191	204	121
t/min	100	200	210	185	155	135	170	205	235	125

通过此数据, 确定线性函数关系: $t = f(x)$.

结构分析　这是一个工程应用问题, 抽象为数学问题就是拟合问题, 可以转化为最值问题. 以变量 x 为横轴、变量 t 为纵轴建立坐标系, 将测量的"数据对"以坐标点的形式描绘在坐标系内, 可以发现这些点近似分布于一条直线附近, 因此, 需要确定一条直线使得此直线尽可能接近数据关系, 或者说这些点与直线的"误差"最小, 这就是函数的最值问题.

解　设函数关系为 $t = ax + b$, 记点 (x_1, t_1) 与直线的误差为 $\varepsilon_1 = t_1 - (ax_1 + b_1)$, 一组数据点 (x_1, t_1), (x_2, t_2), $\cdots$, (x_n, t_n) 与直线的误差分别为 ε_1, ε_2, $\cdots$, ε_n, 记 $\varepsilon = \sum_{i=1}^{n} \varepsilon_i^2$, 称其为总误差. 现在确定 a, b, 使得总误差 ε 最小, 由于 ε 是变量 a, b 的函数, 问题的本质就是二元函数的最值的计算. 先计算驻点, 由于

$$\frac{\partial \varepsilon}{\partial a} = -2 \sum_{i=1}^{n} x_i t_i + 2a \sum_{i=1}^{n} x_i^2 + 2b \sum_{i=1}^{n} x_i,$$

$$\frac{\partial \varepsilon}{\partial b} = -2 \sum_{i=1}^{n} t_i + 2a \sum_{i=1}^{n} x_i + 2nb,$$

求解得

$$a = \frac{n \sum_{i=1}^{n} x_i t_i - \sum_{i=1}^{n} t_i \cdot \sum_{i=1}^{n} x_i}{n \sum_{i=1}^{n} x_i^2 - \left(\sum_{i=1}^{n} x_i \right)^2}, \quad b = \frac{\sum_{i=1}^{n} t_i \cdot \sum_{i=1}^{n} x_i^2 - \sum_{i=1}^{n} x_i t_i \cdot \sum_{i=1}^{n} x_i}{n \sum_{i=1}^{n} x_i^2 - \left(\sum_{i=1}^{n} x_i \right)^2},$$

代入上述数据, 得 $a = 1.267$, $b = -30.51$. 因此, 函数关系为 $t = 1.267x - 30.51$. 这个公式就是经验公式.

上述得到经验公式的方法称为最小二乘法, 是工程技术领域常用的方法.

习 题 15.1

1. 计算下列函数的极值:

1) $f(x,y) = x^2 - y^2 - 4x + 2y + 3$;

2) $f(x,y) = 3x - x^3 + y^2$;

3) $f(x,y) = x^2 + 4y^2 + 4xy + 2x + 4y + 2$;

4) $f(x,y) = 3x + 3y - x^3 - y^3 - 3y^2x - 3x^2y$.

2. 计算下列函数在给定区域上的最值:

1) $f(x,y) = x^2 - 2y^2 + xy - 3x + 3y$, $D = [0,2] \times [0,2]$;

2) $f(x,y) = 2x^2 + 2y^2 + 5xy$, $D = \{(x,y) : x^2 + y^2 \leqslant 1\}$.

3. 证明: $\sin x \sin y \sin(x+y) \leqslant \dfrac{3\sqrt{3}}{8}$, $(x,y) \in D = \{(x,y) : 0 \leqslant x \leqslant \pi, 0 \leqslant y \leqslant \pi\}$.

4. 证明: $e^y + x \ln x - x - xy \geqslant 0, x \geqslant 1, y > 0$.

5. 设 $f(x)$ 在 $[-\pi,\pi]$ 连续, $g(x) = \dfrac{1}{2}A + (B \sin x + C \cos x)$, 求常数 A, B, C, 使得逼近误差 $\delta \overset{\triangle}{=\!=} \dfrac{1}{2\pi} \displaystyle\int_{-\pi}^{\pi} |f(x) - g(x)|^2 \mathrm{d}x$ 为最小.

15.2　条 件 极 值

一、问题的一般形式

在工程技术领域, 经常需要求解在某些约束条件下的函数极值问题, 如下面的一个实际问题.

背景问题　要制造一个容积为 $4\,\mathrm{m}^3$ 的无盖长方形水箱, 问水箱的长、宽、高各为多少时, 用料最省?

结构分析　通过简单的数学建模将其转换为数学问题. 所谓用料最省, 即指水箱的表面积为最小, 因而, 问题的实质是寻求表面积函数的最小值. 设水箱的长、宽、高分别为 x, y, z (单位: m), 则水箱的表面积 $S = f(x,y,z) = xy + 2yz + 2xz$, 由于水箱容积为 $4\,\mathrm{m}^3$, 因此, $xyz = 4$, 于是, 将此实际问题抽象为下面的数学问题.

例 1　当 x, y, z 为何值时, 在约束条件 $xyz = 4$ 下, 可使 $S = f(x,y,z)$ 取得最小值?

像这类计算在某些约束条件下的多元函数极值问题, 就是多元函数的条件极值问题. 在工程技术领域, 众多的实际问题都可归结为多元函数的条件极值.

我们将给出条件极值的一般表述方式, 并给出条件极值的计算方法.

问题的一般形式: 计算 n 元函数 $u = f(x_1, x_2, \cdots, x_n)$ 在约束条件

$$\begin{cases} \varphi_1(x_1,\cdots,x_n) = 0, \\ \qquad\cdots\cdots \\ \varphi_k(x_1,\cdots,x_n) = 0 \end{cases}$$

下的极值, 其中 $0 < k < n$.

那么, 如何求解条件极值问题?

二、条件极值的求解

由于现有的已知理论是函数的无条件极值, 因此, 条件极值的求解思路有两个, 其一是直接转化为无条件极值, 此方法只能处理简单情形; 其二是利用无条件极值的思想, 构建条件极值的理论.

1. 简单情形

我们首先指出, 对简单的条件极值可转化为无条件极值, 即求解约束条件方程组, 假设求得的解为

$$\begin{cases} x_1 = \psi_1(x_{k+1},\cdots,x_n), \\ \qquad\cdots\cdots \\ x_k = \psi_k(x_{k+1},\cdots,x_n), \end{cases}$$

将其代入 $u = f(x_1, x_2, \cdots, x_n)$, 可将上述条件极值转化为函数

$$u = f(\psi_1(x_{k+1},\cdots,x_n),\cdots,\psi_k(x_{k+1},\cdots,x_n),x_{k+1},\cdots,x_n)$$

关于变元 $x_{k+1},\cdots,x_n$ 的无条件极值.

例 1 的求解　由条件得 $z = \dfrac{4}{xy}$, 因而,

$$S = xy + 8\left(\frac{1}{x} + \frac{1}{y}\right),$$

求解驻点方程组

$$S_x = y - \frac{8}{x^2} = 0, \quad S_y = x - \frac{8}{y^2} = 0,$$

得唯一驻点 $(2,2)$, 此时 $z = 1$; 由驻点的唯一性, 当长、宽、高分别为 2, 2, 1 时, 用料最少, 用料为 $12\,\mathrm{m}^2$.

但是, 对更一般的情形来说, 从约束条件中求解是很困难的, 甚至是不可能的. 因而, 上述方法只能处理极为简单的条件极值问题, 不具推广价值. 那么, 一般情形下, 条件极值如何求解?

2. 一般情形

我们将利用类似于无条件极值理论的框架结构和研究思路, 并借助于上例中的思想, 从寻求条件极值的必要条件出发, 进一步构建条件极值理论.

我们仅以 $n=4, k=2$ 的情形为例进行讨论, 所建立的理论可以进行任意的推广.

此时, 问题表述为: 研究函数 $z=f(x,y,u,v)$ 在约束条件

$$\begin{cases} g(x,y,u,v)=0, \\ h(x,y,u,v)=0 \end{cases} \tag{1}$$

下的极值问题.

以下总假设函数满足相应计算所需要的定性条件.

首先讨论点 $M_0(x_0,y_0,u_0,v_0)$ 成为上述条件极值问题的极值点的必要条件. 设 M_0 为其极值点. 先从理论上将其转化为无条件极值, 类似例 1 的求解思想, 需要从条件中求出两个变量, 相当于确定隐函数, 为此, 作相应的假设.

设 $\left.\dfrac{D(g,h)}{D(u,v)}\right|_{M_0} \neq 0$, 由隐函数存在定理, 方程组 $\begin{cases} g(x,y,u,v)=0, \\ h(x,y,u,v)=0 \end{cases}$ 存在隐函数 $u=u(x,y)$, $v=v(x,y)$, 则 $z=f(x,y,u(x,y),v(x,y))$ 作为 x,y 的二元函数在 (x_0,y_0) 点取得极值, 因而 $\left.\dfrac{\partial z}{\partial x}\right|_{(x_0,y_0)}=0$, $\left.\dfrac{\partial z}{\partial y}\right|_{(x_0,y_0)}=0$ 即 (x_0,y_0) 满足方程组

$$\begin{cases} f_x + f_u \cdot \dfrac{\partial u}{\partial x} + f_v \cdot \dfrac{\partial v}{\partial x}=0, \\ f_y + f_u \cdot \dfrac{\partial u}{\partial y} + f_v \cdot \dfrac{\partial v}{\partial y}=0. \end{cases} \tag{2}$$

注意到极值点有 4 个分量, 而(2)只能确定 2 个分量, 因而, 还必须通过约束条件确定另 2 个分量; 换句话说: 若 $M_0(x_0,y_0,u_0,v_0)$ 是条件极值点, 则 M_0 必满足

$$\begin{cases} f_x + f_u \cdot \dfrac{\partial u}{\partial x} + f_v \cdot \dfrac{\partial v}{\partial x}=0, \\ f_y + f_u \cdot \dfrac{\partial u}{\partial y} + f_v \cdot \dfrac{\partial v}{\partial y}=0, \\ g(x,y,u,v)=0, \\ h(x,y,u,v)=0, \end{cases} \tag{3}$$

这就是条件极值点的必要条件的第一种形式.

上述的必要条件形式并不是一个很好的形式, 原因在于: 条件方程组中包含未知的函数 $\dfrac{\partial u}{\partial x}$, $\dfrac{\partial u}{\partial y}$, $\dfrac{\partial v}{\partial x}$ 和 $\dfrac{\partial v}{\partial y}$, 虽说可从约束条件(1)中将它们求出(理论上), 但仍不具备实用性和理论的完美性, 为此, 我们将上述条件形式进行改进, 消去导数项, 给出一个更好的、完全由已知的函数表示的形式. 为消去导数项, 必须通过条件(1)来完成, 因此, 利用隐函数导数得

$$\begin{cases} g_x + g_u \cdot \dfrac{\partial u}{\partial x} + g_v \cdot \dfrac{\partial v}{\partial x} = 0, \\[2mm] g_y + g_u \cdot \dfrac{\partial u}{\partial y} + g_v \cdot \dfrac{\partial v}{\partial y} = 0, \end{cases} \tag{4}$$

$$\begin{cases} h_x + h_u \cdot \dfrac{\partial u}{\partial x} + h_v \cdot \dfrac{\partial v}{\partial x} = 0, \\[2mm] h_y + h_u \cdot \dfrac{\partial u}{\partial y} + h_v \cdot \dfrac{\partial v}{\partial y} = 0. \end{cases} \tag{5}$$

从(4)式, (5)式中解出 $\dfrac{\partial u}{\partial x}$, $\dfrac{\partial u}{\partial y}$, $\dfrac{\partial v}{\partial x}$, $\dfrac{\partial v}{\partial y}$, 代入(3)式, 可以得到必要条件的第二形式, 但这个形式比较复杂, 不再给出具体形式, 我们将继续改进.

引入参数 λ, u: (3)式的第一个方程 $+ \lambda \times$(4)的第一个方程 $+ \mu \times$(5)的第一个方程, 则在 M_0 点成立

$$f_x + \lambda g_x + \mu h_x + (f_u + \lambda g_u + \mu h_u)u_x + (f_v + \lambda g_v + \mu h_v)v_x = 0 ; \tag{6}$$

类似还成立

$$f_y + \lambda g_y + \mu h_y + (f_u + \lambda g_u + \mu h_u)u_y + (f_v + \lambda g_v + \mu h_v)v_y = 0 . \tag{7}$$

因此, 若(3)式成立, 则对任意 λ, u, (6)式, (7)式都成立. 注意到, 我们的目的是消去导数项 u_x, u_y, v_x, v_y, 为此, 通过适当地选择 λ, μ, 使(6)式, (7)式中关于导数项 u_x, u_y, v_x, v_y 的系数为 0, 为此, 只需求解关于 λ, u 的方程组

$$\begin{cases} f_u(M_0) + \lambda g_u(M_0) + \mu h_u(M_0) = 0, \\ f_v(M_0) + \lambda g_v(M_0) + \mu h_v(M_0) = 0. \end{cases} \tag{8}$$

由 $\left. \dfrac{D(g,h)}{D(u,v)} \right|_{M_0} \neq 0$, (8)式有唯一解 λ_0, μ_0, 选择这样的 λ_0, μ_0, (6)式, (7)式就简化为

$$\begin{cases} f_x(M_0) + \lambda_0 g_x(M_0) + \mu_0 h_x(M_0) = 0, \\ f_y(M_0) + \lambda_0 g_y(M_0) + \mu_0 h_y(M_0) = 0. \end{cases} \tag{9}$$

至此, 我们得到了不含隐函数导数的条件形式. 因此, M_0 为极值点, 则有对应的 λ_0, u_0, 使(1)式, (8)式, (9)式成立, 即 $(x_0, y_0, u_0, v_0, \lambda_0, \mu_0)$ 必满足

$$\begin{cases} f_x + \lambda g_x + \mu h_x = 0, \\ f_y + \lambda g_y + \mu h_y = 0, \\ f_u + \lambda g_u + \mu h_u = 0, \\ f_v + \lambda g_v + \mu h_v = 0, \\ g = 0, \\ h = 0. \end{cases} \tag{10}$$

这就是我们所寻求的条件极值的必要条件, 这样的必要条件形式, 虽然从形式上看, 仍是一个较大方程组的求解, 但这个方程组从形式上只与给定的已知函数有关, 不再涉及隐函数的导数, 不仅如此, 这个形式还与无条件极值的形式具有结构上的统一性, 为了看到这种统一性, 引入 Lagrange 函数:

$$L(x, y, u, v, \lambda, \mu) = f + \lambda g + \mu h ,$$

则对应的条件(10)正好是 Lagrange 函数的对各变元的一阶偏导数等于 0 的方程组, 因此, 条件极值点正好对应于 Lagrange 函数的驻点, 这就是下述定理.

定理 2.1　M_0 为条件极值点的必要条件是: 存在 λ_0, μ_0, 使 $(x_0, y_0, u_0, v_0, \lambda_0, \mu_0)$ 是 Lagrange 函数的驻点.

定理 2.1 就是 M_0 为条件极值点的必要条件. 这样的结论形式就与无条件极值的条件形式统一了. 至此, 已完成了条件极值点确定的第一步: 引入了 Lagrange 函数, 计算其驻点, 这些驻点对应于自变量的部分就是可疑的极值点, 那么, 如何进一步确定驻点处的极值性质呢?

继续讨论驻点成为极值点的二阶微分判别法(充分条件).

设 $(x_0, y_0, u_0, v_0, \lambda_0, u_0)$ 为对应的 Lagrange 函数的驻点, 记 $M_0 (x_0, y_0, u_0, v_0)$,
设从 $\begin{cases} g(x, y, u, v) = 0, \\ h(x, y, u, v) = 0 \end{cases}$ 中唯一确定隐函数 $\begin{cases} u = u(x, y), \\ v = v(x, y), \end{cases}$ 考察下述对应的函数

$$\overline{L}(x, y, u, v) = L(x, y, u, v, \lambda_0, u_0) .$$

由于 $\begin{cases} u = u(x, y) \\ v = v(x, y) \end{cases}$ 满足 $\begin{cases} g(x, y, u, v) = 0, \\ h(x, y, u, v) = 0, \end{cases}$ 则

$$\overline{L}(x, y, u, v) = L(x, y, u(x, y), v(x, y), \lambda_0, u_0)$$

$$= f(x, y, u(x, y), v(x, y)) \xlongequal{\triangle} F(x, y) ,$$

即 $\overline{L}(x, y, u, v) = f(x, y, u(x, y), v(x, y)) = F(x, y)$, 由此将条件极值转化为 $F(x, y)$ 的无条件极值, 因此, 对 M_0 点极值性质的判断, 只需判断 $F(x, y)$ 在 (x_0, y_0) 是否取得极值. 上述方程左端视为独立变量 x, y, u, v 的函数, 右端是复合之后的函数, 即 $f(x, y, u, v)$ 中将 u, v 视为中间变量, 利用复合函数一阶微分形式的不变性, 则

$$dF = d\overline{L} = \frac{\partial \overline{L}}{\partial x}dx + \frac{\partial \overline{L}}{\partial y}dy + \frac{\partial \overline{L}}{\partial u}du + \frac{\partial \overline{L}}{\partial v}dv,$$

两端关于 x, y 继续微分,

$$d^2 F = d(d\overline{L}) = \left(d\frac{\partial \overline{L}}{\partial x}\right)dx + \left(d\frac{\partial \overline{L}}{\partial y}\right)dy + \left(d\frac{\partial \overline{L}}{\partial u}\right)du$$

$$+ \left(d\frac{\partial \overline{L}}{\partial v}\right)dv + \frac{\partial \overline{L}}{\partial u}d^2 u + \frac{\partial \overline{L}}{\partial v}d^2 v.$$

由于 $\frac{\partial \overline{L}}{\partial u} = f_u + \lambda_0 g_u + \mu_0 h_u$,　故

$$\frac{\partial \overline{L}}{\partial u}(M_0) = f_u + \lambda_0 g_u + \mu_0 h_u \big|_{(x_0, y_0, u_0, v_0, \lambda_0, \mu_0)} = 0,$$

同样有 $\frac{\partial \overline{L}}{\partial v}(M_0) = 0$,　因而,

$$d^2 F \big|_{(x_0, y_0)} = \left[\left(d\frac{\partial \overline{L}}{\partial x}\right)dx + \left(d\frac{\partial \overline{L}}{\partial y}\right)dy + \left(d\frac{\partial \overline{L}}{\partial u}\right)du + \left(d\frac{\partial \overline{L}}{\partial v}\right)dv\right]_{M_0} = d^2 \overline{L}\big|_{M_0},$$

右端 $\overline{L}$ 为以 x, y, u, v 为变量的二阶全微分, 利用无条件极值的结论, 则

若 $d^2 F\big|_{(x_0, y_0)} > 0$, 则 (x_0, y_0) 为 F 的极小值点, 对应的 M_0 为条件极小值点;

若 $d^2 F\big|_{(x_0, y_0)} < 0$, 则 (x_0, y_0) 为 F 的极大值点, 对应的 M_0 为条件极大值点.

这样, 可利用 $d^2 \overline{L}(M_0)$ 的符号, 判断 M_0 是否为条件极值点.

定理 2.2　若 $d^2 \overline{L}(M_0) > 0$, 则 M_0 为条件极小值点; 若 $d^2 \overline{L}(M_0) < 0$, 则 M_0 为条件极大值点.

至此, 条件极值问题得以基本解决, 且这种解决问题的思想可以推广到任意情形.

根据上述理论, 将条件极值的计算总结如下:

1) 简单情形, 可直接转化为无条件极值;

2) 一般情形下的 Lagrange 函数法. 步骤: ① 构造 Lagrange 函数(简称 L-函数); ② 计算 Lagrange 函数的驻点, 得到函数的可疑极值点; ③ 判断: 驻点处的二阶微分判别法.

例 1 的 Lagrange 函数求解法　设水箱之长、宽、高各为 x, y, z, 则其表面积为

$$S = f(x, y, z) = xy + 2yz + 2xz,$$

约束条件为 $xyz = 4$. 构造 Lagrange 函数

$$L(x,y,z,\lambda) = xy + 2yz + 2xz + \lambda(xyz - 4),$$

求解方程组

$$\begin{cases} L_x = y + 2z + \lambda yz = 0, & (1) \\ L_y = x + 2z + \lambda xz = 0, & (2) \\ L_z = 2y + 2x + \lambda xy = 0, & (3) \\ L_\lambda = xyz - 4 = 0, & (4) \end{cases}$$

得唯一驻点 $x_0 = y_0 = 2, z_0 = 1, \lambda_0 = -2$.

事实上，由(2) – (1)得

$$(x - y)(1 + \lambda z) = 0.$$

若 $\lambda z = -1$，代入(1)式得 $z = 0$，这是不可能的，故必有 $x = y$，代入(2)—(4)式得

$$\begin{cases} x + 2z + \lambda xz = 0, \\ 4x + \lambda x^2 = 0, \\ x^2 z = 4, \end{cases}$$

求解得 $x = y = 2$，$z = 1$，$\lambda = -2$. 由于驻点唯一，且由实际问题最小值必存在，这唯一的驻点即是其最小值点，因而，当 $x = y = 2, z = 1$ 时，用料最省.

例 2 计算 $f(x,y,z,t) = x + y + z + t$ 在限制条件 $xyzt = c^4 (c > 0)$ 下的极值.

解 作 Lagrange 函数 $L(x,y,z,t,\lambda) = x + y + z + t + \lambda(xyzt - c^4)$，求解方程组

$$\begin{cases} L_x = 1 + \lambda yzt = 0, \\ L_y = 1 + \lambda xzt = 0, \\ L_z = 1 + \lambda xyt = 0, \\ L_t = 1 + \lambda xyz = 0, \\ L_\lambda = xyzt - c^4 = 0, \end{cases}$$

故 $\lambda yzt = \lambda xzt = \lambda xyt = \lambda xyz$，显然 $\lambda \neq 0, x \neq 0, y \neq 0, z \neq 0$ (约束条件)，得唯一驻点 $x_0 = y_0 = z_0 = t_0 = c, \lambda_0 = -\dfrac{1}{c^3}$，故

$$\bar{L}(x,y,z,t) = x + y + z + t + \lambda_0(xyzt - c^4).$$

记 $M_0(c,c,c,c)$，则

$$d^2\bar{L}(M_0) = -\frac{2}{c}[dxdy + dydz + dxdz + dt(dx + dy + dz)].$$

又 $xyzt = c^4$，微分得 $xyzdt + xytdz + xtzdy + yztdx = 0$，故在 M_0 成立

$$dx + dy + dz + dt = 0,$$

因而,

$$d^2\overline{L}(M_0) = \frac{1}{c}[(dx + dy + dz)^2 + dx^2 + dy^2 + dz^2] > 0,$$

故 M_0 为其极小值点, 极小值为 $4c$.

注　计算出驻点后, 也可以转化为无条件极值情形来判断驻点的极值性质. 如例 2, 从条件中解得 $t = \dfrac{c}{xyz}$, 代入得

$$\overline{f}(x,y,z) = f\left(x,y,z,\frac{c}{xyz}\right) = x + y + z + \frac{c}{xyz},$$

因而,

$$d^2\overline{f}\big|_{(x_0,y_0,z_0)} = \left[\frac{2c}{x^3yz}dx^2 + \frac{c}{x^2y^2z}dxdy + \frac{c}{x^2yz^2}dxdz + \frac{c}{x^2y^2z}dxdy + \frac{2c}{xy^3z}dy^2\right.$$

$$\left. + \frac{c}{xy^2z^2}dydz + \frac{c}{x^2yz^2}dxdz + \frac{c}{xy^2z^2}dydz + \frac{2c}{xyz^3}dz^2\right]\Bigg|_{(x_0,y_0,z_0)}$$

$$= \frac{1}{c}[dx^2 + dy^2 + dz^2 + (dx + dy + dz)^2] > 0.$$

利用无条件极值理论也可以判断出结果.

例 3　计算 $f(x_1,x_2,\cdots,x_n) = \displaystyle\sum_{i=1}^{n} a_i x_i^2 \ (a_i > 0)$ 在条件 $x_1 + \cdots + x_n = c \ (x_i > 0)$ 下的最小值.

解　构造 Lagrange 函数 $L(x_1,x_2,\cdots,x_n,\lambda) = \displaystyle\sum_{i=1}^{n} a_i x_i^2 + \lambda\left(\sum_{i=1}^{n} x_i - c\right)$, 计算得唯一驻点

$$x_i^0 = -\frac{\lambda_0}{2a_i}, i = 1,\cdots,n, \quad \lambda_0 = -\frac{2c}{\displaystyle\sum_{i=1}^{n}\frac{1}{a_i}}.$$

由于驻点唯一, 由题意知这唯一的驻点就是其最小值点, 因而, 最小值为 $\dfrac{c^2}{\displaystyle\sum_{i=1}^{n}\frac{1}{a_i}}$. 特别地, 当 $a_i = 1$ 时, $f(x_1,x_2,\cdots,x_n) = \displaystyle\sum_{i=1}^{n} x_i^2$ 在条件 $\displaystyle\sum_{i=1}^{n} x_i = c$ 下在点 $\left(\dfrac{c}{n},\dfrac{c}{n},\cdots,\dfrac{c}{n}\right)$ 处达到最小值 $\dfrac{c^2}{n}$, 故

$$x_1^2 + \cdots + x_n^2 \geqslant \frac{c^2}{n} = \frac{(x_1 + \cdots + x_n)^2}{n}.$$

本题也可以用定理 2.2 验证：$\mathrm{d}^2\overline{L}(M_0) = 2\sum a_i \mathrm{d}x_i^2 > 0$，$M_0$ 为最小值点.

注意，如例 3，可以利用条件极值获得一些不等式，总结证明的思想方法.

例 4　设 $a > 0, a_i > 0$，计算 $f = x_1^{a_1} x_2^{a_2} \cdots x_n^{a_n}$ 在条件 $x_1 + \cdots + x_n = a \, (x_i > 0)$ 下的极值.

解　令 $g(x_1, x_2, \cdots, x_n) = \ln f = \sum_{i=1}^{n} a_i \ln x_i$，因为 $\ln u$ 严格单调，故 g 的极值点对应于 f 的极值点. 构造 g 的 L-函数 $L = \sum_{i=1}^{n} a_i \ln x_i - \lambda\left(\sum_{i=1}^{n} x_i - a\right)$，计算得唯一驻

点 $M_0\left(\dfrac{aa_1}{\sum\limits_{i=1}^{n} a_i}, \dfrac{aa_2}{\sum\limits_{i=1}^{n} a_i}, \cdots, \dfrac{aa_n}{\sum\limits_{i=1}^{n} a_i}\right)$，$\lambda_0 = \dfrac{\sum\limits_{i=1}^{n} a_i}{a}$，由于

$$\mathrm{d}^2\overline{L}(M_0) = -\sum_{i=1}^{n} \frac{a_i}{x_i^2} \mathrm{d}x_i^2 < 0,$$

故，驻点为极大值点，极大值为 $f(M_0)$.

注　$f = x_1^{a_1} x_2^{a_2} \cdots x_n^{a_n}$ 在 $0 < x_i < a$ 条件下无最小值点. 因为 $f > 0$ 且 $\lim\limits_{x_i \to 0} f = 0$.

例 5　计算抛物面 $x^2 + y^2 = z$ 被平面 $x + y + z = 1$ 所截的椭圆上的点到原点的最长和最短距离.

解　设 (x, y, z) 为所截得的椭圆上的点，则必满足约束条件

$$\begin{cases} x^2 + y^2 = z, \\ x + y + z = 1, \end{cases}$$

而此点到原点的距离平方为 $f(x, y, z) = x^2 + y^2 + z^2$，为此，计算 f 在约束条件下的极值. 构造 L-函数

$$L(x, y, z, \lambda, \mu) = x^2 + y^2 + z^2 + \lambda(x^2 + y^2 - z) + \mu(x + y + z - 1),$$

求解得到驻点 $p\left(\dfrac{-1 \pm \sqrt{3}}{2}, \dfrac{-1 \pm \sqrt{3}}{2}, 2 \mp \sqrt{3}, -3 \pm \dfrac{5}{3}\sqrt{3}, -7 \pm \dfrac{11}{3}\sqrt{3}\right)$，由于 f 在有界闭

集 $\{(x, y, z) : x^2 + y^2 = z, x + y + z = 1\}$ 上连续，故必存在最大值和最小值. 故上述两个驻点一个对应于最大值点，一个对应于最小值点. 计算得，最大值点为

$\left(\dfrac{-1-\sqrt{3}}{2}, \dfrac{-1-\sqrt{3}}{2}, \dfrac{2+\sqrt{3}}{2} \right)$，最大值为 $9+5\sqrt{3}$；最小值点为 $\left(\dfrac{-1+\sqrt{3}}{2}, \dfrac{-1+\sqrt{3}}{2}, \right.$

$\left. \dfrac{2-\sqrt{3}}{2} \right)$，最小值为 $9-5\sqrt{3}$.

习　题　15.2

1. 计算下列条件极值:

1) $f(x,y,z)=x^2+4y^2+z^2+2xy+4yz$，$x+y+z=0$;

2) $f(x,y,z)=x^2+y^2+z^2$，$x^2+2y^2+4z^2=4$;

3) $f(x,y,z)=x-2y-2z$，$x^2+y^2+z^2=1$;

4) $f(x,y,z)=x^3+y^3+z^3$，$xyz=1$.

2. 利用条件极值理论计算 $f(x,y)=x^2+6xy+2y^2$ 在区域 $D=\{(x,y):x^2+y^2\leqslant 1\}$ 上的最值; 根据结果的结构, 能否将上述结果进行抽象形成一个结论?

3. 设 a 是给定的正数, 将其分解为 n 个非负数的和, 使得这 n 个非负数的积为最大. 由此证明不等式: $(x_1x_2\cdots x_n)^{\frac{1}{n}} \leqslant \dfrac{x_1+x_2+\cdots+x_n}{n}$, 其中 $x_i \geqslant 0, i=1,2,\cdots,n$.

4. 利用条件极值理论证明不等式: $\dfrac{a^n+b^n}{2} \geqslant \left(\dfrac{a+b}{2} \right)^n$, $n\in \mathbf{N}^+, a>0, b>0$.

5. 计算曲面 $z=xy-1$ 上的点到坐标原点的最小距离.

6. 计算二次型 $f(x_1,x_2,\cdots,x_n)=\displaystyle\sum_{i,j=1}^{n} a_{ij}x_ix_j$ 在条件 $\displaystyle\sum_{i=1}^{n}x_i^2=1$ 下的最值.

第 16 章　含参量积分

我们已经学过一元函数的积分理论: 包括常义积分和广义积分, 其积分变量和被积函数的变量个数一样, 都是一个. 但在各技术领域, 经常会遇到这样的积分: 对一个变量的积分还与一个参数有关, 如天体力学中常遇到的椭圆积分 $\int_0^{\pi/2} \sqrt{1-k^2\sin^2 t}\,\mathrm{d}t$, 从形式可以看出, 积分变量为 t, 且积分依赖于 k, 此时 k 称为积分过程中的参量. 显然, 若将 k 视为一个变元, 记 $f(t,k) = \sqrt{1-k^2\sin^2 t}$, 则上述积分可以视为对多元函数的一个变量积分, 将其余变量视为参量, 像这种积分形式在工程技术领域中还有很多. 因此, 为解决相应的工程技术问题, 必须先在数学上进行研究, 这就是本章的内容: 含参变量的积分, 包括含参量常义积分和含参量广义积分. 由于这种积分形式的被积函数是多元函数, 因此, 多元函数理论为含参变量积分的研究提供了理论基础.

16.1　含参量的常义积分

只考虑一个参量的含参量积分.

设 $f(x,y)$ 在 $D = [a,b]\times[c,d]$ 上有定义, 任取 $y \in [c,d]$ 固定, $f(x,y)$ 视为变量 x 的一元函数, 若 $f(x,y)$ 关于 x 在 $[a,b]$ 可积, 则定积分 $\int_a^b f(x,y)\mathrm{d}x$ 存在, 显然其与 y 有关, 且由 y 唯一确定, 由此, 通过定积分确定一个以 y 为变量的函数, 记为

$$I(y) = \int_a^b f(x,y)\mathrm{d}x,$$

称其为含参量 y 的积分.

由此可知: 含参量积分是一个以参变量为变量的函数, 由此就决定了含参量积分的研究内容: ①含参量积分函数的分析性质研究; ②含参量积分的计算; ③含参量积分的应用: 将含参量积分的分析性质应用于含参量的计算, 由此带来定积分计算的新方法——通过引入参变量, 将定积分转化为含参量的积分, 用于更复杂结构的定积分的计算.

1. 基本理论

定理 1.1(连续性) 设 $f(x, y)$ 在 $D = [a, b] \times [c, d]$ 上连续，则 $I(y)$ 在 $[c, d]$ 上连续.

结构分析 题型是抽象函数 $I(y)$ 的连续性证明；类比已知，条件也只有 $f(x, y)$ 的连续性，没有更高级的分析性质可用，因此，考虑用定义证明 $I(y)$ 的连续性，由此确定了思路. 具体方法分析：为实现此思路，需研究：任取 $y_0 \in [c, d]$，取 Δy 充分小，使 $y_0 + \Delta y \in [c, d]$ 时的关于 $|I(y_0 + \Delta y) - I(y_0)|$ 的估计，为利用已知条件，需将其形式转化为用 $f(x, y)$ 表示的形式，自然有形式

$$|I(y_0 + \Delta y) - I(y_0)| \leqslant \int_a^b |f(x, y_0 + \Delta y) - f(x, y_0)| \mathrm{d}x,$$

因此，必须用 $|f(x, y_0 + \Delta y) - f(x, y_0)|$ 的充分小性质控制 $|I(y_0 + \Delta y) - I(y_0)|$，使其也充分小. 从形式上看，只需利用 $f(x, y)$ 在 y_0 点的连续性，但实际不仅如此，因为，仅仅利用 $f(x, y)$ 在 y_0 点或 (x, y_0) 的连续性，对任意的 ε，得到的 $\delta = \delta(\varepsilon, x, y_0)$ 不仅与 ε, y_0 有关，还与 $x \in [a, b]$ 有关，因而，不能保证在整个积分区间 $[a, b]$ 上都有 $|f(x, y_0 + \Delta y) - f(x, y_0)| < \varepsilon$，这正是连续性的局部性的影响；而在证明 $I(y)$ 在 y_0 点的连续性时，只允许 $\delta = \delta(\varepsilon, y_0)$，因此，必须用更高级的整体性质克服 x 的局部性的影响，由此，决定了实现思路的方法——利用一致连续性定理.

证明 由于 $f(x, y)$ 在 D 上连续，因而，$f(x, y)$ 在 D 上一致连续，故对任意的 $\varepsilon > 0$，存在 $\delta = \delta(\varepsilon)$，当 $(x', y'), (x'', y'') \in D$ 且 $|x' - x'| < \delta$，$|y' - y'| < \delta$ 时，成立

$$|f(x', y') - f(x', y'')| < \frac{\varepsilon}{b - a}.$$

因而，当 $|\Delta y| < \delta$ 时，成立

$$|f(x, y_0 + \Delta y) - f(x, y_0)| < \frac{\varepsilon}{b - a}, \quad \forall x \in [a, b].$$

故

$$|I(y_0 + \Delta y) - I(y_0)| \leqslant \int_a^b |f(x, y_0 + \Delta y) - f(x, y_0)| \mathrm{d}x < \varepsilon,$$

所以，$I(y)$ 在 y_0 点连续，由 y_0 的任意性得 $I(y)$ 在 $[c, d]$ 上连续.

抽象总结 定理 1.1 给出了含参量积分的最基本的分析性质——连续性，这是定性结论，但是，换一个角度，从定量角度看，定理 1.1 还可以表示为

$$\lim_{y \to y_0} \int_a^b f(x,y)\mathrm{d}x = \int_a^b f(x,y_0)\mathrm{d}x = \int_a^b \lim_{y \to y_0} f(x,y)\mathrm{d}x.$$

此式表明: 极限和积分运算可以换序, 从定量角度看, 仍是两种运算的可换序性.

定理 1.2 (可微性) 设 $f(x,y)$ 和 $f_y(x,y)$ 在 D 上连续, 则 $I(y)$ 在 $[c,d]$ 上具有连续的导数且

$$\frac{\mathrm{d}I(y)}{\mathrm{d}y} = \int_a^b f_y(x,y)\mathrm{d}x\,.$$

即微分与积分运算可以换序.

简析 证明思想和定理 1.1 相同, 利用可微性的局部性和定义验证即可.

证明 任取 $y_0 \in [c,d]$ 及 Δy, 使 $y_0 + \Delta y \in [c,d]$, 由中值定理,

$$\frac{I(y_0 + \Delta y) - I(y_0)}{\Delta y} = \int_a^b \frac{f(x,y_0 + \Delta y) - f(x,y_0)}{\Delta y}\mathrm{d}x$$

$$= \int_a^b f_y(x, y_0 + \theta\Delta y)\mathrm{d}x,$$

其中, $\theta \in [0,1]$. 由定理 1.1, 则

$$\lim_{\Delta y \to 0} \frac{I(y_0 + \Delta y) - I(y_0)}{\Delta y} = \lim_{\Delta y \to 0} \int_a^b f_y(x, y_0 + \theta\Delta y)\mathrm{d}x$$

$$= \int_a^b \lim_{\Delta y \to 0} f_y(x, y_0 + \theta\Delta y)\mathrm{d}x = \int_a^b f_y(x, y_0)\mathrm{d}x.$$

抽象总结 定理 1.2 的结论既是定性的, 也是定量的, 从定量的角度看, 仍是两种运算的可换序性.

有了上述两个定理, 基本结构的含参量积分的分析性质得以解决; 继续把结论推广到更复杂的含参量积分.

更进一步讨论变限的含参量积分, 记 $F(y) = \int_{a(y)}^{b(y)} f(x,y)\mathrm{d}x$.

定理 1.3 若 $f(x,y)$ 在 D 上连续, $a(y),b(y)$ 在 $[c,d]$ 上连续, 且 $a \leqslant a(y) \leqslant b$, $a \leqslant b(y) \leqslant b$, $\forall y \in [c,d]$, 则 $F(y)$ 在 $[c,d]$ 上连续.

简析 类比已知的结论中, 定理 1.1 与要证明的结论最为相近, 因此, 必须转化为定理 1.1 能处理的形式或用与定理 1.1 类似的证明思想来证明.

证明 任取 $y_0 \in [c,d]$, Δy, 使 $y_0 + \Delta y \in [c,d]$, 则

$$F(y_0 + \Delta y) - F(y_0) = \int_{a(y_0 + \Delta y)}^{a(y_0)} f(x, y_0 + \Delta y)\mathrm{d}x$$

$$+ \int_{a(y_0)}^{b(y_0)} [f(x, y_0 + \Delta y) - f(x, y_0)]\mathrm{d}x$$

$$+ \int_{b(y_0)}^{b(y_0+\Delta y)} f(x, y_0 + \Delta y)\mathrm{d}x.$$

由于 $f(x,y)$ 在 D 上连续, 进而在 D 上有界. 设 $|f(x,y)| \leqslant M, (x,y) \in D$, 因而, 利用 $a(y), b(y)$ 的连续性和 $f(x,y)$ 在 D 的一致连续性, 则对任意 $\varepsilon > 0$, 存在 $\delta(\varepsilon, y_0)$, 当 $|\Delta y| < \delta$ 时成立

$$|a(y_0 + \Delta y) - a(y_0)| < \frac{\varepsilon}{3M}, \quad |b(y_0 + \Delta y) - b(y_0)| < \frac{\varepsilon}{3M},$$

$$|f(x, y_0 + \Delta y) - f(x, y_0)| < \frac{\varepsilon}{3(b-a)}, \quad \forall x \in [a,b],$$

故

$$|F(y_0 + \Delta y) - F(y_0)| < \varepsilon,$$

因而, $F(y)$ 在 $[c,d]$ 连续.

定理 1.4 设 $f(x,y), f_y(x,y)$ 在 D 上连续, 且 $a(y), b(y)$ 在 $[c,d]$ 上具有连续的导数, 则 $F(y)$ 在 $[c,d]$ 具有连续导数, 且

$$F'(y) = \int_{a(y)}^{b(y)} f_y(x,y)\mathrm{d}x + f(b(y), y)b'(y) - f(a(y), y)a'(y).$$

证明 $\forall y_0 \in [c,d], y_0 + \Delta y \in [c,d]$, 利用中值定理, 存在 $\theta_i \in [0,1]$, $i = 1,2,3$, 使得

$$\frac{F(y_0 + \Delta y) - F(y_0)}{\Delta y}$$

$$= \frac{1}{\Delta y} \int_{a(y_0+\Delta y)}^{a(y_0)} f(x, y_0 + \Delta y)\mathrm{d}x$$

$$+ \frac{1}{\Delta y} \int_{a(y_0)}^{b(y_0)} [f(x, y_0 + \Delta y) - f(x, y_0)]\mathrm{d}x$$

$$+ \frac{1}{\Delta y} \int_{b(y_0)}^{b(y_0+\Delta y)} f(x, y_0 + \Delta y)\mathrm{d}x$$

$$= f(\theta_1 a(y_0) + (1-\theta_1)a(y_0 + \Delta y), y_0 + \Delta y)\frac{a(y_0) - a(y_0 + \Delta y)}{\Delta y}$$

$$+ \int_{a(y_0)}^{b(y_0)} f_y(x, y_0 + \theta_2 \Delta y)\mathrm{d}x$$

$$+ f(\theta_3 b(y_0 + \Delta y) + (1-\theta_3)b(y_0), y_0 + \Delta y)\frac{b(y_0 + \Delta y) - b(y_0)}{\Delta y}$$

$$\xrightarrow{\Delta y \to 0} \int_{a(y_0)}^{b(y_0)} f_y(x, y_0)\mathrm{d}x + f(b(y_0), y_0)b'(y_0) - f(a(y_0), y_0)a'(y_0).$$

由 $y_0 \in [c,d]$ 的任意性, 定理得证.

上面讨论了含参量积分的连续性和可微性, 从运算角度看, 这些性质给出了两种运算间的可换序性, 在相关的运算中有非常重要的作用(见后面的例子).

函数的可积性和定积分的计算也是函数的重要研究内容之一, 我们继续研究含参量积分的积分性质.

设 $f(x,y)$ 在 D 上连续, 则可引入两个含参量积分

$$J(x) = \int_c^d f(x,y)\mathrm{d}y, \quad I(y) = \int_a^b f(x,y)\mathrm{d}x,$$

显然, $J(x), I(y)$ 都是连续函数, 因而也是可积函数. 考虑二者的积分

$$\int_a^b J(x)\mathrm{d}x = \int_a^b \left[\int_c^d f(x,y)\mathrm{d}y\right]\mathrm{d}x = \int_a^b \mathrm{d}x \int_c^d f(x,y)\mathrm{d}y,$$

$$\int_a^b I(y)\mathrm{d}y = \int_c^d \left[\int_a^b f(x,y)\mathrm{d}x\right]\mathrm{d}y = \int_c^d \mathrm{d}y \int_a^b f(x,y)\mathrm{d}x.$$

分析积分结构: 被积函数都是 $f(x,y)$, 积分顺序不同, 因而是函数 $f(x,y)$ 在区域 D 上的两个不同顺序的积分, 也是后面多重积分理论中的累次积分. 自然要考虑这样的问题: 二者是否相等, 即: 累次积分是否可换序?

定理 1.5 (积分换序性)　设 $f(x,y)$ 在 D 上连续, 则

$$\int_a^b \mathrm{d}x \int_c^d f(x,y)\mathrm{d}y = \int_c^d \mathrm{d}y \int_a^b f(x,y)\mathrm{d}x,$$

即两个累次积分可以换序.

结构分析　这是一个数量等式的证明, 是一个低级的结论, 为方便利用高级的函数微积分理论, 将其转化为两个函数相等的证明, 自然在同一点的函数值相等; 由此可以利用微分理论处理, 这种处理思想, 要求掌握.

证明　记 $I_1(u) = \int_c^u \mathrm{d}y \int_a^b f(x,y)\mathrm{d}x$, $I_2(u) = \int_a^b \mathrm{d}x \int_c^u f(x,y)\mathrm{d}y$, 下证: $I_1(u) = I_2(u)$, 因而特别有 $I_1(d) = I_2(d)$, 为此, 先证: $I_1'(u) = I_2'(u)$.

由于 $I_1(u) = \int_c^u \mathrm{d}y \int_a^b f(x,y)\mathrm{d}x = \int_c^u I(y)\mathrm{d}y$, 故

$$I_1'(u) = I(u) = \int_a^b f(x,u)\mathrm{d}x;$$

同样, 对 $I_2(u)$, 记 $F(x,u) = \int_c^u f(x,y)\mathrm{d}y$, 则 $I_2(u) = \int_a^b F(x,u)\mathrm{d}x$. 由定理 1.2,

$$I_2'(u) = \int_a^b F_u(x,u)\mathrm{d}x = \int_a^b f(x,u)\mathrm{d}x,$$

因而, $I_1'(u) = I_2'(u)$, 所以,

$$I_1(u) = I_2(u) + \alpha, \quad \forall c \leqslant u \leqslant d.$$

令 $u = c$, 得 $\alpha = 0$. 因此, $I_1(u) = I_2(u)$, $\forall c \leqslant u \leqslant d$, 特别有 $I_1(d) = I_2(d)$.

抽象总结   上述将常数 d 变易为变量 u, 使数变为函数, 因此, 可以利用函数的高级理论和工具来处理低级问题, 我们把这种方法称为常数变易方法.

2. 应用

在上述理论的基础上, 我们研究含参量积分的各种运算及在定积分计算中的应用.

例 1   设 $F(y) = \int_y^{y^2} \dfrac{\sin yx}{x} \mathrm{d}x$, 计算 $F'(y)$.

解   由定理 1.4, 则

$$F'(y) = \int_y^{y^2} \cos xy \mathrm{d}x + \frac{\sin y^3}{y^2} 2y - \frac{\sin y^2}{y} = \frac{3 \sin y^3 - 2 \sin y^2}{y}.$$

例 2   计算 $\lim\limits_{\alpha \to 0} \int_0^1 \dfrac{\mathrm{d}x}{1 + x^2 \cos \alpha x}$.

结构分析   本题属于两种运算问题类型, 常用的处理方法有: ①估计方法——对积分先估计, 再计算极限, 常用于简单结构题目的处理; ②换序方法——交换两种运算的次序. 从本题看, 若能用换序方法, 求解就非常容易, 因此, 只需考虑含参量积分的积分和极限的换序, 确定使用相应的定理——含参量积分的连续性定理, 验证条件即可. 当然, 还需解决参量的范围问题, 选择参量范围的原则是: 在包含极限点 $\alpha = 0$ 的条件下尽可能简单.

解   记 $f(x,\alpha) = \dfrac{1}{1 + x^2 \cos \alpha x}$, $D = [0,1] \times \left[-\dfrac{1}{2}, \dfrac{1}{2}\right]$, 则 $f(x,\alpha)$ 在 D 上连续, 由含参量积分的连续性定理, 则 $I(\alpha) = \displaystyle\int_0^1 \dfrac{\mathrm{d}x}{1 + x^2 \cos \alpha x}$ 在 $\left[-\dfrac{1}{2}, \dfrac{1}{2}\right]$ 上连续, 故

$$\lim_{\alpha \to 0} I(\alpha) = I(0) = \int_0^1 \frac{\mathrm{d}x}{1 + x^2} = \frac{\pi}{4}.$$

在确定参量的活动区间时, 通常在极限点附近取充分小的区间, 满足定理要求的条件即可, 选择并不唯一.

例 3   计算 $\lim\limits_{y \to 0^+} \displaystyle\int_0^1 \dfrac{\mathrm{d}x}{1 + (1 + xy)^{1/y}}$.

解   令 $f(x,y) = \begin{cases} \dfrac{1}{1 + (1 + xy)^{1/y}}, & 0 \leqslant x \leqslant 1, 0 < y \leqslant 1, \\ \dfrac{1}{1 + \mathrm{e}^x}, & 0 \leqslant x \leqslant 1, y = 0, \end{cases}$ $D = [0,1] \times [0,1]$, 则 $f(x,y)$

在 D 上连续, 因而,

$$\lim_{y\to 0^+}\int_0^1 \frac{dx}{1+(1+xy)^{1/y}} = \int_0^1 \lim_{y\to 0^+}\frac{dx}{1+(1+xy)^{1/y}}$$

$$= \int_0^1 \frac{dx}{1+e^x} = \int_0^1 \frac{de^x}{e^x(1+e^x)}$$

$$= \int_1^e \frac{dx}{t(1+t)} = \ln\frac{2e}{1+e}.$$

注　请课后自行证明 $f(x,y)$ 在 D 上连续.

例 4　计算 $I(\theta) = \int_0^\pi \ln(1+\theta\cos x)dx, |\theta|<1$.

结构分析　题型为含参量积分的计算，虽然从形式看仍是一个定积分，从定积分的结构看，需要利用分部积分法，可以发现分部积分法不能消去不同的结构，不能实现计算；从含参量积分的结构看，参量的引入，使得定积分的计算通过参量转化为函数的计算，从而，不仅可以利用定积分计算的相关技术，还可以利用函数的高级性质(如微分理论)进行积分的计算，这是含参量积分用于定积分计算的重要思想.

解　记 $f(x,\theta) = \ln(1+\theta\cos x)$，对任意 $b\in(0,1)$，则 $f(x,\theta)$，$f_\theta(x,\theta)$ 在 $[0,\pi]\times[-b,b]$ 上连续，故

$$I'(\theta) = \int_0^\pi \frac{\cos x}{1+\theta\cos x}dx = \frac{1}{\theta}\int_0^\pi \left(1-\frac{1}{1+\theta\cos x}\right)dx = \frac{\pi}{\theta} - \frac{1}{\theta}\int_0^\pi \frac{dx}{1+\theta\cos x}.$$

利用万能公式，

$$\int_0^\pi \frac{dx}{1+\theta\cos x} \xlongequal{t=\tan\frac{x}{2}} \int_0^\pi \frac{\dfrac{2}{1+t^2}}{1+\theta\dfrac{1-t^2}{1+t^2}}dt = \int_0^\pi \frac{dt}{(1+\theta)+(1-\theta)t^2}$$

$$= \frac{2}{\sqrt{1-\theta^2}}\arctan\left(\sqrt{\frac{1-\theta}{1+\theta}}\tan\frac{x}{2}\right)\Bigg|_0^\pi = \frac{\pi}{\sqrt{1-\theta^2}},$$

因而，

$$I'(\theta) = \pi\left(\frac{1}{\theta} - \frac{1}{\theta\sqrt{1-\theta^2}}\right).$$

求积分得

$$I(\theta) = \pi\left(\ln\theta + \ln\frac{1+\sqrt{1-\theta^2}}{\theta}\right) + c = \pi\ln(1+\sqrt{1-\theta^2}) + c.$$

又 $I(0)=0$，则 $c=-\pi\ln 2$．故 $I(\theta)=\pi\ln\dfrac{1+\sqrt{1-\theta^2}}{2}$．

抽象总结　从上述解题过程看，利用含参量积分的求导理论计算定积分，从计算思想上看和分部积分法相同，即通过求导，改变被积函数的结构，使之简单化，便于计算；但是，与分部积分的导数转移的对象不同，因而，是采用了不同的求导方式来改变积分结构，因此，这两种方法在处理复杂类型的定积分时都是有效的方法．如本例用分部积分法将积分转变为下述积分计算：

$$I(\theta)=x\ln(1+\theta\cos x)\Big|_0^\pi+\theta\int_0^\pi\frac{x\sin x}{1+\theta\cos x}\mathrm{d}x,$$

而后者虽然从形式上看是利用定积分公式 $\displaystyle\int_0^\pi xf(\sin x)\mathrm{d}x=\frac{\pi}{2}\int_0^\pi f(\sin x)\mathrm{d}x$ 化不同结构为单一三角函数结构来计算，但是，它并不具备 $\displaystyle\int_0^\pi xf(\sin x)\mathrm{d}x$ 的结构(请读者思考原因)，无法实现计算．因此，含参量积分理论给出了定积分计算的又一种新方法．

再看一个例子．

例 5　计算 $I=\displaystyle\int_0^1\frac{\ln(1+x)}{1+x^2}\mathrm{d}x$．

思路分析　这是定积分计算类题目，从结构看，被积函数是由两类不同结构的因子组成，常规的定积分计算方法是分部积分法，但是，在用分部积分法改变因子 $\ln(1+x)$ 的结构为有理式的同时，有理式 $\dfrac{1}{1+x^2}$ 则变为反三角函数，整个积分还是由两类结构不同因子组成，没有达到简化结构的目的．因此，为了既要通过求导改变因子 $\ln(1+x)$ 的结构为有理式，又要保持因子 $\dfrac{1}{1+x^2}$ 的结构不变，必须采用新技术．例 4 的求解过程给我们提供了思路：利用含参量积分理论计算——通过引入参量，将定积分变为含参量积分所确定的函数值的计算，计算含参量积分后，取特定的参量值，得到原定积分．因此，要解决的问题是：如何引入参量，参量的位置如何确定？原则是：在改变结构的因子中引入参量，当然，引入参量的位置并不唯一，由此带来的计算难易程度也不相同．

解　考虑含参量积分：$I(\alpha)=\displaystyle\int_0^1\frac{\ln(1+\alpha x)}{1+x^2}\mathrm{d}x$，则 $I(1)=I$．

因此，只需计算 $I(\alpha)$．$I(\alpha)$ 与 I 相比，虽然积分结构相同，但由于含有参量，因此可以利用含参量积分理论处理．记 $f(x,\alpha)=\dfrac{\ln(1+\alpha x)}{1+x^2}$，则 $f(x,\alpha)$ 在 $D=[0,1]\times[0,1]$ 满足定理 1.2 的条件，则

$$I'(\alpha) = \int_0^1 \frac{x}{(1+\alpha x)(1+x^2)}\mathrm{d}x$$

$$= \int_0^1 \frac{1}{1+\alpha^2}\left[\frac{\alpha+x}{1+x^2} - \frac{\alpha}{1+\alpha x}\right]\mathrm{d}x$$

$$= \frac{1}{1+\alpha^2}\left[\frac{\pi}{4}\alpha + \frac{1}{2}\ln 2 - \ln(1+\alpha)\right].$$

两边积分, 则

$$I(1) - I(0) = \int_0^1 I'(\alpha)\mathrm{d}\alpha = \frac{\pi}{8}\ln 2 + \frac{\pi}{8}\ln 2 - I(1).$$

由于 $I(0) = 0$, 故 $I(1) = \frac{\pi}{8}\ln 2$.

抽象总结　总结本题的求解过程, 可以抽象总结出对复杂结构的定积分计算的又一新方法: 在较难处理的因子中引入参量, 利用含参量积分的微分定理, 通过求导改变或简化结构, 求解含参量积分, 计算其特定的函数值得定积分. 运用过程中重点要把握参量引入的位置和变化范围.

还有一类积分的计算, 需利用含参量积分的积分换序定理, 通过换序达到简化计算的目的.

例 6　计算 $I = \int_0^1 \frac{x^b - x^a}{\ln x}\mathrm{d}x\ (b > a > 0)$.

解　法一　积分法, 即利用积分换序定理计算.

由于 $\int_a^b x^y \mathrm{d}y = \frac{x^b - x^a}{\ln x}$, 故利用含参量积分的换序定理,

$$I = \int_0^1 \mathrm{d}x \int_a^b x^y \mathrm{d}y = \int_a^b \mathrm{d}y \int_0^1 x^y \mathrm{d}x = \int_a^b \frac{1}{1+y}\mathrm{d}y = \ln\frac{1+b}{1+a}.$$

法二　求导法, 即通过某个常量变异为参量, 将其化为含参量积分, 利用含参量积分的求导定理, 改变结构以便计算.

记 $I(y) = \int_0^1 \frac{x^y - x^a}{\ln x}\mathrm{d}x$, $y \in [a, b]$, 定义

$$f(x, y) = \begin{cases} \dfrac{x^y - x^a}{\ln x}, & 0 < x < 1, a \leqslant y \leqslant b, \\ 0, & x = 0, a \leqslant y \leqslant b, \\ y - a, & x = 1, a \leqslant y \leqslant b, \end{cases}$$

则 $f(x, y)$, $f_y(x, y)$ 在 $[0, 1] \times [a, b]$ 上连续, 故

$$I'(y) = \int_0^1 x^y \mathrm{d}x = \frac{1}{1+y},$$

因而，$I(y) = \ln(1+y) + c$．注意到 $I(a) = 0$，故 $c = -\ln(1+a)$，所以，

$$I = I(b) = \ln\frac{1+b}{1+a}.$$

用含参量积分的积分换序定理计算定积分，需要对被积函数的结构仔细分析，将其转化为对另一个变量的积分，这是较困难的一步，总之，利用含参量积分换序定理计算定积分是一种高级的计算方法，难度较高，需通过多练才能掌握.

比较上述两种方法可以发现，能用积分换序定理计算的定积分也可以用含参量积分的求导方法，从计算过程看，两种方法难度没有大的区别，大家可以在课后的练习中对这两种方法进行进一步的比较.

习 题 16.1

1. 对给定的函数 $f(y)$，计算 $f'(y)$：

1) $f(y) = \int_0^1 x^y \sin(xy)\mathrm{d}x$；

2) $f(y) = \int_0^{y^2} \ln(\sqrt{x^2+y^2}+1)\mathrm{d}x$；

3) $f(y) = \int_{\mathrm{e}^{x^2}}^{\sin y^2} x\arctan\frac{x}{y}\mathrm{d}x$；

4) $f(y) = \int_1^{y^2} \mathrm{d}t \int_{t^2+y^2}^{y^3} \mathrm{e}^{x+y}\sin\sqrt{t^2+x^2+y^2}\mathrm{d}x$．

2. 计算下列极限:

1) $\lim\limits_{y\to 0}\int_0^1 \ln(1+x+xy^2)\mathrm{d}x$；

2) $\lim\limits_{y\to 0}\int_0^1 \frac{\sin(xy)}{1+x}\mathrm{d}x$；

3) $\lim\limits_{y\to 0}\int_{y^2}^{\mathrm{e}^y+y} \frac{1}{2^y+x+y^2}\mathrm{d}x$；

4) $\lim\limits_{n\to+\infty}\int_{\frac{1}{n}}^{1+\frac{1}{n}} \frac{1}{1+\left(1+\dfrac{x}{n}\right)^n}\mathrm{d}x$；

5) $\lim\limits_{n\to+\infty}\int_{\frac{1}{n}}^{n\ln\left(1+\frac{1}{n}\right)} x\left(1+x+\frac{1}{n}x^2\right)^{10}\mathrm{d}x$；

6) $\lim\limits_{n\to+\infty}\int_0^1 n^4(\mathrm{e}^{\frac{x}{n}}-1)^4\ln\left(x+\frac{1}{n}x^2\right)\mathrm{d}x$；

7) $\lim\limits_{n\to+\infty}\int_1^{1+\frac{1}{n}} \sqrt{1+x^n}\mathrm{d}x$；

8) $\lim\limits_{n\to+\infty} n\int_1^{1+\frac{1}{n}} \sqrt{1+x^n}\mathrm{d}x$．

3. 利用含参量积分理论计算下列积分:

1) $\int_0^{\frac{\pi}{2}} \ln(\sin^2 x + \alpha^2\cos^2 x)\mathrm{d}x, \alpha > 0$；$\left(\text{提示}: \int_0^{\frac{\pi}{2}} \frac{1}{a^2+\tan^2 x}\mathrm{d}x \xrightarrow{t=\tan x} \frac{\pi}{2a(1+a)}.\right)$

2) $\int_0^{\frac{\pi}{2}} \frac{x}{\tan x}\mathrm{d}x$；$\left(\text{提示}: \text{考虑} \int_0^{\frac{\pi}{2}} \frac{\arctan(\alpha\tan x)}{\tan x}\mathrm{d}x.\right)$

3) $\int_0^1 \frac{x^b - x^a}{\ln x}\sin(\ln x)\mathrm{d}x \ (b > a > 0)$．

16.2　含参量的广义积分

和一元函数的定积分一样, 可以将含参量积分理论进行推广, 形成含参量的广义积分. 从形式上讲, 含参量的广义积分也应有两种形式: 无穷限形式的含参量广义积分和无界函数的含参量广义积分, 由于二者之间可以相互转化, 我们仅以无穷限含参量广义积分为例讨论其性质.

一、基本理论

1. 无穷限含参量广义积分的定义

定义 2.1　设 $f(x,y)$ 为定义在 $D=[a,+\infty)\times I$ (I 为有界或无界区间)的二元函数, 形如 $\int_a^{+\infty} f(x,y)\mathrm{d}x$ 的积分称为含参变量 y 的广义积分.

对比广义积分, 从定义形式决定含参量广义积分的研究内容:

1) 广义积分是否存在——收敛性问题: 点收敛;

2) 在存在的条件下, 含参量积分的分析性质——一致收敛问题.

对收敛性问题, 由于含参量积分的结果不再是一个单纯的数值, 而是一个函数, 这就决定了在含参量广义积分的收敛性问题中, 不仅要有点收敛性还必须讨论收敛性与参量之间的关系, 由此形成一致收敛性. 点收敛的内容体现了广义定积分和含参量广义积分二者的共性, 一致收敛性体现了二者的差异.

2. 含参量广义积分的收敛性和一致收敛性

定义 2.2　设 $f(x,y)$ 定义在 $D=[a,+\infty)\times I$, 若对某个 $y_0\in I$, 广义积分 $\int_a^{+\infty} f(x,y_0)\mathrm{d}x$ 收敛, 称含参量广义积分 $\int_c^{+\infty} f(x,y)\mathrm{d}x$ 在 y_0 点收敛; 若 $\int_c^{+\infty} f(x,y)\mathrm{d}x$ 在 I 中每一点都收敛, 称含参量广义积分 $\int_a^{+\infty} f(x,y)\mathrm{d}x$ 在 I 上收敛.

由收敛性定义可知, 若 $\int_a^{+\infty} f(x,y)\mathrm{d}x$ 在 I 上收敛, 则在 I 定义了一个函数 $I(y)=\int_a^{+\infty} f(x,y)\mathrm{d}x$, 研究此函数的性质也是含参量广义积分的内容之一, 因此, 必须引入更高级的一致收敛性. 为了便于从点收敛定义抽象出一致收敛性的定义, 我们利用 Cauchy 准则, 再给出点收敛性的 “ ε-δ ” 型定义.

定义 2.3　设 $y\in I$, 若对任意的 $\varepsilon>0$, 存在 $A_0(\varepsilon,y)>a$, 当 $A',A>A_0$时, 成立

$$\left|\int_A^{A'} f(x,y)\mathrm{d}x\right| < \varepsilon,$$

称 $\int_a^{+\infty} f(x,y)\mathrm{d}x$ 在点 y 收敛.

此定义是通过积分片段的性质判断收敛性的, 也可以利用 "积分余项式" 的下述定义.

定义 2.4 设 $y \in I$, 若对任意的 $\varepsilon > 0$, 存在 $A_0(\varepsilon,y) > a$, 对任意的 $A > A_0$ 时, 成立

$$\left|\int_A^{+\infty} f(x,y)\mathrm{d}x\right| < \varepsilon,$$

称 $\int_a^{+\infty} f(x,y)\mathrm{d}x$ 在点 y 收敛.

从收敛性定义还可以看出, 定义中 A_0 不仅依赖于 ε, 还依赖于点 y, 正是这种依赖性, 使得通过这种收敛性很难获得函数 $I(y)$ 更好的性质, 为保证 $I(y)$ 具有较好的分析性质, 必须改进收敛性, 这就形成了含参量广义积分的一致收敛性, 我们给出几种不同结构的定义.

定义 2.5 若对任意的 $\varepsilon > 0$, 存在 $A_0(\varepsilon) > a$, 使得对任意的 $A', A > A_0$ 时, 有

$$\left|\int_A^{A'} f(x,y)\mathrm{d}x\right| < \varepsilon, \quad \text{对一切 } y \in I \text{ 成立},$$

称 $\int_a^{+\infty} f(x,y)\mathrm{d}x$ 在 I 上关于 y 一致收敛.

定义 2.6 若对任意的 $\varepsilon > 0$, 存在 $A_0(\varepsilon) > a$, 对任意的 $A > A_0$ 时, 成立

$$\left|\int_A^{+\infty} f(x,y)\mathrm{d}x\right| < \varepsilon, \quad \forall y \in I,$$

称 $\int_a^{+\infty} f(x,y)\mathrm{d}x$ 在 I 上关于 y 一致收敛.

含参量广义积分的一致收敛性和一致连续性、函数列或函数项级数的一致收敛性具有同样的含义, 应仔细体会定义, 注意定义中各个量给出的顺序和相互的逻辑关系.

在一致收敛性理论中, 非一致收敛性的证明也是经常遇到的, 我们给出关于非一致收敛性的一个定义和一个充要条件.

定义 2.7 若存在 $\varepsilon_0 > 0$, 使对任意的 $A_0 > a$, 都存在 $A', A \geqslant A_0$ 及 $y_0 \in I$, 成立 $\left|\int_A^{A'} f(x,y_0)\mathrm{d}x\right| > \varepsilon_0$, 称 $\int_a^{+\infty} f(x,y)\mathrm{d}x$ 关于 $y \in I$ 非一致收敛.

定义 2.8 若存在 $\varepsilon_0 > 0$, 使对任意的 $A_0 > a$, 都存在 $A \geqslant A_0$ 及 $y_0 \in I$, 成立

$\left|\int_A^{+\infty} f(x,y_0)\mathrm{d}x\right| > \varepsilon_0$，称 $\int_a^{+\infty} f(x,y)\mathrm{d}x$ 关于 $y \in I$ 非一致收敛.

定理 2.1 若存在 $\varepsilon_0 > 0$ 和数列 $A_n > A_n' > a$，且 $A_n \to +\infty, A_n' \to +\infty$ 及 $y_n \in I$，使 $\left|\int_{A_n}^{A_n'} f(x,y_n)\mathrm{d}x\right| > \varepsilon_0$，则 $\int_a^{+\infty} f(x,y)\mathrm{d}x$ 在 I 内非一致收敛.

定理 2.2 若存在 $\varepsilon_0 > 0$ 和数列 $A_n > a$，且 $A_n \to +\infty$ 及 $y_n \in I$，使 $\left|\int_{A_n}^{+\infty} f(x,y_n)\mathrm{d}x\right| > \varepsilon_0$，则 $\int_a^{+\infty} f(x,y)\mathrm{d}x$ 在 I 内非一致收敛.

类似于以前学过的内容，我们先给出一致收敛性的判断定理，再研究含参量积分的分析性质.

3. 一致收敛性的判别法.

借助于一元函数广义积分收敛性的判别法，我们可以建立一系列相应的含参量广义积分一致收敛性的判别法.

定理 2.3 (Weierstrass 判别法) 设存在定义于 $[a,+\infty)$ 上的函数 $F(x)$，使 $|f(x,y)| \leqslant F(x), \forall(x,y) \in D = [a,+\infty) \times I$，且 $\int_a^{+\infty} F(x)\mathrm{d}x$ 收敛，则 $\int_a^{+\infty} f(x,y)\mathrm{d}x$ 在 I 上一致收敛.

定理 2.4 (Abel 判别法) 设 $f(x,y)$，$g(x,y)$ 定义在 D 上且满足：

1) $\int_a^{+\infty} f(x,y)\mathrm{d}x$ 在 I 上关于 $y \in I$ 一致收敛；

2) $g(x,y)$ 关于 x 单调，即对每个固定 $y \in I, g(x,y)$ 为 x 的单调函数；

3) $g(x,y)$ 在 D 上一致有界，即存在 $L > 0$，使 $|g(x,y)| \leqslant L$, $\forall(x,y) \in D$，则 $\int_a^{+\infty} f(x,y)g(x,y)\mathrm{d}x$ 关于 $y \in I$ 一致收敛.

定理 2.5 (Dirichlet 判别法) 设 $f(x,y)$，$g(x,y)$ 定义在 D 上且满足：

1) 对任意 $A > a$，$\int_a^A f(x,y)\mathrm{d}x$ 关于 y 一致有界，即存在 $K > 0$，成立 $\left|\int_a^A f(x,y)\mathrm{d}x\right| \leqslant K, \forall A \geqslant a, y \in I$；

2) 对固定的 $y \in I$，$g(x,y)$ 关于 x 单调；

3) $\lim_{x \to +\infty} g(x,y) = 0$ 关于 $y \in I$ 一致成立，即对任意 $\varepsilon > 0$，存在 $A_0 \geqslant a$，当 $x \geqslant A_0$ 时，$|g(x,y)| < \varepsilon$, $\forall y \in I$，则 $\int_a^{+\infty} f(x,y)g(x,y)\mathrm{d}x$ 关于 $y \in I$ 一致收敛.

上述两个定理的证明和广义积分对应定理的证明类似，其出发点都是积分第二中值定理, 此处, 我们略去证明.

定理 2.6 (Dini 定理)　设 $f(x,y)$ 在 $[a,+\infty)\times[c,d]$ 上连续且不变号, 如果 $\int_a^{+\infty}f(x,y)\mathrm{d}x$ 在 $[c,d]$ 上收敛, 由此定义的函数 $I(y)=\int_a^{+\infty}f(x,y)\mathrm{d}x$ 在 $[c,d]$ 上连续, 则 $\int_a^{+\infty}f(x,y)\mathrm{d}x$ 关于 $y\in[c,d]$ 一致收敛.

结构分析　首先注意到此定理与前面定理在定义域上的差别, 即将任意形式的区间 I 改为有界闭区间, 为何作这样的改动? 这正是 Dini 定理证明的出发点; 因此, 必须考虑: 有界闭区间上的独特性质是什么? 类比已知, 我们知道: 有界闭区间上成立紧性定理——Weierstrass 定理, 保证对极限运算的封闭性; 类比以前类似的 Dini 定理的证明, 证明的思路是用反证法; 具体的方法是: 假设 $\int_a^{+\infty}f(x,y)\mathrm{d}x$ 非一致收敛, 得到 $\int_a^{+\infty}f(x,y)\mathrm{d}x$ 在某个点列 $\{y_n\}$ 的性质, 由 Weierstrass 定理, $\{y_n\}$ 有聚点 $y_0\in[c,d]$, 将得到的性质由 $\{y_n\}$ 过渡到 $y_0\in[c,d]$, 利用条件挖掘 $y_0\in[c,d]$ 处的性质, 由此得到矛盾.

证明　反证法. 设 $f(x,y)\geqslant 0$, $(x,y)\in[a,+\infty)\times[c,d]$.

若 $\int_a^{+\infty}f(x,y)\mathrm{d}x$ 关于 $y\in[c,d]$ 非一致收敛, 则存在 $\varepsilon_0>0$, 存在 $A_n\to+\infty$, $y_n\in[c,d]$ 有 $\int_{A_n}^{+\infty}f(x,y_n)\mathrm{d}x\geqslant\varepsilon_0$; 由于 $\{y_n\}\subset[c,d]$, 由 Weierstrass 定理, 其有收敛子列, 不妨设 $\{y_n\}$ 收敛于 $y_0\in[c,d]$.

由于 $\int_a^{+\infty}f(x,y)\mathrm{d}x$ 在 y_0 点收敛, 则存在 A, 使

$$\int_A^{+\infty}f(x,y_0)\mathrm{d}x<\frac{\varepsilon_0}{2},$$

由于 $A_n\to+\infty$, 对充分大的 n, 使得 $A_n>A$, 则

$$\int_A^{+\infty}f(x,y_n)\mathrm{d}x\geqslant\int_{A_n}^{+\infty}f(x,y_n)\mathrm{d}x>\varepsilon_0.$$

由于

$$\int_A^{+\infty}f(x,y)\mathrm{d}x=\int_a^{+\infty}f(x,y)\mathrm{d}x-\int_a^A f(x,y)\mathrm{d}x,$$

由定理条件和含参量积分的连续性定理, 则 $\int_A^{+\infty}f(x,y)\mathrm{d}x$ 关于 y 连续, 因而

$$\lim_{n\to\infty}\int_A^{+\infty}f(x,y_n)\mathrm{d}x=\int_A^{+\infty}f(x,y_0)\mathrm{d}x<\frac{\varepsilon_0}{2},$$

而这与 $\int_A^{+\infty} f(x,y_n)\mathrm{d}x \geqslant \varepsilon_0$（$n$ 充分大）矛盾.

最后再给出一个非常有用的判断非一致收敛性的结论.

定理 2.7　设 $f(x,y)$ 在 $[a,+\infty)\times[c,d]$ 上连续，$\int_a^{+\infty} f(x,y)\mathrm{d}x$ 在 $[c,d)$ 上关于 y 收敛，$\int_a^{+\infty} f(x,y)\mathrm{d}x$ 在 $y=d$ 点发散，则 $\int_a^{+\infty} f(x,y)\mathrm{d}x$ 关于 $y\in[c,d)$ 非一致收敛.

简析　在广义积分中有类似的结论，可以考虑将相应的处理方法移植过来，即用 Cauchy 收敛准则证明.

证明　反证法. 设 $\int_a^{+\infty} f(x,y)\mathrm{d}x$ 关于 $y\in[c,d)$ 一致收敛，则对任意 $\varepsilon>0$，存在 $A_0(\varepsilon)>a$，当 $A',A>A_0$ 时，成立

$$\left|\int_A^{A'} f(x,y)\mathrm{d}x\right|<\frac{\varepsilon}{2},\quad \forall y\in[c,d).$$

记 $F(y)=\int_A^{A'} f(x,y)\mathrm{d}x$，则 $F(y)\in C[c,d]$，因而，由上式得

$$\left|\int_A^{A'} f(x,d)\mathrm{d}x\right|\leqslant\frac{\varepsilon}{2}<\varepsilon,$$

再次用 Cauchy 准则，则 $\int_a^{+\infty} f(x,d)\mathrm{d}x$ 收敛，与条件矛盾.

此定理给出了利用端点的发散性判断非一致收敛性的方法，是一个非常简单好用的方法，当涉及判断半开半闭或闭区间上的一致收敛性时，优先考虑此方法.

二、应用

在讨论含参量积分的一致收敛性时，由于理论的相近性，可以通过分析结构，在广义积分中寻找相应的模型，将已知模型的结论和证明思想移植到含参量广义积分中来，这是处理这类题目常用的思想方法. 当然，各类判别法所适用的对象都有相应的结构特点，因此，必须熟练掌握各判别法的实质，根据题目结构特点，选用相应的判别法. 特别地，当所给题目是讨论同一积分在不同参数区间上的一致收敛性时，通常在小区间上一致收敛，在大区间上非一致收敛.

例 1　讨论 $\int_0^{+\infty} \mathrm{e}^{-\alpha x}\sin x\mathrm{d}x$ 在 i) $\alpha\in[\alpha_0,+\infty)$（$\alpha_0>0$）；ii) $(0,+\infty)$ 内一致收敛性.

简析　广义定积分对应的模型为 $\int_0^{+\infty} \mathrm{e}^{-\alpha_0 x}\sin x\mathrm{d}x$，对应的结论和证明方法可以移植过来. 也可以从结构自身特点看，考虑 Abel 判别法和 Dirichlet 判别法. 而

从题目的题型看, 结论应该是: 情形 i) 是一致收敛, 情形 ii) 是非一致收敛.

解 i)当 $\alpha \in [\alpha_0, +\infty)$ 时, 由于 $|\mathrm{e}^{-\alpha x} \sin x| \leqslant \mathrm{e}^{-\alpha_0 x}$, 故利用 Weierstrass 判别法, 则 $\int_0^{+\infty} \mathrm{e}^{-\alpha x} \sin x \mathrm{d}x$ 关于 $\alpha \in [\alpha_0, +\infty)$ 一致收敛.

ii)当 $\alpha \in (0, +\infty)$ 时, 可以考虑非一致收敛性. 事实上, 取 $A_n = 2n\pi + \dfrac{\pi}{4}$, $A'_n = A_n + \dfrac{\pi}{2}, \alpha_n = \dfrac{1}{A'_n}$, 则 $\sin x \geqslant \dfrac{\sqrt{2}}{2}, x \in [A_n, A'_n]$, 因而

$$\int_{A_n}^{A'_n} \mathrm{e}^{-\alpha_n x} \sin x \mathrm{d}x \geqslant \frac{\sqrt{2}}{2} \int_{A_n}^{A'_n} \mathrm{e}^{-\alpha_n x} \mathrm{d}x \geqslant \frac{\sqrt{2}}{2} \mathrm{e}^{-\alpha_n A'_n} (A'_n - A_n) = \frac{\sqrt{2}\pi}{4} \mathrm{e}^{-1},$$

故 $\int_0^{+\infty} \mathrm{e}^{-\alpha x} \sin x \mathrm{d}x$ 关于 $\alpha \in (0, +\infty)$ 非一致收敛.

在证明非一致收敛性时, 我们用了定义法, 用定理 2.7 更简单, 但是, 定义方法是基本的方法, 必须掌握, 此时, 构造 $\{A'_n\}$, $\{A_n\}$ 的原则是: 首先保证 $\sin x$ 在对应的 Cauchy 片段上有正的下界, 然后, 通过构造 $\{\alpha_n\}$ 与它们的关系保证另一个因子有正的下界.

例 2 证明 $\int_0^{+\infty} \mathrm{e}^{-\alpha x} \dfrac{\sin x}{x} \mathrm{d}x$ 在 $[0, +\infty)$ 上一致收敛.

简析 类比已知, 对应的模型是 $\int_0^{+\infty} \mathrm{e}^{-x} \dfrac{\sin x}{x} \mathrm{d}x$ 和 $\int_0^{+\infty} \dfrac{\sin x}{x} \mathrm{d}x$. 从结构看, 具有 Abel 判别法和 Dirichlet 判别法处理的对象特点.

证明 由于 $\int_0^{+\infty} \dfrac{\sin x}{x} \mathrm{d}x$ 收敛, 因此, $\int_0^{+\infty} \dfrac{\sin x}{x} \mathrm{d}x$ 关于 α 一致收敛. 又由于 $\mathrm{e}^{-\alpha x}$ 关于 x 单调且一致有界, 故, 由 Abel 判别法可知该积分关于 $\alpha \in [0, +\infty)$ 一致收敛.

例 3 证明: $\int_1^{+\infty} \dfrac{\sin xy}{x} \mathrm{d}x$ 关于 y 在 $[a, b]$ 上一致收敛 $(0 < a < b < +\infty)$, 但在 $(0, +\infty)$ 上非一致收敛.

简析 类比已知, 对应模型为 $\int_1^{+\infty} \dfrac{\sin x}{x} \mathrm{d}x$, 相应的处理思想方法可以移植过来.

证明 当 $y \in [a, b]$ 时, 由于对任意的 $A > 0$,

$$\left| \int_1^A \sin xy \mathrm{d}x \right| = \left| \frac{\cos y - \cos(Ay)}{y} \right| \leqslant \frac{2}{y} \leqslant \frac{2}{a},$$

且 $\dfrac{1}{x}$ 在 $[1,+\infty)$ 内单调且一致有界, 由 Dirichlet 判别法, $\displaystyle\int_1^{+\infty}\dfrac{\sin xy}{x}\mathrm{d}x$ 关于 $y\in[a,b]$ 一致收敛.

$y\in(0,+\infty)$ 时, $\left|\displaystyle\int_1^A\sin xy\,\mathrm{d}x\right|$ 不再一致有界, 可能造成非一致收敛. 事实上, 取 $\varepsilon_0=\displaystyle\int_1^2\dfrac{\sin t}{t}\mathrm{d}t>0$, $A_n=n,A_n'=2n,y_n=\dfrac{1}{n}$,

$$\left|\int_{A_n'}^{A_n''}\frac{\sin xy_n}{x}\mathrm{d}x\right|=\left|\int_1^2\frac{\sin t}{t}\mathrm{d}t\right|>\varepsilon_0,$$

故 $\displaystyle\int_0^{+\infty}\dfrac{\sin xy}{x}\mathrm{d}x$ 关于 $y\in(0,+\infty)$ 非一致收敛.

在判断非一致收敛性时, 不能像例 1 那样通过先提出 $\sin x$ 的界, 再计算剩下的积分. 因为, 剩下的积分为 $\displaystyle\int_{y_nA_n}^{y_nA_n'}\dfrac{1}{t}\mathrm{d}t=\ln\dfrac{A_n'}{A_n}\to 0$, 不能保证 Cauchy 片段有正的下界.

三、一致收敛积分的性质

下面讨论一致收敛的含参量广义积分的分析性质.

记 $D=[a,\infty)\times[c,d]$.

定理 2.8 (连续性定理)　设 $f(x,y)$ 在 D 连续, 若 $\displaystyle\int_a^{+\infty}f(x,y)\mathrm{d}x$ 关于 $y\in[c,d]$ 一致收敛, 则 $I(y)=\displaystyle\int_a^{+\infty}f(x,y)\mathrm{d}x$ 在 $[c,d]$ 连续.

简析　类比已知, 证明的思路是将无穷限积分分解为有限区间和无穷远片段, 对有限区间, 利用含参量常义积分理论处理; 对无穷远片段, 利用一致收敛性处理.

证明　我们利用定义证明.

任取 $y_0\in[c,d]$, 则

$$|I(y)-I(y_0)|=\left|\int_a^{+\infty}(f(x,y)-f(x,y_0))\mathrm{d}x\right|.$$

由于 $\displaystyle\int_a^{+\infty}f(x,y)\mathrm{d}x$ 关于 $y\in[c,d]$ 一致收敛, 则对任意的 $\varepsilon>0$, 存在 $A_0>a$, 使得对任意的 $A>A_0$, 有

$$\left|\int_A^{+\infty}f(x,y)\mathrm{d}x\right|<\varepsilon,\quad\forall y\in[c,d].$$

特别有

$$\left|\int_{A_0+1}^{+\infty} f(x,y)\mathrm{d}x\right| < \varepsilon, \quad \forall y \in [c,d].$$

又, 根据含参量常义积分的连续性定理, $\int_a^{A_0+1} f(x,y)\mathrm{d}x$ 关于 $y \in [c,d]$ 连续, 因而, 存在 $\delta > 0$, 当 $|y-y_0| < \delta$ 且 $y \in [c,d]$ 时, 有

$$\left|\int_a^{A_0+1} f(x,y)\mathrm{d}x - \int_a^{A_0+1} f(x,y_0)\mathrm{d}x\right| < \varepsilon,$$

因而, 当 $|y-y_0| < \delta$ 且 $y \in [c,d]$ 时, 成立

$$|I(y)-I(y_0)| \leqslant \left|\int_a^{A_0+1}(f(x,y)-f(x,y_0))\mathrm{d}x\right| + \left|\int_{A_0+1}^{+\infty} f(x,y)\mathrm{d}x\right| + \left|\int_{A_0+1}^{+\infty} f(x,y_0)\mathrm{d}x\right| \leqslant 3\varepsilon,$$

故 $\lim_{y\to y_0} I(y) = I(y_0)$, 所以 $I(y)$ 在 y_0 点连续. 由 $y_0 \in [c,d]$ 的任意性, $I(y)$ 在 $[c,d]$ 上连续.

抽象总结　1) 从运算角度看, 此定理仍是换序定理.

2) 定理 2.7 不是 Dini 定理的逆, 没有要求函数 $f(x,y)$ 的保号性.

定理 2.9(可积性)　设 $f(x,y)$ 在 D 连续, 若 $\int_a^{+\infty} f(x,y)\mathrm{d}x$ 关于 $y \in [c,d]$ 一致收敛, 则 $\int_a^{+\infty}\mathrm{d}x\int_c^d f(x,y)\mathrm{d}y = \int_c^d\mathrm{d}y\int_a^{+\infty} f(x,y)\mathrm{d}x$.

简析　采用类似的分段处理的思路.

证明　我们利用广义积分收敛性的定义证明.

记 $J(x) = \int_c^d f(x,y)\mathrm{d}y$, 要证明定理的结论等价于证明

$$\int_a^{+\infty} J(x)\mathrm{d}x = \int_c^d\mathrm{d}y\int_a^{+\infty} f(x,y)\mathrm{d}x,$$

也等价于证明

$$\lim_{A\to+\infty}\int_a^A J(x)\mathrm{d}x = \int_c^d\mathrm{d}y\int_a^{+\infty} f(x,y)\mathrm{d}x\left(\int_a^{+\infty} J(x)\mathrm{d}x \text{ 收敛于 } \int_c^d\mathrm{d}y\int_a^{+\infty} f(x,y)\mathrm{d}x\right).$$

由于 $\int_a^{+\infty} f(x,y)\mathrm{d}x$ 关于 $y \in [c,d]$ 一致收敛, 则对任意的 $\varepsilon > 0$, 存在 $A_0 > a$, 使得对任意的 $A > A_0$, 有

$$\left|\int_A^{+\infty} f(x,y)\mathrm{d}x\right| < \varepsilon, \quad \forall y \in [c,d].$$

根据含参量常义积分的可积性定理, 对任意 A, 有

$$\int_a^A \mathrm{d}x \int_c^d f(x,y)\mathrm{d}y = \int_c^d \mathrm{d}y \int_a^A f(x,y)\mathrm{d}x.$$

因而，对任意的 $A > A_0$，有

$$\left| \int_a^A J(x)\mathrm{d}x - \int_c^d \mathrm{d}y \int_a^{+\infty} f(x,y)\mathrm{d}x \right|$$

$$= \left| \int_a^A \mathrm{d}x \int_c^d f(x,y)\mathrm{d}y - \left[\int_c^d \mathrm{d}y \int_a^A f(x,y)\mathrm{d}x + \int_c^d \mathrm{d}y \int_A^{+\infty} f(x,y)\mathrm{d}x \right] \right|$$

$$= \left| \int_c^d \mathrm{d}y \int_A^{+\infty} f(x,y)\mathrm{d}x \right| < \varepsilon(d-c),$$

故 $\displaystyle\lim_{A\to+\infty} \int_a^A J(x)\mathrm{d}x = \int_c^d \mathrm{d}y \int_a^{+\infty} f(x,y)\mathrm{d}x$. 因而，结论成立.

此定理仍然是一个积分换序定理.

当 $d = +\infty$ 时，有下述结论.

定理 2.10　设 $f(x,y)$ 在 $[a,+\infty)\times[c,+\infty)$ 连续，$\displaystyle\int_a^{+\infty} f(x,y)\mathrm{d}x$ 关于 $y\in[c,C]$ 一致收敛 $(C>c)$，$\displaystyle\int_c^{+\infty} f(x,y)\mathrm{d}y$ 关于 $x\in[a,A]$ $(A>a)$ 一致收敛，且 $\displaystyle\int_a^{+\infty}\mathrm{d}x\int_c^{\infty}\big|f(x,y)\big|\mathrm{d}y$ 和 $\displaystyle\int_c^{+\infty}\mathrm{d}y\int_a^{\infty}\big|f(x,y)\big|\mathrm{d}x$ 中有一个存在，则

$$\int_c^{+\infty} \mathrm{d}y \int_a^{+\infty} f(x,y)\mathrm{d}x = \int_a^{+\infty} \mathrm{d}x \int_c^{+\infty} f(x,y)\mathrm{d}y.$$

此定理的证明较复杂，此处略去.

定理 2.11（可微性）　设 $f(x,y), f_y(x,y)$ 在 D 连续，且 $\displaystyle\int_a^{+\infty} f(x,y)\mathrm{d}x$ 关于 $y\in[c,d]$ 收敛，$\displaystyle\int_a^{+\infty} f_y(x,y)\mathrm{d}x$ 关于 $y\in[c,d]$ 一致收敛，则 $I(y) = \displaystyle\int_a^{+\infty} f(x,y)\mathrm{d}x$ 在 $[c,d]$ 可微，且 $I'(y) = \displaystyle\int_a^{+\infty} f_y(x,y)\mathrm{d}x$.

证明　由于 $\displaystyle\int_a^{+\infty} f_y(x,y)\mathrm{d}x$ 关于 $y\in[c,d]$ 一致收敛，则对任意的 $\varepsilon > 0$，存在 $A_0 > a$，使得对任意的 $A > A_0$，有

$$\left| \int_A^{+\infty} f_y(x,y)\mathrm{d}x \right| < \varepsilon, \quad \forall y\in[c,d].$$

任取 $y_0\in[c,d]$，由含参量常义积分的可微性定理，则

$$\frac{\mathrm{d}}{\mathrm{d}y} \int_a^{A_0+1} f(x,y)\mathrm{d}x = \int_a^{A_0+1} f_y(x,y)\mathrm{d}x,$$

即 $\displaystyle\lim_{\Delta y\to 0}\int_a^{A_0+1}\dfrac{f(x,y_0+\Delta y)-f(x,y_0)}{\Delta y}\mathrm{d}x=\int_a^{A_0+1}f_y(x,y)\mathrm{d}x$. 因而, 存在 $\delta>0$, 当 $|\Delta y|<\delta$ 时,

$$\left|\int_a^{A_0+1}\dfrac{f(x,y_0+\Delta y)-f(x,y_0)}{\Delta y}\mathrm{d}x-\int_a^{A_0+1}f_y(x,y)\mathrm{d}x\right|<\varepsilon.$$

利用微分中值定理, 则

$$\left|\int_a^{+\infty}\dfrac{f(x,y_0+\Delta y)-f(x,y_0)}{\Delta y}\mathrm{d}x-\int_a^{+\infty}f_y(x,y_0)\mathrm{d}x\right|$$

$$\leqslant\left|\int_a^{A_0+1}\dfrac{f(x,y_0+\Delta y)-f(x,y_0)}{\Delta y}\mathrm{d}x-\int_a^{A_0+1}f_y(x,y_0)\mathrm{d}x\right|$$

$$+\left|\int_{A_0+1}^{+\infty}f_y(x,y_0+\theta\Delta y)\mathrm{d}x\right|+\left|\int_{A_0+1}^{+\infty}f_y(x,y_0)\mathrm{d}x\right|\leqslant 3\varepsilon,$$

因而, $I'(y_0)=\displaystyle\int_a^{+\infty}f_y(x,y_0)\mathrm{d}x$. 由 y_0 的任意性, 则

$$I'(y)=\int_a^{+\infty}f_y(x,y)\mathrm{d}x,\quad y\in[c,d].$$

抽象总结　从上述几个定理的证明过程中可以总结出相应的证明思想, 即对无穷限广义积分的处理采用分段控制或分段处理的思想, 在有限段上, 利用常义积分理论处理, 在无穷远处, 利用一致收敛性来处理. 当然, 过程中还会用到化不定为确定的思想(如固定 A 为 A_0).

四、含参量广义积分与函数项级数

上述几个结论也可以利用函数项级数理论证明.

先给出含参量广义积分与函数项级数的关系.

设 $\displaystyle\int_a^{+\infty}f(x,y)\mathrm{d}x$ 在 $[c,d]$ 收敛. 记 $I(y)=\displaystyle\int_a^{+\infty}f(x,y)\mathrm{d}x,y\in[c,d]$, 任取严格单调递增数列 $\{a_n\}$, 满足 $a_0=a,\displaystyle\lim_{n\to+\infty}a_n=+\infty$. 记 $u_n(y)=\displaystyle\int_{a_{n-1}}^{a_n}f(x,y)\mathrm{d}x,n=1,2,\cdots,$ 根据数项级数理论, 有 $\displaystyle\int_a^{+\infty}f(x,y)\mathrm{d}x=\sum_{n=1}^{\infty}u_n(y)$.

引理 2.1　$\displaystyle\int_a^{+\infty}f(x,y)\mathrm{d}x$ 关于 $y\in[c,d]$ 一致收敛的充要条件是 $\displaystyle\sum_{n=1}^{\infty}u_n(y)$ 关于 $y\in[c,d]$ 一致收敛.

证明　设 $\displaystyle\int_a^{+\infty}f(x,y)\mathrm{d}x$ 关于 $y\in[c,d]$ 一致收敛, 则对任意 $\varepsilon>0$, 存在

$A_0(\varepsilon) > a$，对任意的 A'，$A > A_0$ 时，成立

$$\left| \int_A^{A'} f(x, y) \mathrm{d}x \right| < \varepsilon , \quad y \in [c, d] .$$

若对任意构造的单调递增数列 $\{a_n\}$，满足 $a_0 = a, a_n \to +\infty$，则存在正整数 N，当 $n > N$ 时，$a_n > A_0$. 因而，当 $m > n > N$ 时，$a_m > a_n > A_0$，成立

$$|u_{n+1}(y) + \cdots + u_m(y)| = \left| \int_{a_n}^{a_m} f(x, y) \mathrm{d}x \right| < \varepsilon , \quad y \in [c, d] ,$$

故 $\displaystyle\sum_{n=1}^{\infty} u_n(y)$ 关于 $y \in [c, d]$ 一致收敛.

另外，若 $\displaystyle\int_a^{+\infty} f(x, y) \mathrm{d}x$ 关于 $y \in [c, d]$ 非一致收敛，则存在 $\varepsilon_0 > 0$，$A_n^{(2)} > A_n^{(1)} \to +\infty$ 及 $y_n \in [c, d]$，使得

$$\left| \int_{A_n^{(1)}}^{A_n^{(2)}} f(x, y_n) \mathrm{d}x \right| > \varepsilon_0 .$$

令 $a_0 = a, a_n = \begin{cases} A_k^{(2)}, & n = 2k, \\ A_k^{(1)}, & n = 2k-1, \end{cases} k = 1, 2, \cdots, u_n(y) = \displaystyle\int_{a_{n-1}}^{a_n} f(x, y) \mathrm{d}x, n = 1, 2, \cdots,$ 则

$$|u_{2k}(y_k)| = \left| \int_{a_{2k-1}}^{a_{2k}} f(x, y_k) \mathrm{d}x \right| = \left| \int_{A_k^{(1)}}^{A_k^{(2)}} f(x, y_k) \mathrm{d}x \right| > \varepsilon_0 ,$$

故 $\{u_n(y)\}$ 在 $[c, d]$ 非一致收敛于 0. 因而，$\displaystyle\sum_{n=1}^{\infty} u_n(y)$ 关于 $y \in [c, d]$ 非一致收敛.

下面利用上述引理，可以直接由函数项级数理论给出含参量广义积分的分析性质，简述如下：

连续性定理的证明　由于 $\displaystyle\sum_{n=1}^{\infty} u_n(y)$ 在 $[a, b]$ 一致收敛且 $u_n(x, y)$ 连续，由函数项级数的连续性定理，$I(y) = \displaystyle\sum_{n=1}^{\infty} u_n(y)$ 在 $[a, b]$ 连续.

可积性定理的证明　利用函数项级数的积分换序定理，则

$$\int_c^d \mathrm{d}y \int_a^{+\infty} f(x, y) \mathrm{d}x = \int_c^d \left[\sum_{n=1}^{\infty} u_n(y) \right] \mathrm{d}y = \sum_{n=1}^{\infty} \int_c^d u_n(y) \mathrm{d}y$$

$$= \sum_{n=1}^{\infty} \int_c^d \left(\int_{a_{n-1}}^{a_n} f(x, y) \mathrm{d}x \right) \mathrm{d}y$$

$$= \sum_{n=1}^{\infty} \int_{a_{n-1}}^{a_n} \mathrm{d}x \int_c^d f(x, y) \mathrm{d}y = \int_a^{+\infty} \mathrm{d}x \int_c^d f(x, y) \mathrm{d}y .$$

可微性定理的证明 利用函数项级数的可微性证明思路. 记 $\phi(y) = \int_a^{+\infty} f_y(x,y)\mathrm{d}x$. 由 $\int_a^{+\infty} f_y(x,y)\mathrm{d}x$ 一致收敛, 则 $\phi(y) \in C[c,d]$. 由积分换序定理, 则对任意 $y \in [c,d]$, 有

$$\int_c^y \phi(t)\mathrm{d}t = \int_c^y \mathrm{d}t \int_a^{+\infty} f_t(x,t)\mathrm{d}x = \int_a^{+\infty} \mathrm{d}x \int_c^y f_t(x,t)\mathrm{d}t$$

$$= \int_a^{+\infty} [f(x,y) - f(x,c)]\mathrm{d}x = I(y) - I(c).$$

由于 $\int_c^y \phi(t)\mathrm{d}t$ 可微, 两边微分, 则 $I'(y) = \phi(y) = \int_a^{+\infty} f_y(x,y)\mathrm{d}x$.

通过上述证明可以看出, 建立了含参量积分和函数项级数的关系后, 利用已经建立起来的函数项级数的理论研究含参量积分更简单, 由此可以看出二者之间的共性, 因此, 在处理含参量积分的相关问题时, 可以考虑借鉴函数项级数相应问题的处理思想和方法.

下面应用上述的分析性质, 处理一些积分问题.

例 4 计算 $I(y) = \int_0^{+\infty} \mathrm{e}^{-a^2x^2} \cos 2yx\mathrm{d}x \,(a > 0)$.

简析 从结构看, 类似于定积分中 $\int_c^d \mathrm{e}^x \cos x\mathrm{d}x$ 模型, 需要利用分部积分公式进行计算, 但是, 二者的差别在于: 因子 $\mathrm{e}^{-a^2x^2}$ 中指数是二次因子, 使得分部积分不能进行; 因此, 需要利用含参量积分理论, 通过对因子 $\cos 2yx$ 关于 y 求导, 产生出 x, 再使用分部积分, 得到一个微分方程, 求解此方程以完成计算.

解 记 $f(x,y) = \mathrm{e}^{-a^2x^2}\cos 2yx$, 对任意 $c < d$, 则 $f(x,y)$ 在 $[0,+\infty) \times [c,d]$ 具有连续的偏导数, 且

$$f_y(x,y) = -2x\mathrm{e}^{-a^2x^2}\sin 2yx, \quad |f_y(x,y)| \leqslant x\mathrm{e}^{-a^2x^2},$$

而 $\int_a^{+\infty} x\mathrm{e}^{-a^2x^2}\mathrm{d}x$ 收敛, 故 $\int_a^{+\infty} f_y(x,y)\mathrm{d}x$ 在 $[c,d]$ 上一致收敛. 由可微性定理,

$$I'(y) = \int_0^{+\infty} f_y(x,y)\mathrm{d}x$$

$$= \frac{1}{a^2}\mathrm{e}^{-a^2x^2}\sin 2yx\Big|_0^{+\infty} - \frac{2y}{a^2}\int_0^{+\infty} \mathrm{e}^{-a^2x^2}\cos 2yx\mathrm{d}x$$

$$= -\frac{2y}{a^2}I(y).$$

解之得, $I(y) = c\mathrm{e}^{-y^2/a^2}$, 其中 $c = I(0) = \int_0^{+\infty} \mathrm{e}^{-a^2x^2}\mathrm{d}x = \frac{\sqrt{\pi}}{2a}$.

例 5　计算 Dirichlet 积分 $I = \int_0^{+\infty} \dfrac{\sin x}{x} \mathrm{d}x$.

简析　由于被积函数不存在解析原函数, 因此, 利用常用的(广义)定积分计算方法进行直接计算是不可能的, 含参量积分理论为这类复杂定积分的计算提供了新方法, 为此, 采用凑微分因子方法, 将定积分转化为含参量积分, 用类似例 4 的思想方法求解.

解　记 $I(\alpha) = \int_0^{+\infty} \mathrm{e}^{-\alpha x} \dfrac{\sin x}{x} \mathrm{d}x$, $\alpha \in [0, A]$, 其中 $A > 0$. 可以验证含参量广义积分的连续性定理和可微性定理都成立, 因而

$$I'(\alpha) = -\int_0^{+\infty} \mathrm{e}^{-\alpha x} \sin x \mathrm{d}x = -\frac{1}{1 + \alpha^2},$$

故 $I(\alpha) = -\arctan \alpha + C$.

由于 $|I(\alpha)| \leqslant \int_0^{+\infty} \mathrm{e}^{-\alpha x} \mathrm{d}x = \dfrac{1}{\alpha}$, 则 $I(+\infty) = 0$, 因而 $C = \dfrac{\pi}{2}$, 所以

$$I = I(0) = \frac{\pi}{2}.$$

习　题　16.2

1. 确定下列含量积分所定义的函数的定义域.

1) $\int_0^{+\infty} \mathrm{e}^{-\alpha x} \mathrm{d}x$;

2) $\int_0^{+\infty} x^{\alpha} \mathrm{e}^{-x} \mathrm{d}x$;

3) $\int_0^{+\infty} \dfrac{\sin(\alpha x)}{x^2} \mathrm{d}x$;

4) $\int_0^{+\infty} \dfrac{\sin(\alpha x)}{x^2} \mathrm{d}x$.

2. 判断下列含参量广义积分的一致收敛性.

1) $\int_0^{+\infty} \dfrac{y}{1 + y^2 x^2} \mathrm{d}x$, i)$y \in [1, +\infty)$; ii)$y \in (0, +\infty)$.

2) $\int_0^{+\infty} \dfrac{\sin(\alpha x)}{1 + \alpha x^2} \mathrm{d}x$, $\alpha \in [1, +\infty)$.

3) $\int_0^{+\infty} \dfrac{\ln(1 + yx^2)}{1 + x^4} \mathrm{d}x$, $y \in (0, +\infty)$.

4) $\int_0^{+\infty} x^4 \mathrm{e}^{-x} \arctan(x^2 + y^2) \mathrm{d}x$, $y \in (-\infty, +\infty)$.

5) $\int_0^{+\infty} \dfrac{\sin x}{x(1 + y^2 x^2)} \mathrm{d}x$, $y \in (0, +\infty)$.

6) $\int_0^{+\infty} \mathrm{e}^{-yx} \dfrac{\ln(1 + x)}{1 + x^2} \mathrm{d}x$, $y \in (0, +\infty)$.

7) $\int_0^{+\infty} \dfrac{\sin x^2}{1 + x^y} \mathrm{d}x$, $y \in (0, +\infty)$.

8) $\int_0^{+\infty} \dfrac{x\sin(xy)}{1+x^2}\mathrm{d}x$, $y \in (0,+\infty)$.

9) $\int_0^{+\infty} \dfrac{\sin(yx)}{y+x}\mathrm{d}x$, $y \in [1,+\infty)$.

10) $\int_1^{+\infty} \mathrm{e}^{-xy}\dfrac{\cos x}{\sqrt{x}}\mathrm{d}x$, $y \in [0,+\infty)$.

11) $\int_0^{+\infty} y\mathrm{e}^{-xy}\mathrm{d}x$, $y \in (0,+\infty)$.

12) $\int_0^{+\infty} \mathrm{e}^{-x^2 y}\mathrm{d}x$, $y \in (0,+\infty)$.

13) $\int_0^1 (1-x)^{y-1}\mathrm{d}x$, i) $y \in [1,+\infty)$; ii) $y \in (0,+\infty)$.

14) $\int_0^1 x^{y-1}\ln^2 x\mathrm{d}x$, i) $y \in [1,+\infty)$; ii) $y \in (0,+\infty)$.

3. 计算含参量积分所确定的函数 $F(t) = \int_0^{+\infty} x\mathrm{e}^{-(x-t)^2}\mathrm{d}x$ 的定义域, 并研究函数 $F(t)$ 在定义域内的连续性.

4. 结构分析与应用.

1) 证明含参量积分的非一致收敛性的方法有哪些? 每种方法应用过程中重点解决的问题是什么?

2) 分析 $\int_0^{+\infty} \mathrm{e}^{-t^2(1+x^2)}\sin t\mathrm{d}x$ 的结构, 抽象出其结构特点是什么? 类比广义定积分, 对应的模型是什么? 如果要证明 $\int_0^{+\infty} \mathrm{e}^{-t^2(1+x^2)}\sin t\mathrm{d}x$ 在 $(0,+\infty)$ 非一致收敛, 应该用哪个方法? 此时难点是什么?

3) 证明 $\int_0^{+\infty} \mathrm{e}^{-t^2(1+x^2)}\sin t\mathrm{d}x$ 在 $(0,+\infty)$ 非一致收敛.

4) 证明 $F(t) = \int_0^{+\infty} \mathrm{e}^{-t^2(1+x^2)}\sin t\mathrm{d}x$ 在 $(0,+\infty)$ 连续.

5. 证明 1) $\int_0^{+\infty} \dfrac{\sin(tx^2)}{x}\mathrm{d}x$ 在 $(0,+\infty)$ 非一致收敛;

2) $F(t) = \int_0^{+\infty} \dfrac{\sin(tx^2)}{x}\mathrm{d}x$ 在 $(0,+\infty)$ 连续.

6. 证明: $F(t) = \int_0^{+\infty} \dfrac{\sin x}{1+(x+t)^2}\mathrm{d}x$ 在 $(-\infty,+\infty)$ 连续可导.

7. 证明: $F(t) = \int_0^{+\infty} \dfrac{1}{x}(1-\mathrm{e}^{-xt})\cos x\mathrm{d}x$ 在 $[0,+\infty)$ 连续, 在 $(0,+\infty)$ 可导; 并进一步计算 $F(t)$.

8. 利用含参量积分的性质计算下列积分:

1) $\int_0^{+\infty} \mathrm{e}^{-x^2}\cos(2x)\mathrm{d}x$; 2) $\int_0^{+\infty} \dfrac{\arctan(\pi x) - \arctan x}{x}\mathrm{d}x$;

3) $\int_0^{+\infty} \dfrac{\mathrm{e}^{-ax} - \mathrm{e}^{-bx}}{x}\sin x\mathrm{d}x$.

9. 试分别用求积法和求导法计算 $\int_0^{+\infty} \dfrac{\arctan(xt)}{x(1+x^2)}\mathrm{d}x, t>0$.

16.3　Euler　积　分

本节, 我们利用含参量积分理论研究一类在微分方程、概率论等应用领域经常遇到的 Euler 积分.

如下的含参量广义积分

$$\mathrm{B}(p,q)=\int_0^1 x^{p-1}(1-x)^{q-1}\mathrm{d}x\,, \quad \Gamma(s)=\int_0^{+\infty} x^{s-1}\mathrm{e}^{-x}\mathrm{d}x$$

称为第一类和第二类 Euler 积分, 或称为 Bata 函数和 Gamma 函数. 本节, 研究以上两类函数的分析性质及其关系.

一、Bata 函数

先考虑 $\mathrm{B}(p,q)$ 的定义域, 这就是下述定理.

定理 3.1　对任意的 $p>0$, $q>0$, 广义积分 $\int_0^1 x^{p-1}(1-x)^{q-1}\mathrm{d}x$ 收敛, 因而, $\mathrm{B}(p,q)$ 在区域 $D=(0,+\infty)\times(0,+\infty)$ 上有定义, 即其定义域为 D.

证明　由于 $\int_0^1 x^{p-1}(1-x)^{q-1}\mathrm{d}x$ 是以 $x=0$, $x=1$ 为奇点的广义积分, 故需将其分为两部分讨论. 令

$$\int_0^1 x^{p-1}(1-x)^{q-1}\mathrm{d}x=\int_0^{\frac{1}{2}} x^{p-1}(1-x)^{q-1}\mathrm{d}x+\int_{\frac{1}{2}}^1 x^{p-1}(1-x)^{q-1}\mathrm{d}x,$$

利用广义积分理论可得, 对第一部分, 以 $x=0$ 为奇点且 $p>0$ 时收敛, $p\leqslant 0$ 时发散; 对第二部分, 以 $x=1$ 为奇点且 $q>0$ 时收敛, $q\leqslant 0$ 时发散, 因而, 当且仅当 $p>0, q>0$ 时, 含参量广义积分 $\int_0^1 x^{p-1}(1-x)^{q-1}\mathrm{d}x$ 收敛, 故 $\mathrm{B}(p,q)$ 的定义域为 D.

进一步研究其连续性. 从 Beta 函数的定义形式看, 这是一个以 p, q 为参量的含参量的广义积分, 因此, 可以用含参量积分理论研究其连续性.

定理 3.2　$\mathrm{B}(p,q)$ 是其定义域 D 上的连续函数.

结构分析　由连续的局部性质, 只需证明 $\mathrm{B}(p,q)$ 在任意的 $[p_1,p_2]\times[q_1,q_2]\subset D$ 上连续. 由含参量积分的性质, 只需证明 $\mathrm{B}(p,q)$ 在 $[p_1,p_2]\times[q_1,q_2]$ 上的一致收敛性.

对开区间的局部性质的验证转化为内闭子区间上性质的验证, 能充分利用闭区间的好性质, 这是常用的处理思想.

证明　任取$[p_1,p_2]\times[q_1,q_2]\subset D$，当$(p,q)\in[p_1,p_2]\times[q_1,q_2]$时，由于

$$x^{p-1}(1-x)^{q-1}\leqslant x^{p_1-1}(1-x)^{q_1-1},\quad x\in(0,1),$$

且$B(p_1,q_1)$收敛，因而，$B(p,q)$在$[p_1,p_2]\times[q_1,q_2]$上一致收敛，故$B(p,q)$在$[p_1,p_2]\times[q_1,q_2]$上连续，由任意性，$B(p,q)$在D上连续.

用类似定理 2.2 的方法可以进一步讨论其微分性质，由于我们更关心 Beta 函数的计算，因此，我们这里只对与计算有关的进一步性质进行研究.

定理 3.3 (对称性)　$B(p,q)=B(q,p)$.

证明　作变换$x=1-t$，则

$$B(p,q)=\int_0^1 x^{p-1}(1-x)^{q-1}\mathrm{d}x=\int_0^1(1-t)^{p-1}t^{q-1}\mathrm{d}t=B(q,p).$$

定理 3.4 (递推公式)　$B(p,q)=\dfrac{q-1}{p+q-1}B(p,q-1)$，其中$p>0,q>1$.

结构分析　从右端形式看，需将积分中一个因子的幂次降低一次，能起到如此作用的工具就是分部积分公式.

证明　利用分部积分公式，则

$$B(p,q)=\int_0^1\frac{1}{p}(1-x)^{q-1}\mathrm{d}x^p=\frac{q-1}{p}\int_0^1 x^p(1-x)^{q-2}\mathrm{d}x.$$

继续用形式统一方法向右端转化，进而

$$\begin{aligned}
B(p,q)&=\frac{q-1}{p}\int_0^1 x^{p-1}x(1-x)^{q-2}\mathrm{d}x\\
&=\frac{q-1}{p}\int_0^1 x^{p-1}(x-1+1)(1-x)^{q-2}\mathrm{d}x\\
&=\frac{q-1}{p}[B(p,q-1)-B(p,q)],
\end{aligned}$$

因而，$B(p,q)=\dfrac{q-1}{p+q-1}B(p,q-1)$.

利用对称性，还成立

推论 3.1　$B(p,q)=\dfrac{(p-1)(q-1)}{(p+q-1)(p+q-2)}B(p-1,q-1)$，其中$p>1,q>1$.

在计算相关的题目时，经常会遇到一些特殊的 Beta 函数值和其他 Beta 函数的形式，下面是一些常用的结论.

1) $B(1,1)=1$，$B(2,2)=\dfrac{1}{6}$.

2) 作变换$x=\sin^2\phi$，则

$$\mathrm{B}(p,q) = 2\int_0^{\frac{\pi}{2}} \sin^{2p-1}\phi \cos^{2q-1}\phi \, \mathrm{d}\phi,$$

因此, $\mathrm{B}\left(\dfrac{1}{2},\dfrac{1}{2}\right) = \pi$.

3) 先作变换 $x = \dfrac{1}{1+t}$, 则

$$\mathrm{B}(p,q) = \int_0^{+\infty} \frac{t^{q-1}}{(1+t)^{p+q}} \, \mathrm{d}t,$$

分段后, 作变换 $t = \dfrac{1}{s}$, 则

$$\mathrm{B}(p,q) = \int_0^1 \frac{t^{p-1} + t^{q-1}}{(1+t)^{p+q}} \, \mathrm{d}t.$$

二、Gamma 函数

用类似的方法研究 Gamma 函数.

定理 3.5 $\Gamma(s)$ 的定义域为 $S = (0, +\infty)$.

简析 从形式看, Gamma 函数是一个广义积分, 因此, 其定义域的讨论实际上是讨论其点收敛的范围; 注意到它既是一个无界函数的广义积分, 又是无穷限广义积分, 因此, 需分段讨论其点收敛性.

证明 由于

$$\int_0^{+\infty} x^{s-1}\mathrm{e}^{-x}\mathrm{d}x = \int_0^1 x^{s-1}\mathrm{e}^{-x}\mathrm{d}x + \int_1^{+\infty} x^{s-1}\mathrm{e}^{-x}\mathrm{d}x,$$

由广义积分收敛性判别法, 则 $\int_0^1 x^{s-1}\mathrm{e}^{-x}\mathrm{d}x$ 当 $s > 0$ 时收敛, $s \leqslant 0$ 时发散; $\int_1^{+\infty} x^{s-1}\mathrm{e}^{-x}\mathrm{d}x$ 对所有的实数 s 都收敛, 因而, $\int_0^{+\infty} x^{s-1}\mathrm{e}^{-x}\mathrm{d}x$ 的收敛域为 $s > 0$, 故 $\Gamma(s)$ 的定义域为 $s > 0$.

定理 3.6 $\Gamma(s)$ 是其定义域 S 上的连续函数.

证明 任取 $[a,b] \subset S$, 则对 $s \in [a,b]$, 由于

$$0 \leqslant x^{s-1}\mathrm{e}^{-x} \leqslant x^{a-1}\mathrm{e}^{-x}, \quad 0 < x < 1,$$
$$0 \leqslant x^{s-1}\mathrm{e}^{-x} \leqslant x^{b-1}\mathrm{e}^{-x}, \quad x \geqslant 1,$$

且 $\int_0^1 x^{a-1}\mathrm{e}^{-x}\mathrm{d}x$, $\int_1^{+\infty} x^{b-1}\mathrm{e}^{-x}\mathrm{d}x$ 收敛, 因而, $\int_0^1 x^{s-1}\mathrm{e}^{-x}\mathrm{d}x$, $\int_1^{+\infty} x^{s-1}\mathrm{e}^{-x}\mathrm{d}x$ 关于 $s \in [a,b]$ 一致收敛, 故 $\int_0^{+\infty} x^{s-1}\mathrm{e}^{-x}\mathrm{d}x$ 关于 $s \in [a,b]$ 一致收敛, 因而, $\Gamma(s)$ 在

$s \in [a,b]$ 上连续, 由区间 $[a, b]$ 的任意性, $\Gamma(s)$ 是其定义域 S 上的连续函数.

广义积分 $\int_0^{+\infty} x^{s-1} e^{-x} dx$ 在 S 上只是内闭一致收敛, 在 S 上非一致收敛(因为在端点 $s = 0$ 处积分发散), 但是, 对保证连续性足够了, 因为, 一致收敛是整体性质, 连续性是局部性质.

定理 3.7 (递推公式)　$\Gamma(s+1) = s\Gamma(s), s > 0$.

证明　由分部积分公式, 则

$$\Gamma(s+1) = \int_0^{+\infty} x^s e^{-x} dx = -x^s e^{-x} \big|_0^{+\infty} + s \int_0^{+\infty} x^{s-1} e^{-x} dx = s\Gamma(s).$$

推论 3.2　$\Gamma(1) = 1, \Gamma(n) = (n-1)!, n$ 为正整数.

推论 3.3　$\lim\limits_{s \to 0^+} \Gamma(s) = +\infty$.

证明　利用定理 2.7 和连续性及 $\Gamma(1) = 1$, 则

$$\lim_{s \to 0^+} \Gamma(s) = \lim_{s \to 0^+} \frac{\Gamma(s+1)}{s} = +\infty.$$

推论 3.4　$\Gamma\left(\dfrac{1}{2}\right) = \sqrt{\pi}$.

证明　令 $x = t^2$, 则

$$\Gamma(s) = 2\int_0^{+\infty} t^{2s-1} e^{-t^2} dt,$$

故 $\Gamma\left(\dfrac{1}{2}\right) = 2\int_0^{+\infty} e^{-t^2} dt = \sqrt{\pi}$.

关于 Gamma 函数还有如下公式:

1) **Legendre 公式**　$\Gamma(s)\Gamma\left(s + \dfrac{1}{2}\right) = \dfrac{\sqrt{\pi}}{2^{2s-1}} \Gamma(2s)$.

2) **余元公式**　$\Gamma(s)\Gamma(1-s) = \dfrac{\pi}{\sin \pi s}, 0 < s < 1$.

3) **Stirling 公式**　$\Gamma(s+1) = \sqrt{2\pi s}\left(\dfrac{s}{e}\right)^s e^{\frac{\theta}{12s}}, s > 0, 0 < \theta < 1$.

特别地, $n! = \sqrt{2\pi n}\left(\dfrac{n}{e}\right)^n e^{\frac{\theta}{12n}}, 0 < \theta < 1, n$ 为正整数.

最后指出, 利用重积分理论可以证明两类 Euler 积分有如下关系:

定理 3.8　$B(p,q) = \dfrac{\Gamma(p)\Gamma(q)}{\Gamma(p+q)}, p > 0, q > 0$.

三、应用

下面给出一些应用实例.

例 1　计算 $I = \int_0^{\frac{\pi}{2}} \sin^4 x \cos^4 x \, dx$.

解　利用 Beta 函数的性质, 得

$$I = \frac{1}{2} B\left(\frac{5}{2}, \frac{5}{2}\right) = \frac{1}{2} \frac{\Gamma\left(\frac{5}{2}\right) \Gamma\left(\frac{5}{2}\right)}{\Gamma(5)} = \frac{1}{2} \frac{\left(\frac{3}{2} \cdot \frac{1}{2} \sqrt{\pi}\right)^2}{4!} = \frac{3}{256} \pi.$$

例 2　计算 $I = \int_0^1 x^4 \sqrt{1 - x^2} \, dx$.

解　令 $t = x^2$, 则

$$I = \frac{1}{2} \int_0^1 t^{\frac{3}{2}} (1 - t)^{\frac{1}{2}} dt = \frac{1}{2} B\left(\frac{5}{2}, \frac{3}{2}\right) = \frac{1}{128} \pi.$$

例 3　计算 $\lim\limits_{n \to +\infty} \int_0^1 (1 - x^2)^n \, dx$.

解　利用 Euler 积分和 Stirling 公式得

$$I = \int_0^1 (1 - x^2)^n dx = \frac{1}{2} \int_0^1 (1 - t)^n t^{-\frac{1}{2}} dt$$

$$= \frac{1}{2} B\left(\frac{1}{2}, n + 1\right) = \frac{1}{2} \frac{\Gamma\left(\frac{1}{2}\right) \Gamma(n + 1)}{\Gamma\left(n + 1 + \frac{1}{2}\right)}$$

$$= \frac{1}{2} \frac{\sqrt{\pi} \sqrt{2n\pi} \left(\dfrac{n}{e}\right)^n e^{\frac{\theta_1}{12n}}}{\sqrt{2\left(n + \dfrac{1}{2}\right)\pi} \left(\dfrac{n + \dfrac{1}{2}}{e}\right)^{n + \frac{1}{2}} e^{\frac{\theta_2}{12\left(n + \frac{1}{2}\right)}}},$$

其中 $0 < \theta_1 < 1, 0 < \theta_2 < 1$. 故, $\lim\limits_{n \to +\infty} \int_0^1 (1 - x^2)^n \, dx = 0$.

也可以用定积分理论计算此极限. 对任意 $\varepsilon > 0$,

$$0 < \int_0^1 (1 - x^2)^n dx = \int_0^\varepsilon (1 - x^2)^n dx + \int_\varepsilon^1 (1 - x^2)^n dx \leqslant \varepsilon + (1 - \varepsilon^2)^n,$$

而 $(1 - \varepsilon^2)^n \to 0$, 故 n 充分大时 $(1 - \varepsilon^2)^n < \varepsilon$, 故

$$\lim_{n\to+\infty}\int_0^1 (1-x^2)^n\,\mathrm{d}x = 0.$$

例 4　计算 $\displaystyle\lim_{n\to+\infty}\int_0^{+\infty} \mathrm{e}^{-x^n}\,\mathrm{d}x$.

解　原式 $=\displaystyle\lim_{n\to+\infty}\int_0^{+\infty} \mathrm{e}^{-t}\frac{1}{n}t^{\frac{1}{n}-1}\,\mathrm{d}t = \lim_{n\to+\infty}\frac{1}{n}\Gamma\left(\frac{1}{n}\right) = \lim_{n\to+\infty}\Gamma\left(\frac{1}{n}+1\right) = \Gamma(1) = 1.$

例 5　计算 $\displaystyle\int_0^{+\infty} \frac{x^{m-1}}{1+x^n}\,\mathrm{d}x$，其中 $n>m>0$.

解　作变换 $t=x^n$，则

$$原式 = \frac{1}{n}\int_0^{+\infty}\frac{t^{\frac{m-n}{n}}}{1+t}\,\mathrm{d}t = \frac{1}{n}\mathrm{B}\left(\frac{n-m}{n},\frac{m}{n}\right) = \frac{1}{n}\Gamma\left(\frac{n-m}{n}\right)\Gamma\left(\frac{m}{n}\right).$$

特别地，$m=1, n=4$ 时，有

$$\int_0^{+\infty}\frac{1}{1+x^4}\,\mathrm{d}x = \frac{1}{4}\Gamma\left(\frac{3}{4}\right)\Gamma\left(\frac{1}{4}\right) = \frac{1}{4}\Gamma\left(\frac{1}{4}+\frac{1}{2}\right)\Gamma\left(\frac{1}{4}\right) = \frac{1}{4}\frac{\sqrt{\pi}}{2^{\frac{1}{2}-1}}\Gamma\left(\frac{1}{2}\right) = \frac{\sqrt{2}}{4}\pi.$$

习　题　16.3

1. 计算下列积分:

1) $\displaystyle\int_0^1 x^3(1-x^2)^2\,\mathrm{d}x$;

2) $\displaystyle\int_0^2 x^2(2-x)^3\,\mathrm{d}x$;

3) $\displaystyle\int_1^{+\infty}\frac{(x-1)^2}{x^5}\,\mathrm{d}x$;

4) $\displaystyle\int_1^{+\infty}(x-1)^3\mathrm{e}^{-x}\,\mathrm{d}x$;

5) $\displaystyle\int_0^{+\infty}\frac{1}{(1+x)^2}\ln^2(1+x)\,\mathrm{d}x$;

6) $\displaystyle\int_0^{+\infty} x^5\mathrm{e}^{-x^3}\,\mathrm{d}x$;

7) $\displaystyle\lim_{n\to+\infty}\int_0^{+\infty} x^2\mathrm{e}^{-x^{3n}}\,\mathrm{d}x$;

8) $\displaystyle\lim_{n\to+\infty}\int_0^1 (1-x^{\frac{1}{3}})^{\frac{1}{n}}\,\mathrm{d}x$.

2. 证明: $\displaystyle\mathrm{B}(p,q)=\int_0^{+\infty}\frac{t^{p-1}}{(1+t)^{p+q}}\,\mathrm{d}t$.

3. 证明: 对任意的正整数 n, 成立 $\displaystyle\Gamma^{(n)}(s)=\int_0^{+\infty} t^{s-1}(\ln t)^n\mathrm{e}^{-t}\,\mathrm{d}t.$

第 17 章　重　积　分

本章以二重和三重积分为例介绍重积分的概念和计算, 建立相应的重积分理论.

17.1　二　重　积　分

一、背景问题

1. 平面区域上的质量分布问题

问题描述　设平面区域 σ 上分布有密度非均匀的质量, 计算质量.

数学建模　将平面区域 σ 放在二维坐标系中, 对应区域仍记为 σ, 设已知密度函数 $f(x,y),(x,y)\in\sigma$, 求质量 m.

结构分析　类比质量问题, 可以合理假设, 此时已知的理论是特殊简单情形下的计算公式, 即均匀密度的质量分布, 此时 $f(x,y)\equiv\rho$, 相应的质量计算公式为 $m=\rho\cdot S_\sigma$ (S_σ 为 σ 之面积), 这是研究此问题的已知的基本公式. 类比已知与未知, 二者的差别在于密度函数的线性(密度为常数)和非线性(密度为函数)之间的差别, 一般来说, 就研究思路而言, 非线性问题不能直接转化为线性问题, 需要利用近似逼近的思想, 用线性问题进行逼近, 借用极限理论实现线性到非线性的过渡, 实现对非线性问题进行研究; 就具体方法而言, 常用的方法就是局部线性化, 即将整体量分割成若干部分, 在每一个小部分上近似为线性问题进行求解, 通过累加, 得到非线性问题的近似解, 利用极限, 得到准确解; 这就是积分的思想和方法; 由此确定了研究的思路和方法.

研究过程简析　我们利用积分思想方法给出具体的求解过程.

1) 分割: 对区域 σ 作 n 分割 T: $\Delta\sigma_1,\Delta\sigma_2,\cdots,\Delta\sigma_n$.

2) 局部线性近似计算: 当分割很细时, 可以在 $\Delta\sigma_i$ 上进行近似计算; 任取 $(\xi_i,\eta_i)\in\Delta\sigma_i$, 在 $\Delta\sigma_i$ 上分布的质量可以近似为以 $f(\xi_i,\eta_i)$ 为常密度的均匀质量分布, 因此, 对应的质量块可以利用已知公式近似计算, 即

$$\Delta m_i \approx f(\xi_i,\eta_i)\Delta S_{\sigma_i},$$

其中 ΔS_{σ_i} 代表 $\Delta\sigma_i$ 的面积, 这就是局部线性化处理.

3) 累加求和: 将局部近似量进行累加求和得到整体近似量, 故

$$m = \sum_{i=1}^{n} \Delta m_i \approx \sum_{i=1}^{n} f(\xi_i, \eta_i) \Delta S_{\sigma_i}.$$

至此, 已经完成了对所求量的近似研究. 给出不同的分割得到不同的近似量; 当然, 分割越细, 近似精度越高.

在近似研究的基础上得到准确结果是数学研究的目标, 为此, 必须利用极限工具.

4) 准确结果: 利用极限可以得到

$$m = \lim_{\lambda(T) \to 0} \sum_{i=1}^{n} f(\xi_i, \eta_i) \Delta S_{\sigma_i},$$

其中, $\lambda(T) = \max\{S_{\Delta \sigma_i}, i = 1, 2, \cdots, n\}$ 为分割细度.

至此, 问题得到解决.

抽象总结　从结论的结构看, 结论是二元函数的不定和极限结构.

2. 有界空间区域的体积问题

问题描述　给定有界空间区域 Ω, 计算其体积.

问题简化　为解决此问题, 先对问题进行简化. 类似平面任意有界几何图形的简化思想, 可以将任意有界空间区域转化为特殊的空间区域——曲顶直柱体(见下面的定义).

简化问题　曲顶直柱体体积的计算.

数学建模　通过建立空间直角坐标系, 我们先给出特殊的曲顶直柱体的描述. 设空间区域 Ω 为由曲面 $\Sigma: z = f(x, y), (x, y) \in D$, 其中 $f(x, y) > 0$, 平面 $z = 0$, $(x, y) \in D$, 以及以 ∂D 为准线、以平行于 z 轴的直线为母线的柱面 Σ 所围成的空间区域, 把这样的区域称为相对于 z 轴的曲顶平底直柱体, 简称曲顶直柱体, 其中曲面为顶, 平底为底, 柱面为围(由于围的母线为平行于 z 轴的直线, 这也是称为相对于 z 轴的直柱体的原因), 因此, 曲顶直柱体由曲顶、平底和围所围成(图 17-1). 此处定义的曲顶直柱体的围平行于 z 轴, 底落在 xOy 坐标面内, 底为区域 D, D 也是整个曲顶柱体在 xOy 面的投影区域, 也可以定义其他形式的曲顶直柱体.

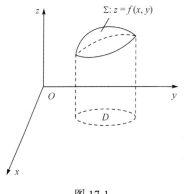

图 17-1

由此, 抽象为数学问题为:

已知曲顶所在的曲面 Σ 的方程为 $z = f(x,y)$, 曲顶在 xOy 坐标平面的投影区域为 D, 计算此曲顶直柱体的体积 V.

结构分析 类比已知, 此时已知结论为平顶、平顶直柱体的体积计算公式, 其体积为底面积与高的乘积. 类比二者的差别, 仍是线性(平顶或平面)与非线性(曲顶或曲面)的差别, 采用类似的处理思想和方法.

研究及求解过程简析 对 D 作分割 n 分割 T: $\Delta D_1, \Delta D_2, \cdots, \Delta D_n$; 对应曲面 Σ 有一个分割: $\Delta\Sigma_1, \Delta\Sigma_2, \cdots, \Delta\Sigma_n$, 满足对应关系: $\Delta\Sigma_i$ 的投影区域为对应的 $\Delta D_i, i = 1, 2, \cdots, n$; 此时, 整个曲顶直柱体分割为 n 个以 $\Delta\Sigma_i$ 为曲顶、以 ΔD_i 为平底的曲顶直柱体, 对应的体积可用平顶平底的直柱体的体积 $f(\xi_i, \eta_i)\Delta S_{D_i}$ 来近似, ΔS_{D_i} 为 ΔD_i 的面积, 故, 所求的曲顶直柱体的体积可以近似为 $V \approx \sum_{i=1}^{n} f(\xi_i, \eta_i)\Delta S_{D_i}$, 由此得到近似计算的公式.

当然, 为得到准确的计算结论, 必须利用极限工具, 即

$$V = \lim_{\lambda(T) \to 0} \sum_{i=1}^{n} f(\xi_i, \eta_i)\Delta S_{D_i},$$

由此, 曲顶直柱体的体积问题得到解决.

抽象总结 从结构看, 上述计算公式和平面区域上质量的分布计算公式具有相同特征.

结论的结构分析 上述两个问题属于不同的领域, 但是, 所得到的结论具有相同的数学特征; 从结论结构看, 它们都是二元函数的有限不定和式的极限问题, 与定积分的结构相似.

在实际应用领域, 还有大量的问题最终转化为上述结构的极限, 经过数学的抽象, 就形成了二重积分的定义.

二、二重积分的定义和性质

1. 定义

设 D 是 xOy 平面上的有界闭区域, $f(x,y)$ 为定义在 D 上的函数. 对 D 作分割 T: $D_1, \cdots, D_n$, 记 ΔS_{D_i} 为 D_i 的面积, 直径 $d_i = \sup_{p,q \in D_i} d(p,q)$, $\lambda(T) = \max_i\{d_i : d_i$ 为 D_i 的直径}为分割细度, 任取 $(\xi_i, \eta_i) \in D_i$.

定义 1.1 设 I 是一个确定的实数, 若对任意的分割 T 和任意点 $(\xi_i, \eta_i) \in D_i$ 的选择, 都有 $\lim_{\lambda(T) \to 0} \sum_{i=1}^{n} f(\xi_i, \eta_i)\Delta S_{D_i} = I$, 称 $f(x,y)$ 在 D 上(二重)可积, I 称为 $f(x,y)$

在 D 上的二重积分, 记为 $\iint_D f(x,y)\mathrm{d}S$.

信息挖掘: 1) 由定义可知, $I=\iint_D f(x,y)\mathrm{d}S=\lim\limits_{\lambda(T)\to 0}\sum\limits_{i=1}^n f(\xi_i,\eta_i)\Delta S_{D_i}$, 注意到 ΔS_{D_i} 的面积含义, 二重积分也是对面积的积分.

2) 定义 1.1 是由极限直接给出的, 还可以利用极限的定义给出二重积分的定义: 设 I 是一个确定的实数, 若对任意的 $\varepsilon>0$, 存在 $\delta>0$, 使得对任意分割 T: 只要 $\|T\|<\delta$, 对任意的 $(\xi_i,\eta_i)\in D_i$, 都成立

$$\left|\sum_{i=1}^n f(\xi_i,\eta_i)\Delta S_{D_i}-I\right|<\varepsilon,$$

称 $f(x,y)$ 在 D 上(二重)可积, I 称为 $f(x,y)$ 在 D 上的二重积分.

3) 在定义中, 由于常用的分割为平行于坐标轴的矩形分割, 此时 $\Delta S_{D_i}=\Delta x_i\Delta y_i$, 即 $\mathrm{d}S=\mathrm{d}x\mathrm{d}y$, 因此, 二重积分也常记为 $I=\iint_D f(x,y)\mathrm{d}x\mathrm{d}y$, 其中 $f(x,y)$ 称为被积函数, x,y 为积分变量, D 为积分区域.

4) 引言中的质量和体积都是对应的二重积分 $\iint_D f(x,y)\mathrm{d}S$.

5) 几何意义: 由背景问题 2, $f\geq 0$ 时, $I=\iint_D f(x,y)\mathrm{d}x\mathrm{d}y$ 为以 $z=f(x,y)$ 为顶, 以区域 D 为底的曲顶直柱体之体积. 特别地, 当 $f(x,y)\equiv 1$ 时, $\iint_D f(x,y)\mathrm{d}x\mathrm{d}y=\iint_D 1\mathrm{d}x\mathrm{d}y=S_D$ 为区域 D 的面积, 当然, 二重积分的几何意义是体积, 因此, $\iint_D 1\mathrm{d}x\mathrm{d}y$ 实际为底面为 D, 高为 1 的柱体的体积, 其值等于区域 D 的面积 S_D.

2. 性质

我们简要给出二重积分的可积性和性质, 相应的证明类似定积分, 我们略去证明.

引入 Darboux 上、下和来刻画可积性.

记 $M_i=\sup\limits_{D_i} f(x,y), m_i=\inf\limits_{D_i} f(x,y)$, $S(T)=\sum\limits_{i=1}^n M_i\Delta S_{D_i}, s(T)=\sum\limits_{i=1}^n m_i\Delta S_{D_i}$, 则

1) $f(x,y)$ 在 D 上可积等价于 $\lim\limits_{\lambda(T)\to 0} S(T)=\lim\limits_{\lambda(T)\to 0} s(T)$;

2) 若 $f(x,y)$ 在有界闭域 D 上连续, 则 $f(x,y)$ 在 D 上必可积;

3) 若 $f(x,y)$ 在有界闭域 D 上的不连续点至多落在有限条光滑曲线段上, 则 $f(x,y)$ 在 D 上可积.

和定积分一样, 二重积分也具有下列性质: 以下假设涉及的积分区域都是有

界闭域, 涉及的函数都是可积的.

1) **线性性质** $\iint_D (f(x,y)+g(x,y))\mathrm{d}x\mathrm{d}y = \iint_D f(x,y)\mathrm{d}x\mathrm{d}y + \iint_D g(x,y)\mathrm{d}x\mathrm{d}y$;

2) **区域可加性** $\iint_{D_1\cup D_2} f(x,y)\mathrm{d}x\mathrm{d}y = \iint_{D_1} f(x,y)\mathrm{d}x\mathrm{d}y + \iint_{D_2} f(x,y)\mathrm{d}x\mathrm{d}y$, 其中 D_1 与 D_2 无公共内点;

3) **保序性** 设 $f(x,y)\leqslant g(x,y)$, $(x,y)\in D$, 则

$$\iint_D f(x,y)\mathrm{d}x\mathrm{d}y \leqslant \iint_D g(x,y)\mathrm{d}x\mathrm{d}y ;$$

4) **绝对可积性** 若 f 可积, 则 $|f(x,y)|$ 也可积, 且

$$\left|\iint_D f(x,y)\mathrm{d}x\mathrm{d}y\right| \leqslant \iint_D |f(x,y)|\mathrm{d}x\mathrm{d}y ;$$

5) **中值定理** 若 $f(x,y)$ 在区域 D 连续, 则存在 $(\xi,\eta)\in D$, 使

$$\iint_D f(x,y)\mathrm{d}x\mathrm{d}y = f(\xi,\eta)S_D ,$$

其中 S_D 为 D 的面积.

作为性质的应用, 考察一个例子.

例 1 设 $f(x,y)$ 在可求面积的有界闭域 D 上非负连续且不恒等于 0, 证明:

$$\iint_D f(x,y)\mathrm{d}x\mathrm{d}y > 0 .$$

证明 由条件, 必存在点 $p_0(x_0,y_0)\in D$, 使得 $f(p_0)>0$, 利用连续性质, 存在邻域 $U(p_0)$, 使得

$$f(p)\geqslant \frac{f(p_0)}{2}>0 , \quad p(x,y)\in U(p_0) .$$

由积分性质, 则

$$\iint_D f(x,y)\mathrm{d}x\mathrm{d}y \geqslant \iint_{U(p_0)} f(x,y)\mathrm{d}x\mathrm{d}y \geqslant \frac{f(p_0)}{2}S_{U(p_0)}>0 .$$

习 题 17.1

1. 设 $f(x)$, $g(x)$ 在 $[0,1]$ 可积, 定义 $h(x,y)=f(x)g(y)$, 证明: $h(x,y)$ 在 $D=[0,1]\times[0,1]$ 可积, 且 $\iint_D h(x,y)\mathrm{d}x\mathrm{d}y = \int_0^1 f(x)\mathrm{d}x\int_0^1 g(x)\mathrm{d}x$.

2. 计算 $\iint_D \mathrm{e}^{x+y}\mathrm{d}x\mathrm{d}y$, 其中 $D=[0,1]\times[0,1]$.

3. 证明二重积分的中值定理.

17.2 二重积分的计算

我们研究的重点是二重积分的计算. 根据解决问题的一般性方法, 总是将未知的、待求解的东西转化为已知的东西; 类比已知, 与此关联最紧密的已知理论是定积分, 因而, 二重积分计算的主要思想是将其转化为定积分来计算, 即将二重积分转化为两个定积分——累次积分.

一、基本计算公式

我们首先从定义出发, 推导出化二重积分为二次积分的基本计算公式.
仍采用从特殊到一般、从简单到复杂的思想来进行.

1. 矩形域上的转化

问题 设 D 为矩形域, 即 $D=[a,b]\times[c,d]$, $f(x,y)$ 在 D 上可积, 计算 $I=\iint_D f(x,y)\mathrm{d}x\mathrm{d}y$.

结构分析 类比已知, 以二元函数 $f(x,y)$ 为被积函数的积分形式, 我们在含参量的积分中已遇到过, 其中我们曾涉及两种形式的累次积分: $\int_c^d \mathrm{d}y\int_a^b f(x,y)\mathrm{d}x$ 和 $\int_a^b \mathrm{d}x\int_c^d f(x,y)\mathrm{d}y$, 从形式和结构上与二重积分作对比分析, 自然会提出问题: 三者之间有何联系? 能否将二重积分化为累次积分计算? 回答是肯定的.

定理 2.1 设 $f(x,y)$ 在矩形域 $D=[a,b]\times[c,d]$ 可积, 且对 $\forall x\in[a,b]$, 含参量积分 $F(x)=\int_c^d f(x,y)\mathrm{d}y$ 存在, 则累次积分 $\int_a^b \mathrm{d}x\int_c^d f(x,y)\mathrm{d}y$ 也存在且 $\iint_D f(x,y)\mathrm{d}x\mathrm{d}y = \int_a^b \mathrm{d}x\int_c^d f(x,y)\mathrm{d}y$.

简析 由于目前我们仅掌握二重积分的定义, 因此必然从定义出发, 考虑其关系的证明.

证明 对 D 作矩形分割:
$$T: a=x_0<x_1<x_2<\cdots<x_n=b ,$$
$$c=y_0<y_1<y_2<\cdots<y_n=d .$$
记 $D_{ij}=[x_{i-1},x_i]\times[y_{j-1},y_j]$, $\Delta x_i=x_i-x_{i-1}, \Delta y_j=y_j-y_{j-1}$, $M_{ij}=\sup_{D_{ij}} f$, $m_{ij}=\inf_{D_{ij}} f$, $\lambda(T)$ 为对 D 的分割细度, $\lambda'(T)=\max\{\Delta x_i, i=1,2,\cdots,n\}$ 为对 $[a,b]$ 的分割细度.
由定义, 则

$$\iint_D f(x,y)\mathrm{d}x\mathrm{d}y = \lim_{\lambda(T)\to 0}\sum_{i,j=1}^n M_{ij}\Delta x_i\Delta y_j = \lim_{\lambda(T)\to 0}\sum_{i,j=1}^n m_{ij}\Delta x_i\Delta y_j ,$$

$$\int_a^b\mathrm{d}x\int_c^d f(x,y)\mathrm{d}y = \int_a^b F(x)\mathrm{d}x = \lim_{\lambda'(T)\to 0}\sum_{i=1}^n F(\xi_i)\Delta x_i ,$$

其中 $\xi_i\in[x_{i-1},x_i]$. 为证明等式, 比较二者之间的关系, 需用形式统一方法, 将单重和转化为双重和.

由于 $F(\xi_i)=\int_a^b f(\xi_i,y)\mathrm{d}y=\sum_{j=1}^n\int_{y_{j-1}}^{y_j} f(\xi_i,y)\mathrm{d}y$, 且

$$m_{ij}\Delta y_j \leqslant \int_{y_{j-1}}^{y_j} f(\xi_i,y)\mathrm{d}y \leqslant M_{ij}\Delta y_j ,$$

则

$$\sum_{j=1}^n m_{ij}\Delta y_j \leqslant F(\xi_i) = \int_c^d f(\xi_i,y)\mathrm{d}y \leqslant \sum_{j=1}^n M_{ij}\Delta y_j .$$

两端乘 Δx_i, 关于 i 求和, 则

$$\sum_{i,j=1}^n m_{ij}\Delta x_i\Delta y_j \leqslant \sum_{i=1}^n F(\xi_i)\Delta x_i \leqslant \sum_{i,j=1}^n M_{ij}\Delta x_i\Delta y_j .$$

注意到 $\lambda(T)\to 0$ 时 $\lambda'(T)\to 0$, 上式中令 $\lambda(T)\to 0$, 且由于 $f(x,y)$ 在 Ω 上可积, 则

$$\lim_{\lambda(T)\to 0}\sum_{i,j=1}^n m_{ij}\Delta x_i\Delta y_j = \lim_{\lambda(T)\to 0}\sum_{i,j=1}^n M_{ij}\Delta x_i\Delta y_j = \iint_D f(x,y)\mathrm{d}x\mathrm{d}y .$$

由夹逼定理, 得

$$\lim_{\lambda'(T)\to 0}\sum_{i=1}^n F(\xi_i)\Delta x_i = \iint_D f(x,y)\mathrm{d}x\mathrm{d}y .$$

故 $\int_a^b F(x)\mathrm{d}x = \iint_D f(x,y)\mathrm{d}x\mathrm{d}y$.

推论 2.1 设 $f(x,y)\in C[a,b;c,d]$, 则

$$\iint_D f(x,y)\mathrm{d}x\mathrm{d}y = \int_a^b\mathrm{d}x\int_c^d f(x,y)\mathrm{d}y = \int_c^d\mathrm{d}y\int_a^b f(x,y)\mathrm{d}x .$$

2. x-型区域上的转化

将上述结论逐步推广, 从最简单的矩形区域推广到特殊的区域. 为此, 我们基于投影技术, 将平面区域投影到坐标轴, 由此对区域进行分类. 首先, 利用边界曲线相对于 y 轴为简单曲线, 将区域投影到 x 轴, 引入 x-型区域.

定义 2.1　设 D 为有界的平面闭区域, 若 D 可表示为

$$D = \{(x,y) : y_1(x) \leqslant y \leqslant y_2(x), a \leqslant x \leqslant b\},$$

其中, $y_1(x), y_2(x)$ 为定义在 $[a,b]$ 上的函数, 称 D 为 x-型区域.

信息挖掘　1) 定义中给出了区域的代数结构特征, 借助于区域表示方法给出了区域的代数表示.

2) x-型区域的几何特征: 从几何上看, 所谓的 x-型区域是指其具有两条平行于 y 轴的左、右直线边界; 有两条上、下的曲边边界; 当然, 有时, 直线边界可能退缩为一点, 因此, x-型区域的代数结构中, 各量都有对应的几何意义: $y = y_2(x)$, $y = y_1(x)$ 分别对应区域的上、下曲线边界, $x = a$, $x = b$ 分别对应区域的左、右直线边界(图 17-2). 同时, 由于 $y_1(x), y_2(x)$ 是定义在 $[a,b]$ 上的两个函数, 因此, 对应的两条上、下曲边边界都是相对于 y 轴的简单曲线, 即用平行于 y 轴的直线穿过区域时, 直线与上、下两条边界曲线至多各有一个交点, 即排除从左、右向内凹的区域. 因此, 为给出 x-型区域的代数表示, 必须确定相应的几何边界, 确定几何边界的方法为

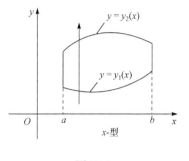

图 17-2

1) 先确定区域的左、右直线边界——投影法. 将区域向 x 轴作投影, 投影区间为 $[a,b]$, 则直线 $x = a, x = b$ 即为所求.

2) 确定上、下曲线边界——穿线法. 用平行于 y 轴的直线从下向上穿过区域, 先交于某曲线进入区域, 则此曲线为下边界曲线, 后交于某曲线穿出区域, 则此曲线为上边界曲线.

在给定的 x-型区域上, 可以给出二重积分的计算.

定理 2.2　设 $f(x,y)$ 在 x-型区域 D 上可积, 且 $y_1(x), y_2(x)$ 在区间 $[a, b]$ 上连续, 则

$$\iint_D f(x,y)\mathrm{d}x\mathrm{d}y = \int_a^b \mathrm{d}x \int_{y_1(x)}^{y_2(x)} f(x,y)\mathrm{d}y.$$

简析　转化为情形 1 利用定理 2.1 来证明, 对比两种区域结构, 需要将 x-型区域扩张为矩形区域, 将函数延拓到矩形区域, 实现由 x-型区域到矩形区域的转化, 在此矩形区域上利用定理 2.1.

证明　由于 $y_1(x)$ 和 $y_2(x)$ 连续, 故 $d = \max\limits_{[a,b]} y_2(x), c = \min\limits_{[a,b]} y_1(x)$ 存在. 作矩形 $D_1 = [a,b] \times [c,d]$, 记 $F(x,y) = \begin{cases} f(x,y), & (x,y) \in D, \\ 0, & (x,y) \in D_1 \setminus D, \end{cases}$ 则由定理 2.1,

$$\iint_D f(x,y)\mathrm{d}x\mathrm{d}y = \iint_{D_1} f(x,y)\mathrm{d}x\mathrm{d}y = \int_a^b \mathrm{d}x\int_c^d F(x,y)\mathrm{d}y = \int_a^b \mathrm{d}x\int_{y_1(x)}^{y_2(x)} f(x,y)\mathrm{d}y.$$

证毕.

3. y-型区域上的转化

类似地, 将区域投影到 y 轴, 引入 y-型区域(图 17-3).

定义 2.2 若有界闭区域 D 可以表示为

$$D = \{(x,y): x_1(y) \leqslant y \leqslant x_2(y), y \in [c,d]\},$$

其中 $x_1(y)$, $x_2(y)$ 为定义在 $[c,d]$ 上的函数, 称 D
为 y-型区域.

与 x-型区域类似, y-型区域对应的几何特征是:
区域具有两条平行于 x 轴的上、下直线边界, 有两
条左、右曲线边界, 因此, 要给出区域的代数表示,
只需确定相应的几何特征即可.

有些区域既可视为 x-型区域, 又可以视为 y-型
区域, 如矩形区域.

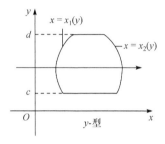

图 17-3

在 y-型区域上, 成立类似的计算公式.

定理 2.3 设 $f(x,y)$ 在 y-型区域 D 上可积, 且 $x_1(y)$, $x_2(y)$ 在 $[c,d]$ 上连续, 则

$$\iint_D f(x,y)\mathrm{d}x\mathrm{d}y = \int_c^d \mathrm{d}y\int_{x_1(y)}^{x_2(y)} f(x,y)\mathrm{d}x.$$

4. 一般区域上的转化

将上述结论推广到一般情形. 关键问题是如何将一般区域转化为 x-型和 y-型
区域. 首先, 我们指出: 区域 D 可以分割为 k 个区域 $D_1, D_2, \cdots, D_k$ 是指 $D = \bigcup_{i=1}^k D_i$
且任意两个 D_i, $D_j (i, j = 1, 2, \cdots, k)$ 都没有公共内点; 其次, 不加证明地给出一个
区域分割的结论.

定理 2.4 任何有界闭的平面区域都可分割成若干个 x-型、y-型区域.

利用积分可加性得到如下定理.

定理 2.5 设 D 可分割成 x-型域 D_x 和 y-型域 D_y, 则

$$\iint_D f(x,y)\mathrm{d}x\mathrm{d}y = \iint_{D_x} f(x,y)\mathrm{d}x\mathrm{d}y + \iint_{D_y} f(x,y)\mathrm{d}x\mathrm{d}y.$$

定理 2.5 可以推广到对区域的任意分割情形. 至此, 二重积分的计算问题从理

论上得以解决. 从结论来看, 计算中的重点和难点是确定区域的结构类型.

将上述理论进行抽象, 可以总结计算二重积分的步骤:

1) 画出图形, 找出交点;

2) 判断区域类型, 给出相应的区域的代数表示, 必要时作分割;

3) 代入公式计算.

当然, 有时区域既可以表示为 x-型区域, 也可以表示为 y-区域, 此时, 对应有两种不同的计算方法, 选择一种合适的方法计算. 有时, 可能只有一种方法才能计算出结果.

例 1　计算 $I = \iint_D (2 + x + y)\mathrm{d}x\mathrm{d}y$, 其中 D 由 $y = x$ 和 $y = x^2$ 所围(图 17-4).

解　**法一**　将区域 D 视为 x-型, 则

$$D = \{(x, y) : x^2 \leqslant y \leqslant x, x \in [0, 1]\}.$$

由公式, 则

$$I = \int_0^1 \mathrm{d}x \int_{x^2}^x (2 + x + y)\mathrm{d}y = \int_0^1 \left[(2 + x)(x - x^2) + \frac{1}{2}(x^2 - x^4) \right]\mathrm{d}x = \frac{29}{60}.$$

法二　D 还可视为 y-型区域, 此时

$$D = \{(x, y) : y \leqslant x \leqslant \sqrt{y}, y \in [0, 1]\},$$

因而

$$I = \int_0^1 \mathrm{d}y \int_y^{\sqrt{y}} (2 + x + y)\mathrm{d}x = \int_0^1 \left[(2 + y)(\sqrt{y} - y) + \frac{1}{2}(y - y^2)\mathrm{d}y \right] = \frac{29}{60}.$$

例 1 中将区域视为任何一种都可以计算, 且两种算法难度相差不大, 有些例子则不然, 此时要求正确选择区域类型.

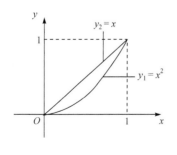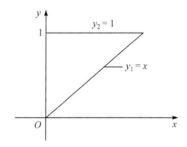

图 17-4　　　　　　　　　　　　　　　　图 17-5

例 2　计算 $I = \iint_D x^2 \mathrm{e}^{-y^2}\mathrm{d}x\mathrm{d}y$, 其中 D 由 $x = 0, y = 1, y = x$ 所围(图 17-5).

解　区域 D 既可视为 x-型区域, 又可视为 y-型区域, 将其视为 y-型区域, 则

$$D = \{(x,y): 0 \leqslant x \leqslant y, y \in [0,1]\},$$

因而

$$I = \int_0^1 dy \int_0^y x^2 e^{-y^2} dx = \frac{1}{3} \int_0^1 y^3 e^{-y^2} dy = \frac{1}{6} - \frac{1}{3e}.$$

若将其视为 x-型区域, 则

$$D = \{(x,y): x \leqslant y \leqslant 1, x \in [0,1]\},$$

故

$$I = \int_0^1 dx \int_x^1 x^2 e^{-y^2} dy.$$

由于 e^{-y^2} 没有初等原函数, 因而无法计算 $\int_x^1 e^{-y^2} dy$.

例 3 计算 $I = \iint_D \frac{\sin y}{y} dx dy$, D 由 $y = x$ 与 $x = y^2$ 所围(图 17-6).

解 只有将 D 视为 y-型才能计算, 此时

$$I = \int_0^1 dy \int_{y^2}^y \frac{\sin y}{y} dx = \int_0^1 (1-y)\sin y \, dy = 1 - \sin 1.$$

同样, 若视为 x-型, 无法计算.

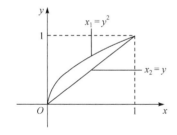

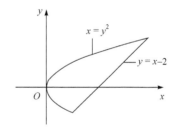

图 17-6   图 17-7

例 4 计算 $I = \iint_D xy \, dx dy$, D 由抛物线 $x = y^2$ 和直线 $y = x - 2$ 所围(图 17-7).

解 法一 D 不是 x-型区域, 将其分割成 D_1 和 D_2 两部分, 其中

$$D_1 = \{(x,y): -\sqrt{x} \leqslant y \leqslant \sqrt{x}, 0 \leqslant x \leqslant 1\},$$
$$D_2 = \{(x,y): x-2 \leqslant y \leqslant \sqrt{x}, 1 \leqslant x \leqslant 4\},$$

则

$$I = \iint_{D_1} xy \, dx dy + \iint_{D_2} xy \, dx dy = \int_0^1 dx \int_{-\sqrt{x}}^{\sqrt{x}} xy \, dy + \int_1^4 dx \int_{x-2}^{\sqrt{x}} xy \, dy = \frac{45}{8}.$$

法二 将其视为 y-型区域, 则

$$D = \{(x,y): y^2 \leqslant x \leqslant y+2, -1 \leqslant y \leqslant 2\},$$

因而,

$$I = \int_{-1}^{2} \mathrm{d}y \int_{y^2}^{y+2} xy\,\mathrm{d}x = \frac{45}{8}.$$

此例表明: 对区域 D 的不同认识, 会导致不同的计算过程, 繁简程度上有差别.

下面的例子给出二重积分的几何应用——利用二重积分求空间有界闭区域的体积和平面闭区域的面积.

根据二重积分的几何意义, 在计算曲顶直柱体的体积时, 关键在于确定曲顶的方程和柱体的投影区域, 即确定柱体的顶和底. 在计算任一空间区域的体积时, 需要将区域转化为曲顶直柱体, 进一步确定曲顶直柱体的上顶和下底的方程和相应的投影区域, 以便转化为曲顶直柱体体积的代数和.

值得注意的是, 在处理几何问题时, 利用对称性可以简化计算.

例 5　计算柱面 $x^2 + z^2 = R^2$ 与平面 $y = 0, y = a > 0$ 所围之体积 V(图 17-8).

解　由对称性, 只计算在第一卦限中的部分. 在第一卦限中, 可将其视为以柱面为顶的曲顶柱体, 故顶的方程为 $z = \sqrt{R^2 - x^2}$, 其在 xOy 面的投影区域为 $D = [0,R] \times [0,a]$, 故

$$V = 4 \iint_D z\,\mathrm{d}x\mathrm{d}y = 4\int_0^R \mathrm{d}x \int_0^a \sqrt{R^2 - x^2}\,\mathrm{d}y = a\pi R^2.$$

注　当然, 本题可以直接利用圆柱体的体积计算公式.

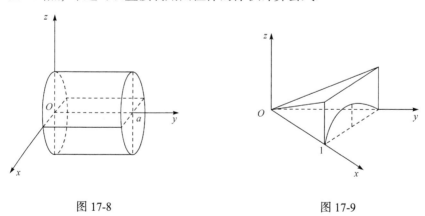

图 17-8　　　　　　　　　　　　　　图 17-9

例 6　求由下列曲面 $z = x + y, z = xy, x + y = 1, x = 0, y = 0$ 所围空间区域的体积 (图 17-9).

解　这是一个空间区域的体积, 可将其转化为两个曲顶柱体的体积之差计算,

必须确定上顶、下底和投影.

确定上顶、下底的方法仍是穿线方法. 用平行于 z 轴的直线, 沿 z 轴方向从下向上穿过区域, 先交曲面进入区域, 此曲面为下底, 后交曲面穿出区域, 此曲面为上顶. 由此确定, 上顶为平面 $z = x + y$; 下底为曲面 $z = xy$, 二者之间被平面 $x + y = 1, x = 0, y = 0$ 所截之部分在 xOy 面上的投影区域 $D = \{(x, y) : 0 \leqslant y \leqslant 1 - x, 0 \leqslant x \leqslant 1\}$, 故

$$V = \iint_D (x + y - xy)\mathrm{d}x\mathrm{d}y = \int_0^1 \mathrm{d}x \int_0^{1-x} (x + y - xy)\mathrm{d}y = \frac{7}{24}.$$

还可以利用二重积分求面积.

例 7　求椭圆 $\dfrac{x^2}{a^2} + \dfrac{y^2}{b^2} = 1$ 的面积.

解　记 $D = \left\{(x, y) : \dfrac{x^2}{a^2} + \dfrac{y^2}{b^2} \leqslant 1\right\}$, $D_1 = D \bigcap \{x \geqslant 0, y \geqslant 0\}$, 由对称性, 则

$$S = \iint_D 1\mathrm{d}x\mathrm{d}y = 4\iint_{D_1} 1\mathrm{d}x\mathrm{d}y = 4\int_0^a \mathrm{d}x \int_0^{b\sqrt{1-x^2/a^2}} \mathrm{d}y = 4b\int_0^a \sqrt{1 - \frac{x^2}{a^2}}\mathrm{d}x$$

$$\xuLongequal{x = a\cos\theta} 4b\int_0^{\pi/2} \sqrt{1 - \cos^2\theta}\, a\cos\theta\mathrm{d}\theta = 4ab\int_0^{\pi/2} \cos^2\theta\mathrm{d}\theta$$

$$= 4ab\int_0^{\pi/2} \frac{1 + \cos 2\theta}{2}\mathrm{d}\theta = \pi ab.$$

再给出二重积分改变积分次序的例子.

例 8　改变积分 $I = \int_0^2 \mathrm{d}x \int_{\sqrt{2x-x^2}}^{\sqrt{2x}} f(x, y)\mathrm{d}y$ 的积分次序.

结构分析　为求解这类题目, 首先由给定次序的累次积分确定积分区域, 将累次积分还原为二重积分, 然后, 再转化为另一种次序的累次积分.

解　此积分的积分区域为

$$D = \{(x, y) : \sqrt{2x - x^2} \leqslant y \leqslant \sqrt{2x}, 0 \leqslant x \leqslant 2\},$$

此区域由上半圆周曲线 $(x-1)^2 + y^2 = 1$ 和抛物线 $y = \sqrt{2x}$ 及直线 $x = 2$ 所围成(图 17-10). 我们需将此区域上的二重积分转化为先对 x 再对 y 的累次积分, 需用直线 $y = 1$ 将区域 D 分成 3 部分, 在相应的区域上转化为累次积分, 得

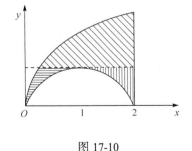

图 17-10

$$I = \int_0^1 \mathrm{d}y \int_{\frac{y^2}{2}}^{1-\sqrt{1-y^2}} f(x, y)\mathrm{d}x + \int_0^1 \mathrm{d}y \int_{1+\sqrt{1-y^2}}^2 f(x, y)\mathrm{d}x + \int_1^2 \mathrm{d}y \int_{\frac{y^2}{2}}^2 f(x, y)\mathrm{d}x.$$

也可以利用区域差表示为

$$I = \int_0^2 dy \int_{\frac{y^2}{2}}^2 f(x,y)dx - \int_0^1 dy \int_{1-\sqrt{1-y^2}}^{1+\sqrt{1-y^2}} f(x,y)dx.$$

二、二重积分计算的变量代换法

我们知道, 定义只能处理简单结构的研究对象, 对二重积分的计算也是如此. 一般来说, 对给定的二重积分 $I = \iint_D f(x,y)dxdy$, 其计算的难易程度受制于积分结构的两个要素: 一是积分区域 D 的结构; 二是被积函数 $f(x,y)$ 的结构.

前述定理和例子表明: 区域 D 越规则, 积分越简单, 如矩形域、三角形区域、x (或 y)-型区域等, 就能很容易地将其转化为累次积分; 而当 $f(x,y)$ 具有简单的结构时, 转化为累次积分后的计算就更加容易, 因此, 对一个二重积分, 我们总希望 D 很规则, $f(x,y)$ 结构简单, 因此, 由定义导出的基本计算公式只能处理简单结构的二重积分的计算. 对复杂结构的二重积分必须经过相应的技术处理——变量代换, 将复杂结构的积分转化为简单结构的积分.

1. 变量代换的一般理论

讨论在一般变量代换下的二重积分 $I = \iint_D f(x,y)dxdy$ 的计算.

给定变换:

$$H : \begin{cases} u = u(x,y), \\ v = v(x,y), \end{cases} \quad (x,y) \in D.$$

设 H 是一一对应的, 即 $J = \dfrac{D(x,y)}{D(u,v)} \neq 0$. 记

$$D_{uv} = \{(u,v) : u = u(x,y), v = v(x,y), (x,y) \in D\},$$

则 H 建立了 xOy 平面内的区域 D 与 uOv 平面区域 D_{uv} 的一一对应关系, 即 $H : D \to D_{uv}$, 通过变换实现了积分区域结构的改变.

再考察变换下被积函数的结构改变. 由隐函数理论, 在条件 $J \neq 0$ 下, $\begin{cases} u = u(x,y), \\ v = v(x,y) \end{cases}$ 能确定隐函数 $\begin{cases} x = x(u,v), \\ y = y(u,v), \end{cases}$ 因而在变换 H 之下, $f(x,y) = f(x(u,v),$ $y(u,v))$, 即实现函数结构的改变.

于是, 在变换 H 之下, 在 xOy 平面上关于 x, y 的二重积分转化为在 uOv 平面上关于 u, v 的二重积分.

那么, 在上述变换下, 二重积分的结构发生了怎样的变化? 如何实现积分结

构的简单化? 这就是下面的定理.

定理 2.6 设 $f(x,y)$ 在区域 D 连续, $u(x,y),v(x,y)$ 在区域 D 具有连续偏导数,

又设变换 $H:\begin{cases} u=u(x,y), \\ v=v(x,y) \end{cases}$ 是 1-1 的且 $J = \dfrac{D(x,y)}{D(u,v)} \neq 0$, $(u,v) \in D_{uv}$, 则

$$\iint_D f(x,y)\mathrm{d}x\mathrm{d}y = \iint_{D_{uv}} f(x(u,v),y(u,v))\left|J\right|\mathrm{d}u\mathrm{d}v.$$

此定理的证明放在后面, 先承认这一结论.

定理 2.6 的应用分析 1) **应用机理** 定理 2.6 表明, 通过变量代换, 将积分区域或被积函数简单化, 从而将复杂结构的二重积分转化为简单结构的二重积分, 当然, 在利用变量代换时, 选择的变量代换原则是: 选择合适的变量代换, 使得

i) 使被积函数简单;

ii) 使积分区域规则、简单;

iii) 二者不可兼得时, 选择较难处理的作为主要变换对象.

2) **选择变换的方法** 在选择变量代换时, 应先对积分进行结构分析, 寻找区域结构和被积函数结构中共同的因子, 作为选择变量代换的依据, 当然, 变量代换不一定唯一, 可以试着计算一下, 选择合适的代换.

3) **区域边界确定** 在利用变量代换时, 还涉及变换后区域的确定, 常用的方法是将原区域的边界方程进行变量代换得到变换后的边界方程.

例 9 求由抛物线 $y^2 = px, y^2 = qx(0 < p < q)$ 及双曲线 $xy = a$, $xy = b$ $(0 < a < b)$ 所围区域 D 之面积 S (图 17-11).

解 由二重积分的几何意义, 则

$$S = \iint_D 1\mathrm{d}x\mathrm{d}y.$$

显然, 此二重积分重点处理的对象是区域: 积分区域不规则, 虽然也能利用分割将区域分割为 x 或 y-型区域, 但是, 注意到边界曲线方程的两组对称结构, 选合适的变量代换, 将区域规则化, 使计算更加简单.

注意到边界曲线之特征, 边界曲线主要由

两类因子 xy, $\dfrac{y^2}{x}$ 构成, 因此, 可以选择简化这

两类因子为变量代换的依据, 故作变换

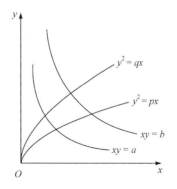

图 17-11

$H:\begin{cases} u = \dfrac{y^2}{x}, \\ v = xy, \end{cases}$ 则 H 将 D 映为最简单的规则型区域——矩形:

$$D_{uv} = \{(u,v) : p \leqslant u \leqslant q, a \leqslant v \leqslant b\}.$$

由于 $J = \dfrac{D(x,y)}{D(u,v)} = \dfrac{1}{\dfrac{D(u,v)}{D(x,y)}} = \dfrac{1}{\dfrac{3y^2}{x}} = \dfrac{1}{3u}$, 故

$$S = \iint_D 1 \mathrm{d}x\mathrm{d}y = \iint_{D_{uv}} \frac{1}{3u} \mathrm{d}u\mathrm{d}v = \frac{1}{3}(b-a)\ln\frac{q}{p}.$$

例 10　计算 $I = \displaystyle\iint_D \mathrm{e}^{\frac{x-y}{x+y}} \mathrm{d}x\mathrm{d}y$, D 由直线 $x=0, y=0, x+y=1$ 所围.

思路分析　此积分的积分区域简单, 被积函数看似简单, 实则并非如此, 由

于 $\mathrm{e}^{\frac{x-y}{x+y}}$ 的指数是分式 $\dfrac{x-y}{x+y}$, 且其分母中同时依赖于两个变量, 从一元函数的模

型看, $\mathrm{e}^{\frac{1}{x}}$ 没有原函数, 因此, $\displaystyle\iint_D \mathrm{e}^{\frac{x-y}{x+y}} \mathrm{d}x\mathrm{d}y$ 不论转化为先对哪个变量的累次积分,

都无法计算, 这是直接计算的难点. 因此, 必须进行变量代换, 将指数 $\dfrac{x-y}{x+y}$ 转化

为分离变量的形式, 即分子和分母只依赖于一个变量; 类比已知, 由于一元函数

模型中, e^x 的原函数很容易计算, 因此, 代换后, 可以转化为先对指数中分子的

变量积分的累次积分, 这样就可以计算了. 为了通过代换将指数转化为分子和分

母分离变量的形式, 选择的变换很容易确定. 从另一个角度看, 积分结构中共同

的因子有两类 $x+y$, $x-y$, 这也是选择变换的依据.

解　作变换 $H : \begin{cases} u = x-y, \\ v = x+y, \end{cases}$ 则 $H^{-1} : \begin{cases} x = \dfrac{1}{2}(u+v), \\ y = \dfrac{1}{2}(v-u), \end{cases}$ 故 D_{uv} 由 $u+v=0, v-u=0,$

$v=1$ 所围. 由于 $J = \dfrac{D(x,y)}{D(u,v)} = \dfrac{1}{2}$, 故

$$I = \frac{1}{2}\iint_{D_{uv}} \mathrm{e}^{\frac{u}{v}} \mathrm{d}u\mathrm{d}v = \frac{1}{2}\int_0^1 \mathrm{d}v \int_{-v}^v \mathrm{e}^{\frac{u}{v}} \mathrm{d}u = \frac{1}{2}\int v(\mathrm{e}-\mathrm{e}^{-1})\mathrm{d}v = \frac{1}{4}(\mathrm{e}-\mathrm{e}^{-1}).$$

对本题, 若对指数 $\dfrac{x-y}{x+y}$ 先进行变形, 如 $\dfrac{x-y}{x+y} = 1 - 2\dfrac{y}{x+y}$, 此时, 也可以选

择变换为 $H : \begin{cases} u = x, \\ v = x+y, \end{cases}$ 或 $H : \begin{cases} u = y, \\ v = x+y, \end{cases}$ 可以达到同样的目的.

例 10 中, 转化为累次积分时, 一定要注意选择正确的积分顺序, 可以从一元

函数的积分计算理论中, 寻找确定积分次序的依据.

2. 二重积分的极坐标变换

对特殊结构的积分必须选择对应的特殊的变量代换. 在二重积分中, 经常遇到圆域结构, 针对这样的特殊结构经常选择极坐标变换.

对给定的坐标系, 设与点 (x, y) 对应的极坐标为 (r, θ), 所谓的极坐标变换是指二者的关系式 $H^{-1}: \begin{cases} x = r\cos\theta, \\ y = r\sin\theta, \end{cases}$ 此时, 变换的 Jacobi 行列式 $J = \dfrac{D(x, y)}{D(r, \theta)} = r$, 由此得到极坐标下二重积分的计算公式.

定理 2.7　设 $f(x, y) \in C(D)$, 则

$$\iint_D f(x, y)\mathrm{d}x\mathrm{d}y = \iint_{D_{(r,\theta)}} f(r\cos\theta, r\sin\theta)r\mathrm{d}r\mathrm{d}\theta,$$

其中 $D_{(r,\theta)}$ 为区域 D 在极坐标系的表示.

特别注意, 在极坐标变换下, $D_{(r,\theta)} = D$, 即区域形状不变, 只是表达方式改变了, $D_{(r,\theta)}$ 是区域 D 在极坐标下的表示.

那么, 在什么条件下用极坐标变换计算二重积分? 即极坐标变换处理的题型结构特点是什么? 要回答这个问题, 本质上是回答极坐标系下表示最简单的曲线(平面区域是用边界曲线来刻画的)是什么. 显然, 极坐标系下, 代数表示最简单的曲线为

$$r = C \text{——圆周曲线;}$$

$$\theta = C \text{——射线.}$$

由于射线在直角坐标系下也具有简单的代数结构, 而圆曲线在直角坐标系下的代数表示为双变量二次多项式结构, 相对复杂, 由此决定了当二重积分的结构——积分区域或被积函数具有圆域结构, 即 D 的边界的刻画和 $f(x, y)$ 中具有因子 $x^2 + y^2$ 时, 可用极坐标将二重积分简化.

当然, 使用极坐标变换计算二重积分时, 还必须解决化极坐标下的二重积分为二次积分的问题, 为此, 我们采用直角坐标系下的类似方法对区域在极坐标系下分类, 引入如下区域的概念.

定义 2.3　若在极坐标下, 若 D 可表示为

$$D = \{(r, \theta) : r_1(\theta) \leqslant r \leqslant r_2(\theta), \alpha \leqslant \theta \leqslant \beta\},$$

其中 $r_1(\theta)$, $r_2(\theta)$ 为 θ 的连续函数, 称 D 是 θ-型区域(图 17-12(a)).

若 D 可表示为

$$D = \{(r, \theta) : \theta_1(r) \leqslant r \leqslant \theta_2(r), a \leqslant r \leqslant b\},$$

其中 $\theta_1(r), \theta_2(r)$ 为 r 的连续函数, 称 D 是 r-型区域(图 17-12(b)).

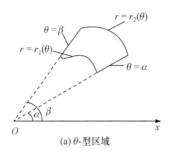 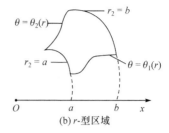

图 17-12

根据定义, 两种区域的几何特征为

θ-型区域夹在两条过极点的射线之间;

r-型区域夹在以极点为心的两个同心圆环内.

对一些特殊的区域, 有特殊的规定. 若区域包含原点, 常将其视为 θ-型区域, 即

$$D = \{(r,\theta): 0 \leqslant r \leqslant r(\theta), 0 \leqslant \theta \leqslant 2\pi\};$$

若区域的边界过极点, 也将其视为 θ-型区域, 即

$$D = \{(r,\theta): 0 \leqslant r \leqslant r(\theta), \alpha \leqslant \theta \leqslant \beta\},$$

其中 α,β 使 $r(\alpha) = 0, r(\beta) = 0$.

当然, 对有些区域, 即可表示为 θ-型区域, 又可表示为 r-型区域. 两种区域下的转化公式为

若 D 是 θ-型区域, 则

$$\iint_D f(r\cos\theta, r\sin\theta) r \mathrm{d}r \mathrm{d}\theta = \int_\alpha^\beta \mathrm{d}\theta \int_{r_1(\theta)}^{r_2(\theta)} f(r\cos\theta, r\sin\theta) r \mathrm{d}r;$$

若 D 是 r-型区域, 则

$$\iint_D f(r\cos\theta, r\sin\theta) r \mathrm{d}r \mathrm{d}\theta = \int_a^b r \mathrm{d}r \int_{\theta_1(r)}^{\theta_2(r)} f(r\cos\theta, r\sin\theta) \mathrm{d}\theta.$$

下面通过例子说明二重积分在极坐标下的计算.

例 11 计算 $I = \iint_D \mathrm{e}^{-x^2-y^2} \mathrm{d}x\mathrm{d}y, D = \{(x,y): x^2 + y^2 \leqslant 1\}$.

简析 二重积分具有圆域结构, 用极坐标公式计算.

解 区域 D 是圆域, 包含极点, 故 D 为 θ-型区域:

$$D = \{(r,\theta): 0 \leqslant r \leqslant 1, 0 \leqslant \theta \leqslant 2\pi\},$$

故 $I = \iint_D \mathrm{e}^{-r^2} r \mathrm{d}r \mathrm{d}\theta = \int_0^{2\pi} \mathrm{d}\theta \int_0^1 r \mathrm{e}^{-r^2} \mathrm{d}r = \pi(1 - \mathrm{e}^{-1})$.

例 11 中的区域也是 r-型区域.

例 12 计算单位球 $x^2 + y^2 + z^2 \leqslant 1$ 被柱面 $x^2 + y^2 = x$ 所割下的(含在柱面内)

体积 V.

解 由对称性, 只计算在第一卦限中的体积 V_1, 此时 V_1 为曲顶柱体之体积, V_1 的顶为球面 $z = \sqrt{1-x^2-y^2}$, 其在 xOy 平面的投影为 xOy 面上的半圆区域 $D = \{(x,y): x^2+y^2 \leqslant x, x \geqslant 0, y \geqslant 0\}$, 在 极 坐 标 下 为 $D = \{(r,\theta): 0 \leqslant r \leqslant \cos\theta,$ $0 \leqslant \theta \leqslant \dfrac{\pi}{2}\}$, 故

$$V_1 = \iint_D \sqrt{1-x^2-y^2}\,\mathrm{d}x\mathrm{d}y = \iint_D \sqrt{1-r^2}\,r\mathrm{d}r\mathrm{d}\theta$$

$$= \int_0^{\frac{\pi}{2}} \mathrm{d}\theta \int_0^{\cos\theta} r\sqrt{1-r^2}\,\mathrm{d}r = \frac{1}{3}\int_0^{\frac{\pi}{2}}(1-\sin^3\theta)\mathrm{d}\theta = \frac{1}{3}\left(\frac{\pi}{2} - \frac{2}{3}\right),$$

因而, $V = 4V_1 = \dfrac{4}{3}\left(\dfrac{\pi}{2} - \dfrac{2}{3}\right)$.

例 13 求椭球 $\dfrac{x^2}{a^2} + \dfrac{y^2}{b^2} + \dfrac{z^2}{c^2} \leqslant 1$ 的体积.

解 由对称性, 只需计算第一卦限的体积 V_1, 利用曲顶柱体体积公式,

$$V_1 = c\iint_D \sqrt{1 - \frac{x^2}{a^2} - \frac{y^2}{b^2}}\,\mathrm{d}x\mathrm{d}y,$$

其中 $D : \dfrac{x^2}{a^2} + \dfrac{y^2}{b^2} \leqslant 1, x \geqslant 0, y \geqslant 0$.

作广义极坐标变换: $H^{-1}: \begin{cases} x = ar\cos\theta, \\ y = br\sin\theta, \end{cases}$ 此时, 在极坐标下

$$D = \left\{(r,\theta): 0 \leqslant r \leqslant 1, 0 \leqslant \theta \leqslant \frac{\pi}{2}\right\},$$

且 $J = \dfrac{D(x,y)}{D(u,v)} = abr$, 故

$$V_1 = c\int_0^{\pi/2} \mathrm{d}\theta \int_0^1 \sqrt{1-r^2}\,abr\mathrm{d}r = \frac{\pi}{6}abc,$$

因而 $V = \dfrac{4}{3}\pi abc$.

三、基于特殊结构的计算方法

具有特殊结构的研究对象需要特殊的方法处理才更有效, 这是普适性的法则. 在定积分计算理论中就有根据积分区间和被积函数的特点设计特殊的计算方法以简化计算. 下面, 我们用一个例子说明相应的处理思想.

例 14　给定 $I = \iint_D \left(\dfrac{x^3 \mathrm{e}^y}{1 + \ln(x^2 + y^2)} + x^2 \right) \mathrm{d}x\mathrm{d}y$，其中区域 D 由 x 轴和曲线 $y = 1 - x^2$ 所围. 试分析积分的结构特点，并完成计算.

解　积分结构由两部分组成: 积分区域和被积函数. 其特点是: 积分区域关于 y 轴对称; 被积函数由两部分组成，$\dfrac{x^3 \mathrm{e}^y}{1 + \ln(x^2 + y^2)}$ 关于变量 x 为奇函数，x^2 为变量 x 的偶函数.

记 $D_1 = \{(x,y) \in D : x \geqslant 0\}$，$D_2 = \{(x,y) \in D : x \leqslant 0\}$，$D = D_1 \bigcup D_2$，且 $D_1 \bigcap D_2$ 至多为一线段; $I_1 = \iint_D \dfrac{x^3 \mathrm{e}^y}{1 + \ln(x^2 + y^2)} \mathrm{d}x\mathrm{d}y$，$I_2 = \iint_D x^2 \mathrm{d}x\mathrm{d}y$，则

$$I_1 = \iint_{D_1} \frac{x^3 \mathrm{e}^y}{1 + \ln(x^2 + y^2)} \mathrm{d}x\mathrm{d}y + \iint_{D_2} \frac{x^3 \mathrm{e}^y}{1 + \ln(x^2 + y^2)} \mathrm{d}x\mathrm{d}y .$$

利用变量代换，则

$$\iint_{D_2} \frac{x^3 \mathrm{e}^y}{1 + \ln(x^2 + y^2)} \mathrm{d}x\mathrm{d}y \xlongequal{x=-x,y=y} -\iint_{D_1} \frac{x^3 \mathrm{e}^y}{1 + \ln(x^2 + y^2)} \mathrm{d}x\mathrm{d}y ,$$

故

$$I_1 = \iint_{D_1} \frac{x^3 \mathrm{e}^y}{1 + \ln(x^2 + y^2)} \mathrm{d}x\mathrm{d}y - \iint_{D_1} \frac{x^3 \mathrm{e}^y}{1 + \ln(x^2 + y^2)} \mathrm{d}x\mathrm{d}y = 0 ;$$

类似地，

$$I_2 = 2 \iint_{D_1} x^2 \mathrm{d}x\mathrm{d}y = 2 \int_0^1 x^2 \mathrm{d}x \int_0^{1-x^2} \mathrm{d}y = \frac{4}{15} , \quad 故 \ I = \frac{4}{15} .$$

例14给出了一种情形，关于其他形式的区域对称性和函数奇偶性的关系可以自己总结和挖掘，在习题中有相应的题目.

附注: 二重积分变量代换定理的证明

下面给出定理 2.6 的简要证明的思路.

分析　从分析结论入手，寻找证明的思路和方法. 从最基本的定义出发，由二重积分的定义，则

$$\iint_D f(x,y)\mathrm{d}x\mathrm{d}y = \lim_{\lambda(T) \to 0} \sum_{i=1}^n f(\xi_i, \eta_i) \Delta S_{D_i} ,$$

$$\iint_{D_{uv}} f(x(u,v), y(u,v)) |J| \mathrm{d}u\mathrm{d}v = \lim_{\lambda'(T) \to 0} \sum_{i=1}^n f(\xi_i', \eta_i') |J_i| \Delta S_{D_i'} ,$$

上式中涉及各量的意义见相应的定义.

分析等式右端的结构可以发现，要证明对应的积分相等，定义中对应的项应

该相等, 因而, 应有 $\Delta S_{D_i} = |J_i| \Delta S_{D_i'}$ 或 $|J_i| = \dfrac{\Delta S_{D_i}}{\Delta S_{D_i'}}$, 即成立变换前后对应分块区域

的面积关系, 这正是证明变换定理的关键.

为研究变换前后对应的区域面积关系, 我们先研究最简情形.

我们首先研究矩形面积在变换 H 下的变化. 给定矩形 $ABCD$, 其中 $A(x_0, y_0), B(x_0 + \Delta x, y_0), C(x_0, y_0 + \Delta y), D(x_0 + \Delta x, y_0 + \Delta y)$, 在 H 之下将矩形 $ABCD$ 映为区域 D_{uv}.

由于 $H \in C'$, 由 Taylor 展开, 则

$$u(x, y) = u(A) + u_x(A) \cdot \Delta x + u_y(A) \cdot \Delta y + \alpha\rho,$$

$$v(x, y) = v(A) + v_x(A) \cdot \Delta x + v_y(A) \cdot \Delta y + \beta\rho,$$

其中 $\rho = \sqrt{\Delta x^2 + \Delta y^2}, \lim\limits_{\rho \to 0} \alpha = \lim\limits_{\rho \to 0} \beta = 0$.

记仿射变换:

$$\bar{H}: \begin{array}{l} u = u(A) + u_x(A) \cdot \Delta x + u_y(A) \cdot \Delta y, \\ v = v(A) + v_x(A) \cdot \Delta x + v_y(A) \cdot \Delta y, \end{array}$$

则 H 可用 $\bar{H}$ 近似代替, 而在 $\bar{H}$ 下, 矩形 $ABCD$ 映为平行四边形 $A'B'C'D'$ (图 17-13). 换句话说: 当 H 是一一对应时, 可将平行四边形 $A'B'C'D'$ 近似视为矩形 $ABCD$ 在 H 之下的像.

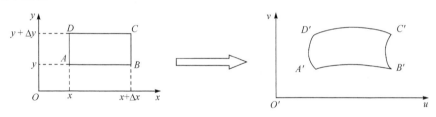

图 17-13

又记 $u_0 = u(A), v_0 = v(A)$, 矩形 $ABCD$ 的面积为 S, 平行四边形 $A'B'C'D'$ 的面积为 $\bar{S}'$, 矩形 $ABCD$ 的像域的面积为 S'.

引理 2.1 成立 $|J(u_0, v_0)| = \lim\limits_{\rho \to 0} \dfrac{S}{S'}$.

简证 由对应关系和平行四边形的面积计算公式, 则

$$\pm \bar{S}' = \begin{vmatrix} u(x_0, y_0) & v(x_0, y_0) & 1 \\ u(x_0 + \Delta x, y_0) & v(x_0 + \Delta x, y_0) & 1 \\ u(x_0, y_0 + \Delta y) & v(x_0, y_0 + \Delta y) & 1 \end{vmatrix},$$

因而,

$$\pm\overline{S}' = \begin{vmatrix} u(x_0, y_0) & v(x_0, y_0) & 1 \\ u(x_0 + \Delta x, y_0) - u(x_0, y_0) & v(x_0 + \Delta x, y_0) - v(x_0, y_0) & 0 \\ u(x_0, y_0 + \Delta y) - u(x_0, y_0) & v(x_0, y_0 + \Delta y) - v(x_0, y_0) & 0 \end{vmatrix}$$

$$= \left[u(x_0 + \Delta x, y_0) - u(x_0, y_0) \right] \cdot \left[v(x_0, y_0 + \Delta y) - v(x_0, y_0) \right]$$

$$- \left[u(x_0, y_0 + \Delta y) - u(x_0, y_0) \right] \cdot \left[v(x_0 + \Delta x, y_0) - v(x_0, y_0) \right],$$

故

$$\lim_{\rho \to 0} \frac{\pm\overline{S}'}{\pm S} = \lim_{\rho \to 0} \frac{\pm\overline{S}'}{\Delta x \Delta y} = \left[\frac{\partial u}{\partial x} \cdot \frac{\partial v}{\partial y} - \frac{\partial u}{\partial y} \cdot \frac{\partial v}{\partial x} \right]\bigg|_{(x_0, y_0)}$$

$$= \frac{D(u,v)}{D(x,y)}\bigg|_{(x_0, y_0)} = \frac{1}{\dfrac{D(x,y)}{D(u,v)}\bigg|_{(u_0, v_0)}} = \frac{1}{J(u_0, v_0)},$$

引理证毕.

代换定理的证明: 设对区域 D 作矩形分割 $T: D_1, D_2, \cdots, D_n$, 对应此分割 T, 通过 H 形成对 D_{uv} 的分割 $T': D_1', D_2', \cdots, D_n'$, 则由定义,

$$\iint_D f(x,y)\mathrm{d}x\mathrm{d}y = \lim_{\lambda(T) \to 0} \sum_{i=1}^n f(x_i, y_i)\Delta S_{D_i}$$

$$\overset{H}{=} \lim_{\lambda(T') \to 0} \sum_{i=1}^n f(x(u_i, v_i), y(u_i, v_i))\,|J(u_i, v_i)|\,\Delta S_{D_i'}$$

$$= \iint_{D_{uv}} f(x(u,v), y(u,v))\,|J(u,v)|\,\mathrm{d}u\mathrm{d}v.$$

若在个别点, 甚至一条可求长的曲线上有 $J = 0$, 结论仍成立. 详细的证明可以参考其他教材.

习　题　17.2

1. 计算下列二重积分:

1) $\displaystyle\iint_D (x + y + 2)\mathrm{d}x\mathrm{d}y$, D 由直线 $x = 1, x = 2$ 和 $y = 0, y = x$ 所围;

2) $\displaystyle\iint_D (3x^2 + 4xy + 5)\mathrm{d}x\mathrm{d}y$, D 由直线 $x = -1, y = 1$ 和 $y = x$ 所围;

3) $\displaystyle\iint_D x^3 \mathrm{e}^y \mathrm{d}x\mathrm{d}y$, D 由直线 $y = 1$ 和 $y = x^2$ 所围;

4) $\displaystyle\iint_D (x + y)\mathrm{d}x\mathrm{d}y$, D 由直线 $x = 0, x = \pi$, $y = 0$ 和 $y = \sin x$ 所围;

5) $\displaystyle\iint_D \frac{\sin x}{\sqrt{x}}\mathrm{d}x\mathrm{d}y$, D 由直线 $x = 1$ 和 $x = y^2$ 所围;

6) $\iint_D (x+y)\mathrm{d}x\mathrm{d}y$, D 由曲线 $x = y^2$ 和直线 $2x - y - 1 = 0$ 所围.

2. 分析并指出积分的结构特点, 根据特点选择计算方法, 给出计算:

1) $\iint_D (x\mathrm{e}^y + y\mathrm{e}^x)\mathrm{d}x\mathrm{d}y$, D 由直线 $x = 0, x = 1$ 和 $y = 0, y = 1$ 所围;

2) $\iint_D x^2 (1 - x^3 + y^3)^{\frac{1}{3}}\mathrm{d}x\mathrm{d}y$, D 由直线 $x = 1, y = x$ 和 $y = -1$ 所围;

3) $\iint_D x^2 (\sin y + y^3)\mathrm{d}x\mathrm{d}y$, D 由直线 $x = 0$ 和曲线 $x = 2 - y^2$ 所围;

4) $\iint_D \mathrm{e}^{x^2+y^2} \sin(xy)\mathrm{d}x\mathrm{d}y$, D 由直线 $x = 1, x = -1$ 和 $y = 1, y = x$ 所围;

5) $\iint_D (x^2 y + xy)\mathrm{d}x\mathrm{d}y$, D 由双纽线 $(x^2 + y^2)^2 = 2xy$ 所围;

6) $\iint_D (x^3 \mathrm{e}^{y^2} + y^3 \mathrm{e}^{x^2}) \sin(xy)\mathrm{d}x\mathrm{d}y$, D 由圆周线 $x^2 + y^2 = 1$ 所围.

能否总结上述题目的求解, 抽象出一般的结论?

3. 分析并指出积分的结构特点, 根据特点选择合适的变量代换计算:

1) $\iint_D (x^2 - y^2) \sin^2 (x+y)\mathrm{d}x\mathrm{d}y$, D 由直线 $x + y = \pm\pi$ 和 $y - x = \pm\pi$ 所围;

2) $\iint_D \dfrac{x}{1 + x^2 y^2}\mathrm{d}x\mathrm{d}y$, D 由直线 $x = 1, x = 2$ 和曲线 $xy = 1, xy = 2$ 所围;

3) $\iint_D (2x + 3y)\mathrm{d}x\mathrm{d}y$, $D = \{(x,y) : x^2 + y^2 \leqslant x + y\}$;

4) $\iint_D \sqrt{x^2 + y^2}\mathrm{d}x\mathrm{d}y$, $D = \{(x,y) : x^2 + y^2 \leqslant x + y\}$;

5) $\iint_D (x^2 - 2x + 3y + 2)\mathrm{d}x\mathrm{d}y$, $D = \{(x,y) : x^2 + y^2 \leqslant 1\}$;

6) $\iint_D \dfrac{1 + xy}{1 + x^2 + y^2}\mathrm{d}x\mathrm{d}y$, $D = \{(x,y) : x^2 + y^2 \leqslant 1\}$;

7) $\iint_D (x^2 + y^2)\mathrm{d}x\mathrm{d}y$, $D = \{(x,y) : x^2 + y^2 \leqslant 2x\}$;

8) $\iint_D \dfrac{x^2 - y^2}{\sqrt{x - y + 4}}\mathrm{d}x\mathrm{d}y$, $D = \{(x,y) : |x| + |y| \leqslant 1\}$;

9) $\iint_D \mathrm{e}^{\frac{y}{x+y}}\mathrm{d}x\mathrm{d}y$, D 由直线 $x = 0, y = 0$, $x + y = 1$ 所围.

4. 试用二重积分理论计算柱面 $x^2 + z^2 = R^2$ 与平面 $y = 0, y = 2$ 所围的区域的体积.

5. 计算单位球 $x^2 + y^2 + z^2 \leqslant 1$ 被柱面 $x^2 + y^2 = x$ 所割下的包含在柱面内的部分的体积.

6. 给定二重积分 $\iint_D \dfrac{(x+y)\ln\left(1 + \dfrac{y}{x}\right)}{\sqrt{1 - x - y}}\mathrm{d}x\mathrm{d}y$, 其中 D 由直线 $x + y = 1$, $x = 0$, $y = 0$ 围成. 1)试分析积分结构, 给出其结构特点; 2)根据结构特点选择合适的变量代换进行计算.

7. 设 $f(t)$ 连续, $D = \{(x,y) : x^2 + y^2 \leqslant 1\}$, 且 $a^2 + b^2 \neq 0$, 则成立结论:

$$\iint_D f(ax+by+c)\mathrm{d}x\mathrm{d}y = 2\int_{-1}^1 \sqrt{1-u^2} f(u\sqrt{a^2+b^2}+c)\mathrm{d}u.$$

为证明上述结论, 我们通过结构分析确定证明的思路:

　　1) 分析要证明等式两端的结构, 证明的思路是什么?

　　2) 证明的方法是什么? 比较等式两端, 隐藏的线索是什么?

　　3) 方法实现的难点是什么? 解决的理论是什么?

　　4) 给出等式的证明.

　　8. 设 $f(t)>0$ 连续, $D=\{(x,y):x^2+y^2\leqslant 1\}$, a, b 为常数, 给定二重积分

$$\iint_D \frac{af(x)+bf(y)}{f(x)+f(y)}\mathrm{d}x\mathrm{d}y,$$

回答如下问题:

　　1) 积分区域 D 的结构特点是什么?

　　2) a,b 取何值时, 二重积分最容易计算? 此时, 计算结果是什么?

　　3) 当 a, b 不满足上述条件时, 能否根据积分的结构特点设计计算方法? 给出计算过程和结果.

17.3　三重积分

一、背景问题

　　问题描述　空间区域的质量分布: 设有界空间区域中分布着不均匀的质量, 计算其质量.

　　数学建模与抽象　设空间坐标系中有一有界闭区域 Ω, Ω 上分布有密度函数为 $f(x,y,z)$ 的质量, 求质量 m.

　　简析　和平面上质量分布属于同一类问题, 采用类似的积分思想处理, 对 Ω 进行分割 T: $\Omega_1,\Omega_2,\cdots,\Omega_n$, 任取 $(\xi_i,\eta_i,\zeta_i)\in\Omega_i$, 则

$$m = \lim_{\lambda(T)\to 0}\sum_{i=1}^n f(\xi_i,\eta_i,\zeta_i)\Delta V_{\Omega_i},$$

其中, ΔV_{Ω_i} 是对应于分割后第 i 块区域 Ω_i 的体积, $\lambda(T)$ 仍是分割细度. 其结果仍是多元函数的 Riemann 和式的极限问题, 工程技术领域还有大量的问题最终也转化为相同结构 Riemann 和的极限, 因此, 对这类和式的极限问题进行数学抽象, 就形成了三重积分的理论.

二、三重积分的定义

　　设 $\Omega\subset\mathbf{R}^3$ 为有界光滑闭区域, $f(x,y,z)$ 定义在 Ω 上, 对 Ω 作 n 分割

$T : \Omega_1, \Omega_2, \cdots, \Omega_n$; 对应的体积记为 $\Delta V_1, \Delta V_2, \cdots, \Delta V_n$; 又记 $d_i = \sup\limits_{(x,y) \in \Omega_i} d(x,y)$ 为 Ω_i 的直径, $\lambda(T) = \max\{d_i, i = 1, 2, \cdots, n\}$ 为分割细度.

定义 3.1　若存在实数 I, 使得对任意的分割 T, 对任意的取点 $(\xi_i, \eta_i, \zeta_i) \in \Omega_i$, 都有

$$\lim_{\lambda(T) \to 0} \sum_{i=1}^{n} f(\xi_i, \eta_i, \zeta_i) \Delta V_{\Omega_i} = I,$$

称 $f(x, y, z)$ 在 Ω 上三重可积, I 称为 $f(x, y, z)$ 在 Ω 上的三重积分, 记为 $\iiint_{\Omega} f(x, y, z) \mathrm{d}V$, $f(x, y, z)$ 仍称为被积函数, Ω 为积分区域.

信息挖掘　1) 类似二重积分, 通常采用平行于坐标平面的分割, 因而每一个内子块 Ω_i 都是立方体, 其体积为 $\Delta V_i = \Delta x_i \Delta y_i \Delta z_i$, 故三重积分通常写为 $I = \iiint_{\Omega} f(x, y, z) \mathrm{d}x \mathrm{d}y \mathrm{d}z$.

2) 三重积分的 "$\varepsilon - \delta$" 定义: 若存在实数 I, 使对任意的 $\varepsilon > 0$, 存在 $\delta > 0$, 使得对任意分割 T, 对任意的 $(\xi_i, \eta_i, \zeta_i) \in \Omega_i$, 只要 $0 < \lambda(T) < \delta$, 都成立

$$\left| \sum_{i=1}^{n} f(\xi_i, \eta_i, \zeta_i) \Delta V_i - I \right| < \varepsilon,$$

称 $f(x, y, z)$ 在 Ω 上三重可积, I 称为 $f(x, y, z)$ 在 Ω 上的三重积分, 记为 $\iiint_{\Omega} f(x, y, z) \mathrm{d}V$, 因而, 三重积分的定义还表明, 三重积分仍是有限不定和 (Riemann 和) 的极限, 即

$$I = \iiint_{\Omega} f(x, y, z) \mathrm{d}V = \lim_{\lambda \to 0} \sum_{i=1}^{n} f(\xi_i, \eta_i, \zeta_i) \Delta V_{\Omega_i}.$$

3) 由定义很容易得到三重积分的几何意义: $f(x, y, z) = 1$ 时, $I = \iiint_{\Omega} f(x, y, z) \mathrm{d}x \mathrm{d}y \mathrm{d}z = V_{\Omega}$——$\Omega$ 的体积, 因此, 可以利用三重积分计算空间区域的体积, 这样, 定积分、二重积分、三重积分都可以用来计算体积, 由于所处理的题型结构特点不一样, 对应的计算方法也不一样, 故, 必须根据所给的条件, 选择合适的体积计算公式.

4) 利用定义, 则背景问题中的质量可以由三重积分来计算, 即

$$m = \iiint_{\Omega} f(x, y, z) \mathrm{d}V.$$

三重积分具有与二重积分类似的性质, 此处略.

三、三重积分的计算

采用类似二重积分计算的思路来研究三重积分的计算. 此时, 我们已经掌握的积分计算的基础有定积分和二重积分, 因而, 三重积分计算的思路自然是将三重积分转化为(一重)定积分和二重积分、最终转化为累次(三次)积分来计算. 实现上述思路仍然得遵循从简单到复杂, 从特殊到一般的科研思想.

1. 长方体区域上化三重积分为三次积分

定理 3.1 设 $f(x,y,z)$ 在长方体区域 $\Omega = [a,b] \times [c,d] \times [e,h]$ 上可积, 且对任意的 $(x,y) \in [a,b] \times [c,d]$, 含参量积分 $\int_e^h f(x,y,z)\mathrm{d}z$ 存在, 则

$$\iiint_\Omega f(x,y,z)\mathrm{d}x\mathrm{d}y\mathrm{d}z = \iint_{[a,b]\times[c,d]} \left[\int_e^h f(x,y,z)\mathrm{d}z\right]\mathrm{d}x\mathrm{d}y .$$

特别地, 若 $f(x,y,z)$ 在 Ω 上连续, 则

$$\iiint_\Omega f\mathrm{d}x\mathrm{d}y\mathrm{d}z = \int_a^b \mathrm{d}x \int_c^d \mathrm{d}y \int_e^h f\mathrm{d}z = \int_a^b \mathrm{d}x \int_e^h \mathrm{d}z \int_c^d f\mathrm{d}y$$

$$= \int_c^d \mathrm{d}y \int_a^b \mathrm{d}x \int_e^h f\mathrm{d}z = \int_c^d \mathrm{d}y \int_e^h \mathrm{d}z \int_a^b f\mathrm{d}x$$

$$= \int_e^h \mathrm{d}z \int_a^b \mathrm{d}x \int_c^d f\mathrm{d}y = \int_e^h \mathrm{d}z \int_c^d \mathrm{d}y \int_a^b f\mathrm{d}x,$$

即 $\iiint_\Omega f(x,y,z)\mathrm{d}x\mathrm{d}y\mathrm{d}z$ 可以转化为任意形式的三次积分.

证明的思路与二重积分对应的定理证明思路相同, 此处略.

在长方体区域上, 转化为三次积分的积分顺序有6种, 因此, 三重积分的计算更加复杂, 难度更大.

下面, 将定理 3.1 进行进一步的推广. 为此, 类似二重积分将平面区域投影到平面坐标系的坐标轴上得到 x-型区域或 y-型区域, 我们将空间区域投影到空间坐标系的坐标平面或坐标轴上, 利用投影给出区域的代数表示, 从而引入一些相应的特殊的空间区域概念, 得到相应的计算公式, 这种方法也称为三重积分计算的投影方法.

首先将区域投影到坐标面, 得到将三重积分化为先计算一个定积分, 再计算一个二重积分的先一后二法.

2. 先一后二法

(Ⅰ) xy-型区域上的先一后二法

我们将区域向 xOy 坐标面作投影, 引入如下类型区域的定义.

定义 3.2　若存在定义在 D_{xy} 上的函数 $z_i(x,y)$，$i=1,2$，使空间区域 Ω 可表示为

$$\Omega = \{(x,y,z) \in \mathbf{R}^3 : z_1(x,y) \leqslant z \leqslant z_2(x,y), (x,y) \in D_{xy}\},$$

其中 D_{xy} 为 xOy 坐标面中有界的闭区域，称区域 Ω 是 xy-型区域.

信息挖掘　1) 区域的几何特征: 定义 3.2 给出了 xy-型区域的代数特征; 从几何上看，xy-型区域 Ω 是将其向 xOy 平面作投影，利用投影区域刻画其特征. 其代数表达式中各量都有对应的几何意义, 对应的关系是

曲面 $z = z_2(x,y), (x,y) \in D_{xy}$ 为 Ω 的上顶，曲面 $z = z_1(x,y), (x,y) \in D_{xy}$ 为 Ω 的下底，D_{xy} 正是 Ω 在 xOy 面的投影区域(图 17-14).

除了上述刻画 xy-型区域的三个主要要素——顶、底和投影区域外，几何上，这种类型的区域还涉及一个概念——围，即夹在顶、底之间的柱面，其准线为 $l = \partial D_{xy}$，母线平行于 z 轴，即围是由 D_{xy} 确定的柱面，因此，刻画 xy-型区域代数特征的各量 $z_2(x,y)$，$z_1(x,y)$ 和 D_{xy} 都有对应的几何意义.

2) 几何形状: 从几何图形上看，xy-型区域是相对于 z 轴的直柱体，其顶和底都是曲面.

3) 当顶和底有交时，围退化为一条曲线段或直线段 l，此时 l 正是顶和底的交线，即

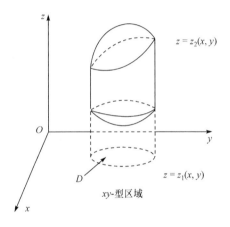

图 17-14

$$l : \begin{cases} z = z_1(x,y), \\ z = z_2(x,y), \end{cases}$$

l 在 xOy 平面上的投影正是 $l = \partial D_{xy}$.

4) 由函数的定义, 区域的顶和底相对于 z 轴都是简单曲面，即用平行于 z 轴的直线穿过区域，直线与顶和底面至多有一个交点.

上述分析表明, 确定一个空间区域为 xy-型区域, 只需确定其顶、底、围(交线、投影), 这些量可以通过图形直观上来确定(仍可用穿线法确定顶和底), 因此, 画出 Ω 的几何图形在计算三重积分时非常重要.

在 xy-型区域上成立如下的三重积分的计算公式.

定理 3.2　设 Ω 是 xy-型区域，$f(x,y,z)$ 为 Ω 上的连续函数，则

$$\iiint_\Omega f(x,y,z)\mathrm{d}x\mathrm{d}y\mathrm{d}z = \iint_{D_{xy}}\mathrm{d}x\mathrm{d}y\int_{z_1(x,y)}^{z_2(x,y)}f(x,y,z)\mathrm{d}z .$$

证明思路和二重积分的延拓方法类似, 此处略去证明.

由于定理 3.2 是将三重积分转化为先计算一个定积分, 再计算一个二重积分, 因此, 称其为先一后二法.

抽象总结 "先一后二法"是计算三重积分的主要方法, 计算的主要步骤如下:

1) 画出大致的区域图, 画出投影区域的平面图;

2) 确定区域类型, 即通过确定区域几何特征的顶、底和投影, 给出区域的代数表示;

3) 代入公式计算.

计算过程中的关键是确定区域的顶、底和围, 给出相应的代数表示, 当然, 计算过程中充分挖掘尽可能多的信息如对称性、轮换对称性(对等性)等, 可以简化计算.

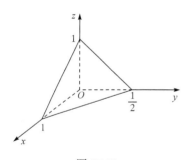

图 17-15

例 1 计算 $I = \iiint_\Omega x\mathrm{d}x\mathrm{d}y\mathrm{d}z$, 其中 Ω 由三个坐标面和平面 $x+2y+z=1$ 所围(图 17-15).

解 将 Ω 视为 xy-型, 则从几何上看, 区域的上顶为平面 $z=1-x-2y$; 下底为平面 $z=0$; 投影区域 D_{xy} 为由 xOy 坐标系内坐标轴和直线 $x+2y=1$ 所围, 故可以表述为如下的 xy-型区域

$$\Omega = \{(x,y,z):0\leqslant z\leqslant 1-x-2y,(x,y)\in D_{xy}\},$$

故

$$I = \iint_{D_{xy}}\mathrm{d}x\mathrm{d}y\int_0^{1-x-2y}x\mathrm{d}z = \iint_{D_{xy}}x(1-x-2y)\mathrm{d}x\mathrm{d}y$$

$$= \int_0^1\mathrm{d}x\int_0^{\frac{1-x}{2}}x(1-x-2y)\mathrm{d}y \quad (\text{视 } D_{xy} \text{ 为 } x\text{-型区域})$$

$$\left(= \int_0^{\frac{1}{2}}\mathrm{d}y\int_0^{1-2y}x(1-x-2y)\mathrm{d}x\right) \quad (\text{视 } D_{xy} \text{ 为 } y\text{-型区域})$$

$$= \frac{1}{48}.$$

例 2 计算 $I = \iiint_\Omega(x+2y+3z)\mathrm{d}x\mathrm{d}y\mathrm{d}z$, 其中 Ω 由三个坐标面和平面

$x + y + z = 1$ 所围.

简析　与例 1 类似, 可以采用类似的方法, 但是, 挖掘更多的信息可以发现, 区域具有轮换对称性, 利用此性质简化计算.

解　由于区域具有轮换对称性, 故

$$\iiint_\Omega x \mathrm{d}x\mathrm{d}y\mathrm{d}z = \iiint_\Omega y \mathrm{d}x\mathrm{d}y\mathrm{d}z = \iiint_\Omega z \mathrm{d}x\mathrm{d}y\mathrm{d}z ,$$

所以, $I = 6\iiint_\Omega x \mathrm{d}x\mathrm{d}y\mathrm{d}z$.

将 Ω 视为 xy-型区域, 则

$$\Omega = \{(x,y,z): 0 \leqslant z \leqslant 1 - x - y, (x,y) \in D_{xy}\},$$
$$D_{xy} = \{(x,y): 0 \leqslant y \leqslant 1 - x, 0 \leqslant x \leqslant 1\},$$

故

$$I = 6\iint_{D_{xy}} \mathrm{d}x\mathrm{d}y \int_0^{1-x-y} x\mathrm{d}z = 6\int_0^1 \mathrm{d}x \int_0^{1-x} \mathrm{d}y \int_0^{1-x-y} x\mathrm{d}z = \frac{1}{4}.$$

例 3　计算 $I = \iiint_\Omega y\cos(x+z)\mathrm{d}x\mathrm{d}y\mathrm{d}z$, 其中 Ω 由抛物柱面 $y = \sqrt{x}$ 及平面 $y = 0, z = 0, x + z = \dfrac{\pi}{2}$ 所围(图 17-16).

解　区域可视为 xy-型区域, 其顶为 $z = \dfrac{\pi}{2} - x$; 底为 $z = 0$; 投影区域

$$D_{xy} = \left\{(x,y): 0 \leqslant y \leqslant \sqrt{x}, 0 \leqslant x \leqslant \frac{\pi}{2}\right\},$$

故

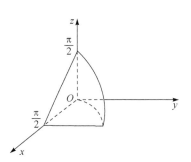

图 17-16

$$I = \iint_{D_{xy}} \mathrm{d}x\mathrm{d}y \int_0^{\frac{\pi}{2}-x} y\cos(z+x)\mathrm{d}z$$

$$= \int_0^{\frac{\pi}{2}} \mathrm{d}x \int_0^{\sqrt{x}} \mathrm{d}y \int_0^{\frac{\pi}{2}-x} y\cos(z+x)\mathrm{d}z = \frac{\pi^2}{16} - \frac{1}{2}.$$

观察例 1—例 3, 区域所围图形很明显, 有的是柱面, 有的退化为线段.

进一步分析上述例子, 思考问题: 求解的方法唯一吗, 能否转化为其他形式的先一后二类型? 分析定理3.2建立的基础, 可以设想, 若将区域投影到其他坐标面, 由此给出 yz-型或 zx-型区域, 就可以建立相应的计算公式.

(Ⅱ) yz-型或 zx-型区域上的 "先一后二法"

类似地, 将 Ω 投影到另外两个坐标面, 得到不同的 "先一后二法".

定义 3.3　1) 若 Ω 可表示为

$$\Omega=\{(x,y,z)\in\mathbf{R}^3:y_1(x,z)\leqslant y\leqslant y_2(x,z),(x,z)\in D_{xz}\},$$

其中 D_{xz} 是 xOz 坐标面内的有界闭区域, 称 Ω 为 xz-型区域.

2) 若 Ω 可表示为

$$\Omega=\{(x,y,z)\in\mathbf{R}^3:x_1(y,z)\leqslant x\leqslant x_2(y,z),(y,z)\in D_{yz}\},$$

其中 D_{yz} 为 yOz 坐标面内的有界闭区域, 称 Ω 为 yz-型区域.

可以和 xy-型区域一样确定 xz-型、yz-型区域的几何特征和代数表示间的关系, 当然, 也成立类似的对应三重积分的计算公式.

定理 3.3　设 $f(x,y,z)$ 为定义在 Ω 上的连续函数,

1) 若 Ω 为 xz-型区域, 则

$$\iiint_\Omega f(x,y,z)\mathrm{d}x\mathrm{d}y\mathrm{d}z=\iint_{D_{xz}}\mathrm{d}z\mathrm{d}x\int_{y_1(x,z)}^{y_2(x,z)}f(x,y,z)\mathrm{d}y;$$

2) 若 Ω 为 yz-型区域, 则

$$\iiint_\Omega f(x,y,z)\mathrm{d}x\mathrm{d}y\mathrm{d}z=\iint_{D_{yz}}\mathrm{d}y\mathrm{d}z\int_{x_1(y,z)}^{x_2(y,z)}f(x,y,z)\mathrm{d}x.$$

如例 1, 也可以将区域视为其他两种类型, 如将 Ω 视为 xz-型, 则区域的顶为平面 $y=\dfrac{1-x-z}{2}$; 底为平面 $y=0$; 投影区域为 D_{zx} 由 xOz 坐标系内坐标轴和直线 $x+z=1$ 所围, 故 $\Omega=\left\{(x,y,z):0\leqslant y\leqslant\dfrac{1-x-z}{2},(x,y)\in D_{zx}\right\}$, 因而, $I=\iint_{D_{zx}}\mathrm{d}x\mathrm{d}z\int_0^{\frac{1-x-z}{2}}x\mathrm{d}y=\dfrac{1}{48}$; 将 Ω 视为 yz-型区域时, 其顶为平面 $x=1-z-2y$; 底为平面 $x=0$; 投影区域 D_{yz} 为由 yOz 坐标系内坐标轴和直线 $2y+z=1$ 所围, 故

$$\Omega=\{(x,y,z):0\leqslant x\leqslant1-z-2y,(x,y)\in D_{yz}\},$$

因而 $I=\iint_{D_{yz}}\mathrm{d}y\mathrm{d}z\int_0^{1-z-2y}x\mathrm{d}x=\dfrac{1}{48}$.

对例 3, 可以自己动手, 给出其他类型的计算.

例 4　计算 $I=\iiint_\Omega y\sqrt{1-x^2}\mathrm{d}x\mathrm{d}y\mathrm{d}z$, Ω 由球面 $y=-\sqrt{1-x^2-z^2}$, 柱面 $x^2+z^2=1$, 平面 $y=1$ 所围(图 17-17).

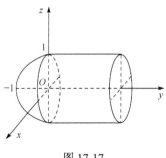

图 17-17

解　将 Ω 视为 xz-型区域更方便, 此时, 其顶为平面 $y=1$; 底为球面 $y=-\sqrt{1-x^2-z^2}$; 投影区域为

$$D_{xz} = \{(x,z) : x^2 + z^2 \leqslant 1\},$$

故

$$I = \iint_{D_{xz}} \mathrm{d}x\mathrm{d}z \int_{-\sqrt{1-x^2-z^2}}^{1} y\sqrt{1-x^2}\mathrm{d}y = \frac{28}{45}.$$

3. 先二后一法

在"先一后二法"中, 我们是将区域投影到各个坐标面上, 由此将三重积分化为先计算一重定积分, 再计算一个二重积分. 我们再换一种角度, 考虑将区域"投影"到各坐标轴上, 由此得到三重积分的"先二后一法", 即将三重积分转化为先计算一个二重积分, 再计算一个定积分, 如 $\int_a^b \mathrm{d}z \iint_D f(x,y,z)\mathrm{d}x\mathrm{d}y$ 的形式.

同理, 根据投影轴的不同将区域 Ω 分类.

（Ⅰ）z-型区域上的"先二后一法"

定义 3.4　设 Ω 夹在平面 $z = z_1, z = z_2$ 之间(即 Ω 在 z 轴上的"投影区间"为 $[z_1, z_2]$), 又设对任意 $z \in [z_1, z_2]$, 过点 $(0,0,z)$ 作平行于 xOy 坐标面的平面 π, 其与 Ω 的交为平面区域 $D(z)$, 此时区域可以表示为

$$\Omega = \{(x,y,z) : (x,y) \in D_z, z \in [z_1, z_2]\},$$

称 Ω 为 z-型区域.

$D(z)$ 应视为以 z 为参量的 xOy 坐标面中的平面区域.

成立如下计算公式.

定理 3.4　设 Ω 为 z-型区域, $f(x,y,z)$ 为连续函数, 则

$$\iiint_{\Omega} f(x,y,z)\mathrm{d}x\mathrm{d}y\mathrm{d}z = \int_{z_1}^{z_2} \mathrm{d}z \iint_{D(z)} f(x,y,z)\mathrm{d}x\mathrm{d}y.$$

证明略.

在上述的计算过程中, 由于需要知道截面 $D(z)$, 或需要通过截面给出区域的代数表示, 因此, 上述将三重积分化为"先二后一法"的计算方法也称为截面法.

（Ⅱ）y-型区域和 x-型区域上的"先二后一法"

类似地, 可将区域投影到 y 轴和 x 轴上, 引入 y-型和 x-型空间区域及相应的计算公式, 我们略去.

我们给出几个例子, 说明先二后一法的应用.

我们首先以 z-型域为例, 给出用"先二后一法"计算三重积分的步骤:

1) 画图, 注意分析对称性、对等性;

2) 计算在 z 轴上的投影区间 $[z_1, z_2]$;

3) 对任意 $z \in [z_1, z_2]$, 计算 $D(z)$, 即将 z 视为参量求 Ω 与平面 $z = z$ 的交(通常是将 Ω 的边界面方程中的 z 视为参量, 得到关于 x, y 的平面区域);

4) 画出以 z 为参量的平面区域 $D(z)$;

5) 代入公式.

例 5　计算 $I = \iiint_\Omega z\mathrm{d}x\mathrm{d}y\mathrm{d}z$，其中 $\Omega : x^2 + y^2 + z^2 \leqslant 1, x \geqslant 0, y \geqslant 0, z \geqslant 0$.

解　可用"先一后二法"，这里采用"先二后一法".

Ω 在 z 轴上"投影区间"为 $[0,1]$，对任意 $z \in [0,1]$，过 $(0,0,z)$ 作截面得

$$D(z) = \{(x,y) : x^2 + y^2 \leqslant 1 - z^2, x \geqslant 0, y \geqslant 0\},$$

即将 Ω 的边界方程 $x^2 + y^2 + z^2 \leqslant 1, x \geqslant 0, y \geqslant 0, z \geqslant 0$ 中的 z 视为常参量. 故

$$I = \iiint_\Omega z\mathrm{d}x\mathrm{d}y\mathrm{d}z = \int_0^1 z\mathrm{d}z \iint_{D_z} \mathrm{d}x\mathrm{d}y = \frac{1}{4}\int_0^1 z\pi(1-z^2)\mathrm{d}z = \frac{1}{16}\pi.$$

例 6　用"先二后一法"计算例 1.

解　显然，Ω 在 z 轴的投影区间为 $[0,1]$，且对任意的 $z \in [0,1]$，对应的截面为 $D(z) : x + 2y \leqslant 1 - z, x \geqslant 0, y \geqslant 0$，故

$$I = \iiint_\Omega x\mathrm{d}x\mathrm{d}y\mathrm{d}z = \int_0^1 \mathrm{d}z \iint_{D_z} x\mathrm{d}x\mathrm{d}y = \int_0^1 \mathrm{d}z \int_0^{1-z} x\mathrm{d}x \int_0^{\frac{1-x-z}{2}} \mathrm{d}y = \frac{1}{48}.$$

4. 一般区域上的分割法

对一般区域，可以通过分割将区域分割成若干个上述特殊的区域，不再具体举例.

四、三重积分计算的变量代换法

三重积分的"先一后二法"或"先二后一法"，对结构简单的三重积分是非常有效的计算方法，但对结构复杂的三重积分，直接进行上述计算是非常困难的. 因此，有必要对复杂结构的三重积分先进行结构简化，再利用上述算法进行计算. 简化结构的有效方法就是变量代换.

1. 一般理论

设变量代换 $H : \begin{cases} u = u(x,y,z), \\ v = v(x,y,z), \\ w = w(x,y,z) \end{cases}$ 满足

1) H 是 C^1 的变换，即 $u(x,y,z), v(x,y,z), w(x,y,z)$ 在 Ω 上具有一阶连续的偏导数;

2) $H : (x,y,z) \in \Omega \to (u,v,w) \in \Omega'$ 是 1-1 的，即 $J = \dfrac{D(x,y,z)}{D(u,v,w)} \neq 0$.

上述条件下有逆变换: $H^{-1}: \begin{cases} x = x(u,v,w), \\ y = y(u,v,w), \\ z = z(u,v,w), \end{cases}$ 且 H^{-1} 将 Ω' 1-1 映射为 Ω .

定理 3.5　设变量变换 H 满足上述条件, $f(x,y,z)$ 连续, 则

$$\iiint_{\Omega} f(x,y,z)\mathrm{d}x\mathrm{d}y\mathrm{d}z = \iiint_{\Omega'} f(x(u,v,w), y(u,v,w), z(u,v,w))\left|J\right|\mathrm{d}u\mathrm{d}v\mathrm{d}w .$$

我们略去定理的证明, 重点解决定理的应用问题.

变换的目的是将积分结构简单化, 如何选择合适的变换达到上述目的? 必须根据具体问题, 具体分析. 下面, 针对一些特殊的区域结构, 给出几种常用的变换.

2. 柱面变换

首先引入柱面坐标. 给定空间点 $M(x,y,z)$, 其在 xOy 坐标面上的投影点为 $p(x,y,0)$, 记 $p'(x,y)$, 则 $p'(x,y)$ 在平面直角坐标系下有对应的极坐标 $p'(r,\theta)$, 称 (r,θ,z) 为 M 点的柱面坐标, 也记为 $M(r,\theta,z)$ (图 17-18).

柱面坐标的几何意义:

$r = C$ 时, 表示圆柱面(称为柱面坐标的原因); $\theta = C$ 时, 表示半平面; $z = C$ 时, 表示平面, 其中 C 表示常数.

上述三族曲面, 两两正交, 因而是正交坐标系.

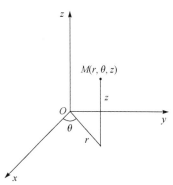

图 17-18

作柱面变换 $H^{-1}: \begin{cases} x = r\cos\theta, \\ y = r\sin\theta, \\ z = z, \end{cases}$ 则 $J = r$, 由代换定理, 可得

定理 3.6　在柱面坐标变换下, 成立

$$\iiint_{\Omega} f(x,y,z)\mathrm{d}x\mathrm{d}y\mathrm{d}z = \iiint_{\Omega'} f(r\cos\theta, r\sin\theta, z)r\mathrm{d}r\mathrm{d}\theta\mathrm{d}z .$$

和平面区域的极坐标变换一样, 柱面变换下, 区域形状没有改变, 只是表达方式变了.

由柱面坐标的几何意义, 对圆柱面, 在柱面坐标下很简单地表示为 $r = C$, 在直角坐标系下的表示为 $x^2 + y^2 = C^2$, 代数结构较为复杂, 因此, 柱面结构在柱面坐标下表示简单, 因而, 柱坐标变换处理对象的特点是区域具圆柱结构, 即积分

结构中包含因子 $x^2 + y^2$.

剩下的问题是: 如何将柱面坐标下的三重积分

$$\iiint_\Omega f(r\cos\theta, r\sin\theta, z)r\mathrm{d}r\mathrm{d}\theta\mathrm{d}z$$

化为累次积分.

事实上, 由于柱坐标下, z 的含义没变, 只是将坐标分量 x,y 用相应的极坐标表示, 因而, 柱坐标下三重积分的计算实际上是将三重积分转化为"先一后二"或"先二后一"计算时, 对二重积分的计算采用相应的极坐标. 我们以个别区域类型为例简要说明.

（Ⅰ）先一后二法

以 xy-型区域为例, 此时, Ω 在 xy 平面上的投影转化为极坐标, 表示为 $D_{r\theta}$, 而顶和底也分别是 r, θ 的函数, 即, 顶为 $z = z_2(r\cos\theta, r\sin\theta)$, 底为 $z = z_1(r\cos\theta, r\sin\theta)$, 故

$$\iiint_\Omega f(r\cos\theta, r\sin\theta, z)r\mathrm{d}r\mathrm{d}\theta\mathrm{d}z = \iint_{D_{r\theta}} r\mathrm{d}r\mathrm{d}\theta\int_{z_1(r\cos\theta, r\sin\theta)}^{z_2(r\cos\theta, r\sin\theta)} f(r\cos\theta, r\sin\theta, z)\mathrm{d}z .$$

（Ⅱ）先二后一法

以 z-型区域为例, 设其在 z 轴上的投影区间为 $[z_1, z_2]$, 且对 $z \in [z_1, z_2]$, 求得截面为 $D(z) = D_z(r, \theta)$, 则

$$\iiint_\Omega f(r\cos\theta, r\sin\theta, z)r\mathrm{d}r\mathrm{d}\theta\mathrm{d}z = \int_{z_1}^{z_2}\mathrm{d}z\iint_{D_z(r,\theta)} f(r\cos\theta, r\sin\theta, z)r\mathrm{d}r\mathrm{d}\theta.$$

上述两种方法, 我们选择将 Ω 投影到 xOy 平面和 z 轴上, 主要基于视觉上便于观察, 投影到其他的坐标面和坐标轴上, 处理方法类似, 此时引入柱坐标下的方式相应改变.

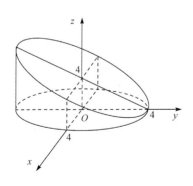

图 17-19

例 7　计算 $I = \iiint_\Omega \sqrt{x^2 + y^2}\,\mathrm{d}x\mathrm{d}y\mathrm{d}z$, 其中 Ω 由柱面 $x^2 + y^2 = 16$, 平面 $y + z = 4, z = 0$ 所围(图 17-19).

解　积分具圆柱结构, 用柱坐标变换计算, 采用"先一后二法". 此时, 区域 Ω 的顶为 $z = 4 - y = 4 - r\sin\theta$, 底为 $z = 0$, 投影为圆域为 $D_{r\theta} = \{(r, \theta) : r \leqslant 4, 0 \leqslant \theta \leqslant 2\pi\}$, 故

$$I = \iiint_\Omega r^2\mathrm{d}r\mathrm{d}\theta\mathrm{d}z = \iint_{r\leqslant 4} r^2\mathrm{d}r\mathrm{d}\theta\int_0^{4-r\sin\theta} \mathrm{d}z$$

$$= \iint_{r \leqslant 4} r^2 (4 - r\sin\theta) \mathrm{d}r\mathrm{d}\theta$$

$$= \int_0^{2\pi} \mathrm{d}\theta \int_0^4 r^2 (4 - r\sin\theta)\, \mathrm{d}r = \frac{512}{3}\pi.$$

3. 球面坐标及球变换

先引入球面坐标的定义.

对空间任一点 $M(x, y, z)$, 作 xOy 坐标面上的投影点 $P(x, y, 0)$, 引入 xOy 坐标面的极坐标 (r, θ) , 作有向线段 $\overrightarrow{OM}$, 记 $\rho = |\overrightarrow{OM}|$, φ 为 $\overrightarrow{OM}$ 与 z 轴正向的夹角, 称 (ρ, θ, φ) 为 M 点的球面坐标, 记为 $M(r, \theta, \varphi)$ (图 17-20).

球面坐标的几何意义: $\rho = C$ 时, 表示球面; $\theta = C$ 时, 表示半平面; $\varphi = C$ 时, 表示圆锥面.

由定义, 则 $\rho \geqslant 0, 0 \leqslant \varphi \leqslant \pi$, 且成立关系 $r = \rho\sin\varphi$, 因而, 成立直角坐标和球面坐标的关系:

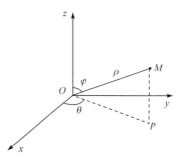

图 17-20

$$\begin{cases} x = \rho\cos\theta\sin\varphi, & \rho \geqslant 0, \\ y = \rho\sin\theta\sin\varphi, & 0 \leqslant \theta \leqslant 2\pi, \\ z = \rho\cos\varphi, & 0 \leqslant \varphi \leqslant \pi, \end{cases}$$

这样, 直角坐标通过上述公式建立了与球面坐标的 1-1 对应.

上述关系式也称为球坐标变换, 易计算 $J = \rho^2\sin\varphi$.

球坐标下, 区域大小、形状不变, 只是表达方式变了.

定理 3.7 在球坐标变换下成立

$$\iiint_\Omega f(x, y, z)\mathrm{d}x\mathrm{d}y\mathrm{d}z = \iiint_\Omega f(\rho\cos\theta\sin\varphi, \rho\sin\theta\sin\varphi, \rho\cos\varphi)\rho^2\sin\varphi\mathrm{d}\rho\mathrm{d}\theta\mathrm{d}\varphi.$$

球面坐标还有另外一种表示形式. 若记 $\varphi' = \langle \overrightarrow{OM}, \overrightarrow{OP} \rangle$, 则 M 在 xOy 坐标面上方时, $\varphi + \varphi' = \frac{\pi}{2}$, 即 $\varphi = \frac{\pi}{2} - \varphi'$; M 在 xOy 坐标面下方时, $\varphi' + \frac{\pi}{2} = \varphi$, 即 $\varphi = \frac{\pi}{2} + \varphi'$, 因而, (x, y, z) 与 (ρ, θ, φ') 也是一一对应的, 故有时也称 (ρ, θ, φ') 为球面坐标, 此时球变换为

$$\begin{cases} x = \rho\cos\theta\cos\varphi', & \rho \geqslant 0, \\ y = \rho\sin\theta\cos\varphi', & 0 \leqslant \theta \leqslant 2\pi, \\ z = \rho\sin\varphi', & -\frac{\pi}{2} \leqslant \varphi' \leqslant \frac{\pi}{2}, \end{cases}$$

且 $J = \rho^2 \cos\varphi'$, 当然, 成立对应的计算公式.

同样, 球坐标变换下处理的三重积分的结构具有球结构特点, 即积分结构中含因子 $x^2 + y^2 + z^2$, 此时, 复杂的方程 $x^2 + y^2 + z^2 = C^2$ 在球坐标下变为非常简单的形式 $\rho = C$.

剩下的问题是: 如何在球坐标下计算三重积分, 即如何将球坐标的三重积分转化为三次积分? 这就必须确定球坐标的变化范围, 这是难点. 为说明这一问题的困难性, 作一比较:

直角坐标系: 三个固定的坐标轴, 三个固定的坐标面;

柱面坐标系: 一个固定的坐标轴, 一个固定的坐标面, (r,θ) 面;

球坐标系: 没有固定的坐标轴和坐标面.

因此, 在直角坐标系下, 可以向各个坐标面和各个坐标轴作投影, 形成各种不同形式的"先一后二法"和"先二后一法", 在柱坐标系, 可以向固定 z 轴和固定的 (r,θ) 面作投影, 得到相应的计算方法.

但是, 球坐标系下, 由于没有固定的轴和坐标面, 故上述的投影方法不可行. 因此, 球坐标系下三重积分的计算, 只能通过区域的几何特征, 直接确定各个球坐标分量的变化范围, 根据各个量的变化范围及其相互的关系, 将其转化为累次积分来计算. 球坐标系下各个坐标分量的范围的确定方法如下.

(Ⅰ) θ 范围的确定

由于 θ 是对应于 xOy 坐标面的极坐标的极角, 因此, θ 范围的确定方法和平面区域极角范围的确定相同, 即若 Ω 的投影域夹在两条射线 $\theta = \alpha, \theta = \beta$ 间, 或 Ω 夹在两个半平面 $\theta = \alpha, \theta = \beta$ 间, 则 $\alpha \leqslant \theta \leqslant \beta$.

(Ⅱ) φ 的范围的确定

锥面法: 若区域夹在两个半顶角分别为 ϕ, γ $(\phi < \gamma)$ 的锥面之中, 则 $\phi \leqslant \varphi \leqslant \gamma$.

特别地, 若 z 轴的上半轴含在区域中, 此时, 对应半顶角为 ϕ 的锥面退化为 z 轴, 因此, 取 $\phi = 0$, 则 $0 \leqslant \varphi \leqslant \gamma$.

(Ⅲ) ρ 的范围的确定

穿线法: 用从原点出发的射线穿过区域 Ω, 若射线从曲面 $\rho = \rho_1(\theta,\varphi)$ 进入区域 Ω, 而从曲面 $\rho = \rho_2(\theta,\varphi)$ 穿出区域 Ω, 则 $\rho_1(\theta,\varphi) \leqslant \rho \leqslant \rho_2(\theta,\varphi)$.

特别地, 若原点在区域的内部或界面上, 取 $\rho_1(\theta,\varphi) = 0$.

特别地, Ω 包含原点时, $0 \leqslant \theta \leqslant 2\pi, 0 \leqslant \phi \leqslant \pi, \rho_2(\theta,\varphi) \geqslant \rho \geqslant 0$.

例 8　设 Ω 为由球面 $x^2 + y^2 + z^2 = 2rz$ $(r > 0)$ 和锥面 $x^2 + y^2 = z^2 \tan\alpha$ 所围的区域(图 17-21), 求 Ω 的体积 V.

解 显然 $V = \iiint_\Omega 1\mathrm{d}x\mathrm{d}y\mathrm{d}z$,由于 Ω 具有球结

构,利用球坐标变换,在球坐标下,则 Ω :
$0 \leqslant \theta \leqslant 2\pi, 0 \leqslant \rho \leqslant 2r\cos\varphi, 0 \leqslant \varphi \leqslant \alpha$,故

$$V = \iiint_\Omega \rho^2 \sin\varphi\mathrm{d}\rho\mathrm{d}\theta\mathrm{d}\varphi$$
$$= \int_0^{2\pi}\mathrm{d}\theta\int_0^\alpha \sin\varphi\mathrm{d}\varphi\int_0^{2r\cos\varphi}\rho^2\mathrm{d}\rho$$
$$= \frac{4\pi r^3}{3}(1-\cos^4\alpha).$$

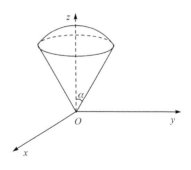

图 17-21

例 8 中关于 ρ 的下界的确定:锥面并不是 ρ
的下界,而是 φ 的界,即锥面在积分中的作用与影响体现在 $\varphi = \alpha$ 上.

例 9 将 $I = \iiint_\Omega f(x,y,z)\mathrm{d}x\mathrm{d}y\mathrm{d}z$ 化为三次积分,其中 Ω 为高为 h 、顶角为
$2\alpha_0$ 的圆锥(设 z 轴垂直于锥的底面).

解 在球坐标下, $\Omega: 0 \leqslant \theta \leqslant 2\pi, 0 \leqslant \rho \leqslant h\sec\varphi, 0 \leqslant \varphi \leqslant \alpha_0$,则
$$I = \iiint_\Omega f(\rho\cos\theta\sin\varphi, \rho\sin\theta\sin\varphi, \rho\cos\varphi)\rho^2\sin\varphi\mathrm{d}\rho\mathrm{d}\theta\mathrm{d}\varphi$$
$$= \int_0^{2\pi}\mathrm{d}\theta\int_0^{\alpha_0}\mathrm{d}\varphi\int_0^{h\sec\varphi} f(\rho\cos\theta\sin\varphi, \rho\sin\theta\sin\varphi, \rho\cos\varphi)\rho^2\sin\varphi\mathrm{d}\rho.$$

例 9 中,区域边界过原点,因而, ρ 的下界为 0,上界为平面 $z = h$,代入球坐
标即为 $\rho\cos\varphi = h$,即 $\rho = h\sec\varphi$.

例 10 求曲面 $\pi : \left(\dfrac{x^2}{a^2} + \dfrac{y^2}{b^2} + \dfrac{z^2}{c^2}\right)^2 = cz$ 所围区域之体积.

解 区域是以 z 为旋转轴的椭球体,关于 x, y 都是对称的且 $z \geqslant 0$,原点在
区域的界面上,作广义球坐标变换
$$x = c\rho\cos\theta\sin\varphi, \quad y = b\rho\sin\theta\sin\varphi, \quad z = \rho\cos\varphi,$$
则 $J = abc\rho^2\sin\varphi$,且
$$\Omega : 0 \leqslant \theta \leqslant 2\pi, 0 \leqslant \varphi \leqslant \frac{\pi}{2}, 0 \leqslant \rho \leqslant \left(c^2\cos\varphi\right)^{\frac{1}{3}},$$
故
$$V = \iiint_\Omega \mathrm{d}x\mathrm{d}y\mathrm{d}z = \iiint_\Omega abc\rho^2\sin\varphi\mathrm{d}\rho\mathrm{d}\theta\mathrm{d}\varphi$$
$$= abc\int_0^{2\pi}\mathrm{d}\theta\int_0^{\frac{\pi}{2}}\mathrm{d}\varphi\int_0^{(c^2\cos\varphi)^{\frac{1}{3}}}\rho^2\sin\varphi\mathrm{d}\rho = \frac{\pi}{3}abc^3.$$

五、基于特殊结构的计算方法

同样, 对三重积分, 也可以利用特殊的结构特点简化计算, 仍以具体的例子说明处理的思想方法.

例 11 设 $\Omega = \{(x,y,z): x^2 + y^2 + z^2 \leqslant 4, x^2 + y^2 \leqslant 3z\}$, 计算三重积分 $I = \iiint_{\Omega}(x^2 y + xy^2 z + z)\mathrm{d}x\mathrm{d}y\mathrm{d}z$.

解 结构分析: 积分区域关于 xOz 坐标面和 yOz 坐标面对称, 函数 $x^2 y$ 是变量 y 的奇函数, xy^2 是变量 x 的奇函数.

记 $\Omega_1 = \{(x,y,z) \in \Omega: y \geqslant 0\}, \Omega_2 = \Omega \setminus \Omega_1, I_1 = \iiint_{\Omega} x^2 y \mathrm{d}x\mathrm{d}y\mathrm{d}z$, 则

$$I_1 = \iiint_{\Omega_1} x^2 y \mathrm{d}x\mathrm{d}y\mathrm{d}z + \iiint_{\Omega_2} x^2 y \mathrm{d}x\mathrm{d}y\mathrm{d}z .$$

利用变量代换 $\begin{cases} x = x, \\ y = -y, \\ z = z, \end{cases}$ 则 $\iiint_{\Omega_1} x^2 y \mathrm{d}x\mathrm{d}y\mathrm{d}z = -\iiint_{\Omega_2} x^2 y \mathrm{d}x\mathrm{d}y\mathrm{d}z$, 故 $I_1 = 0$; 同样,

$I_2 = \iiint_{\Omega} xy^2 \mathrm{d}x\mathrm{d}y\mathrm{d}z = 0$, 因此,

$$I = \iiint_{\Omega} z\mathrm{d}x\mathrm{d}y\mathrm{d}z = \int_0^{2\pi} \mathrm{d}\theta \int_0^{\sqrt{3}} r\mathrm{d}r \int_{\frac{r^2}{3}}^{\sqrt{4-r^2}} z\mathrm{d}z = \frac{13}{4}\pi.$$

例 12 设 $\Omega = \{(x,y,z): x^2 + y^2 + z^2 \leqslant 1, x \geqslant 0, y \geqslant 0, z \geqslant 0\}$, 计算三重积分 $I = \iiint_{\Omega}(x + 2y - 3z)\mathrm{d}x\mathrm{d}y\mathrm{d}z$.

解 积分区域具有轮换对称性, 因而,

$$\iiint_{\Omega} x\mathrm{d}x\mathrm{d}y\mathrm{d}z = \iiint_{\Omega} y\mathrm{d}x\mathrm{d}y\mathrm{d}z = \iiint_{\Omega} z\mathrm{d}x\mathrm{d}y\mathrm{d}z,$$

故 $I = 0.$

其他情形的对称性和奇偶性的结论可以自行总结, 课后习题有相应的题目进行训练.

习 题 17.3

1. 计算下列题目:

1) $I = \iiint_{V}(x + y + 2z)\mathrm{d}x\mathrm{d}y\mathrm{d}z$, 其中 V 由平面 $x = 0, y = 0, z = 0$ 和 $x + y + 2z = 2$ 所围成;

2) $I = \iiint_{V} \frac{1}{x^2 + y^2}\mathrm{d}x\mathrm{d}y\mathrm{d}z$, 其中 V 由平面 $x = 1, x = 2, y = x, z = 0$ 和 $z = y$ 所围;

3) $I = \iiint_V z\,\mathrm{d}x\mathrm{d}y\mathrm{d}z$，其中 V 由抛物面 $z = x^2 + y^2$ 和平面 $z = 1$ 所围；

4) $I = \iiint_V x\,\mathrm{d}x\mathrm{d}y\mathrm{d}z$，其中 V 由锥面 $x = \sqrt{y^2 + z^2}$ 和平面 $x = 1$ 所围；

5) $I = \iiint_V (x + z)\,\mathrm{d}x\mathrm{d}y\mathrm{d}z$，其中 V 由半球面 $x^2 + y^2 + z^2 = 1\,(y \le 0)$，柱面 $x^2 + z^2 = 1$ 和平面 $y = 1$ 所围；

6) $I = \iiint_V \dfrac{1}{(1 + x + y + z)^3}\,\mathrm{d}x\mathrm{d}y\mathrm{d}z$，其中 V 由平面 $x + y + z = 1$，$x = 0, y = 0, z = 0$ 所围；

2. 利用变量变换计算：

1) $I = \iiint_V \sqrt{x^2 + y^2 + z^2}\,\mathrm{d}x\mathrm{d}y\mathrm{d}z$，其中 V 由曲面 $x^2 + y^2 + z^2 = z$ 所围；

2) $I = \iiint_V (x^2 + y^2)\,\mathrm{d}x\mathrm{d}y\mathrm{d}z$，其中 V 由曲面 $x^2 + y^2 = 2z$ 和平面 $z = 2$ 所围；

3) $I = \iiint_V \left(\dfrac{x^2}{a^2} + \dfrac{y^2}{b^2} + \dfrac{z^2}{c^2} \right)\mathrm{d}x\mathrm{d}y\mathrm{d}z$，其中 V 由曲面 $\dfrac{x^2}{a^2} + \dfrac{y^2}{b^2} + \dfrac{z^2}{c^2} = 1$ 所围，$a > 0, b > 0, c > 0$；

4) $I = \iiint_V z^2\,\mathrm{d}x\mathrm{d}y\mathrm{d}z$，其中 V 由球面 $x^2 + y^2 + z^2 = r^2$ 和球面 $x^2 + y^2 + z^2 = 2rz$ 所围；

5) $I = \iiint_V z\,\mathrm{d}x\mathrm{d}y\mathrm{d}z$，其中 V 由曲面 $z = \sqrt{2 - x^2 - y^2}$ 和 $z = x^2 + y^2$ 所围；

6) $I = \iiint_V \dfrac{1}{\sqrt{x^2 + y^2 + z^2}}\,\mathrm{d}x\mathrm{d}y\mathrm{d}z$，其中 V 由锥面 $z = \sqrt{x^2 + y^2}$ 和平面 $z = 1$ 所围；

7) $I = \iiint_V z\,\mathrm{d}x\mathrm{d}y\mathrm{d}z$，其中 V 为单位球 $x^2 + y^2 + z^2 \le 1$ 且 $z \ge 0$ 的部分；

8) $I = \iiint_V \sqrt{x^2 + y^2}\,\mathrm{d}x\mathrm{d}y\mathrm{d}z$，其中 V 由曲面 $x^2 + y^2 = z^2$ 和平面 $z = 1$ 所围；

9) $I = \iiint_V (x + z)\,\mathrm{d}x\mathrm{d}y\mathrm{d}z$，其中 V 由曲面 $x^2 + y^2 = z^2$ 和 $z = \sqrt{1 - x^2 - y^2}$ 所围；

10) $I = \iiint_V (x + z)\,\mathrm{d}x\mathrm{d}y\mathrm{d}z$，其中 V 由球面 $x^2 + y^2 + z^2 = 2$ 和曲面 $z = x^2 + y^2$ 所围.

3. 分析并给出下列题目的结构特点，针对结构特点设计算法：

1) $I = \iiint_V (kx^2 + my^2 + nz^2)\,\mathrm{d}x\mathrm{d}y\mathrm{d}z$，其中 V 为单位球 $x^2 + y^2 + z^2 \le 1$；

2) $I = \iiint_V \dfrac{z\ln(1 + x^2 + y^2 + z^2)}{1 + x^2 + y^2 + z^2}\,\mathrm{d}x\mathrm{d}y\mathrm{d}z$，其中 V 为单位球 $x^2 + y^2 + z^2 \le 1$；

3) $I = \iiint_V (x + y + z)^2\,\mathrm{d}x\mathrm{d}y\mathrm{d}z$，其中 V 由抛物面 $z = x^2 + y^2$ 和球面 $x^2 + y^2 + z^2 = 2$ 所围的位于抛物面上方的部分.

4. 计算下列空间区域的体积(注意分析结构特征)：

1) $\Omega = \{(x, y, z) : x^2 + y^2 + z^2 \le 1, x \ge y^2 + z^2\}$；

2) $\Omega = \{(x, y, z) : (x^2 + y^2 + z^2)^2 \le x^2 + y^2\}$.

17.4 广义重积分

本节, 以二重积分为例引入广义重积分的内容. 类似定积分的广义积分, 二重广义积分也有两类: 无界域上二重广义重积分和无界函数的二重广义重积分.

一、无界区域上的二重广义重积分

1. 定义

设 $D \subset \mathbf{R}^2$ 为无界区域, 其边界由有限条光滑曲线组成, $f(x,y)$ 定义在 D 上, 且对任意有界的闭子区域 $\Omega \subset D$, $f(x,y)$ 在 Ω 上都二重可积, 又设 Γ 为一条面积为零的光滑曲线, Γ 到原点的最小和最大距离分别记为 $d(\Gamma) = \inf\{\sqrt{x^2+y^2} : (x,y) \in \Gamma\}$, $\rho(\Gamma) = \sup\{\sqrt{x^2+y^2} : (x,y) \in \Gamma\}$, 并设 $\rho(\Gamma) < +\infty$, 因而, 它将 D 割出一个有界的闭子区域 $D_\Gamma \subset D$ (图 17-22).

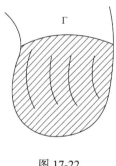

图 17-22

定义 4.1 若极限 $\lim\limits_{d(\Gamma) \to +\infty} \iint_{D_\Gamma} f(x,y)\mathrm{d}x\mathrm{d}y$ 存在, 且极限值 I 与 Γ 的取法无关, 则称 $f(x,y)$ 在无界区域 D 上二重可积, 或称二重广义重积分 $\iint_D f(x,y)\mathrm{d}x\mathrm{d}y$ 存在(收敛), 同时, I 称为二重广义积分 $\iint_D f(x,y)\mathrm{d}x\mathrm{d}y$ 的值.

由定义, 则

$$I = \iint_D f(x,y)\mathrm{d}x\mathrm{d}y = \lim_{d(\Gamma) \to +\infty} \iint_{D_\Gamma} f(x,y)\mathrm{d}x\mathrm{d}y,$$

即二重广义重积分仍是常义二重积分的极限.

2. 收敛性

虽然在定义中, 曲线 Γ 具有任意性, 但通常选取特殊的 Γ, 以判断其收敛性和计算, 为此, 先给出一个结论, 简化定义.

定理 4.1 设 $f(x,y)$ 为 D 上的非负函数, 如果 $\{\Gamma_n\}$ 是一列分段光滑的曲线, 它们割出的 D 的有界区域 $\{D_n\}$ 是单调增的, 即满足: $D_1 \subset \cdots \subset D_n$; 又设 $d(\Gamma_n) \to +\infty$ $(n \to +\infty)$, 则二重广义积分 $\iint_D f(x,y)\mathrm{d}x\mathrm{d}y$ 的收敛性等价于数列 $\left\{ \iint_{D_n} f(x,y)\mathrm{d}x\mathrm{d}y \right\}$ 的收敛性, 且收敛的条件下成立

$$\iint_D f(x,y)\mathrm{d}x\mathrm{d}y = \lim_{n\to\infty}\iint_{D_n} f(x,y)\mathrm{d}x\mathrm{d}y .$$

证明　必要性是显然的.

充分性. 由条件, $\left\{\iint_{D_n} f(x,y)\mathrm{d}x\mathrm{d}y\right\}$ 是单调递增的数列, 不妨设

$$\lim_{n\to\infty}\iint_{D_n} f(x,y)\mathrm{d}x\mathrm{d}y = I .$$

任给定义中的曲线 Γ, 由于 $d(\Gamma_n)\to+\infty(n\to+\infty)$, 则取充分大的 n, 使 $d(\Gamma_n) > \rho(\Gamma)$, 因而 $D_\Gamma \subset D_{\Gamma_n}$. 又 $f(x,y)$ 非负, 故

$$\iint_{D_\Gamma} f(x,y)\mathrm{d}x\mathrm{d}y \leqslant \iint_{D_{\Gamma_n}} f(x,y)\mathrm{d}x\mathrm{d}y \leqslant I .$$

另外, 对任意 $\varepsilon > 0$, 存在 $N > 0$, 使得

$$\iint_{D_N} f(x,y)\mathrm{d}x\mathrm{d}y \geqslant I-\varepsilon ,$$

因而, 当 Γ 满足 $d(\Gamma) > d(\Gamma_N)$ ($D_\Gamma \supset D_N$)时,

$$I-\varepsilon \leqslant \iint_{D_{\Gamma_N}} f(x,y)\mathrm{d}x\mathrm{d}y \leqslant \iint_{D_\Gamma} f(x,y)\mathrm{d}x\mathrm{d}y .$$

故, 对满足 $d(\Gamma) > d(\Gamma_n)$ 的充分大的 Γ, 总有

$$I-\varepsilon \leqslant \iint_{D_N} f(x,y)\mathrm{d}x\mathrm{d}y \leqslant I ,$$

因而 $\displaystyle\lim_{d(\Gamma)\to+\infty}\iint_{D_\Gamma} f(x,y)\mathrm{d}x\mathrm{d}y = I .$

定理 4.1 的作用是将广义重积分化为一类特殊区域上重积分的极限.

例 1（p-广义二重积分）　记 $D = \{(x,y):x^2+y^2\geqslant a^2\}(a>0)$, 记 $r = \sqrt{x^2+y^2}$, $f(x,y)=\dfrac{1}{r^p}(p>0)$, 证明: $\displaystyle\iint_D f(x,y)\mathrm{d}x\mathrm{d}y$ 当 $p>2$ 时收敛; $p\leqslant 2$ 时发散.

证明　取割线 $\Gamma_\rho = \{(x,y):x^2+y^2=\rho^2\}$ ($\rho>a$), 记

$$D_\rho = \{(x,y):a^2\leqslant x^2+y^2\leqslant\rho^2\} .$$

当 $p\neq 2$ 时,

$$\iint_{D_\rho} f(x,y)\mathrm{d}x\mathrm{d}y = \iint_{D_\rho}\frac{1}{r^p}\mathrm{d}x\mathrm{d}y \xlongequal{\text{极坐标}} \int_0^{2\pi}\mathrm{d}\theta\int_a^\rho\frac{1}{r^p}\cdot r\mathrm{d}r$$

$$= 2\pi\int_a^\rho\frac{1}{r^{p-1}}\mathrm{d}r = \frac{2\pi}{2-p}r^{2-p}\Big|_a^\rho$$

$$= \frac{2\pi}{2-p}(\rho^{2-p}-a^{2-p});$$

当 $p=2$ 时,

$$\iint_{D_\rho} f(x,y)\mathrm{d}x\mathrm{d}y = \int_0^{2\pi} \mathrm{d}\theta \int_a^\rho \frac{1}{r^p}\cdot r\mathrm{d}r = 2\pi\ln\frac{\rho}{a}.$$

故 $\displaystyle\lim_{\rho\to+\infty}\iint_{D_\rho} f(x,y)\mathrm{d}x\mathrm{d}y = \begin{cases} \dfrac{2\pi}{p-2}a^{2-p}, & p>2, \\ +\infty, & p\leqslant 2. \end{cases}$

抽象总结　已知一维情形进行比较, 一维 p-广义积分 $\displaystyle\int_1^{+\infty}\frac{1}{x^p}\mathrm{d}x$ 当 $p>1$ 时收敛, 当 $p\leqslant 1$ 时发散, 此时维数 $n=1$; 能否总结其共性特征, 由此猜想三维的结果? 下述的比较判别法仍成立.

定理 4.2　设 $0\leqslant f(x,y)\leqslant g(x,y)$, 则

1) $\displaystyle\iint_D f(x,y)\mathrm{d}x\mathrm{d}y$ 发散时, $\displaystyle\iint_D g(x,y)\mathrm{d}x\mathrm{d}y$ 发散;

2) $\displaystyle\iint_D g(x,y)\mathrm{d}x\mathrm{d}y$ 收敛时, $\displaystyle\iint_D f(x,y)\mathrm{d}x\mathrm{d}y$ 收敛.

3. 广义重积分的计算

定理 4.3　设 $f(x,y)$ 在 $D=[a,+\infty)\times[c,+\infty)$ 上连续, 且 $\displaystyle\int_a^{+\infty}\mathrm{d}x\int_c^{+\infty} f(x,y)\mathrm{d}y$ 和 $\displaystyle\int_c^{+\infty}\mathrm{d}y\int_a^{+\infty} f(x,y)\mathrm{d}x$ 存在, 则 $\displaystyle\iint_D f(x,y)\mathrm{d}x\mathrm{d}y$ 存在且

$$\iint_D f(x,y)\mathrm{d}x\mathrm{d}y = \int_a^{+\infty}\mathrm{d}x\int_c^{+\infty} f(x,y)\mathrm{d}y = \int_c^{+\infty}\mathrm{d}y\int_a^{+\infty} f(x,y)\mathrm{d}x.$$

定理 4.3 指明: 二重广义积分也可化为累次广义积分.

定理 4.4 (广义重积分的变量代换)　设 $u(x,y)$, $v(x,y)$ 可微, 给定变量代换

$H:\begin{cases} u=u(x,y), \\ v=v(x,y), \end{cases}$ 且 $J=\left|\dfrac{D(x,y)}{D(u,v)}\right|\neq 0$, H 将无界区域 D 1-1 映射为无界区域 G, 则

$$\iint_D f(x,y)\mathrm{d}x\mathrm{d}y = \iint_G f(x(u,v),y(u,v))|J|\mathrm{d}u\mathrm{d}v.$$

例 2　计算 $I = \displaystyle\iint_{0\leqslant x\leqslant y}\mathrm{e}^{-(x+y)}\mathrm{d}x\mathrm{d}y$.

解　$I = \displaystyle\lim_{R\to\infty}\iint_{0\leqslant x\leqslant y\leqslant R}\mathrm{e}^{-(x+y)}\mathrm{d}x\mathrm{d}y = \lim_{R\to\infty}\int_0^R\mathrm{d}x\int_x^R\mathrm{e}^{-(x+y)}\mathrm{d}y$

$= \displaystyle\lim_{R\to\infty}\int_0^R(\mathrm{e}^{-2x}-\mathrm{e}^{-x-R})\mathrm{d}x = \frac{1}{2}.$

例 3　计算 $I = \displaystyle\iint_{R^2}\mathrm{e}^{-(x^2+y^2)}\mathrm{d}x\mathrm{d}y$, 并计算 $I_1 = \displaystyle\int_0^{+\infty}\mathrm{e}^{-x^2}\mathrm{d}x$.

解 记 $D_R = \{(x,y): x^2 + y^2 \leqslant R^2\}$，则

$$I = \lim_{R\to +\infty} \iint_{D_R} \mathrm{e}^{-(x^2+y^2)}\mathrm{d}x\mathrm{d}y = \lim_{R\to +\infty} \int_0^{2\pi}\mathrm{d}\theta \int_0^R \mathrm{e}^{-r^2}r\mathrm{d}r = \pi .$$

又

$$
\begin{aligned}
I_1^2 &= \int_0^{+\infty} \mathrm{e}^{-x^2}\mathrm{d}x \cdot \int_0^{+\infty} \mathrm{e}^{-y^2}\mathrm{d}y \\
&= \lim_{R\to +\infty} \int_0^R \mathrm{e}^{-x^2}\mathrm{d}x \cdot \int_0^R \mathrm{e}^{-y^2}\mathrm{d}y \\
&= \lim_{R\to +\infty} \int_0^R \mathrm{d}x \cdot \int_0^R \mathrm{e}^{-(x^2+y^2)}\mathrm{d}y \\
&= \lim_{R\to +\infty} \iint_{[0,R]\times[0,R]} \mathrm{e}^{-(x^2+y^2)}\mathrm{d}x\mathrm{d}y \\
&= \frac{I}{4} = \frac{\pi}{4},
\end{aligned}
$$

故 $I_1 = \dfrac{\sqrt{\pi}}{2}$.

二、无界函数的广义积分

定义 4.2 若 $f(x,y)$ 在 $\mathring{U}(x_0,y_0)$ 有定义，且 $\lim\limits_{(x,y)\to(x_0,y_0)} f(x,y) = \infty$，称 (x_0,y_0) 为 $f(x,y)$ 的奇点.

设 $D \subset \mathbf{R}^2$ 为有界区域，$p(x_0,y_0)$ 为 D 的内点，$f(x,y)$ 在 $D\setminus\{(x_0,y_0)\}$ 有定义，(x_0,y_0) 为 $f(x,y)$ 的奇点，又记 γ 为包含奇点 p_0 的光滑闭曲线，所围区域 $\sigma \subset D$ (图 17-23)，记

$$\rho(\gamma) = \sup\{|p - p_0| : p(x,y) \in \gamma\}.$$

定义 4.3 若 $\lim\limits_{\rho(\gamma)\to 0} \iint_{D\setminus\sigma} f(x,y)\mathrm{d}x\mathrm{d}y$ 存在且与 γ 的选取无关，称无界函数 $f(x,y)$ 在 D 上二重可积，或广义二重积分 $\iint_D f(x,y)\mathrm{d}x\mathrm{d}y$ 存在，且 $\iint_D f(x,y)\mathrm{d}x\mathrm{d}y = \lim\limits_{\rho(\gamma)\to 0} \iint_{D\setminus\sigma} f(x,y)\mathrm{d}x\mathrm{d}y$.

关于具奇性的广义二重积分，只通过几个例子说明其计算.

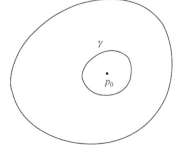

图 17-23

例 4 给定 $I = \iint_D \dfrac{\mathrm{d}x\mathrm{d}y}{(x^2+y^2)^m}$，$D: x^2 + y^2 \leqslant 1$，问 m 为何值时收敛，在收敛条

件下求其值.

解　记 $D_\varepsilon = x^2 + y^2 \leqslant \varepsilon^2$，则

$$\iint_{D \backslash D_\varepsilon} \frac{\mathrm{d}x\mathrm{d}y}{(x^2 + y^2)^m} = \int_0^{2\pi} \mathrm{d}\theta \int_\varepsilon^1 \frac{1}{r^{2m-1}} \mathrm{d}r = 2\pi \int_\varepsilon^1 \frac{\mathrm{d}r}{r^{2m-1}} ,$$

显然，当且仅当 $2m-1 < 1$，即 $m < 1$ 时，有 $I = \iint_D \frac{\mathrm{d}x\mathrm{d}y}{(x^2 + y^2)^m} = \frac{\pi}{1-m}$.

例 5　计算 $I = \iint_D \frac{\mathrm{d}x\mathrm{d}y}{\sqrt{x^2 + y^2}}, D : x^2 + y^2 \leqslant x$ (图 17-24).

解　奇点在边界，可以直接计算.

$$I = \int_{-\frac{\pi}{2}}^{\frac{\pi}{2}} \mathrm{d}\theta \int_0^{\cos\theta} \frac{r}{r} \mathrm{d}r = 2 .$$

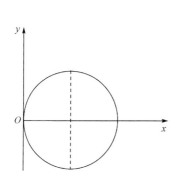

图 17-24

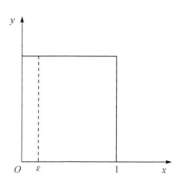

图 17-25

例 6　计算 $I = \iint_D \frac{y}{\sqrt{x}} \mathrm{d}x\mathrm{d}y, D : [0,1] \times [0,1]$ (奇点为边界线 $x = 0$)(图 17-25).

解　记 $D_\varepsilon = [\varepsilon,1] \times [0,1]$，由于

$$\iint_{D_\varepsilon} \frac{y}{\sqrt{x}} \mathrm{d}x\mathrm{d}y = \int_0^1 \mathrm{d}y \int_\varepsilon^1 \frac{y}{\sqrt{x}} \mathrm{d}x = \frac{1}{2} \int_\varepsilon^1 \frac{1}{\sqrt{x}} \mathrm{d}x \to 1 ,$$

故 $I = \iint_D \frac{y}{\sqrt{x}} \mathrm{d}x\mathrm{d}y = 1$.

习　题　17.4

1. 计算下列广义重积分:

1) $\iint_D \frac{1}{1 + x^2 + y^2} \mathrm{d}x\mathrm{d}y$，$D = \{(x,y) : x \geqslant 0, y \geqslant 0\}$；

2) $\iint_D \dfrac{1}{\sqrt{x^2+y^2}} \mathrm{d}x\mathrm{d}y$, $D=\{(x,y):x^2+y^2 \le 1\}$;

3) $\iiint_D \mathrm{e}^{-(x^2+y^2)}\mathrm{d}x\mathrm{d}y$, $D=\mathbf{R}^3$.

2. 讨论下列广义重积分的敛散性:

1) $\iiint_D \dfrac{1}{(x^2+y^2+z^2)^m} \mathrm{d}x\mathrm{d}y\mathrm{d}z$, $D=\{(x,y,z):x^2+y^2+z^2 \ge 1\}$;

2) $\iiint_D \dfrac{1}{(1-(x^2+y^2+z^2))^m} \mathrm{d}x\mathrm{d}y\mathrm{d}z$, $D=\{(x,y,z):x^2+y^2+z^2 \le 1\}$;

3) $\iint_D \dfrac{1}{(2x^2+3y^2)^m} \mathrm{d}x\mathrm{d}y$, $D=\{(x,y):x^2+y^2 \le 1\}$;

4) $\iint_D \dfrac{1}{x-y} \mathrm{d}x\mathrm{d}y$, $D=[0,1]\times[0,1]$.

3. 给定广义重积分 $\iint_D \dfrac{1}{(x^2+y^2+xy)^m} \mathrm{d}x\mathrm{d}y$, $D=\{(x,y):x^2+y^2 \le 1\}$, 讨论其敛散性并回答问题:

1) 分析积分结构, 给出结构特点;

2) 类比已知, 在研究其敛散性时, 有哪些联系最紧密的结论?

3) 由此, 要解决的难点是什么? 如何解决?

4) 给出敛散性的讨论.

第 18 章　曲线积分和曲面积分

本章, 我们介绍多元函数的曲线积分和曲面积分理论.

18.1　第一类曲线积分

一、背景问题和定义

1. 背景问题

问题 1　假设在一条空间曲线段上, 分布有密度不均匀的质量, 计算此曲线段上分布的质量.

数学建模与抽象　为此, 建立空间直角坐标系, 将其抽象为具体的数学问题:

引例　假设有空间曲线段 l, 线段上分布有质量, 其密度函数为 $f(x,y,z)$, 计算线段上分布的质量 m.

类比已知　可以合理假设, 此时应当掌握了直线段上均匀的质量分布理论, 即假设直线段 l 上分布有密度为 ρ 的质量, 则其质量为 $m=\rho l$, 其中 l 也表示线段 l 的长度.

我们还是先确定研究思路: 从近似研究到精确求解.

研究过程简析

1) **近似求解**　在上述已知的理论基础上, 类似于前述的质量分布问题, 采用局部线性化的方法进行研究. 简要过程如下: 将曲线段分成 n 段: $l_1, l_2, \cdots, l_n$, 在第 i 段上任取一点 $(x_i, y_i, z_i) \in l_i$, 将 l_i 段上的质量近似为以 $f(x_i, y_i, z_i)$ 为密度的均匀质量分布, 根据已知理论, 则 l_i 段上的质量近似为 $m_i \approx f(x_i, y_i, z_i)\Delta s_i$, 此处 Δs_i 表示曲线段 l_i 的长度; 于是, 曲线段 l 上的质量可以近似求解 $m \approx \sum_{i=1}^{n} f(\xi_i, \eta_i, \zeta_i)\Delta s_i$.

2) **近似到准确**　在上述近似求解的基础上, 利用极限理论可以实现准确求解, 即所求质量为

$$m = \lim_{\lambda(T)\to 0} \sum_{i=1}^{n} f(\xi_i, \eta_i, \zeta_i)\Delta s_i,$$

其中, Δs_i 为第 i 段的弧段长度, $\lambda(T) = \max\{\Delta s_i : i = 1, 2, \cdots, n\}$ 为分割细度.

抽象总结　上述的最终计算结果仍是一类由函数的中值和以弧长为微元构成的有限不定和的极限; 在工程技术领域, 有大量的实际问题都可以转化为上述和式的极限, 这又是一类 Riemann 和的极限, 我们把这类问题的数学本质抽取出来, 就形成了本节要介绍的第一类曲线积分.

2. 定义

下面, 我们给出相应的数学定义.

给定光滑曲线段 $l : \widehat{AB}$ (以 A 为始点、B 为终点的弧段), $f(x, y, z)$ 是定义在 l 上的连续函数, 任意给定 l 的一个分割:

$$T : A = A_0 < A_1 < \cdots < A_n = B,$$

这里 "$<$" 表示曲线上分点从 A 到 B 的顺序, 记第 i 段对应的长度为 $\Delta s_i = |\widehat{A_{i-1}A_i}|$, $\lambda(T) = \max\{\Delta s_i : i = 1, 2, \cdots, n\}$ 为分割细度, 任取 $(\xi_i, \eta_i, \zeta_i) \in \widehat{A_{i-1}A_i}$.

定义 1.1　若存在实数 I, 使得对任意的分割 T 和任意分点 $(\xi_i, \eta_i, \zeta_i) \in \widehat{A_{i-1}A_i}$ 的选择, 都有 $\displaystyle\lim_{\lambda(T) \to 0} \sum_{i=1}^{n} f(\xi_i, \eta_i, \zeta_i) \Delta s_i = I$, 称 $f(x, y, z)$ 在曲线段 l 上对弧长是可积的 (积分存在), 也称 I 为 $f(x, y, z)$ 在曲线段 l 上第一类曲线积分, 记为 $\displaystyle\int_l f(x, y, z)\mathrm{d}s$, 其中 $f(x, y, z)$ 称为被积函数, l 称为积分路径.

当然, 也可以给出第一类曲线积分的 "$\varepsilon - \delta$" 形式的定义: 设 I 是给定实数, 若对任意的 $\varepsilon > 0$, 存在 $\delta > 0$, 使得对满足 $\lambda(T) < \delta$ 的任意分割 T 和对任意的点 $(\xi_i, \eta_i, \zeta_i) \in \widehat{A_{i-1}A_i}$, 都成立

$$\left| \sum_{i=1}^{n} f(\xi_i, \eta_i, \zeta_i) \Delta s_i - I \right| < \varepsilon,$$

称 I 为 $f(x, y, z)$ 在 l 上的第一类曲线积分.

信息挖掘　根据定义, 挖掘一些简单的特性.

1) 在定义中, Δs_i 表示弧长, $\mathrm{d}s$ 对应的是弧长微元, 因此, 第一类曲线积分也称为 $f(x, y, z)$ 在曲线 l 上对弧长的积分; 有时用 l 表示弧长, 因而, 第一类曲线积分也记为 $I = \displaystyle\int_l f(x, y, z)\mathrm{d}l$. 不论如何记第一类曲线积分, 必须注意到第一类曲线积分是对弧长的积分.

2) $f(x, y, z) = 1$ 时, $I = \displaystyle\int_l f(x, y, z)\mathrm{d}s = s_l$ 为 l 的弧长, 这也是第一类曲线积分的几何意义.

3) 还可以从另一角度挖掘第一类曲线积分的特殊性质. 假如曲线段 l 落在 x 轴上, 取 $l = [a,b]$, 由定义, 此时

$$I = \int_l f(x,y,z)\mathrm{d}s = \int_a^b f(x,0,0)\mathrm{d}x,$$

即第一类曲线积分为定积分, 这种特性为第一类曲线积分的计算提供了线索, 即将其转化为定积分计算.

4) 引例的曲线上的质量可以用第一类曲线积分表示为

$$m = \lim_{\lambda(T) \to 0} \sum_{i=1}^n f(\xi_i, \eta_i, \zeta_i)\Delta s_i = \int_l f(x,y,z)\mathrm{d}s,$$

因此, 曲线上质量分布及其同类问题的研究抽象, 产生了第一类曲线积分, 而第一类曲线积分理论的完善解决了曲线质量分布及其相关的实际问题, 这也是第一类曲线积分的物理意义.

第一类曲线积分满足类似的 Riemann 积分性质(略).

二、第一类曲线积分的计算

1. 具简单结构题型的基于基本计算公式的计算

我们建立由定义导出的计算公式, 即基本计算公式.

从定义式可知, 计算的本质问题在于对 Δs_i 的处理, 下面就以此为出发点导出其计算公式. 从前述挖掘到的特殊性质可以猜测, 第一类曲线积分应该表示为定积分, 即转化为定积分来计算. 为此, 利用定义, 通过对弧长的研究, 从中分离出定积分的积分变量, 转化为对应定积分的 Riemann 和, 实现对第一类曲线积分的定积分计算.

先给出参数方程下的计算公式.

设给定曲线段

$$l: \begin{cases} x = x(t), \\ y = y(t), & \alpha \leqslant t \leqslant \beta, \\ z = z(t), \end{cases}$$

假设其是 C^1 光滑的, 即 $x(t), y(t), z(t) \in C^1[\alpha, \beta]$.

根据前述分析, 第一类曲线积分应该转化为对参数 t 的定积分, 因此, 需要从定义中的 Δs_i, 分离出对应的 Δt_i, 进一步转化为关于变量 t 的定积分.

类比已知, 由定积分理论中弧长公式可知, 对应于某一参数段如 $\alpha \leqslant t \leqslant \beta$ 的弧长可由如下定积分计算:

$$s = \int_\alpha^\beta \sqrt{x'^2(t) + y'^2(t) + z'^2(t)} dt .$$

利用此弧长公式可以得到第一类曲线积分的计算公式.

定理 1.1 设 $f(x,y,z)$ 在 l 上连续, 则 $\int_l f(x,y,z) ds$ 存在且

$$\int_l f(x,y,z) ds = \int_\alpha^\beta f(x(t),y(t),z(t))\sqrt{x'^2(t) + y'^2(t) + z'^2(t)} dt .$$

简析 由于仅有定义, 必须利用第一类曲线积分的定义证明; 根据定义的逻辑要求, 要证明可积性和验证积分结论, 必须先给出任意的分割, 任意的介值点的选择, 相应 Riemann 和的极限存在且等于相应的结论; 这就是证明的思路. 具体的方法就是利用弧长公式计算弧长微元, 从中利用积分中值定理分离出参数微元, 由此转化为关于参数的定积分.

证明 对 l 作任意分割

$$T : A = A_0 < A_1 < \cdots < A_n = B ,$$

对应于 $[\alpha,\beta]$ 形成一个分割

$$T_1 : \alpha = t_0 < t_1 < \cdots < t_n = \beta ,$$

由曲线的连续性, 则 $\lambda(T) \to 0$ 时必有 $\lambda(T_1) \to 0$.

任取介值点 $(\xi_i,\eta_i,\zeta_i) \in \widehat{A_{i-1}A_i}$, $i=1,2,\cdots,n$, 存在 $\tau_i \in [t_{i-1},t_i]$, 使得

$$(\xi_i,\eta_i,\zeta_i) = (x(\tau_i),y(\tau_i),z(\tau_i)) .$$

对弧长的处理. 利用弧长公式和中值定理, 则

$$\Delta s_i = \int_{t_{i-1}}^{t_i} \sqrt{x'^2(t) + y'^2(t) + z'^2(t)} dt$$
$$= \sqrt{x'^2(\mu_i) + y'^2(\mu_i) + z'^2(\mu_i)} \Delta t_i , \quad \mu_i \in [t_{i-1},t_i].$$

由定义, 考察对应的 Riemann 和极限, 则

$$\lim_{\lambda(T)\to 0} \sum_{i=1}^n f(\xi_i,\eta_i,\zeta_i)\Delta s_i$$
$$= \lim_{\lambda(T')\to 0} \sum_{i=1}^n f(x(\tau_i),y(\tau_i),z(\tau_i)) \cdot \sqrt{x'^2(\mu_i) + y'^2(\mu_i) + z'^2(\mu_i)} \Delta t_i$$
$$= \lim_{\lambda(T')\to 0} \left\{ \sum_{i=1}^n f(x(\tau_i),y(\tau_i),z(\tau_i)) \cdot \sqrt{x'^2(\tau_i) + y'^2(\tau_i) + z'^2(\tau_i)} \Delta t_i + \sum_{i=1}^n w_i \Delta t_i \right\},$$

其中,

$$w_i = f(x(\tau_i),y(\tau_i),z(\tau_i)) \cdot [\sqrt{x'^2(\mu_i) + y'^2(\mu_i) + z'^2(\mu_i)} - \sqrt{x'^2(\tau_i) + y'^2(\tau_i) + z'^2(\tau_i)}].$$

利用有理化方法, 则

$$[\sqrt{x'^2(\mu_i)+y'^2(\mu_i)+z'^2(\mu_i)}-\sqrt{x'^2(\tau_i)+y'^2(\tau_i)+z'^2(\tau_i)}]$$

$$\leqslant \frac{|x'(\mu_i)-x'(\tau_i)|\cdot|x'(\mu_i)+x'(\tau_i)|}{\sqrt{x'^2(\mu_i)+y'^2(\mu_i)+z'^2(\mu_i)}+\sqrt{x'^2(\tau_i)+y'^2(\tau_i)+z'^2(\tau_i)}}$$

$$+\frac{|y'(\mu_i)-y'(\tau_i)|\cdot|y'(\mu_i)+y'(\tau_i)|}{\sqrt{x'^2(\mu_i)+y'^2(\mu_i)+z'^2(\mu_i)}+\sqrt{x'^2(\tau_i)+y'^2(\tau_i)+z'^2(\tau_i)}}$$

$$+\frac{|z'(\mu_i)-z'(\tau_i)|\cdot|z'(\eta_i)+z'(\tau_i)|}{\sqrt{x'^2(\mu_i)+y'^2(\mu_i)+z'^2(\mu_i)}+\sqrt{x'^2(\tau_i)+y'^2(\tau_i)+z'^2(\tau_i)}}.$$

由于

$$\frac{|x'(\eta_i)+x'(\tau_i)|}{\sqrt{x'^2(\eta_i)+y'^2(\eta_i)+z'^2(\eta_i)}+\sqrt{x'^2(\tau_i)+y'^2(\tau_i)+z'^2(\tau_i)}}\leqslant 2,$$

故

$$[\sqrt{x'^2(\eta_i)+y'^2(\eta_i)+z'^2(\eta_i)}-\sqrt{x'^2(\tau_i)+y'^2(\tau_i)+z'^2(\tau_i)}]$$

$$\leqslant 2[|x'(\mu_i)-x'(\tau_i)|+|y'(\mu_i)-y'(\tau_i)|+|z'(\mu_i)-z'(\tau_i)|].$$

由于 $x'(t),y'(t),z'(t)$ 在 $[\alpha,\beta]$ 连续, 因而, $x'(t),y'(t),z'(t)$ 在 $[\alpha,\beta]$ 一致连续, 故, 对 $\forall \varepsilon > 0$, 存在 $\delta > 0$, 当 $\lambda(T_1) < \delta$ 时,

$$|x'(\mu_i)-x'(\tau_i)|\leqslant \frac{\varepsilon}{3},\quad |y'(\mu_i)-y'(\tau_i)|\leqslant \frac{\varepsilon}{3},\quad |z'(\mu_i)-z'(\tau_i)|\leqslant \frac{\varepsilon}{3}.$$

由于 $f(x(t),y(t),z(t))$ 在 $[\alpha,\beta]$ 连续, 因而, $f(x(t),y(t),z(t))$ 在 $[\alpha,\beta]$ 有界. 设 $|f(x(t),y(t),z(t))|\leqslant M, t\in[\alpha,\beta]$, 则

$$\left|\sum_{i=1}^n w_i\Delta t_i\right|\leqslant 2M\varepsilon|\beta-\alpha|,$$

因而, 有

$$\lim_{\lambda(T_1)\to 0}\sum_{i=1}^n w_i\Delta t_i=0,$$

故

$$\lim_{\lambda(T)\to 0}\sum_{i=1}^n f(\xi_i,\eta_i,\zeta_i)\Delta s_i$$

$$=\lim_{\lambda(T')\to 0}\sum_{i=1}^n f(x(\tau_i),y(\tau_i),z(\tau_i))\cdot\sqrt{x'^2(\tau_i)+y'^2(\tau_i)+z'^2(\tau_i)}\Delta t_i$$

$$=\int_{\alpha}^{\beta}f(x(t),y(t),z(t))\sqrt{x'^2(t)+y'^2(t)+z'^2(t)}\mathrm{d}t,$$

因此,

$$\int_l f(x,y,z)\mathrm{d}s = \int_\alpha^\beta f(x(t),y(t),z(t))\sqrt{x'^2(t)+y'^2(t)+z'^2(t)}\mathrm{d}t\ .$$

定理 1.1 给出了第一类曲线积分计算的**基本公式**, 由于一般的曲线方程都可以转化为参数方程形式, 因此, 利用此公式, 就完全解决了第一类曲线积分的计算问题. 下面给出几个特例:

1) 对平面曲线 l: $y=\varphi(x), a\leqslant x\leqslant b$, 则

$$\int_l f(x,y)\mathrm{d}s = \int_a^b f(x,\varphi(x))\sqrt{1+\varphi'^2(x)}\mathrm{d}x\ ;$$

2) 对平面曲线 l: $r=r(\theta),\theta_1\leqslant\theta\leqslant\theta_2$, 则

$$\int_l f(x,y)\mathrm{d}s = \int_{\theta_1}^{\theta_2} f(r(\theta)\cos\theta,r(\theta)\sin\theta)\sqrt{r^2(\theta)+r'^2(\theta)}\mathrm{d}\theta\ .$$

下面利用基本计算公式计算简单结构的第一类曲线积分.

从计算公式知, 第一类曲线积分的计算, 关键是给出曲线的(参数)方程, 然后直接代入公式即可, 因此, 也把这种由基本计算公式计算的方法称为**定线代入方法**, 所谓 "定线" 就是确定曲线的(参数)方程, "代入" 就是代入基本计算公式.

例 1　计算 $I=\int_l |y|\mathrm{d}s$, 其中 l: $x^2+y^2=1,x\geqslant0$.

解　采用极坐标形式, 则

$$l:\begin{cases} x=\cos\theta, \\ y=\sin\theta, \end{cases} -\frac{\pi}{2}\leqslant\theta\leqslant\frac{\pi}{2},$$

故

$$I=\int_{-\frac{\pi}{2}}^{\frac{\pi}{2}}|\sin\theta|\mathrm{d}\theta = 2\int_0^{\frac{\pi}{2}}\sin\theta\mathrm{d}\theta = 2\ .$$

例 2　计算 $I=\int_l (x+y)\mathrm{d}s$, 其中 l 由折线段 OA, AB, BO 组成且 $O(0,0)$, $A(1,0)$, $B(1,1)$.

解　利用积分可加性, 则

$$I=\left\{\int_{\overline{OA}}+\int_{\overline{AB}}+\int_{\overline{BO}}\right\}(x+y)\mathrm{d}x,$$

其中各段方程如下:

$$OA: y=0,\ 0\leqslant x\leqslant1;\quad AB: x=1,0\leqslant y\leqslant1,\quad BO: y=x,0\leqslant x\leqslant1,$$

故 $I=\int_0^1(x+0)\mathrm{d}x+\int_0^1(1+y)\mathrm{d}y+\int_0^1(x+x)\sqrt{2}\mathrm{d}x = 2+\sqrt{2}\ .$

2. 基于特殊结构的特殊算法

当然, 充分利用积分的结构特点, 如对等性、对称性等可以设计更简单的计算方法, 这也是必须要掌握的计算技术.

例 3   计算 $I = \int_l x^2 \mathrm{d}s$, 其中 l: $\begin{cases} x^2 + y^2 + z^2 = a^2, \\ x + y + z = 0. \end{cases}$

解   由于曲线 l 关于 x, y, z 对等, 具有轮换对等性, 因此,

$$\int_l x^2 \mathrm{d}s = \int_l y^2 \mathrm{d}s = \int_l z^2 \mathrm{d}s,$$

故

$$3I = \int_l (x^2 + y^2 + z^2)\mathrm{d}s = a^2 \int_l \mathrm{d}s = 2\pi a^3,$$

所以, $I = \dfrac{2}{3}\pi a^3$.

上述计算过程中用到了第一类曲线积分的几何意义.

例 4   计算 $I = \oint_l (x\sin y + y^3 \mathrm{e}^x)\mathrm{d}s$, 其中 $l: x^2 + y^2 = 1$, $\oint_l f(x,y,z)\mathrm{d}s$ 表示沿封闭曲线 l 上的第一类曲线积分.

解   由于 l 关于 x 轴对称, $f(x,y,z) = x\sin y + y^3 \mathrm{e}^x$ 是 y 的奇函数, 故

$$\oint_l (x\sin y + y^3 \mathrm{e}^x)\mathrm{d}s = 0.$$

事实上, l 分为两部分: $l_1: y_1 = \sqrt{1-x^2}, -1 \leqslant x \leqslant 1$ 和 $l_2: y_1 = -\sqrt{1-x^2}, -1 \leqslant x \leqslant 1$, 则

$$
\begin{aligned}
I &= \int_{l_1} (x\sin y + y^3 \mathrm{e}^x)\mathrm{d}s + \int_{l_2} (x\sin y + y^3 \mathrm{e}^x)\mathrm{d}s \\
&= \int_{-1}^1 (x\sin y_1 + y_1{}^3 \mathrm{e}^x)\sqrt{1 + y_1'^2(x)}\,\mathrm{d}x + \int_{-1}^1 (x\sin y_2 + y_2{}^3 \mathrm{e}^x)\sqrt{1 + y_2'^2(x)}\,\mathrm{d}x \\
&= 0.
\end{aligned}
$$

例 4 的求解过程可以提炼出利用函数的奇偶性和积分路径的对称性简化第一类曲线积分的计算方法, 请自行总结给出结论.

习 题 18.1

1. 计算下列曲线积分:

1) $I = \int_l (x + 2y)\mathrm{d}s$, 其中曲线 $l: y = 1 - |1 - x|, 0 \leqslant x \leqslant 2$;

2) $I = \int_l x\mathrm{d}s$, 其中 l 为抛物线 $l: y = x^2$ 上从点 $(-1,1)$ 到点 $(1,1)$ 的一段;

3) $I = \int_l (x + z^2)\mathrm{d}s$, 其中螺旋形 $l: x = \cos t, y = \sin t, z = t, 0 \leqslant t \leqslant 2\pi$;

4) $I = \int_l (x + yz + z^2) \mathrm{d}s$, 其中 l 为平面 $x + y + z = 1$ 与平面 $x = y$ 的交线位于第一卦限中的部分.

2. 分析下列第一类曲线积分的结构, 给出结构特点并计算.

1) $I = \int_l x\sqrt{x^2 + y^2}\,\mathrm{d}s$, 其中 l 为抛物线 $l: x^2 + y^2 = -2y$.

2) $I = \int_l (x + y^2 + z^2)\mathrm{d}s$, 其中 $l: \begin{cases} x^2 + y^2 + z^2 = 1, \\ x + y + z = 0. \end{cases}$

3) $I = \int_l (x + 2y + 3z)\mathrm{d}s$, 其中 l 为平面 $x + y + z = 1$ 与三个坐标面的交线.

3. 第一类曲线积分的中值定理成立吗? 若成立, 给出此定理及其证明; 若不成立, 简要说明理由并给出反例.

18.2　第一类曲面积分

一、背景问题和定义

1. 背景问题

问题　设在一空间曲面上, 分布有密度不均匀的质量, 计算此曲面上分布的质量.

数学建模与抽象　将空间曲面 Σ 放在空间直角坐标系中, 因而, 将其抽象为数学问题为

引例　假设在空间曲面 Σ 上分布有质量, 其密度函数为 $f(x, y, z)$, 计算曲面 Σ 上分布的质量.

类比已知　可以合理地假设, 与此问题相关, 我们应该已知均匀质量分布的结论: 若曲面面积为 S, 曲面上分布的质量密度为常数 ρ , 则质量为 $m = \rho S$.

求解过程简析　有了上述结论基础, 引例中的问题便可利用积分思想求解. 由于我们已经非常熟悉这一过程, 仅作大致介绍. 作分割 T, 将曲面分割成 n 块: $\Sigma_1, \Sigma_2, \cdots, \Sigma_n$, 在第 i 片上任取一点 $(\xi_i, \eta_i, \zeta_i) \in \Sigma_i$, 则此曲面块上的质量可以近似为以此点对应的密度为密度的均匀的质量分布, 即曲面块的质量 $m_i \approx f(\xi_i, \eta_i, \zeta_i)\Delta S_i$, 因而, 曲面上的质量可以近似计算为

$$m \approx \sum_{i=1}^{n} f(\xi_i, \eta_i, \zeta_i)\Delta S_i,$$

至此完成了近似计算的研究.

当然, 建立极限理论后, 就可以得到准确的计算公式

$$m = \lim_{\lambda(T) \to 0} \sum_{i=1}^{n} f(\xi_i, \eta_i, \zeta_i) \Delta S_i,$$

其中, ΔS_i 为第 i 块曲面 Σ_i 对应的面积, $\lambda(T) = \max\{\Delta S_i : i = 1, 2, \cdots, n\}$ 为分割细度.

抽象总结　上述结论表明, 曲面块上的质量可以表示为函数中值和曲面块面积微元组成的有限不定和的极限结构. 在工程技术领域, 有大量的实际问题都可以转化为上述和式的极限, 这又是一种 Riemann 和的极限, 我们把这类问题的数学本质抽取出来, 就形成了本节要介绍的第一类曲面积分.

2. 定义

给定有界光滑曲面 Σ, $f(x, y, z)$ 定义在 Σ 上, 任意给定曲面 Σ 的一个分割
$$T: \quad \Sigma_1, \Sigma_2, \cdots, \Sigma_n,$$
对应的每一个分割子块的面积记为 $\Delta S_1, \cdots, \Delta S_n$, 分割细度仍记为 $\lambda(T)$; 对任意的点 $(\xi_i, \eta_i, \zeta_i) \in \Sigma_i$ 的选择.

定义 2.1　若存在实数 I, 使得对任意的分割 T 和任意的点 $(\xi_i, \eta_i, \zeta_i) \in \Sigma_i$ 的选择, 都成立
$$\lim_{\lambda(T) \to 0} \sum_{i=1}^{n} f(\xi_i, \eta_i, \zeta_i) \Delta S_i = I,$$
称 $f(x, y, z)$ 在曲面 Σ 上是可积的, 称 I 为 $f(x, y, z)$ 在曲面 Σ 上的第一类曲面积分, 记为 $\iint_{\Sigma} f(x, y, z) \mathrm{d}S$, 其中 $f(x, y, z)$ 称为被积函数, Σ 称为积分曲面, $\mathrm{d}S$ 称为积分微元.

同样可以给出其 "ε-δ" 定义, 请读者自行给出.

信息挖掘　根据定义, 挖掘简单的性质和特殊的意义.

1) 由定义, 第一类曲面积分仍是一种 Riemann 和的极限:
$$I = \iint_{\Sigma} f(x, y, z) \mathrm{d}S = \lim_{\lambda \to 0} \sum_{i=1}^{n} f(\xi_i, \eta_i, \zeta_i) \Delta S_i,$$
且 ΔS_i 对应的是面积, 积分微元是面积微元, 因此, 也称第一类曲面积分为对面积的积分, 即 $\iint_{\Sigma} f(x, y, z) \mathrm{d}S$ 也称为 $f(x, y, z)$ 在曲面 Σ 上的对面积的积分.

2) 几何意义: $f(x, y, z) \equiv 1$ 时, $\iint_{\Sigma} f(x, y, z) \mathrm{d}S = S_{\Sigma}$ 为曲面 Σ 的面积.

3) 由定义, 还可以得到特殊的性质: 设 Σ 落在 xOy 坐标面内, 则
$$\iint_{\Sigma} f(x, y, z) \mathrm{d}S = \iint_{\Sigma} f(x, y, 0) \mathrm{d}x\mathrm{d}y,$$
此时, 第一类曲面积分为二重积分. 这个特殊性为我们提供了第一类曲面积分计

算的思路: 化第一类曲面积分为二重积分.

4) 例 1 的曲面块的质量可以用第一类曲面积分表示和计算, 即

$$m = \lim_{\lambda(T)\to 0} \sum_{i=1}^{n} f(\xi_i,\eta_i,\zeta_i)\Delta S_i = \iint_{\Sigma} f(x,y,z)\mathrm{d}S,$$

因此, 曲面上质量分布及其同类问题的研究抽象, 产生了第一类曲面积分, 而第一类曲面积分理论完善地解决了曲面质量分布及其相关的实际问题, 这也是第一类曲面积分的物理意义.

第一类曲面积分有类似的积分性质(略).

二、第一类曲面积分的计算

和第一类曲线积分的公式建立过程类似, 第一类曲面积分公式建立的关键仍然是微元曲面 Σ_i 的面积 ΔS_i 的计算. 对曲线来说, 我们在定积分中已经建立了弧长的计算公式, 在第一类曲线积分计算公式导出过程中直接利用了已知的弧长计算公式, 空间曲面面积的计算公式还是未知的, 因此, 我们首先建立空间曲面的面积计算公式.

我们用积分思想、近似研究的思想和"从简到繁"的研究方法建立曲面面积的计算公式. 我们知道, Σ_i 是分割后的小曲面块, 当分割得很细时, 曲面块可近似为平面块, 故, 我们从分析平面块面积的计算入手. 那么, 如何计算平面块的面积? 我们仅知道: 当平面块落在坐标平面内时, 可以利用二重积分计算其面积, 此时, 问题解决. 而当平面块不落在坐标平面时, 我们利用投影技术将问题转化为坐标平面内平面块面积的计算. 下面给出具体的过程.

1. 曲面面积的计算

给定有界曲面 $\Sigma: z=f(x,y),(x,y)\in D$, 设 Σ 是光滑的, 即 $f(x,y)\in C'(D)$, 求 Σ 的面积.

情形 1　特殊情形——斜平面块面积的计算

设 Σ 落在平面 π 中, 又设 π 与坐标面 xOy 面的夹角为 α (锐角), Σ 在 xOy 面的投影区域为 D_{xy} , 相应的面积分别记为 $S_\Sigma, S_{D_{xy}}$, 则 $\cos\alpha=\dfrac{S_{D_{xy}}}{S_\Sigma}$, 故 $S_\Sigma=\dfrac{S_{D_{xy}}}{\cos\alpha}$.

当选取相对应的钝角为夹角时, 有 $S_\Sigma=-\dfrac{S_{D_{xy}}}{\cos\alpha}$, 因而, 总有

$$S_\Sigma=\frac{S_{D_{xy}}}{|\cos\alpha|}.$$

我们仅给出 α 为锐角时的证明思路: 先假设 Σ 为一边落在 x 轴上的矩形平面

区域 $ABCD$，不妨设 $A(x_1,0,0)$，$B(x_1,y_1,z_1)$，$C(x_2,y_1,z_1)$，$D(x_2,0,0)$，则其在 xOy 坐标面的投影区域为矩形区域 $AB'C'D$，其中 $B'(x_1,y_1,0)$，$C'(x_2,y_1,0)$，因而，

$\alpha = \angle BAB'$，故 $|AB'| = |AB|\cos\alpha$，所以 $S_\Sigma = \dfrac{S_{D_{xy}}}{\cos\alpha}$.

对一般情形，采用积分思想，用一边平行于 x 轴的矩形网格，对 Σ 作分割 T，对每一个分割后的子块 Σ_i，类似定积分的 Darboux 和，引入内和、外和的定义，我

们仅引入内和 $s(T) = \sum\limits_{\Sigma_i \subset \Sigma} S_{\Sigma_i}$，则 $S_\Sigma = \lim\limits_{\lambda \to 0} s(T)$. 由于 $S_{\Sigma_i} = \dfrac{S_{D_{xy_i}}}{\cos\alpha}$，$\lim\limits_{\lambda \to 0} \sum\limits_{\Sigma_i \subset \Sigma} S_{D_{xy_i}} =$

$S_{D_{xy}}$，故 $S_\Sigma = \dfrac{S_{D_{xy}}}{\cos\alpha}$.

情形 2　一般情形——任意曲面块面积的计算

设 Σ 为相对于 z 轴的简单 C^1 光滑曲面，此时曲面方程为

$$z = f(x,y), \quad (x,y) \in D,$$

显然，D 正是 Σ 在 xOy 面的投影区域，$f(x,y) \in C^1(D)$.

为了利用情形 1 来处理，我们利用积分思想进行研究.

对曲面进行分割

$$T: \Sigma_1, \Sigma_2, \cdots, \Sigma_n,$$

分割细度为 $\lambda(T)$；对应于分割 T，形成 D 的一个分割

$$T': D_1, D_2, \cdots, D_n,$$

分割细度记为 $\lambda(T')$.

当分割 T 很细时，我们希望用某种平面块近似代替曲面块 Σ_i. 在曲面 Σ_i 上，选择一个什么样的平面块来近似代替曲面块？换一种角度，对给定的曲面，我们能得到的、能计算出来的平面是什么平面？从学过的空间解析几何理论知道，当曲面已知时，可以计算曲面上任意点处的切平面，由此，我们可以设想用对应的切平面块近似代替曲面块. 由此，确定了处理问题的思想.

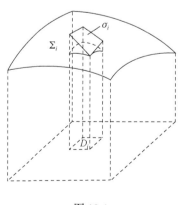

图 18-1

任取 $M_i(x_i, y_i, z_i) \in \Sigma_i$，由于 Σ 是 C^1 光滑的，故，在曲面 Σ 上的任一点都有切平面. 过 M_i 作切平面 π_i，在 π_i 上取出一小平面块 σ_i，使 σ_i 与 Σ_i 具有相同的投影 D_i(图 18-1). 当 T

很细时, 可以取如下近似: $\Delta S_{\Sigma_i} \approx \Delta S_{\sigma_i}$, 其中, $\Delta S_{\Sigma_i}, \Delta S_{\sigma_i}$ 分别表示曲面块 Σ_i 和平面块 σ_i 的面积.

下面计算 S_{σ_i}.

由情形 1, 只需计算 π_i 与坐标面 xOy 的夹角 α_i 的余弦. 这使我们联想到切平面法线的方向余弦, 记 γ_i 为 π_i 的法线方向与 z 轴正向的夹角, 则 $|\cos\gamma_i| = |\cos\alpha_i|$.

由解析几何理论可以知道, 曲面 Σ 上 $M_i(x_i, y_i, z_i)$ 点的法线方向为 $\pm(f_x(p_i), f_y(p_i), -1)$, 其中 $p_i(x_i, y_i)$, $z_i = f(x_i, y_i)$. 故

$$|\cos\gamma_i| = \frac{1}{\sqrt{1 + f_x^2(p_i) + f_y^2(p_i)}}.$$

又 $|\cos\alpha_i| = \dfrac{\Delta S_{D_i}}{\Delta S_{\sigma_i}}$, 因而,

$$\frac{\Delta S_{D_i}}{\Delta S_{\sigma_i}} = \frac{1}{\sqrt{1 + f_x^2(p_i) + f_y^2(p_i)}},$$

故,

$$\Delta S_{\sigma_i} = \sqrt{1 + f_x^2(p_i) + f_y^2(p_i)}\, \Delta S_{D_i},$$

因而, 利用积分思想, 则

$$\begin{aligned}
S_\Sigma &= \sum_{i=1}^n \Delta S_{\Sigma_i} = \lim_{\lambda(T)\to 0} \sum_{i=1}^n \Delta S_{\sigma_i} \\
&= \lim_{\lambda(T')\to 0} \sum_{i=1}^n \sqrt{1 + f_x^2(p_i) + f_y^2(p_i)}\, \Delta S_{D_i} \\
&= \iint_D \sqrt{1 + f_x^2(x,y) + f_y^2(x,y)}\, \mathrm{d}S \\
&= \iint_D \sqrt{1 + f_x^2(x,y) + f_y^2(x,y)}\, \mathrm{d}x\mathrm{d}y,
\end{aligned}$$

这就是曲面面积计算公式.

当 Σ 落在 xOy 坐标面内时, 此时 $\Sigma = D, z = 0$, 故 $S_\Sigma = S_D = \iint_D \mathrm{d}x\mathrm{d}y$, 这与二重积分的几何意义是一致的.

从上述推导过程可知, 还成立下述另一种形式的计算公式:

$$S_\Sigma = \iint_D \frac{\mathrm{d}x\mathrm{d}y}{|\cos\gamma|} = \iint_D \frac{\mathrm{d}x\mathrm{d}y}{|\cos(\vec{n}, \vec{k})|},$$

其中 $\vec{n}$ 为曲面上点 (x, y) 处的切平面的法线向量, $\vec{k} = \{0, 0, 1\}$.

若 Σ 由参数方程给出

$$\Sigma : \begin{cases} x = x(u, v), \\ y = y(u, v), \quad (u, v) \in D_{uv}, \\ z = z(u, v), \end{cases}$$

为计算此时的面积, 将其转化为已知的情形, 为此, 需要利用隐函数理论. 设由

$\begin{cases} x = x(u, v), \\ y = y(u, v) \end{cases}$ 能确定隐函数 $\begin{cases} u = u(x, y), \\ v = v(x, y), \end{cases} (x, y) \in D$, 则

$$\Sigma : z = z(u(x, y), v(x, y)), \quad (x, y) \in D .$$

利用隐函数的求导,

$$z_x = z_u \frac{\partial u}{\partial x} + z_v \frac{\partial v}{\partial x} , \quad z_y = z_u \frac{\partial u}{\partial y} + z_v \frac{\partial v}{\partial y},$$

因而, 若记 $A = \begin{vmatrix} y_u & y_v \\ z_u & z_v \end{vmatrix}, B = \begin{vmatrix} z_u & z_v \\ x_u & x_v \end{vmatrix}, C = \begin{vmatrix} x_u & x_v \\ y_u & y_v \end{vmatrix}$, 则

$$\frac{\partial u}{\partial x} = \frac{1}{C} \frac{\partial y}{\partial v}, \quad \frac{\partial v}{\partial x} = -\frac{1}{C} \frac{\partial y}{\partial u}, \quad \frac{\partial u}{\partial y} = -\frac{1}{C} \frac{\partial x}{\partial v}, \quad \frac{\partial v}{\partial y} = \frac{1}{C} \frac{\partial x}{\partial u},$$

故 $z_x = \dfrac{A}{C}, z_y = \dfrac{B}{C}$, 因而

$$S_\Sigma = \iint_D \sqrt{1 + z_x^2 + z_y^2}\, dx dy$$

$$\xrightarrow[y = y(u, v)]{x = x(u, v)} \iint_{D_{uv}} \sqrt{1 + \frac{A^2}{C^2} + \frac{B^2}{C^2}}\, |C| du dv$$

$$= \iint_{D_{uv}} \sqrt{A^2 + B^2 + C^2}\, du dv .$$

又 , 若 记 $E = x_u^2 + y_u^2 + z_u^2, G = x_v^2 + y_v^2 + z_v^2, F = x_u x_v + y_u y_v + z_u z_v$, 还 有 $S_\Sigma = \iint_{D_{uv}} \sqrt{EG - F^2}\, du dv$.

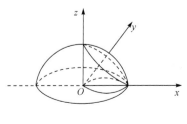

图 18-2

上文中建立了各种面积计算公式, 计算的关键是建立曲面的方程, 然后代入计算公式. 下面给出简单的应用.

例 1　求球面 $x^2 + y^2 + z^2 = a^2$ 含在柱面 $x^2 + y^2 = ax\, (a > 0)$ 内部的面积 S (图 18-2).

解　由对称性, 只计算其在第一卦限中的部分, 此时, 曲面

$$\Sigma: z = \sqrt{a^2 - (x^2 + y^2)}, \quad (x,y) \in D,$$

其中 $D: x^2 + y^2 \leqslant ax, x \geqslant 0, y \geqslant 0$. 由于 $\dfrac{\partial z}{\partial x} = -\dfrac{x}{z}, \dfrac{\partial z}{\partial y} = -\dfrac{y}{z}$, 故

$$S_\Sigma = 4\iint_D \sqrt{1 + z_x^2 + z_y^2}\,\mathrm{d}x\mathrm{d}y$$

$$= 4\iint_D \frac{a}{\sqrt{a^2(x^2 + y^2)}}\,\mathrm{d}x\mathrm{d}y$$

$$= 4\int_0^{\frac{\pi}{2}}\mathrm{d}\theta \int_0^{a\cos\theta} \frac{a}{\sqrt{a^2 - r^2}} r\mathrm{d}r = 4a^2\left(\frac{\pi}{2} - 1\right).$$

例 2 计算下列曲面面积 $(a > 0)$:

1) 曲面 $z = axy\,(x > 0, y > 0)$ 包含在圆柱 $x^2 + y^2 = a^2$ 内的部分 Σ (图 18-3);

2) 锥面 $x^2 + y^2 = \dfrac{1}{3}z^2$ 与平面 $x + y + z = 2a$ 所界部分的表面 S (图 18-4).

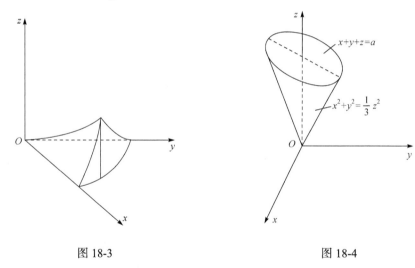

图 18-3   图 18-4

解 1) 由于曲面块 Σ 在 xOy 平面内的投影区域为

$$D_{xy}: x^2 + y^2 \leqslant a^2, \quad x \geqslant 0, y \geqslant 0,$$

由公式, 则

$$S = \iint_\Sigma 1\mathrm{d}S = \iint_{D_{xy}} \sqrt{1 + z_x^2 + z_y^2}\,\mathrm{d}x\mathrm{d}y$$

$$= \int_0^{\frac{\pi}{2}}\mathrm{d}\theta \int_0^a \sqrt{1 + ar^2}\,r\mathrm{d}r = \frac{\pi}{6a^2}\left[(1 + a^4)^{\frac{3}{2}} - 1\right].$$

2) 所界的表面分为两部分: 落在锥面上的部分记为 Σ_1, 落在平面上的部分记

为 Σ_2，这两部分在 xOy 平面有共同的投影，记为 D，它是由交线 l : $\begin{cases} x^2 + y^2 = \dfrac{1}{3}z^2, \\ x+y+z = 2a \end{cases}$

的投影所围的区域，即区域 D 由曲线 $x^2 + y^2 = \dfrac{1}{3}(2a - (x+y))^2$ 所围.

对 Σ_1，由其方程可以计算 $z_x = \dfrac{3x}{z}, z_y = \dfrac{3y}{z}$，故

$$\sqrt{1 + z_x^2 + z_y^2} = 2 ;$$

对 Σ_2，则 $z_x = z_y = -1$，故 $\sqrt{1 + z_x^2 + z_y^2} = \sqrt{3}$. 由公式，则

$$S = \iint_{\Sigma_1} 1 \mathrm{d}S + \iint_{\Sigma_2} 1 \mathrm{d}S = \iint_D (2 + \sqrt{3}) \mathrm{d}x \mathrm{d}y.$$

为计算上述二重积分，需对区域 D 的边界曲线进行化简，通过变换消去交叉乘积性，化为标准的二次曲线，为此作变换 $u = x + y, v = x - y$，则 D 变为区域 D' : $\dfrac{1}{2}(u^2 + v^2) \leqslant \dfrac{1}{3}(2a - u)^2$，即

$$D' : \frac{(u - 4a)^2}{24a^2} + \frac{v^2}{8a^2} \leqslant 1 .$$

故

$$S = (2 + \sqrt{3}) \iint_{D'} \frac{1}{2} \mathrm{d}u \mathrm{d}v = \frac{2 + \sqrt{3}}{2} S_{D'} = 4\sqrt{3}(2 + \sqrt{3})\pi a^2 .$$

注 上述计算过程的难点在于将二次曲线标准化，转化为椭圆曲线，因此，相应的面积的计算转化为椭圆面积的计算.

2. 第一类曲面积分的计算

（Ⅰ）基于基本公式的简单题型的计算

利用曲面面积的计算公式，很容易建立第一类曲面积分的计算公式，公式推导的过程和方法类似于第一类曲线积分公式的推导.

定理 2.1 设 $f(x, y, z)$ 为定义在光滑曲面 $\Sigma : z = z(x, y)$，$(x, y) \in D$ 上的函数，则

$$\iint_{\Sigma} f(x, y, z) \mathrm{d}S = \iint_D f(x, y, z(x, y)) \sqrt{1 + z_x^2 + z_y^2} \mathrm{d}x \mathrm{d}y .$$

证明 任意给定曲面 Σ 的一个分割

$$T : \Sigma_1, \Sigma_2, \cdots, \Sigma_n,$$

对应形成对区域 D 的一个分割

$$T': D_1, D_2, \cdots, D_n,$$

对任意的中值点 $(\xi_i, \eta_i, \zeta_i) \in \Sigma_i$ 的选择, 则 $(\xi_i, \eta_i) \in D_i$ 且 $\zeta_i = z(\xi_i, \eta_i)$.

利用面积计算公式, 则曲面块 Σ_i 的面积为

$$\Delta S_{\Sigma_i} = \iint_{D_i} \sqrt{1 + z_x^2(x,y) + z_y^2(x,y)} \mathrm{d}x\mathrm{d}y.$$

利用中值定理, 则存在 $(\xi_i', \eta_i') \in D_i$, 使得

$$\Delta S_{\Sigma_i} = \sqrt{1 + z_x^2(\xi_i', \eta_i') + z_y^2(\xi_i', \eta_i')} \Delta S_{D_i},$$

其中, ΔS_{Σ_i}, ΔS_{D_i} 分别表示曲面块 Σ_i 和平面块 D_i 的面积, 因此,

$$\lim_{\lambda(T)\to 0} \sum_{i=1}^{n} f(\xi_i, \eta_i, \zeta_i) \Delta S_{\Sigma_i}$$
$$= \lim_{\lambda(T')\to 0} \sum_{i=1}^{n} f(\xi_i, \eta_i, z(\xi_i, \eta_i)) \sqrt{1 + z_x^2(\xi_i', \eta_i') + z_y^2(\xi_i', \eta_i')} \Delta S_{D_i}$$
$$= \iint_D f(x, y, z(x,y)) \sqrt{1 + z_x^2 + z_y^2} \mathrm{d}x\mathrm{d}y.$$

由定义, 则结论成立.

证明过程中用到了与第一类曲线积分证明过程中类似的结论

$$\lim_{\lambda(T')\to 0} \sum_{i=1}^{n} f(\xi_i, \eta_i, z(\xi_i, \eta_i)) \left\{ \sqrt{1 + z_x^2(\xi_i', \eta_i') + z_y^2(\xi_i', \eta_i')} \right.$$
$$\left. -\sqrt{1 + z_x^2(\xi_i, \eta_i) + z_y^2(\xi_i, \eta_i)} \right\} \Delta S_{D_i} = 0.$$

利用面积计算的另外的两种形式的公式, 可以得到对应的第一类曲面积分的计算公式, 如下面的定理:

定理 2.2 设 C^1 光滑曲面 $\Sigma : \begin{cases} x = x(u,v), \\ y = y(u,v), (u,v) \in D, \\ z = z(u,v), \end{cases}$ 则

$$\iint_\Sigma f(x,y,z)\mathrm{d}S = \iint_D f(x(u,v), y(u,v), z(u,v)) \sqrt{EG - F^2} \mathrm{d}x\mathrm{d}y.$$

上述两个定理给出了第一类曲面积分计算的基本公式; 通过上述定理可知, 计算第一类曲面积分需要知道曲面方程和曲面的投影区域, 然后代入公式, 转化为二重积分计算, 因此, 也可以把这种方法抽象为定面代入法, "定面"是指确定曲面, 包括曲面方程和对应的投影区域; "代入"就是代入相应的基本计算公式.

例 3 计算 $I = \iint_\Sigma (x^2 + y^2)\mathrm{d}S$, 其中 Σ 是抛物面 $z = 2 - \frac{1}{2}(x^2 + y^2)$ 位于 xOy 平面上方的部分(图 18-5).

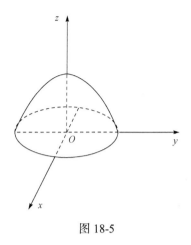

图 18-5

解　Σ 在 xOy 平面上的投影是：$D:x^2+y^2\leqslant 4$，故

$$I=\iint_D(x^2+y^2)\sqrt{1+(x^2+y^2)}\mathrm{d}x\mathrm{d}y$$

$$=\int_0^{2\pi}\mathrm{d}\theta\int_0^2 r^2\sqrt{1+r^2}\,r\mathrm{d}r=\pi\int_0^4 t\sqrt{1+t}\mathrm{d}t$$

$$=\pi\left[\int_0^4(1+t)^{\frac{3}{2}}-(1+t)^{\frac{1}{2}}\right]\mathrm{d}t=\frac{4}{3}\pi\left(5\sqrt{5}-\frac{1}{5}\right).$$

（Ⅱ）基于特殊结构的计算

下面利用题目的结构特点进行计算. 注意观察题目的结构特点, 根据特点设计特殊的计算方法.

例 4　给定第一类曲面积分：$I=\iint_{\Sigma}(x+y+z)\mathrm{d}s$，其中 Σ：$x^2+y^2+z^2=1$，$z\geqslant 0$.

1) 挖掘题目的结构特点；

2) 给出题目的计算.

解　1) 积分结构由两部分组成: 积分区域和被积函数, 因此, 必须从这两方面进行结构分析. 本题, 积分区域为积分曲面 Σ, 其结构特点为: Σ 关于坐标面 xOz 面和 yOz 面对称; 被积函数为线性结构, 分项讨论, 函数 x 的结构关于变量 x 是奇函数, 关于另外两个变量 y,z 为偶函数.

2) 由于 x 为奇函数, 曲面 Σ 关于 yOz 坐标面对称, 则

$$\iint_{\Sigma}x\mathrm{d}s=0.$$

事实上, 由于 Σ：$z=\sqrt{1-x^2+y^2}$，$(x,y)\in D=\{(x,y):x^2+y^2\leqslant 1\}$，则

$$z_x=-\frac{x}{z},\quad z_y=-\frac{y}{z}.$$

记 $D_1=\{(x,y)\in D:x\geqslant 0\}$，$D_2=\{(x,y)\in D:x\leqslant 0\}$，则

$$\iint_{\Sigma}x\mathrm{d}s=\iint_D x\sqrt{1+z_x^2+z_y^2}\mathrm{d}x\mathrm{d}y=\iint_D\frac{x}{\sqrt{1-x^2-y^2}}\mathrm{d}x\mathrm{d}y$$

$$=\iint_{D_1}\frac{x}{\sqrt{1-x^2-y^2}}\mathrm{d}x\mathrm{d}y+\iint_{D_2}\frac{x}{\sqrt{1-x^2-y^2}}\mathrm{d}x\mathrm{d}y.$$

由于

$$\iint_{D_2} \frac{x}{\sqrt{1-x^2-y^2}} \mathrm{d}x\mathrm{d}y \overset{\substack{x=-x\\y=y}}{=\!=\!=} \iint_{D_1} \frac{-x}{\sqrt{1-x^2-y^2}} \mathrm{d}x\mathrm{d}y,$$

故 $\iint_{\Sigma} x \mathrm{d}s = 0$. 同样, $\iint_{\Sigma} y \mathrm{d}s = 0$. 因而,

$$\begin{aligned} I &= \iint_D z\sqrt{1+z_x^2+z_y^2}\mathrm{d}x\mathrm{d}y \\ &= \iint_D \sqrt{1-x^2-y^2}\frac{1}{\sqrt{1-x^2-y^2}}\mathrm{d}x\mathrm{d}y \\ &= \iint_D \mathrm{d}x\mathrm{d}y = \pi. \end{aligned}$$

抽象总结 解题过程中用到了区域对称性和函数的奇偶性在第一类曲面积分计算中的应用, 这个性质具有一般性, 请总结并给出相应的结论. 当然, 不必记忆这样的结论, 但是, 需要掌握具有对称性结构的题型的分割处理方法, 即按区域对称性, 对积分区域进行分割, 利用积分可加性及变量代换, 转化为同一积分区域上的积分, 进行合并运算, 得到计算结果.

习 题 **18.2**

1. 计算下列曲面积分:

1) $I = \iint_{\Sigma} (x^2 + xy + z)\mathrm{d}S$, Σ 为平面 $x + y + z = 1$ 位于第一卦限中的部分;

2) $I = \iint_{\Sigma} (x^2 + y^2)\mathrm{d}S$, Σ 为区域 $\sqrt{x^2+y^2} \leqslant z \leqslant 1$ 的界面;

3) $I = \iint_{\Sigma} (x^2 + y^2)\mathrm{d}S$, Σ 为球面 $x^2 + y^2 + z^2 = 2z$ 夹在锥面 $x^2 + y^2 = z^2$ 内的部分;

4) $I = \iint_{\Sigma} x \mathrm{d}S$, $\Sigma : x = u\cos v, y = u\sin v, z = v, 0 \leqslant u \leqslant a, 0 \leqslant v \leqslant 2\pi$.

2. 分析下列积分的结构特点并给出计算:

1) $I = \iint_{\Sigma} (x^2 + 2y^2 + 3z^2)\mathrm{d}S$, 其中 Σ 为球面 $x^2 + y^2 + z^2 = 2y$;

2) $I = \iint_{\Sigma} (x + y + z)\mathrm{d}S$, 其中 $\Sigma : x^2 + y^2 + z^2 = 1, y \leqslant 0$.

18.3 第二类曲线积分

一、背景问题和定义

1. 背景问题

问题 计算变力所做的功.

数学建模与抽象 建立空间坐标系, 将其抽象为数学问题.

引例 设变力 $\vec{F}(x,y,z) = \{P(x,y,z), Q(x,y,z), R(x,y,z)\}$ 作用在质点 M 上, 使质点沿曲线 l 从 A 点移至 B 点, 求 $\vec{F}(x,y,z)$ 对质点所做的功.

类比已知 常力 $\vec{F}$ 作用在质点上使质点沿直线从 A 点移动到 B 点, 则其所做的功为 $W = \vec{F} \cdot \overrightarrow{AB}$.

求解过程简析 为了利用常力做功的计算公式来计算变力做功, 仍采用积分思想在局部的微元上将变力做功近似为常力做功, 这就是变力做功的求解思想; 具体方法如下.

沿曲线 l 从 A 点至 B 点进行分割

$$T : A = A_0 < A_1 < \cdots < A_n = B,$$

这里, "<" 表示顺序.

记 $A_i(x_i, y_i, z_i), \Delta x_i = x_i - x_{i-1}, \Delta y_i = y_i - y_{i-1}, \Delta z_i = z_i - z_{i-1}$, $\Delta x_i, \Delta y_i, \Delta z_i$ 可正可负, 利用微元法, 在微元上将其近似为常力做功, 利用极限实现近似到准确的过渡, 因此, 任取中值点 $(\xi_i, \eta_i, \zeta_i) \in \widehat{A_{i-1}A_i}$, 在微元段 $\widehat{A_{i-1}A_i}$ 上近似为以 $\vec{F}(\xi_i, \eta_i, \zeta_i)$ 为常力的做功问题, 则所做的功为

$$W_i \approx \vec{F}(\xi_i, \eta_i, \zeta_i) \cdot \overrightarrow{A_{i-1}A_i} = P(\xi_i, \eta_i, \zeta_i)\Delta x_i + Q(\xi_i, \eta_i, \zeta_i)\Delta y_i + R(\xi_i, \eta_i, \zeta_i)\Delta z_i,$$

故, 整个过程所做的功可以近似求解为

$$W \approx \sum_{i=1}^{n}[P(\xi_i, \eta_i, \zeta_i)\Delta x_i + Q(\xi_i, \eta_i, \zeta_i)\Delta y_i + R(\xi_i, \eta_i, \zeta_i)\Delta z_i],$$

这样, 从近似角度, 变力做功问题得到解决.

同样, 为得到准确解, 必须借助极限工具来完成, 因此, 有了极限理论后, 变力做功为可以表示为

$$W = \lim_{\lambda(T) \to 0} \sum_{i=1}^{n}[P(\xi_i, \eta_i, \zeta_i)\Delta x_i + Q(\xi_i, \eta_i, \zeta_i)\Delta y_i + R(\xi_i, \eta_i, \zeta_i)\Delta z_i],$$

其中, $\lambda(T)$ 仍为分割细度; 至此, 变力做功问题得到解决.

抽象总结 从最后的结论看, 这又是一种不定和的极限, 实践表明, 工程技术领域中有大量的实际问题都可以表示为这类不定和的极限, 在数学上, 对这类有限和的极限进行高度抽象, 就形成第二类曲线积分的定义.

2. 定义

给定光滑有向曲线段 $\vec{l}$: $\widehat{AB}$ (我们用这个符号强调了弧段的方向性, 即以始点为 A, 终点为 B 的有向弧段), $P(x,y,z)$ 为定义在 $\vec{l}$ 上的有界函数, 沿有向曲线 $\vec{l}$

的方向对其进行分割, 即将 $\vec{l}$ 从始点 A 至终点 B 的方向分割:

$$T:\ A = A_0 < A_1 < \cdots < A_n = B\,.$$

记 $A_i(x_i, y_i, z_i)$, $\Delta x_i = x_i - x_{i-1}$, $i = 1, 2, \cdots, n$; 这里 Δx_i 为向量 $\overrightarrow{A_{i-1}A_i}$ 在 x 轴上的投影; 曲线上从点 A_{i-1} 到点 A_i 的有向弧段记为 $\overset{\frown}{A_{i-1}A_i}$, 弧段的长度为 $|\overset{\frown}{A_{i-1}A_i}|$, 分割细度记为 $\lambda(T) = \max\limits_{i}\left\{\left|\overset{\frown}{A_{i-1}A_i}\right|\right\}$.

定义 3.1　若存在实数 I, 使对任意 T 及任意中值点的选择 $M_i(\xi_i, \eta_i, \zeta_i) \in \overset{\frown}{A_{i-1}A_i}$, 都成立

$$\lim_{\lambda(T)\to 0}\sum_{i=1}^{n}P(\xi_i, \eta_i, \zeta_i)\Delta x_i = I\,,$$

称 I 为 $P(x, y, z)$ 沿有向曲线 $\vec{l}$ 从 A 点至 B 点的对坐标变量 x 的第二类曲线积分, 记为 $\int_{\vec{l}}P(x, y, z)\mathrm{d}x$ 或者 $\int_{\overset{\frown}{AB}}P(x, y, z)\mathrm{d}x$.

类似可定义其他两种形式的第二类曲线积分: $\int_{\overset{\frown}{AB}}Q(x, y, z)\mathrm{d}y$, $\int_{\overset{\frown}{AB}}R(x, y, z)\mathrm{d}z$. 上述三个第二类曲线积分通常同时出现, 通常合写为 $\int_{\overset{\frown}{AB}}P\mathrm{d}x + Q\mathrm{d}y + R\mathrm{d}z$.

还可以结合物理背景问题给出第二类线积分的向量形式的定义: 给定向量值函数

$$\vec{F}(x, y, z) = \{P(x, y, z), Q(x, y, z), R(x, y, z)\}\,,$$

对上述分割和分点 $M_i(\xi_i, \eta_i, \zeta_i) \in \overset{\frown}{A_{i-1}A_i}$ 的选择, 若极限 $\lim\limits_{\lambda(T)\to 0}\sum\limits_{i=1}^{n}\vec{F}(M_i)\cdot\overrightarrow{A_{i-1}A_i}$ 存在且与分割和中值点的选择无关, 则称此极限值为 $\vec{F}(x, y, z)$ 沿有向曲线段 $\vec{l}$: $\overset{\frown}{AB}$ 从 A 点到 B 点的第二类曲线积分, 记为 $\int_{\overset{\frown}{AB}}\vec{F}(x, y, z)\cdot\mathrm{d}\vec{r}$, 其中 $\mathrm{d}\vec{r} = \{\mathrm{d}x, \mathrm{d}y, \mathrm{d}z\}$, 因而, $\int_{\overset{\frown}{AB}}\vec{F}(x, y, z)\cdot\mathrm{d}\vec{r} = \int_{\overset{\frown}{AB}}P\mathrm{d}x + Q\mathrm{d}y + R\mathrm{d}z$.

特别注意, 在涉及第二类曲线积分时, 一定要指明曲线的方向.

也可以给出其 "ε-δ" 型定义(略).

信息挖掘　1) 从定义可知: 第二类曲线积分与 $\vec{l}$ 的方向有关. 事实上, 利用定义, 易得 $\int_{\overset{\frown}{AB}}f(x, y, z)\mathrm{d}x = -\int_{\overset{\frown}{BA}}f(x, y, z)\mathrm{d}x$.

2) 第二类曲线积分的几何意义: 当 $f(x, y, z) \equiv 1$ 时, 由定义得

$$\int_{\overset{\frown}{AB}}f(x, y, z)\mathrm{d}x = \mathrm{Prj}_{\vec{i}}\,\overrightarrow{AB}\,,$$

其中, $\vec{i}=(1,0,0)$, $\mathrm{Prj}_{\vec{i}}\ \overrightarrow{AB}$ 为向量 $\overrightarrow{AB}$ 在 x 轴上的投影.

3) 若 $\vec{l}$ 为落在 x 轴上的区间 $[a,b]$ 上的一段, 始点 $A(a,0,0)$, 终点 $B(b,0,0)$, 则

$$\int_{\widehat{AB}} f(x,y,z)\mathrm{d}x = \int_a^b f(x,0,0)\mathrm{d}x,$$

这个性质为我们研究第二类曲线积分的计算提供了思路, 即化第二类曲线积分为定积分.

4) 当 $\vec{l}=\widehat{AB}$ 为平面曲线时, 第二类曲线积分为 $\int_{\widehat{AB}} P(x,y)\mathrm{d}x + Q(x,y)\mathrm{d}y$.

5) 当 $\vec{l}$ 是平面上的封闭曲线时, $\vec{l}$ 上的任一点可视为始点, 同时也是终点, 规定 $\vec{l}$ 的正方向为: 沿 $\vec{l}$ 行走时, $\vec{l}$ 所围的区域总在左侧, 即常说的逆时针方向.

6) 变力所做的功正是对应的第二类曲线积分, 因此, 有了第二类曲线积分理论, 变力做功及其相应的实际问题就可以得以解决.

第二类曲线积分具有与定积分相似的大部分性质, 但是, 由于第二类曲线积分具有方向性, 因此, 有序性不成立, 由此带来的中值定理也不成立.

二、第二类曲线积分的计算

1. 基于基本公式的简单计算

思路的确立　从前述信息中可知, 应化第二类曲线积分为定积分计算. 进一步分析, 虽然曲线的一般方程为曲面的交线形式, 但是, 由于曲线的参数方程更直接地表示出各变元与参数的关系, 曲线的参数方程形式在应用时更方便, 由于曲线方程是单参量的, 因而可以猜想, 第二类曲线积分应该转化为对参量的定积分来计算, 和前面几类积分类似, 计算公式导出的关键仍是从定义的和式中分离参量的微元, 转化为对参量的定积分; 利用这种处理思想, 我们导出第二类曲线积分的计算公式.

给定有向曲线 $\vec{l}=\widehat{AB}$: $\begin{cases} x=x(t), \\ y=y(t), \alpha \leqslant t \leqslant \beta, \\ z=z(t), \end{cases}$ 设

(1) $\vec{l}$ 是 C^1 光滑的: $(x(t),y(t),z(t)) \in C'[\alpha,\beta]$;

(2) $\vec{l}$ 不自交: t 和曲线上的点一一对应;

(3) $A(x(\alpha),y(\alpha),z(\alpha)),B(x(\beta),y(\beta),z(\beta))$, 且当 t 由 α 单调递增到 β 时, 对应点沿 $\vec{l}$ 给定的方向从 A 移至 B;

(4) $P(x,y,z)$ 为定义在曲线上的连续函数.

定理 3.1　在条件 1)~4)下成立

$$\int_{\bar{l}} P(x,y,z)\mathrm{d}x = \int_\alpha^\beta P(x(t),y(t),z(t))x'(t)\mathrm{d}t .$$

证明　对任意的沿 $\vec{l}$ 给定的方向从点 A 到点 B 方向的分割

$$T : A = A_0 < A_1 < \cdots < A_n = B ,$$

其中，"<"表示顺序.

仍记 $A_i(x_i,y_i,z_i), \Delta x_i = x_i - x_{i-1}$，则由点与参数的对应关系: 对任意的 A_i，存在 $t_i \in [\alpha,\beta]$，使 $x_i = x(t_i), y_i = y(t_i), z_i = z(t_i)$，因而得分割

$$T' : \alpha = t_0 < t_1 < \cdots < t_n = \beta ,$$

由条件 3)，此处 "<" 表示大小.

对任意选择的中值点 $(\xi_i,\eta_i,\zeta_i) \in \widehat{A_{i-1}A_i}$，存在 $\tau_i \in [t_{i-1},t_i]$，使 $\xi_i = x(\tau_i)$，$\eta_i = y(\tau_i)$，$\zeta_i = z(\tau_i)$. 利用微分中值定理，存在 $\tau_i' \in [t_{i-1},t_i]$ 使得

$$x(t_i) - x(t_{i-1}) = x(\tau_i')\Delta t_i,$$

其中 $\Delta t_i = t_i - t_{i-1}$，故

$$\sum_{i=1}^n P(\xi_i,\eta_i,\zeta_i)\Delta x_i = \sum_{i=1}^n P(x(\tau_i),y(\tau_i),z(\tau_i))(x(t_i)-x(t_{i-1}))$$
$$= \sum_{i=1}^n P(x(\tau_i),y(\tau_i),z(\tau_i))x'(\tau_i')\Delta t_i.$$

类似前面几节的处理方法，则

$$\lim_{\lambda(T)\to 0}\sum_{i=1}^n P(\xi_i,\eta_i,\zeta_i)\Delta x_i = \lim_{\lambda(T')\to 0}\sum_{i=1}^n P(x(\tau_i),y(\tau_i),z(\tau_i))x'(\tau_i')\Delta t_i$$
$$= \int_\alpha^\beta P(x(t),y(t),z(t))x'(t)\mathrm{d}t.$$

类似, 若将条件 3)改为

3') $A(x(\beta),y(\beta),z(\beta)), B(x(\alpha),y(\alpha),z(\alpha))$，且当 t 由 β 单调递减到 α 时，对应点沿 $\vec{l}$ 给定的方向从 A 移至 B. 此时，成立

定理 3.1′　在条件 1), 2), 3'), 4)下成立

$$\int_{\bar{l}} P(x,y,z)\mathrm{d}x = \int_\beta^\alpha P(x(t),y(t),z(t))x'(t)\mathrm{d}t .$$

当曲线分段单调时，可以利用积分的可加性转化为上述两种情形，因此，上述两个结论给出了第二类曲线积分计算的基本公式.

抽象总结　上述结论将第二类曲线积分转化为定积分计算，定积分的结构由被积函数和积分限组成，分析上述定理中的定积分的结构，被积函数相当于将曲线的参数方程代入第二类曲线积分中的被积函数和积分变元; 积分下限为曲线始点对应的参数，上限为曲线终点对应的参数，因此，可以把这种基本的计算方法

抽象总结为**定线定向代入法或三定一代方法**；"三定"指的是确定曲线的参数方程，确定曲线的方向，确定参数与始点、终点的对应关系；然后将对应的参数方程和积分限代入对应的定积分即可，特别注意

$$\vec{l} \text{ 的始点 } A \leftrightarrow \text{对应参数} \leftrightarrow \text{定积分下限},$$

$$\vec{l} \text{ 的终点 } B \leftrightarrow \text{对应参数} \leftrightarrow \text{定积分上限};$$

因此，第二类线积分的计算关键在于确定曲线 $\vec{l}$ 的方向、参数方程，并注意对应关系(包含曲线上点与参数的一一对应关系，参数与积分限的对应关系).

对自交的曲线可分段处理.

对其他形式的第二类曲线积分成立相应的计算公式.

例 1　计算 $I = \int_{\vec{l}} (x^2 + y^2)\mathrm{d}x + (x^2 - y^2)\mathrm{d}y$，其中

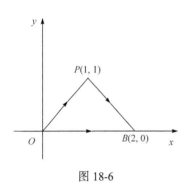

图 18-6

1) $\vec{l}$ 为折线 $y = 1 - |1 - x|$，方向由 $O(0, 0)$到 $P(1, 1)$，再由 $P(1, 1)$到 $B(2, 0)$ (图 18-6)；

2) $\vec{l}$ 沿 x 轴 O 到 B：$\vec{l} = \overrightarrow{OB}$.

解　1) 将 $\vec{l}$ 分段，记

$\vec{l}_1 = \overrightarrow{OP}$：$y = x$，$x$ 从 0 单调递增到 1，对应的点由 O 点沿直线到 P 点；

$\vec{l}_2 = \overrightarrow{PB}$：$y = 2 - x$，$x$ 从 1 单调递增到 2，对应的点由 P 点沿直线到 B 点.

由公式，则

$$I = \int_{\vec{l}_1} (x^2 + y^2)\mathrm{d}x + (x^2 - y^2)\mathrm{d}y + \int_{\vec{l}_2} (x^2 + y^2)\mathrm{d}x + (x^2 - y^2)\mathrm{d}y$$

$$= \int_0^1 (x^2 + x^2)\mathrm{d}x + \int_0^1 (x^2 - x^2)\mathrm{d}x + \int_1^2 (x^2 + (2-x)^2)\mathrm{d}x + \int_1^2 (x^2 - (2-x)^2)(-1)\mathrm{d}x$$

$$= 2\int_0^1 x^2\mathrm{d}x + \int_1^2 (2-x)^2\mathrm{d}x = \frac{4}{3}.$$

2) 由于 $\vec{l} = \overrightarrow{OB}$：$y = 0$，$x$ 从 0 单调递增到 2，故

$$I = \int_0^2 (x^2 + 0)\mathrm{d}x + 0 = \frac{8}{3}.$$

总结　例 1 表明：在具有相同的始点和终点的不同路径上的第二类曲线积分可能具有不同的值，即第二类曲线积分一般与曲线的始点和终点及路径有关.

注意解题过程中有向曲线参数方程的表达方式，我们没有简单地用参数区间来表示，而是用单调性表明曲线的方向和对应的参数关系，当然，在具有唯一确定的单调性时，也可以简单表示："x 从 0 单调递增到 1"简单表示为"x：$0 \sim 1$"；

"x 从 1 单调递减到 -1" 简单表示为 "$x:1\sim-1$".

例 2 计算 $I=\int_{\vec{l}}(x^2-2xy)\mathrm{d}x+(y^2-2xy)\mathrm{d}y$，

其中 $\vec{l}$ 为沿直线从 $A(1,-1)$ 到 $B(1,1)$，再到 $C(-1,1)$，再到 $D(-1,-1)$，再到 A 的闭路(图 18-7).

解 分段处理，记

$$\vec{l}_1=\overrightarrow{AB}:x=1,\ y:-1\sim1;$$
$$\vec{l}_2=\overrightarrow{BC}:y=1,\ x:1\sim-1;$$
$$\vec{l}_3=\overrightarrow{CD}:x=-1,\ y:1\sim-1;$$
$$\vec{l}_4=\overrightarrow{DA}:y=-1,x:-1\sim1.$$

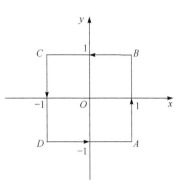

图 18-7

故

$$I_1=\int_{\vec{l}_1}(x^2-2xy)\mathrm{d}x+(y^2-2xy)\mathrm{d}y=\int_{-1}^{1}(y^2-2y)\mathrm{d}y=\frac{2}{3};$$

$$I_2=\int_{1}^{-1}(x^2-2x)\mathrm{d}x=-\frac{2}{3};$$

$$I_3=\int_{1}^{-1}(y^2+2y)\mathrm{d}y=-\frac{2}{3};$$

$$I_4=\int_{-1}^{1}(x^2+2x)\mathrm{d}x=\frac{2}{3}.$$

因此，$I=I_1+I_2+I_3+I_4=0.$

例 3 计算 $I=\oint_{\vec{l}}\dfrac{(x+y)\mathrm{d}x-(x-y)\mathrm{d}y}{x^2+y^2}$，$\vec{l}$ 为正向圆周曲线 $x^2+y^2=a^2$.

解 取 $A(a,0)$ 为始点，则 A 同时也为终点，方向为逆时针方向，与此对应，有向曲线的参数方程为 $\vec{l}:\begin{cases}x=a\cos\theta,\\y=a\sin\theta,\end{cases}\theta:0\sim2\pi$，故

$$I=\int_0^{2\pi}\frac{1}{a^2}[-a(\cos\theta+\sin\theta)a\sin\theta-a(\cos\theta-\sin\theta)a\cos\theta]\mathrm{d}\theta$$

$$=\int_0^{2\pi}[-\cos\theta\sin\theta-\sin^2\theta-\cos^2\theta+\sin\theta\cos\theta]\mathrm{d}\theta=-2\pi.$$

注意，例 3 中，在积分路径上成立 $x^2+y^2=a^2$，因而，积分可以直接简化为 $I=\dfrac{1}{a^2}\oint_{\vec{l}}(x+y)\mathrm{d}x-(x-y)\mathrm{d}y$. 因此，要注意挖掘题目的结构特点，利用结构特点进行简化.

考虑问题: 能用轮换对称性简化例 3 的计算吗? 若能，如何正确使用轮换对

称性? 利用轮换对称性后的结果是什么? 如下的轮换对称性的应用是否正确: 显然, 曲线 $\bar{l}: x^2 + y^2 = a^2$ 具有轮换对称性, 即将 x 轮换为 y, y 轮换为 x, 曲线方程不变, 因此, 利用轮换对称性, 则 $\oint_{\bar{l}}(x+y)\mathrm{d}x = \oint_{\bar{l}}(y+x)\mathrm{d}y$, 因而,

$$I = \frac{1}{a^2}\oint_{\bar{l}}(x+y)\mathrm{d}x - (x-y)\mathrm{d}y = \frac{1}{a^2}\oint_{\bar{l}}(y+x)\mathrm{d}y - (x-y)\mathrm{d}y = \frac{2}{a^2}\oint_{\bar{l}}y\mathrm{d}y = 0,$$

显然, 这个结果是错误的. 那么, 问题出在什么地方? 画出坐标系图, 从图上能直接看出问题所在: 进行上述轮换之后, 虽然曲线方程不变, 但是, (x,y) 不再是右手系, 因此, 在轮换之后的坐标系中, 曲线的参数方程会发生形式上的变化. 事实上, 轮换之前的原坐标系下, 曲线的参数方程为 $\bar{l}: \begin{cases} x = a\cos\theta, \\ y = a\sin\theta, \end{cases} \theta: 0 \sim 2\pi$; 轮换之后的坐标系下, 曲线的参数方程为 $\bar{l}: \begin{cases} y = a\cos\theta, \\ x = a\sin\theta, \end{cases} \theta: 0 \sim 2\pi$, 这是发生问题的根本原因.

当然, 如果改变轮换形式, 将 x 轮换为 y, y 轮换为 $-x$, 则此时 (x,y) 仍是右手系, 在此坐标系下, 曲线参数方程形式不变, 因此, 在此轮换下, 有 $\oint_{\bar{l}}(x+y)\mathrm{d}x = \oint_{\bar{l}}(y-x)\mathrm{d}y$, 故

$$I = \frac{1}{a^2}\oint_{\bar{l}}(x+y)\mathrm{d}x - (x-y)\mathrm{d}y = \frac{1}{a^2}\oint_{\bar{l}}(y-x)\mathrm{d}y - (x-y)\mathrm{d}y$$

$$= \frac{2}{a^2}\oint_{\bar{l}}(y-x)\mathrm{d}y = -2\pi.$$

得到正确的计算结果, 因此, 在利用轮换对称性时, 一定要注意正确使用. 当然, 造成这些问题的原因还是第二类曲线积分的方向性.

2. 基于结构特征的计算方法

例 4 计算

$$I = \int_{\bar{l}}(y^2 - z^2)\mathrm{d}x + (z^2 - x^2)\mathrm{d}y + (x^2 - y^2)\mathrm{d}z,$$

其中有向曲线 $\bar{l}$ 为单位球面 $x^2 + y^2 + z^2 = 1$ 在第一卦限中的闭路边界, 其方向为顺时针方向, 即从 $A(0,0,1)$ 到 $B(0,1,0)$, 再到 $C(1,0,0)$, 再回到 A(图 18-8).

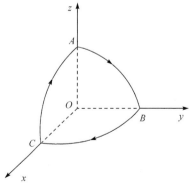

图 18-8

解 记 $\bar{l}_1 = \widehat{AB}$ 为曲线上从 A 到 B 的这一段, 按给定的方向和始点和终点的位置,

参数方程为 $\vec{l}_1 = \widehat{AB}:\begin{cases} y = \cos\theta, \\ z = \sin\theta, \quad \theta:\dfrac{\pi}{2} \sim 0, \text{ 故} \\ x = 0, \end{cases}$

$$I_1 = \int_{\vec{l}_1}(y^2 - z^2)\mathrm{d}x + (z^2 - x^2)\mathrm{d}y + (x^2 - y^2)\mathrm{d}z$$

$$= 0 + \int_{\frac{\pi}{2}}^{0}\sin^2\theta(-\sin\theta)\mathrm{d}\theta + \int_{\frac{\pi}{2}}^{0}(0 - \cos^2\theta)\cos\theta\mathrm{d}\theta$$

$$= \int_{0}^{\frac{\pi}{2}}(\sin^3\theta + \cos^3\theta)\mathrm{d}\theta = \frac{4}{3},$$

利用轮换对称性 $I = 3I_1 = 4$.

试分析为何此例可以利用轮换对称性.

例 5　计算下列第二类曲线积分:

1) $I_1 = \int_{\vec{l}}x\mathrm{d}x$;　2) $I_2 = \int_{\vec{l}}x^2\mathrm{d}x$;　3) $I_3 = \int_{\vec{l}}x\mathrm{d}y$;　4) $I_1 = \int_{\vec{l}}x^2\mathrm{d}y$,

其中有向曲线 $\vec{l}$ 为沿抛物线 $y = x^2$ 从点 $B(1,1)$ 到点 $A(-1,1)$.

解　将有向曲线分为左右对称的两段, 记有向曲线 $\vec{l}_1: y = x^2$, $x: 1 \sim 0$, 有向曲线 $\vec{l}_2: y = x^2$, $x: 0 \sim -1$, 代入公式, 则

1) $I_1 = \int_{\vec{l}_1}x\mathrm{d}x + \int_{\vec{l}_2}x\mathrm{d}x = \int_{1}^{0}x\mathrm{d}x + \int_{0}^{-1}x\mathrm{d}x = -\dfrac{1}{2} + \dfrac{1}{2} = 0$;

2) $I_2 = \int_{\vec{l}_1}x^2\mathrm{d}x + \int_{\vec{l}_2}x^2\mathrm{d}x = \int_{1}^{0}x^2\mathrm{d}x + \int_{0}^{-1}x^2\mathrm{d}x = -\dfrac{1}{3} - \dfrac{1}{3} = -\dfrac{2}{3}$;

3) $I_3 = \int_{\vec{l}_1}x\mathrm{d}y + \int_{\vec{l}_2}x\mathrm{d}y = \int_{1}^{0}2x^2\mathrm{d}x + \int_{0}^{-1}2x^2\mathrm{d}x = -\dfrac{2}{3} - \dfrac{2}{3} = -\dfrac{4}{3}$;

4) $I_4 = \int_{\vec{l}_1}x^2\mathrm{d}y + \int_{\vec{l}_2}x^2\mathrm{d}y = \int_{1}^{0}2x^3\mathrm{d}x + \int_{0}^{-1}2x^3\mathrm{d}x = -\dfrac{1}{2} + \dfrac{1}{2} = 0$.

我们将上述解题过程分解得很细, 便于观察被积函数的奇偶性和积分路径的对称性在第二类曲线积分计算中的应用, 由此可以看出, 这类性质在涉及有方向性的积分的计算中对应的结论比较复杂, 一般和被积函数、积分变量、不同的对称性 (不同的对称轴) 都有关系, 因此, 不必记忆结论, 掌握处理此类题型的思想和方法, 即按对称性进行分段处理.

当然, 虽然不要求记忆结论, 读者可以自行总结相应的结论.

例 6　计算 $I = \int_{\vec{l}}(x^2y^2 + y^4)[f(xy)\mathrm{d}x + g(xy)\mathrm{d}y]$, 其中有向曲线 $\vec{l}$ 为正向单位圆周 $x^2 + y^2 = 1$, 其中, $f(t)$ 为连续的偶函数, $g(t)$ 为连续的奇函数.

结构分析　从结构看, 被积函数具有奇、偶函数特征, 积分路径具有对称性,

可以考虑利用这两个特性处理; 由于具体的结论较为复杂, 我们可以利用相应的处理思想进行处理, 即按对称性对积分区域进行分割, 在两个对称的积分区域上建立联系.

解 记 $I_1 = \int_{\vec{l}} (x^2 y^2 + y^4) f(xy) \mathrm{d}x$; $I_2 = \int_{\vec{l}} (x^2 y^2 + y^4) g(xy) \mathrm{d}y$.

先计算 I_1. I_1 是对坐标 x 的第二类曲线积分, 按关于变量 x 的对称性将积分曲线分割, 记

$$\vec{l}_1 : y = \sqrt{1-x^2}, \ x : 1 \sim -1, \quad \vec{l}_2 : y = -\sqrt{1-x^2}, \ x : -1 \sim 1,$$

则

$$I_1 = \left[\int_{\vec{l}_1} + \int_{\vec{l}_2} \right] (x^2 y^2 + y^4) f(xy) \mathrm{d}x$$

$$= \int_1^{-1} (x^2(1-x^2) + (1-x^2)^2) f(-x\sqrt{1-x^2}) \mathrm{d}x$$

$$+ \int_{-1}^1 (x^2(1-x^2) + (1-x^2)^2) f(x\sqrt{1-x^2}) \mathrm{d}x,$$

利用被积函数的奇偶性质, 则

$$I_1 = -\int_{-1}^1 (x^2(1-x^2) + (1-x^2)^2) f(x\sqrt{1-x^2}) \mathrm{d}x$$

$$+ \int_{-1}^1 (x^2(1-x^2) + (1-x^2)^2) f(x\sqrt{1-x^2}) \mathrm{d}x$$

$$= 0.$$

再计算 I_2. I_2 是对坐标 y 的第二类曲线积分, 按关于变量 y 的对称性将积分曲线分割, 记

$$\vec{l}_3 : x = \sqrt{1-y^2}, \ y : -1 \sim 1, \quad \vec{l}_4 : x = -\sqrt{1-y^2}, \ y : 1 \sim -1,$$

则

$$I_2 = \left[\int_{\vec{l}_3} + \int_{\vec{l}_4} \right] (x^2 y^2 + y^4) g(xy) \mathrm{d}x$$

$$= \int_{-1}^1 (y^2(1-y^2) + y^4) g(y\sqrt{1-y^2}) \mathrm{d}y$$

$$+ \int_1^{-1} (y^2(1-y^2) + y^4) g(-y\sqrt{1-y^2}) \mathrm{d}y,$$

利用被积函数的奇偶性质, 则

$$I_2 = \int_{-1}^1 (y^2(1-y^2) + y^4) g(y\sqrt{1-y^2}) \mathrm{d}y$$

$$+ \int_{-1}^1 (y^2(1-y^2) + y^4) g(y\sqrt{1-y^2}) \mathrm{d}y$$

$$= 2\int_{-1}^{1} (y^2(1-y^2) + y^4)g(y\sqrt{1-y^2})\mathrm{d}y,$$

再次利用被积函数的奇偶性, 则 $I_2 = 0$.

因而, $I = I_1 + I_2 = 0.$

注意: 在上述计算过程中, 虽然对 I_1, I_2 有相同的结果 $I_1 = I_2 = 0$, 但是, 得到相同结果的原因并不完全相同, 试自行分析其原因.

下面, 我们建立空间曲线与其投影曲线上的第二类曲线积分的联系.

定理 3.2　设空间光滑曲线 l 落在曲面 $S: z = z(x, y)$, l' 为其在 xOy 平面上的投影曲线, 则

$$\int_{\vec{l}} P(x, y, z)\mathrm{d}x + Q(x, y, z)\mathrm{d}y = \int_{\vec{l'}} P(x, y, z(x, y))\mathrm{d}x + Q(x, y, z(x, y))\mathrm{d}y.$$

其中 $\vec{l}$, $\vec{l'}$ 有相同的对应方向.

证明　设 l' 的方程为

$$l': \begin{cases} x = x(t), \\ y = y(t), \end{cases} \quad t: \alpha \sim \beta,$$

则空间曲线为

$$l: \begin{cases} x = x(t), \\ y = y(t), \\ z = z(x(t), y(t)), \end{cases} \quad t: \alpha \sim \beta,$$

代入公式验证即可.

更复杂路径上的第二类曲线积分的计算将在后面继续讨论.

三、二类曲线积分间的联系

给定有向曲线段 $\vec{l} = \overset{\frown}{AB}$ 和定义在曲线段上的函数 $P(x, y, z)$, 则可以定义如下两类曲线积分:

第一类曲线积分, 如 $\int_l P(x, y, z)\mathrm{d}s$;

第二类曲线积分, 如 $\int_{\vec{l}} P(x, y, z)\mathrm{d}x$.

首先指出的是: 两类曲线积分是在 l 上定义的两类不同的积分, 二者有明显的区别, 这些区别从定义和计算公式中都可以反映出来; 但如上所示的两类曲线积分又是同一函数在同一曲线上的积分, 应该有联系. 下面, 我们来寻找二者的联系.

对二者作简单分析: 从计算公式可知, 二者都可以转化为对参数的定积分来计算, 由此, 确定解决问题的一个思路是: 将二者转化为对同一个参数的定积分, 由此建立二者的联系.

设曲线为

$$l: \begin{cases} x = x(t), \\ y = y(t), \quad \alpha \leqslant t \leqslant \beta, \\ z = z(t), \end{cases}$$

且设 $A(x(\alpha), y(\alpha), z(\alpha))$，$B(x(\beta), y(\beta), z(\beta))$，当 t 从 α 递增到 β 时，动点 $M(x(t), y(t), z(t))$ 从 A 点沿曲线 l 移动到 B 点，由计算公式，则

$$\int_l P(x, y, z)\mathrm{d}s = \int_\alpha^\beta P(x(t), y(t), z(t))\sqrt{x'^2(t) + y'^2(t) + z'^2(t)}\mathrm{d}t ,$$

$$\int_{\vec{l}} P(x, y, z)\mathrm{d}x = \int_\alpha^\beta P(x(t), y(t), z(t))x'(t)\mathrm{d}t ,$$

其中，第二类曲线积分的曲线方向取为从 A 到 B 方向. 分析上述公式可知，要建立二者的联系，必须建立 $x'(t)$ 与 $\sqrt{x'^2(t) + y'^2(t) + z'^2(t)}$ 的联系. 至此，问题转化为：这两个因子间有何联系？或者，是否有一个量能将二者联系在一起？这个量是什么？换一个角度，对给定的空间曲线，已知的量中哪个量与 $\{x'(t), y'(t), z'(t)\}$ 有关？显然，这个量就是曲线的切向量. 下面，利用曲线的切向量建立联系.

由空间解析几何理论可知，曲线上任意一点 $M_0(x(t_0), y(t_0), z(t_0))$ 的单位切向量为 $\vec{\tau}_{M_0} = \pm \dfrac{1}{\sqrt{x'^2(t_0) + y'^2(t_0) + z'^2(t_0)}}\{x'(t_0), y'(t_0), z'(t_0)\}$，由此，形式 $x'(t)$ 与 $\sqrt{x'^2(t) + y'^2(t) + z'^2(t)}$ 的量都统一到上述单位切向量中，切向量中的 "$\pm$" 表示两个相反的切线方向.

由于第二类曲线积分与曲线的方向有关，因此，必须确定与曲线方向对应的切线方向.

假设曲线方向为参量 t 增加时的曲线方向，下面，我们计算在点 $M_0(x(t_0), y(t_0), z(t_0))$ 处与曲线方向对应的切线方向.

根据切线的定义，取点 $M(x(t), y(t), z(t))$（$t > t_0$），与曲线方向一致的割线方向为 $\overrightarrow{M_0M} = \{x(t) - x(t_0), y(t) - y(t_0), z(t) - z(t_0)\}$，因此，若假设 M_0 点对应的切线方向的方向余弦为 $\vec{\tau}_{M_0} = \{\cos\alpha(t_0), \cos\beta(t_0), \cos\gamma(t_0)\}$，则

$$\begin{aligned} \cos\alpha(t_0) &= \lim_{t \to t_0^+} \cos\langle \overrightarrow{M_0M}, \vec{i}\rangle = \lim_{t \to t_0^+} \frac{\overrightarrow{M_0M} \cdot \vec{i}}{|\overrightarrow{M_0M}| \times |\vec{i}|} \\ &= \lim_{t \to t_0^+} \frac{x(t) - x(t_0)}{\sqrt{(x(t) - x(t_0))^2 + (y(t) - y(t_0))^2 + (z(t) - z(t_0))^2}} \\ &= \frac{x'(t_0)}{\sqrt{x'^2(t_0) + y'^2(t_0) + z'^2(t_0)}} . \end{aligned}$$

类似地,

$$\cos \beta(t_0) = \frac{y'(t_0)}{\sqrt{x'^2(t_0) + y'^2(t_0) + z'^2(t_0)}},$$

$$\cos \gamma(t_0) = \frac{z'(t_0)}{\sqrt{x'^2(t_0) + y'^2(t_0) + z'^2(t_0)}}.$$

显然, 若曲线方向为参量减少的方向, 对应此曲线方向的切向量为

$$\vec{\tau}_{M_0} = -\frac{1}{\sqrt{x'^2(t_0) + y'^2(t_0) + z'^2(t_0)}}\{x'(t_0), y'(t_0), z'(t_0)\}.$$

因此, 若设曲线方向为参量 t 增加的方向, 动点 $M(x(t), y(t), z(t))$ 处对应于曲线方向的切线方向为 $\vec{\tau}_M = \{\cos \alpha(t), \cos \beta(t), \cos \gamma(t)\}$, 则

$$\cos \alpha(t)\sqrt{x'^2(t) + y'^2(t) + z'^2(t)} = x'(t),$$

$$\cos \beta(t)\sqrt{x'^2(t) + y'^2(t) + z'^2(t)} = y'(t),$$

$$\cos \gamma(t)\sqrt{x'^2(t) + y'^2(t) + z'^2(t)} = z'(t).$$

由线积分的计算公式, 则

$$\int_l P(x, y, z) \cos \alpha(t) \mathrm{d}s = \int_\alpha^\beta P(x(t), y(t), z(t)) \cos \alpha(t) \sqrt{x'^2(t) + y'^2(t) + z'^2(t)} \mathrm{d}t$$

$$= \int_\alpha^\beta P(x(t), y(t), z(t)) \, x'(t) \mathrm{d}t.$$

同时, 若曲线方向为参量 t 增加的方向, 则

$$\int_l P(x, y, z) \mathrm{d}x = \int_\alpha^\beta P(x(t), y(t), z(t)) \, x'(t) \mathrm{d}t.$$

故,

$$\int_l P(x, y, z) \cos \alpha(t) \mathrm{d}s = \int_l P(x, y, z) \mathrm{d}x.$$

类似地,

$$\int_l Q(x, y, z) \cos \beta(t) \mathrm{d}s = \int_l Q(x, y, z) \mathrm{d}y,$$

$$\int_l R(x, y, z) \cos \gamma(t) \mathrm{d}s = \int_l R(x, y, z) \mathrm{d}z.$$

因而有

$$\int_{\vec{l}} P\mathrm{d}x + Q\mathrm{d}y + R\mathrm{d}z = \int_{\vec{l}} [P \cos \alpha(t) + Q \cos \beta(t) + R \cos \gamma(t)]\mathrm{d}s,$$

其中, $\vec{l}$ 的方向为参数增加的方向, 这就是两类曲线积分关系式.

习 题 18.3

1. 计算下列第二类曲线积分.

1) $I = \int_{\vec{l}} (x+y)\mathrm{d}x + (x-y)\mathrm{d}y$, $\vec{l}$ 为沿抛物线 $y = x^2$ 从点 $A(1,1)$ 到点 $B(-1,1)$.

2) $I = \int_{\vec{l}} y^2 \mathrm{d}x + x^2 \mathrm{d}y$, $\vec{l}$ 为沿折线从点 $A(1,1)$ 到点 $B(-1,1)$ 再到 $O(0,0)$.

3) $I = \int_{\vec{l}} \cos x \mathrm{d}x + \sin x \mathrm{d}y$, (1) $\vec{l}$ 为沿曲线 $y = \sin x$ 从点 $O(0,0)$ 到点 $B(\pi,0)$; (2) $\vec{l}$ 为沿 x 轴从点 $O(0,0)$ 到点 $B(\pi,0)$.

4) $I = \oint_{\vec{l}} x^2 \mathrm{d}x + y^2 \mathrm{d}y$, $\vec{l}$ 为沿闭曲线 $x^2 + y^2 = 1$ 的逆时针方向.

5) $I = \oint_{\vec{l}} (x^2 + 4y^2 - 3)\mathrm{d}x + (x-1)\mathrm{d}y$, $\vec{l}$ 为沿闭曲线 $\dfrac{x^2}{4} + y^2 = 1$ 的逆时针方向.

6) $I = \int_{\vec{l}} x\mathrm{d}y - y\mathrm{d}x$, (1) $\vec{l}$ 为沿上半圆周曲线 $x^2 + y^2 = a$ 从点 $A(-a,0)$ 到点 $B(a,0)$; (2) $\vec{l}$ 为沿 x 轴从点 $A(-a,0)$ 到点 $B(a,0)$.

7) $I = \int_{\vec{l}} y\mathrm{d}x + z\mathrm{d}y + x\mathrm{d}z$, $\vec{l}$ 为交线 $\begin{cases} x^2 + y^2 = 1, \\ x + z = 1, \end{cases}$ 从 x 轴方向看为逆时针方向.

8) $I = \int_{\vec{l}} (y-x)\mathrm{d}x + (z^2 - xy)\mathrm{d}y + (x^3 + xy^2)\mathrm{d}z$, $\vec{l}$ 为交线 $\begin{cases} x^2 + y^2 + z^2 = 2, \\ z^2 = x^2 + y^2, \end{cases}$ 从 x 轴方向看为逆时针方向.

2. 计算第二类曲线积分 $I = \int_{\vec{l}} P(x,y)\mathrm{d}x + Q(x,y)\mathrm{d}y$, 其中, $\vec{l}$ 为: (1)沿上半圆周曲线 $x^2 + y^2 = a$ 从点 $A(-a,0)$ 到点 $B(a,0)$; (2)沿 x 轴从点 $A(-a,0)$ 到点 $B(a,0)$; (3)沿折线从点 $A(-a,0)$ 到点 $C(b,c)$ 再到点 $B(a,0)$; (4)沿抛物线 $y = k(x-a)(x+a)$ 从点 $A(-a,0)$ 到点 $B(a,0)$.

(i) $P(x,y) = y$, $Q(x,y) = x$;

(ii) $P(x,y) = k_1 y$, $Q(x,y) = k_2 x$;

(iii) $P(x,y) = cx^m + dy, Q(x,y) = ax + by^n$.

能否根据计算结果进行猜测, 抽象出计算结果和函数 $P(x,y), Q(x,y)$ 关系的相关性的一个结论?

3. 利用两类曲线积分的联系计算 $I = \int_{\vec{l}} x\mathrm{d}y - y\mathrm{d}x$, 其中 $\vec{l}$ 为沿上半圆周曲线 $x^2 + y^2 = 1$ 从点 $A(-1,0)$ 到点 $B(1,0)$.

4. 利用 (轮换) 对称性进行计算:

1) $I = \int_{\vec{l}} x\mathrm{d}y + y\mathrm{d}x + z\mathrm{d}x$, 其中 $\vec{l}$ 为平面 $x + y + z = 1$ 与三个坐标面的交线, 取逆时针方向;

2) $I = \int_{\vec{l}} (x^2 + y^2)\mathrm{d}z + (y^2 + z^2)\mathrm{d}x + (z^2 + x^2)\mathrm{d}y$, 其中 $\vec{l}$ 为平面 $x^2 + y^2 + z^2 = 1$ 与三个坐标面的交线, 取逆时针方向.

5. 简要列出第二类曲线积分的主要性质. 进一步问: 积分中值定理成立吗? 试以 $\int_{\bar{l}} \mathrm{d}x = 0$ ($\bar{l}$ 为正向单位圆周曲线)为例加以说明.

18.4　第二类曲面积分

类比第二类曲线积分, 第二类曲面积分也应该和方向有关, 因此, 我们先引入曲面侧(方向)的概念.

一、曲面的侧

曲面是日常生活中常见的几何图形, 就我们对曲面的直接的认识看, 曲面应有两个侧面, 即常说的正面和背面, 这类曲面为双侧曲面. 如一张白纸就是一个简单的双侧平面, 这种曲面具有这样的性质: 假设一只蚂蚁在曲面上沿闭路爬行, 不经过边界, 回到原位仍在同一侧. 但是, 确实存在只有一个侧的曲面——单侧曲面, 如 Möbius 带——将矩形的纸条的一端反转 360°, 再与另一端对接, 就形成 Möbius 带(图 18-9). 它具有这样的性质: 从曲面上任一点不经过边界可达到曲面上任一点; 或者曲面上任意两点都可以用不经过边界的曲线连接.

我们本节要介绍的积分, 就与曲面的侧有关. 那么, 如何从数学上给出曲面侧的严格定义?

设 Σ 是非闭的光滑曲面, 因而, 曲面上每一点都有切平面和两个相反的法线方向, 动点 M 从定点 M_0 出发, 沿 Σ 上一个不过 Σ 的边界的闭路 Γ 从 M_0 出发再回到 M_0 点, 取定 M_0 的一个法线方向为出发时的方向, 当 M 从 M_0 点连续运动时, 法线方向也连续变化(图 18-10).

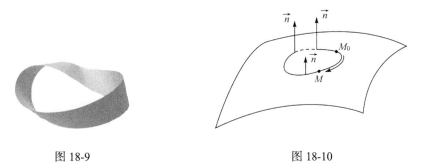

图 18-9　　　　　　　　　　　　　　　图 18-10

定义 4.1　若动点 M 沿任意的闭路 Γ 从 M_0 出发又回到 M_0 时, 指定的法线方向不变, 称 Σ 为双侧曲面; 若存在一个闭路 Γ, 使得动点 M 沿 Γ 从 M_0 出发又回到 M_0 时, 指定的法线方向与原指定的法线方向相反, 称 Σ 为单侧曲面.

常见的都是双侧曲面, 因而, 今后我们只讨论双侧曲面. 既然是双侧曲面, 其必有两个侧, 因而须指明曲面的侧, 用于表明曲面的方向.

二、双侧曲面的方向

我们给出双侧曲面的两个侧的描述, 用于规定曲面侧的方向.

设 Σ 是双侧曲面, 任取 $M_0 \in \Sigma$, 选定 M_0 的切平面法线的其中的一个方向, 则 Σ 上其他任何一点切平面的法线的法向也确定: 当 M_0 不越过边界移至此点时对应的法向即是此点的法向, 由此就确定了曲面的一个侧, 改变选定的法向, 即得另一侧.

我们给出侧的定量描述.

假设双侧曲面 Σ 相对于 z 轴是简单的光滑曲面(即用平行于 z 轴的直线穿过曲面, 与曲面只有一个交点), 则曲面可以表示为 $\Sigma : z = z(x, y)$, 其中, $z(x, y)$ 具有连续偏导数, 因而, Σ 上任一点 (x, y, z) 都存在切平面, 点 (x, y, z) 处的法线的方向余弦为

$$\cos\alpha = \pm\frac{-z_x}{\sqrt{1+z_x^2+z_y^2}}, \quad \cos\beta = \pm\frac{-z_y}{\sqrt{1+z_x^2+z_y^2}}, \quad \cos\gamma = \pm\frac{1}{\sqrt{1+z_x^2+z_y^2}},$$

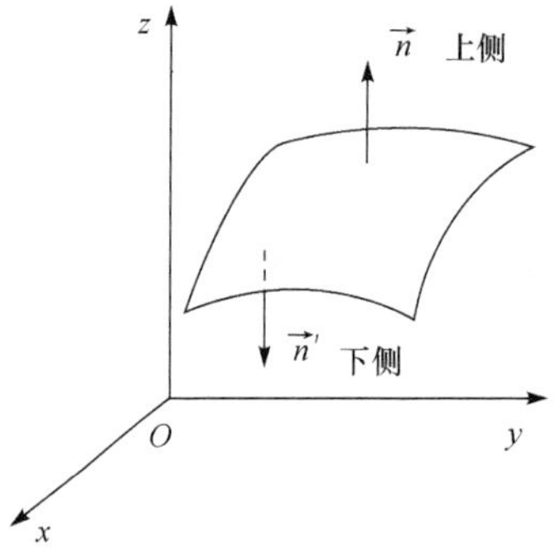

其中 +,- 对应于两个相反的法向, 因而, 选定一个符号, 确定一个对应的法向, 进而确定曲面的一个侧.

为了后面计算方便, 我们给出各种侧的规定.

设曲面相对于 z 轴方向为简单曲面(图 18-11), 规定

若 $\cos\gamma > 0$, 或 $\langle \vec{n}, \vec{k} \rangle = \gamma$ 为锐角, 对应的侧称为上侧;

若 $\cos\gamma < 0$, 或 $\langle \vec{n}, \vec{k} \rangle = \gamma$ 为钝角, 对应的侧称为下侧.

图 18-11

当 $\cos\gamma = 0$ 时, 曲面与 z 轴平行, 此时, 曲面相对 z 轴为非简单曲面, 因而, 相对于 z 轴没有侧, 可以从其他坐标轴的方向研究曲面.

设曲面相对于 y 轴方向为简单曲面(图 18-12), 规定

若 $\cos\beta > 0$, 或 $\langle \vec{n}, \vec{j} \rangle = \beta$ 为锐角, 对应的侧称为右侧;

若 $\cos\beta < 0$, 或 $\langle \vec{n}, \vec{j} \rangle = \beta$ 为钝角, 对应的侧称为左侧.

设曲面相对于 x 轴方向为简单曲面(图 18-13), 规定

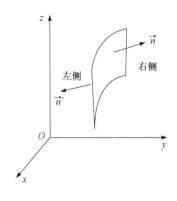

图 18-12

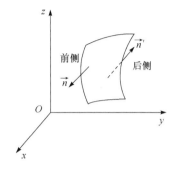

图 18-13

若 $\cos\alpha > 0$ 或 $\langle \vec{n}, \vec{i} \rangle = \alpha$ 为锐角, 对应的侧称为前侧;

若 $\cos\alpha < 0$ 或 $\langle \vec{n}, \vec{i} \rangle = \alpha$ 为钝角, 对应的侧称为后侧.

上述规定的侧只是为了后面计算不同类型的第二类曲面积分的方便, 因此, 对同一个曲面 Σ, 从不同的方向观察, 它可以视为具上、下侧的曲面, 又可视为具右、左侧或前、后侧的曲面.

若曲面为封闭曲面, 规定: 向着所围立体的一侧称为内侧; 背着所围立体的一侧称为外侧.

为讨论上的简便, 我们引入无重点曲面(也是一种简单曲面).

设 Σ: $\begin{cases} x = x(u,v), \\ y = y(u,v), (u,v) \in D, \\ z = z(u,v), \end{cases}$ 若 D 中点 (u,v) 和 Σ 上的点 (x,y,z) 是一一对应的,

即一对参数 (u,v) 只能确定唯一的点, 称 Σ 为无重点曲面.

存在有重点曲面, 如闭球面, 对有重点曲面可通过分割化为无重点曲面, 因此, 我们以无重点曲面为例引入第二类曲面积分的定义.

三、第二类曲面积分的定义

1. 背景问题.

问题 不可压缩流体的流量问题, 假设有不可压缩的流体流经曲面块, 计算单位时间内流过此曲面块的流量.

数学建模与抽象 建立空间直角坐标系, 将上述问题抽象为数学问题.

例 1 设不可压缩的流体(密度为 1)流经曲面块 Σ, 从曲面块的一侧流向另一

侧, 假设其流速为 $\vec{v} = \{P(x,y,z), Q(x,y,z), R(x,y,z)\}$, 计算单位时间内流过曲面 Σ 的流量.

（Ⅰ）类比已知

类比例 1, 可以合理假设此时我们应该已知常速流量的计算公式: 假设流速为常向量 $\vec{v} = \{P, Q, R\}$, 流经的曲面为平面 Σ, 其流向对应于平面的法线方向为 $\vec{n}$, 平面的面积为 S, 则流量为 $\vec{v} \cdot \vec{n} S$.

（Ⅱ）求解过程简析

我们仍然采用"从近似到准确"的研究思路, 利用积分的思想和方法来处理. 即通过对曲面的分割, 将其分割成 n 个小曲面块, 在每一个小曲面块(微元)上, 利用已知理论对其近似计算, 即小曲面块近似为平面, 任取曲面块上一点, 其对应的流速和法向视为整个小曲面块近似为平面块时的流速和流向, 利用已知公式就可以得到小曲面块上的近似计算; 然后通过求和, 就得到整个曲面上的近似计算结果.

当然, 极限理论产生后, 利用极限就可以进行准确计算.

下面, 我们给出简要的过程.

对曲面的任意分割 $T : \Sigma_1, \Sigma_2, \cdots, \Sigma_n$, 对任意选择的中值点 $M_i(\xi_i, \eta_i, \zeta_i) \in \Sigma_i$, $i = 1, 2, \cdots, n$, 流经曲面块 Σ_i 的流量近似为

$$\vec{v}(M_i) \cdot \vec{n}(M_i) \times \Delta S_i = [P(M_i) \cos \alpha_i + Q(M_i) \cos \beta_i + R(M_i) \cos \gamma_i] \Delta S_i,$$

其中, $\vec{n}(M_i) = \{\cos \alpha_i, \cos \beta_i, \cos \gamma_i\}$ 对应于流向方向的法线方向, ΔS_i 为曲面块 Σ_i 的面积, 故, 所求的总流量近似为

$$\sum_{i=1}^{n} [P(M_i) \cos \alpha_i + Q(M_i) \cos \beta_i + R(M_i) \cos \gamma_i] \Delta S_i,$$

至此, 完成了流量的近似计算.

利用极限理论, 流量计算可以转化为下述和式的极限:

$$\lim_{\lambda(T) \to 0} \sum_{i=1}^{n} \vec{v}(M_i) \cdot \vec{n}(M_i) \cdot \Delta S_i$$

$$= \lim_{\lambda(T) \to 0} \sum_{i=1}^{n} [P(M_i) \cos \alpha_i + Q(M_i) \cos \beta_i + R(M_i) \cos \gamma_i] \Delta S_i$$

$$= \lim_{\lambda(T) \to 0} \left\{ \sum_{i=1}^{n} P(M_i) \cos \alpha_i \Delta S_i + \sum_{i=1}^{n} Q(M_i) \cos \beta_i \Delta S_i + \sum_{i=1}^{n} R(M_i) \cos \gamma_i \Delta S_i \right\}$$

$$= \lim_{\lambda(T) \to 0} \sum_{i=1}^{n} P(M_i) \cos \alpha_i \Delta S_i + \lim_{\lambda(T) \to 0} \sum_{i=1}^{n} Q(M_i) \cos \beta_i \Delta S_i + \lim_{\lambda(T) \to 0} \sum_{i=1}^{n} R(M_i) \cos \gamma_i \Delta S_i,$$

其中, $\lambda(T) = \max\{\Delta S_i, i = 1, 2, \cdots, n\}$ 为曲面的分割细度.

抽象总结 上述结果还是一种有限不定和的极限, 很自然地要引入对应的积分, 显然, 这种积分就是本节将要介绍的第二类曲面积分. 当然, 第二类曲面积分的背景不仅是流量的计算问题, 工程技术中, 很多问题的解决都会产生上述有限不定和的极限, 因此, 第二类曲面积分具有广泛的应用背景.

上述结果中, 三个和式极限既可以作为整体引入对应的定义, 也可以独立地对分项形式, 从不同的角度引入不同形式的第二类曲面积分. 我们将从三个分项形式出发引入第二类曲面积分.

特别注意, 最后的结果中, 还包含有面积要素. 事实上, 利用面积计算公式, $|\cos\gamma_i \Delta S_i|$ 正是第 i 个小曲面块 Σ_i 在 xOy 坐标面上投影区域的面积, 类似地, $|\cos\alpha_i \Delta S_i|$ 和 $|\cos\beta_i \Delta S_i|$ 分别是 Σ_i 在 yOz 坐标面和 xOz 坐标面上投影区域的面积, 这种面积与选定曲面的侧对应, 为此先引入区域的有向投影及有向面积的概念.

2. 双侧曲面的有侧(向)投影和有侧(向)面积

我们首先以不同的坐标轴为观察方向, 分类引入相关概念.

情形 1 Σ 为具有上、下侧的双侧曲面

定义 4.2 设 D 是 xOy 坐标面内具有上、下侧的双侧平面区域, 如果实数 $\vec{s}_D$ 满足

$$\vec{s}_D = \begin{cases} S_D, & \text{取} D \text{为上侧}, \\ -S_D, & \text{取} D \text{为下侧}, \end{cases}$$

其中, S_D 为区域 D 的面积, 称 $\vec{s}_D$ 为双侧平面区域 D 的对应侧的有侧(向)面积.

有侧面积是相对几何量, 可正也可以负.

设 Σ 是具上、下侧的双侧曲面, D 是 Σ 在 xOy 坐标面内的投影区域, 则 D 是具上、下侧的双侧平面区域.

定义 4.3 当 Σ 是取上侧的曲面时, D 也取上侧; 当 Σ 是取下侧的曲面时, D 也取下侧; 称双侧平面区域 D 为双侧曲面 Σ 在 xOy 平面内的有侧(向)投影(区域).

当 D 为双侧曲面的有侧投影时, 就可定义 D 的有侧面积.

情形 2 Σ 为具有左、右侧的双侧曲面

可类似定义其在 xOz 平面内的有侧投影区域及其有侧面积.

情形 3 Σ 为具有前、后侧的双侧曲面

可类似定义其在 yOz 平面内的有侧投影区域及其有侧面积.

由于双侧曲面的有向性, 为表示这种有向性, 我们今后用 $\vec{\Sigma}$ 表示有侧曲面(有向曲面).

3. 第二类曲面积分的定义

我们将从不同角度引入双侧曲面的第二类曲面积分的定义.

设 $\vec{\Sigma}$ 是非闭的具有上、下侧的光滑的简单曲面(相当于 z 轴), 作 $\vec{\Sigma}$ 的分割 $T:\vec{\Sigma}_1,\vec{\Sigma}_2,\cdots,\vec{\Sigma}_n$, 则对应于 xOy 平面内的有侧投影区域 $\vec{D}$, 形成对应的分割 $T':\vec{D}_1,\vec{D}_2,\cdots,\vec{D}_n$, 设 $P(x,y,z)$ 定义在 Σ 上, 仍记 $\lambda(T)$ 为分割细度.

定义 4.4 若存在实数 I, 使对任意分割 T 及任意点 $(\xi_i,\eta_i,\zeta_i)\in\Sigma_i$ 的选择, 都成立

$$\lim_{\lambda(T)\to0}\sum_{i=1}^{n}P(\xi_i,\eta_i,\zeta_i)\Delta\vec{S}_{D_i}=I,$$

其中, $\Delta\vec{S}_{D_i}$ 为有侧投影区域 $\vec{D}_i$ 的有侧面积, 称 I 为 $P(x,y,z)$ 在 $\vec{\Sigma}$ 上沿取定一侧的对坐标 x,y 的第二类曲面积分, 记为 $\iint_{\vec{\Sigma}}P(x,y,z)\mathrm{d}x\mathrm{d}y$.

由定义知: 第二类曲面积分和曲面的侧有关, 因此, 提到第二类曲面积分时, 必须指明曲面的侧.

取定的侧在定义中的作用是确定有侧投影区域的有侧面积.

信息挖掘　从定义中, 还能得到:

1) 若 $P(x,y,z)\equiv1$, 则 $\iint_{\vec{\Sigma}}P(x,y,z)\mathrm{d}x\mathrm{d}y=\vec{S}_D$;

2) 若 $\vec{\Sigma}$ 平行于 z 轴, 即 Σ 是母线平行于 z 轴的柱面, 则 Σ 在 xOy 平面的投影为一条曲线, 此时 $\vec{S}_{D_i}=0$, 故 $\iint_{\vec{\Sigma}}P(x,y,z)\mathrm{d}x\mathrm{d}y=0$;

3) 若用 $-\vec{\Sigma}$ 表示指定一侧的双侧曲面的另一侧, 则

$$\iint_{\vec{\Sigma}}P(x,y,z)\mathrm{d}x\mathrm{d}y=-\iint_{-\vec{\Sigma}}P(x,y,z)\mathrm{d}x\mathrm{d}y.$$

事实上, 由定义, 当取定 $\vec{\Sigma}$ 的上侧时, 由于 $\vec{S}_{D_i}=S_{D_i}$, 此时

$$\iint_{\vec{\Sigma}}P(x,y,z)\mathrm{d}x\mathrm{d}y=\lim_{\lambda(T)\to0}\sum_{i=1}^{n}P(\xi_i,\eta_i,\zeta_i)\Delta S_{D_i};$$

当取定 $\vec{\Sigma}$ 的下侧时, 由于 $\vec{S}_{D_i}=-S_{D_i}$, 故

$$\iint_{\vec{\Sigma}}P(x,y,z)\mathrm{d}x\mathrm{d}y=-\lim_{\lambda(T)\to0}\sum_{i=1}^{n}P(\xi_i,\eta_i,\zeta_i)\Delta S_{D_i},$$

因而, 成立 $\iint_{\vec{\Sigma}}P(x,y,z)\mathrm{d}x\mathrm{d}y=-\iint_{-\vec{\Sigma}}P(x,y,z)\mathrm{d}x\mathrm{d}y$.

4) 当 $\vec{\Sigma}$ 为落在 xOy 坐标面内的平面区域 $\vec{D}$ 时, 若积分沿其上侧进行时, 此时在曲面上 $z=0$, 故

$$\iint_{\bar{\Sigma}} P(x,y,0)\mathrm{d}x\mathrm{d}y = \lim_{\lambda(T)\to 0} \sum_{i=1}^{n} P(\xi_i,\eta_i,0)S_{D_i} = \iint_{D} P(x,y,0)\mathrm{d}x\mathrm{d}y\,,$$

左端为第二类曲面积分, 右端为二重积分, 此种情形下, 第二类曲面积分可以转化为二重积分计算, 这为我们研究第二类曲面积分的计算提供了有益的线索.

类似地, 可以定义下述两类曲面积分.

对具有前、后两侧的相对于 x 轴为简单的光滑曲面 $\bar{\Sigma}$, 可以定义 $Q(x,y,z)$ 在曲面 $\bar{\Sigma}$ 上沿给定一侧的对坐标 y,z 的第二类曲面积分 $\iint_{\bar{\Sigma}} Q(x,y,z)\mathrm{d}y\mathrm{d}z$.

对具有左、右两侧的相对于 y 轴为简单的光滑曲面 $\bar{\Sigma}$, 可以定义 $R(x,y,z)$ 在曲面 $\bar{\Sigma}$ 上沿给定一侧的对坐标 z,x 的第二类曲面积分 $\iint_{\bar{\Sigma}} R(x,y,z)\mathrm{d}z\mathrm{d}x$.

特别注意, 三个第二类曲面积分的积分变量的顺序 $\mathrm{d}x\mathrm{d}y, \mathrm{d}y\mathrm{d}z, \mathrm{d}z\mathrm{d}x$ 是按 x,y,z 为右手系的习惯写法.

一般地, 对双侧曲面 $\bar{\Sigma}$, 从 z 轴方向看去, 它有上、下两侧, 从 y 轴方向看有右、左两侧, 从 x 轴方向看, 有前、后两侧, 因而, 在同一个双侧曲面 $\bar{\Sigma}$ 上, 可同时定义三种第二类曲面积分, 简记为

$$\iint_{\bar{\Sigma}} P\mathrm{d}x\mathrm{d}y + Q\mathrm{d}y\mathrm{d}z + R\mathrm{d}z\mathrm{d}x\,,$$

其中, 积分沿 $\bar{\Sigma}$ 给定的一侧.

此时, 对 $\bar{\Sigma}$ 给定的一侧(通常并不以上下、左右、前后侧指明), 当从 z 轴方向看时, 它或为上侧, 或为下侧, 故可计算 $\iint_{\bar{\Sigma}} P(x,y,z)\mathrm{d}x\mathrm{d}y$; 当从 y 轴方向看时, 它或为右侧, 或为左侧, 故可计算 $\iint_{\bar{\Sigma}} R(x,y,z)\mathrm{d}z\mathrm{d}x$; 当从 x 轴方向看时, 它或为前侧, 或为后侧, 因而可计算 $\iint_{\bar{\Sigma}} Q(x,y,z)\mathrm{d}y\mathrm{d}z$.

背景中的流量问题正是流速在曲面上对应于流向一侧的第二类曲面积分.

四、第二类曲面积分的计算

1. 基于基本公式的计算

我们首先对不同类型的第二类曲面积分, 建立由定义导出的基本计算方法和公式.

（I）积分 $\iint_{\bar{\Sigma}} P(x,y,z)\mathrm{d}x\mathrm{d}y$ 的计算, 沿 $\bar{\Sigma}$ 取定的一侧

此时, 设定 $\bar{\Sigma}$ 为具有上、下两侧的相对于 z 轴的简单的光滑双侧曲面, 因而可表示为

$$\Sigma : z = z(x, y), (x, y) \in D ,$$

其中 D 是 Σ 在 xOy 平面内的投影区域，又设 $P(x, y, z)$ 为 Σ 上的连续函数.

由定义，当 $\vec{\Sigma}$ 取上侧时，

$$\iint_{\vec{\Sigma}} P(x, y, z) \mathrm{d}x\mathrm{d}y = \lim_{\lambda(T) \to 0} \sum_{i=1}^{n} P(\xi_i, \eta_i, \zeta_i) \Delta \vec{S}_{D_i}$$

$$= \lim_{\lambda(T') \to 0} \sum_{i=1}^{n} P(\xi_i, \eta_i, z(\xi_i, \eta_i)) \Delta S_{D_i}$$

$$= \iint_{D} P(x, y, z(x, y)) \mathrm{d}x\mathrm{d}y;$$

当 $\vec{\Sigma}$ 取下侧时，

$$\iint_{\vec{\Sigma}} P(x, y, z) \mathrm{d}x\mathrm{d}y = -\iint_{D} P(x, y, z(x, y)) \mathrm{d}x\mathrm{d}y .$$

上述公式是计算此类型的第二类曲面积分的基本计算公式.

（Ⅱ）积分 $\iint_{\vec{\Sigma}} Q(x, y, z) \mathrm{d}y\mathrm{d}z$ 的计算，沿 Σ 取定的一侧

此时，设定 $\vec{\Sigma}$ 为具前、后两侧的相对于 x 轴的简单光滑的双侧曲面，故可表示为 $\Sigma : x = x(y, z), (y, z) \in D$，其中 D 为 Σ 在 yOz 平面内的投影区域，因而，取 $\vec{\Sigma}$ 的前侧时，

$$\iint_{\vec{\Sigma}} Q(x, y, z) \mathrm{d}y\mathrm{d}z = \iint_{D} Q(x(y, z), y, z) \mathrm{d}y\mathrm{d}z ;$$

取 $\vec{\Sigma}$ 的后侧时，

$$\iint_{\vec{\Sigma}} Q(x, y, z) \mathrm{d}y\mathrm{d}z = -\iint_{D} Q(x(y, z), y, z) \mathrm{d}y\mathrm{d}z .$$

这是计算此类型的第二类曲面积分的基本公式.

（Ⅲ）积分 $\iint_{\vec{\Sigma}} R(x, y, z) \mathrm{d}z\mathrm{d}x$ 的计算，沿 Σ 取定的一侧

此时，设定 $\vec{\Sigma}$ 为具右、左两侧的相对于 y 轴为简单光滑的双侧曲面，故可表示为 $\Sigma : y = y(x, z), (x, z) \in D$，其中 D 为 Σ 在 xOz 平面内的投影区域，因而，取 $\vec{\Sigma}$ 的右侧时，

$$\iint_{\vec{\Sigma}} R(x, y, z) \mathrm{d}z\mathrm{d}x = \iint_{D} R(x, y(x, z), z) \mathrm{d}z\mathrm{d}x ;$$

取 $\vec{\Sigma}$ 的左侧时，

$$\iint_{\vec{\Sigma}} R(x, y, z) \mathrm{d}z\mathrm{d}x = -\iint_{D} R(x, y(x, z), z) \mathrm{d}z\mathrm{d}x .$$

这是计算此类型的第二类曲面积分的基本公式.

特别强调, 沿空间曲面的第二类曲面积分有三种类型, 对每一种类型的第二类曲面积分的计算, 都需要将曲面视为相应的类型才能计算.

抽象总结 通过上述分析, 第二类曲面积分计算公式和方法可以总结为定型定面定侧代入计算法(或三定一代方法), 计算步骤为:

1) 定型: 明确要计算的第二类曲面积分的类型.

2) 定面: 确定相应的曲面. 包括: 根据曲面积分的类型给出曲面相应的方程、对应的投影区域(曲面方程中变量的变化范围).

3) 确定曲面的侧.

4) 代入公式计算.

计算过程中, 经常利用积分可加性, 将曲面按计算对象的不同进行分割.

例 2 计算 $I = \iint_{\bar{\Sigma}} (x+1)\mathrm{d}y\mathrm{d}z + y\mathrm{d}z\mathrm{d}x + \mathrm{d}x\mathrm{d}y$, 其中 $\bar{\Sigma}$ 是由平面 $x+y+z=1$ 与坐标面所围区域的外侧表面, 即四面体 $OABC$ 的表面, 积分沿外侧进行, 其中 $O(0,0,0)$, $A(1,0,0)$, $B(0,1,0)$, $C(0,0,1)$.

解 先计算 $I_1 = \iint_{\bar{\Sigma}} \mathrm{d}x\mathrm{d}y$ (定型).

由于 $\bar{\Sigma} = \bar{\Sigma}_{OAB} + \bar{\Sigma}_{OBC} + \bar{\Sigma}_{OCA} + \bar{\Sigma}_{ABC}$, 显然, 表面 OAC、表面 OBC 在坐标面 xOy 内的投影为直线段, 故

$$\iint_{\bar{\Sigma}_{OBC}} \mathrm{d}x\mathrm{d}y = \iint_{\bar{\Sigma}_{OAC}} \mathrm{d}x\mathrm{d}y = 0.$$

对 $\bar{\Sigma}_{OAB}: z=0$, $(x,y) \in \Delta OAB = D$, 由于 $\bar{\Sigma}_{OAB}$ 的外侧从 z 轴方向看为下侧(定面、定侧), 故, 代入公式有

$$\iint_{\bar{\Sigma}_{OAB}} \mathrm{d}x\mathrm{d}y = -\iint_D \mathrm{d}x\mathrm{d}y = -\int_0^1 \mathrm{d}x \int_0^{1-x} \mathrm{d}y = -\frac{1}{2}.$$

对 $\bar{\Sigma}_{ABC}: z=1-x-y$, $(x,y) \in \Delta ABC = D$, 由于 $\bar{\Sigma}_{ABC}$ 的外侧从 z 轴方向看为上侧, 故

$$\iint_{\bar{\Sigma}_{ABC}} \mathrm{d}x\mathrm{d}y = \iint_D \mathrm{d}x\mathrm{d}y = \frac{1}{2},$$

故 $I_1 = 0$.

再计算 $I_2 = \iint_{\bar{\Sigma}} (x+1)\mathrm{d}y\mathrm{d}z$, 由于 $\bar{\Sigma}_{OAB}$, $\bar{\Sigma}_{OCA}$ 在 yOz 平面的投影为直线段, 故

$$\iint_{\bar{\Sigma}_{OAB}} (x+1)\mathrm{d}y\mathrm{d}z = \iint_{\bar{\Sigma}_{OCA}} (x+1)\mathrm{d}y\mathrm{d}z = 0.$$

对 $\bar{\Sigma}_{OBC}: x=0, (y,z) \in \Delta OBC$, 此时, 外侧从 x 轴看为后侧, 故

$$\iint_{\vec{\Sigma}_{OBC}} (x+1)\mathrm{d}y\mathrm{d}z = -\iint_{D}\mathrm{d}y\mathrm{d}z = -\frac{1}{2};$$

对 $\vec{\Sigma}_{ABC}: x=1-y-z,\ (y,z)\in\Delta OBC=D$，外侧从 x 轴看为前侧，故

$$\iint_{\vec{\Sigma}_{ABC}} (x+1)\mathrm{d}y\mathrm{d}z = \iint_{D}(1-y-z+1)\mathrm{d}y\mathrm{d}z = \frac{2}{3},$$

故 $I_2 = -\dfrac{1}{2}+\dfrac{2}{3}=\dfrac{1}{6}$.

最后计算 $I_3 = \iint_{\vec{\Sigma}} y\mathrm{d}z\mathrm{d}x$，显然 $\iint_{\vec{\Sigma}_{OBC}} y\mathrm{d}z\mathrm{d}x = \iint_{\vec{\Sigma}_{OAB}} y\mathrm{d}z\mathrm{d}x = 0$.

对于 $\vec{\Sigma}_{OAC}: y=0,(x,z)\in\Delta OAC=D$，外侧为左侧，故

$$\iint_{\vec{\Sigma}_{OAC}} y\mathrm{d}z\mathrm{d}x = -\iint_{D}0\mathrm{d}z\mathrm{d}x = 0 ;$$

对于 $\vec{\Sigma}_{ABC}: y=1-z-x,(x,z)\in\Delta OAC=D$，外侧为右侧，故

$$\iint_{\vec{\Sigma}_{ABC}} y\mathrm{d}z\mathrm{d}x = \iint_{D}(1-z-x)\mathrm{d}z\mathrm{d}x = \frac{1}{6},$$

故 $I_3 = \dfrac{1}{6}$.

因而，$I = I_1 + I_2 + I_3 = \dfrac{1}{6}+\dfrac{1}{6}=\dfrac{1}{3}$.

对例 1，更简单的办法是利用轮换对称性，只需计算 $\iint_{\vec{\Sigma}} x\mathrm{d}y\mathrm{d}z$.

例 3 计算 $I = \oiint_{\vec{\Sigma}} \dfrac{\mathrm{e}^z}{\sqrt{x^2+y^2}}\mathrm{d}x\mathrm{d}y$，其中 $\vec{\Sigma}$ 为曲面 $z=\sqrt{x^2+y^2}$ 与平面 $z=1$，$z=2$ 所围的外侧表面(图 18-14).

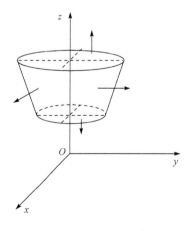

图 18-14

解 分割曲面，令 $\vec{\Sigma}=\vec{\Sigma}_1+\vec{\Sigma}_2+\vec{\Sigma}_3$，其中：$\vec{\Sigma}_1: z=\sqrt{x^2+y^2},(x,y)\in D_1$，$\vec{\Sigma}_1$ 在坐标面 xOy 内的投影区域为 $D_1=\{(x,y):1\leqslant x^2+y^2\leqslant 4\}$；$\vec{\Sigma}_2$：$z=1,(x,y)\in D_2=\{(x,y):x^2+y^2\leqslant 1\}$；$\vec{\Sigma}_3$：$z=2$，$(x,y)\in D_3=\{(x,y):x^2+y^2\leqslant 4\}$. 而 $\vec{\Sigma}_1$，$\vec{\Sigma}_2$ 的外侧对应于下侧，$\vec{\Sigma}_3$ 的外侧对应于上侧，故

$$I_1 = \iint_{\vec{\Sigma}_1} \frac{\mathrm{e}^z}{\sqrt{x^2+y^2}}\mathrm{d}x\mathrm{d}y = -\iint_{D_1} \frac{\mathrm{e}^{\sqrt{x^2+y^2}}}{\sqrt{x^2+y^2}}\mathrm{d}x\mathrm{d}y$$

$$= -\int_0^{2\pi}\mathrm{d}\theta\int_1^2\frac{\mathrm{e}^r}{r}\cdot r\mathrm{d}r = -2\pi(\mathrm{e}^2-\mathrm{e}),$$

$$I_2 = -\iint_{D_2} \frac{\mathrm{e}^1}{\sqrt{x^2 + y^2}} \mathrm{d}x\mathrm{d}y = -\int_0^{2\pi} \mathrm{d}\theta \int_0^1 \frac{\mathrm{e}}{r} \cdot r\mathrm{d}r = -2\pi\mathrm{e},$$

$$I_3 = -\iint_{D_3} \frac{\mathrm{e}^2}{\sqrt{x^2 + y^2}} \mathrm{d}x\mathrm{d}y = \int_0^{2\pi} \mathrm{d}\theta \int_0^2 \frac{\mathrm{e}}{r} \cdot r\mathrm{d}r = -4\pi\mathrm{e}^2,$$

故，$I = 2\pi\mathrm{e}^2$.

2. 基于结构特征的计算

同样可以利用第二类曲面积分的结构特点确定简单的计算方法.

例 4　计算 $I = \iint_{\bar{\Sigma}} x^2\mathrm{d}y\mathrm{d}z + y^2\mathrm{d}z\mathrm{d}x + z^2\mathrm{d}x\mathrm{d}y$，$\bar{\Sigma}$ 为球面 $(x-a)^2 + (y-b)^2 + (z-c)^2 = R^2$ 的外侧球面.

结构分析　分析积分结构，可以挖掘出其两个结构特点，其一为被积函数为单一变量，且正好与积分变量形成标准的右手系(轮换)：$(x,y,z) \to (y,z,x) \to (z,x,y)$；其二为积分区域的球面具有带对应球心坐标的轮换对称性(对等性)：$(x,a) \to (y,b) \to (z,c)$，因此，可以利用上述特性简化计算.

解　利用轮换对称性，只需计算 $I_1 = \iint_{\bar{\Sigma}} z^2\mathrm{d}x\mathrm{d}y$.

由于球面为有重点的封闭曲面，计算时需分割为无重点曲面. 此时需将球面分割为上半球面 $\Sigma_1 : z = c + \sqrt{R^2 - (x-a)^2 - (y-b)^2}$ 和下半球面 $\Sigma_2 : z = c - \sqrt{R^2 - (x-a)^2 - (y-b)^2}$，$\Sigma_1, \Sigma_2$ 在 xOy 平面的投影区域为 $D_{xy} = \{(x,y) : (x-a)^2 + (y-b)^2 \leqslant R^2\}$. 显然，$\bar{\Sigma}_1$ 的外侧相对于 z 轴为上侧；而 $\bar{\Sigma}_2$ 的外侧相对于 z 轴为下侧(可以通过 z 轴上的球面的两个顶点的法向确定侧的方向)，故

$$I_1 = \iint_{\bar{\Sigma}_1} z^2\mathrm{d}x\mathrm{d}y + \iint_{\bar{\Sigma}_2} z^2\mathrm{d}x\mathrm{d}y$$
$$= \iint_{D_{xy}} [c + \sqrt{R^2 - (x-a)^2 - (y-b)^2}]^2 \mathrm{d}x\mathrm{d}y$$
$$- \iint_{D_{xy}} \left[c - \sqrt{R^2 - (x-a)^2 - (y-b)^2}\right]^2 \mathrm{d}x\mathrm{d}y$$
$$= 4c \iint_{D_{xy}} \sqrt{R^2 - (x-a)^2 - (y-b)^2}\,\mathrm{d}x\mathrm{d}y$$
$$\xlongequal[y=b+r\sin\theta]{x=a+r\cos\theta} 4c\int_0^{2\pi}\mathrm{d}\theta\int_0^R \sqrt{R^2 - r^2}\,r\mathrm{d}r = \frac{8}{3}\pi c R^3.$$

利用轮换对称性，

$$I_2 = \iint_\Sigma y^2 \mathrm{d}z\mathrm{d}x = \frac{8}{3}\pi bR^3, \quad I_3 = \iint_\Sigma x^2 \mathrm{d}y\mathrm{d}z = \frac{8}{3}\pi aR^3.$$

故, $I = \dfrac{8}{3}\pi R^3(a+b+c)$.

注 事实上, 还可以利用积分曲面关于平面 $z=c$ 的对称性, 被积函数关于变量 z 的奇偶性, 还可以如下计算:

$$I_1 = \iint_{\bar\Sigma}(z-c+c)^2 \mathrm{d}x\mathrm{d}y = \iint_{\bar\Sigma}[(z-c)^2 + 2c(z-c) + c^2]\mathrm{d}x\mathrm{d}y$$

$$= 0 + 2\iint_{\bar\Sigma}c(z-c)\mathrm{d}x\mathrm{d}y + 0 = 4c\iint_{\bar\Sigma_1}(z-c)\mathrm{d}x\mathrm{d}y = \frac{8}{3}\pi cR^3.$$

只是由于第二类曲面(曲线)积分在涉及积分结构的这种性质时, 结论较为复杂, 不建议死记结论, 可以利用积分可加性, 将积分区域分为对称的两部分, 利用变量代换合二为一, 再进行计算.

五、两类曲面积分之间的联系

1. 两类曲面积分的联系

设相对于 z 轴的简单曲面为 $\Sigma: z = z(x,y), (x,y) \in D_{xy}$, 在第一类曲面积分的导出过程中, 曾给出曲面 Σ 的面积计算公式

$$S_\Sigma = \iint_{D_{xy}} \frac{\mathrm{d}x\mathrm{d}y}{\left|\cos\langle \vec{n}, \vec{k}\rangle\right|},$$

其中, D_{xy} 为 Σ 在 xOy 平面内的投影, $\langle \vec{n}, \vec{k}\rangle$ 表示曲面法向与 z 轴正向的夹角, 由于采用绝对值, 因此, 对法向的选择没有要求. 利用积分中值定理, 则存在 $(\xi, \eta) \in D_{xy}$, 使得

$$S_\Sigma = \frac{S_{D_{xy}}}{\left|\cos\langle \vec{n}_M, \vec{k}\rangle\right|},$$

其中 $\vec{n}_M$ 为点 $M(\xi, \eta, z(\xi, \eta))$ 处的法线方向. 因此, 当曲面很小时, 可以得到近似公式:

$$\left|\cos\langle \vec{n}, \vec{k}\rangle\right| \approx \frac{S_{D_{xy}}}{S_\Sigma},$$

其中, $\vec{n}$ 为曲面上任一点的法向.

现考虑第二类曲面积分 $I = \iint_{\bar\Sigma}P(x,y,z)\mathrm{d}x\mathrm{d}y$, $\bar\Sigma$ 为取定一侧的曲面, 记 γ 为 $\bar\Sigma$ 对应于取定侧的法向与 z 轴正向的夹角.

当 $\vec{\Sigma}$ 取定 Σ 的上侧时，此时 γ 为锐角，由定义，则

$$
\begin{aligned}
I &= \lim_{\lambda(T)\to 0}\sum_{i=1}^{n}P(\xi_i,\eta_i,\zeta_i)\cdot\Delta\vec{S}_{D_i} = \lim_{\lambda(T)\to 0}\sum_{i=1}^{n}P(\xi_i,\eta_i,\zeta_i)\cdot\Delta S_{D_i} \\
&= \lim_{\lambda(T)\to 0}\sum_{i=1}^{n}P(\xi_i,\eta_i,\zeta_i)\cos\gamma_i^*\cdot\Delta S_{D_i} \\
&= \iint_{\Sigma}P(x,y,z)\cos\gamma\,\mathrm{d}S,
\end{aligned}
$$

其中，γ_i^* 为曲面块 $\vec{\Sigma}_i$ 上某一点的法向量.

当 $\vec{\Sigma}$ 取定 Σ 的下侧时，γ 为钝角，故

$$
\begin{aligned}
I &= \lim_{\lambda(T)\to 0}\sum_{i=1}^{n}P(\xi_i,\eta_i,\zeta_i)\cdot\Delta\vec{S}_{D_i} = \lim_{\lambda(T)\to 0}\sum_{i=1}^{n}P(\xi_i,\eta_i,\zeta_i)\cdot(-\Delta S_{D_i}) \\
&= \lim_{\lambda(T)\to 0}\sum_{i=1}^{n}P(\xi_i,\eta_i,\zeta_i)\cos\gamma_i^*\cdot\Delta S_{D_i} \\
&= \iint_{\Sigma}P(x,y,z)\cos\gamma\,\mathrm{d}S,
\end{aligned}
$$

故，不论 $\vec{\Sigma}$ 取 Σ 的上侧还是下侧，总有

$$
\iint_{\vec{\Sigma}}P(x,y,z)\mathrm{d}x\mathrm{d}y = \iint_{\Sigma}P(x,y,z)\cos\gamma\,\mathrm{d}S.
$$

类似地，若记 β 为对应于 $\vec{\Sigma}$ 取定 Σ 的左侧或右侧的法向与 y 轴正向的夹角，则

$$
\iint_{\vec{\Sigma}}Q(x,y,z)\mathrm{d}z\mathrm{d}x = \iint_{\Sigma}Q(x,y,z)\cos\beta\,\mathrm{d}S;
$$

同理，$\iint_{\vec{\Sigma}}R(x,y,z)\mathrm{d}y\mathrm{d}z = \iint_{\Sigma}R(x,y,z)\cos\alpha\,\mathrm{d}S$，因而

$$
\iint_{\vec{\Sigma}}P\mathrm{d}x\mathrm{d}y + Q\mathrm{d}z\mathrm{d}x + R\mathrm{d}y\mathrm{d}z = \iint_{\Sigma}\left[P\cos\gamma + Q\cos\beta + R\cos\alpha\right]\mathrm{d}S,
$$

其中，$\{\cos\alpha,\cos\beta,\cos\gamma\}$ 是有侧曲面 $\vec{\Sigma}$ 上点 (x,y,z) 的对应取定侧的法向量，这就是两类积分之间的联系.

从背景问题中流量计算问题的最后 3 个有限和的极限式中可以观察到，$\iint_{\Sigma}\left[P\cos\gamma + Q\cos\beta + R\cos\alpha\right]\mathrm{d}S$ 正是从第一个和式得到的第二类曲面积分，有些课本是以此式为第二类曲面积分的定义.

2. 两类曲面积分间的联系的应用

上述联系公式表明，每一种类型的第二类曲面积分都可以转化为同一曲面上的第一类曲面积分，由此，我们可以从两个方面挖掘这一关系式的应用.

其一，由于第二类曲面积分的计算比较复杂，因而，可以借助于两类曲面积

分间的联系公式, 化第二类曲面积分为第一类曲面积分进行计算; 其二, 借助于第一类曲面积分还可以在不同类型的第二类曲面积分间进行转换, 或者化不同类型的第二类曲面积分为同一种类型的第二类曲面积分, 从而简化计算.

例5 证明:

$$\iint_{\bar{\Sigma}} P(x,y,z)\mathrm{d}y\mathrm{d}z + Q(x,y,z)\mathrm{d}z\mathrm{d}x + R(x,y,z)\mathrm{d}x\mathrm{d}y$$

$$= \iint_D \left[\frac{xP(x,y,z(x,y))}{\sqrt{x^2+y^2}} + \frac{yQ(x,y,z(x,y))}{\sqrt{x^2+y^2}} - R(x,y,z(x,y)) \right]\mathrm{d}x\mathrm{d}y,$$

其中, Σ: $z=\sqrt{x^2+y^2}, (x,y)\in D=\{(x,y):x^2+y^2\leqslant 1\}$, $\bar{\Sigma}$ 为 Σ 的外侧曲面; $P(x,y,z)$, $Q(x,y,z)$, $R(x,y,z)$ 都是连续函数.

结构分析 题目要求将三种不同类型的第二类曲面积分都转化为关于变量 x, y 的二重积分, 根据第二类曲面积分的计算公式, 对坐标 x,y 的第二类曲面积分可以转化为此种二重积分, 因此, 证明的关键在于将其他类型的第二类曲面积分转化为对坐标 x, y 的第二类曲面积分, 这正是两类曲面积分间联系的第二种应用, 因此, 证明的思路是将其他类型的第二类曲面积分转化为第一类曲面积分, 然后转化为所要求的第二类曲面积分, 利用计算公式化为二重积分, 即思路可以表示为:

各种类型的第二类曲面积分 $\Rightarrow$ 第一类曲面积分 $\Rightarrow$ 对坐标 x, y 的第二类曲面积分 $\Rightarrow$ 关于变量 x,y 的二重积分.

证明 记 $\{\cos\alpha,\cos\beta,\cos\gamma\}$ 为曲面上的点所对应的外侧的法线方向, 由两类曲面积分的联系, 则

$$\iint_{\bar{\Sigma}} P(x,y,z)\mathrm{d}y\mathrm{d}z + Q(x,y,z)\mathrm{d}z\mathrm{d}x + R(x,y,z)\mathrm{d}x\mathrm{d}y$$

$$= \iint_{\Sigma} [P(x,y,z)\cos\alpha + Q(x,y,z)\cos\beta + R(x,y,z)\cos\gamma]\mathrm{d}S$$

$$= \iint_{\Sigma} [P(x,y,z)\cos\alpha + Q(x,y,z)\cos\beta + R(x,y,z)\cos\gamma]\frac{1}{\cos\gamma}\cos\gamma\mathrm{d}S$$

$$= \iint_{\bar{\Sigma}} \left[P(x,y,z)\frac{\cos\alpha}{\cos\gamma} + Q(x,y,z)\frac{\cos\beta}{\cos\gamma} + R(x,y,z) \right]\mathrm{d}x\mathrm{d}y,$$

利用曲面方程可以计算

$$\{\cos\alpha,\cos\beta,\cos\gamma\} = \left\{ \frac{x}{\sqrt{2(x^2+y^2)}}, \frac{y}{\sqrt{2(x^2+y^2)}}, \frac{-1}{\sqrt{2}} \right\},$$

故

$$\iint_{\bar{\Sigma}} P(x,y,z)\mathrm{d}y\mathrm{d}z + Q(x,y,z)\mathrm{d}z\mathrm{d}x + R(x,y,z)\mathrm{d}x\mathrm{d}y$$

$$= -\iint_{\bar{\Sigma}} \left[P(x,y,z)\frac{y}{\sqrt{x^2+y^2}} + Q(x,y,z)\frac{y}{\sqrt{x^2+y^2}} - R(x,y,z) \right]\mathrm{d}x\mathrm{d}y$$

$$= \iint_{D} \left[\frac{xP(x,y,z(x,y))}{\sqrt{x^2+y^2}} + \frac{yQ(x,y,z(x,y))}{\sqrt{x^2+y^2}} - R(x,y,z(x,y)) \right]\mathrm{d}x\mathrm{d}y.$$

例 6　计算 $I = \iint_{\bar{\Sigma}} (z^2+x)\mathrm{d}y\mathrm{d}z - z\mathrm{d}x\mathrm{d}y$，其中曲面 Σ 为抛物面 $z = \frac{1}{2}(x^2+y^2)$ 介于平面 $z=0, z=2$ 之间的部分，$\bar{\Sigma}$ 为 Σ 的下侧曲面.

结构分析　题目要求计算两种类型的第二类曲面积分，可以利用基本计算公式进行计算，计算量可能较大，可以利用例 5 的思路将两种不同类型的第二类曲面积分化为一种，然后用基本公式计算.

解　利用两类曲面积分的联系，则

$$\iint_{\bar{\Sigma}} (z^2+x)\mathrm{d}y\mathrm{d}z = \iint_{\Sigma} (z^2+x)\cos\alpha\,\mathrm{d}S = \iint_{\bar{\Sigma}} (z^2+x)\frac{\cos\alpha}{\cos\gamma}\mathrm{d}x\mathrm{d}y.$$

由于 $\bar{\Sigma}$ 取 Σ 的下侧，因而

$$\cos\alpha = \frac{x}{\sqrt{1+x^2+y^2}}, \quad \cos\gamma = \frac{-1}{\sqrt{1+x^2+y^2}}.$$

记 $D_{xy} = \{(x,y): x^2+y^2 \leqslant 4\}$，故

$$I = \iint_{\bar{\Sigma}} [(z^2+x)(-x) - z]\mathrm{d}x\mathrm{d}y$$

$$= -\iint_{D_{xy}} \left\{ \left[\frac{1}{4}(x^2+y^2)^2 + x \right](-x) - \frac{1}{2}(x^2+y^2) \right\}\mathrm{d}x\mathrm{d}y$$

$$= \iint_{D_{xy}} \left[x^2 + \frac{1}{2}(x^2+y^2) \right]\mathrm{d}x\mathrm{d}y = 8\pi.$$

例 6 中，由于曲面积分是沿下侧进行的，因而，利用两类积分间的联系，将不同类型的积分都转化为对坐标 x, y 的积分，避免了在计算其他类型积分时需将曲面进行分割，将曲面的下侧转化为其他类型的侧，从而简化了计算.

六、参数形式下第二类曲面积分的计算

利用两类曲面积分之联系及曲面面积的计算公式，可以导出参数方程下的第二类曲面积分的计算公式.

设 $\Sigma : \begin{cases} x = x(u,v), \\ y = y(u,v), (u,v) \in D \end{cases}$ ，仍记 $A = \dfrac{D(y,z)}{D(u,v)}, B = \dfrac{D(z,x)}{D(u,v)}, C = \dfrac{D(x,y)}{D(u,v)}$ ， $E =$

$x_u^2 + y_u^2 + z_u^2, G = x_v^2 + y_v^2 + z_v^2, F = x_u x_v + y_u y_v + z_u z_v$ ，则曲面上任一点处的法线方向为

$$\{\cos\alpha, \cos\beta, \cos\gamma\} = \pm\frac{1}{\sqrt{EG - F^2}}\{A, B, C\},$$

± 对应于两个相反的法线方向.

由两类积分间的联系和面积公式 $\mathrm{d}S = \sqrt{EG - F^2}\,\mathrm{d}u\mathrm{d}v$ ，则

$$\iint_{\overline{\Sigma}} P(x,y,z)\mathrm{d}x\mathrm{d}y = \iint_{\Sigma} P(x,y,z)\cos\gamma\,\mathrm{d}s$$

$$= \iint_D P(x(u,v), y(u,v), z(u,v))\cos\gamma\sqrt{EG - F^2}\,\mathrm{d}u\mathrm{d}v,$$

其中，$\cos\gamma$ 必须和左端的第二类曲面积分的侧相对应. 因此，在确定 $\cos\gamma$ 的符号时，必须遵循如下原则：

第二类曲面积分沿 Σ 的上侧进行时，取 ± 符号，使 $\cos\gamma > 0$，即当 $C > 0$ 时，取 $\cos\gamma = \dfrac{C}{\sqrt{EG - F^2}}$，故

$$\iint_{\overline{\Sigma}} P(x,y,z)\mathrm{d}x\mathrm{d}y = \iint_D P(x(u,v), y(u,v), z(u,v))C\mathrm{d}u\mathrm{d}v;$$

当 $C < 0$ 时，取 $\cos\gamma = \dfrac{-C}{\sqrt{EG - F^2}}$，故

$$\iint_{\overline{\Sigma}} P(x,y,z)\mathrm{d}x\mathrm{d}y = \iint_D P(x(u,v), y(u,v), z(u,v))(-C)\mathrm{d}u\mathrm{d}v,$$

因而，$\overline{\Sigma}$ 取 Σ 的上侧时，总有

$$\iint_{\overline{\Sigma}} P(x,y,z)\mathrm{d}x\mathrm{d}y = \iint_D P(x(u,v), y(u,v), z(u,v))|C|\mathrm{d}u\mathrm{d}v.$$

类似地，当第二类曲面积分沿 Σ 的下侧进行时，应取 + 或 −，使 $\cos\gamma < 0$，因而，$C > 0$ 时，取 $\cos\gamma = \dfrac{-C}{\sqrt{EG - F^2}} < 0$；$C < 0$ 时，取 $\cos\gamma = \dfrac{C}{\sqrt{EG - F^2}} > 0$，故总有

$$\iint_{\overline{\Sigma}} P(x,y,z)\mathrm{d}x\mathrm{d}y = \iint_D P(x(u,v), y(u,v), z(u,v))(-|C|)\mathrm{d}u\mathrm{d}v$$

$$= -\iint_D P(x(u,v), y(u,v), z(u,v))|C|\mathrm{d}u\mathrm{d}v.$$

同样, 当第二类曲面积分沿前侧进行时, 有

$$\iint_{\vec{\Sigma}} Q(x,y,z)\mathrm{d}y\mathrm{d}z = \iint_D Q(x(u,v),y(u,v),z(u,v))\,|A|\,\mathrm{d}u\mathrm{d}v\,;$$

当第二类曲面积分沿后侧进行时, 有

$$\iint_{\vec{\Sigma}} Q(x,y,z)\mathrm{d}y\mathrm{d}z = -\iint_D Q(x(u,v),y(u,v),z(u,v))\,|A|\,\mathrm{d}u\mathrm{d}v\,;$$

当第二类曲面积分沿右侧进行时, 有

$$\iint_{\vec{\Sigma}} R(x,y,z)\mathrm{d}z\mathrm{d}x = \iint_D R(x(u,v),y(u,v),z(u,v))\,|B|\,\mathrm{d}u\mathrm{d}v\,,$$

当第二类曲面积分沿左侧进行时, 有

$$\iint_{\vec{\Sigma}} R(x,y,z)\mathrm{d}z\mathrm{d}x = -\iint_D R(x(u,v),y(u,v),z(u,v))\,|B|\,\mathrm{d}u\mathrm{d}v\,.$$

例 7　计算 $I = \iint_{\vec{\Sigma}} x^3 \mathrm{d}y\mathrm{d}z$, Σ 为椭球面 $\dfrac{x^2}{a^2}+\dfrac{y^2}{b^2}+\dfrac{z^2}{c^2}=1$ 的上半部, $\vec{\Sigma}$ 取其外侧.

解　利用广义球坐标:

$$\Sigma:\begin{cases} x = a\sin\varphi\cos\theta, \\ y = b\sin\varphi\sin\theta, \quad (\theta,\varphi)\in D, \\ z = c\cos\varphi, \end{cases}$$

其中 $D = \left\{(\theta,\varphi): -\dfrac{\pi}{2} \leqslant \theta \leqslant \dfrac{3\pi}{2}, 0 \leqslant \varphi \leqslant \dfrac{\pi}{2}\right\}$, 则

$$A = \frac{D(y,z)}{D(\varphi,\theta)} = bc\cdot\sin^2\varphi\cos\theta\,,$$

因而, 对应于前半部分, 此时 $-\dfrac{1}{2}\pi \leqslant \theta \leqslant \dfrac{2}{\pi}$, $A>0$, 且外侧为前侧; 对应于后半部分, 此时 $\dfrac{1}{2}\pi \leqslant \theta \leqslant \dfrac{3}{2}\pi$, $A<0$, 且外侧为后侧.

记 $D_1: -\dfrac{\pi}{2} \leqslant \theta \leqslant \dfrac{\pi}{2}, 0 \leqslant \varphi \leqslant \dfrac{\pi}{2}$, $D_2: \dfrac{\pi}{2} \leqslant \theta \leqslant \dfrac{3\pi}{2}, 0 \leqslant \varphi \leqslant \dfrac{\pi}{2}$, 故

$$\begin{aligned}
I &= \iint_{\vec{\Sigma}_1} x^3 \mathrm{d}y\mathrm{d}z + \iint_{\vec{\Sigma}_2} x^3 \mathrm{d}y\mathrm{d}z \\
&= \iint_{D_1} x^3 A\,\mathrm{d}\varphi\mathrm{d}\theta - \iint_{D_2} x^3\,|A|\,\mathrm{d}\varphi\mathrm{d}\theta \\
&= \iint_{D_1} x^3 A\,\mathrm{d}\varphi\mathrm{d}\theta + \iint_{D_2} x^3 A\,\mathrm{d}\varphi\mathrm{d}\theta = \iint_D x^3 A\,\mathrm{d}\varphi\mathrm{d}\theta \\
&= a^3 bc \int_0^{\frac{\pi}{2}} \sin^5\varphi\,\mathrm{d}\varphi \int_0^{2\pi} \cos^4\theta\,\mathrm{d}\theta = \frac{2}{5}\pi a^3 bc.
\end{aligned}$$

例 7 也可以先利用积分间的联系转化为对坐标 x, y 的第二类曲面积分, 此时, 对曲面的外侧就是上侧, 因而, 可以直接代入公式而不必分割曲面了, 即

$$I = \iint_{\bar{\Sigma}} x^3 \frac{\cos\alpha}{\cos\gamma} \mathrm{d}x\mathrm{d}y = \frac{c^2}{a^2} \iint_{\Sigma} \frac{x^4}{z} \mathrm{d}x\mathrm{d}y$$

$$= \frac{c^2}{a^2} \iint_{D} \frac{x^3}{z} |C| \mathrm{d}\theta\mathrm{d}\varphi$$

$$= a^3 bc \int_0^{\frac{\pi}{2}} \sin^5\varphi \mathrm{d}\varphi \int_0^{2\pi} \cos^4\theta \mathrm{d}\theta = \frac{2}{5}\pi a^3 bc.$$

例 8 计算 $I = \iint_{\bar{\Sigma}} (z^2 + x)\mathrm{d}y\mathrm{d}z + \sqrt{z}\mathrm{d}x\mathrm{d}y$, Σ 为抛物面 $z = \frac{1}{2}(x^2 + y^2)$ 在平面 $z = 0$ 和 $z = 2$ 之间的部分, $\bar{\Sigma}$ 取其下侧.

解 显然, Σ 在 xOy 坐标面的投影区域为 $x^2 + y^2 \leqslant 4$, 且其参数方程为

$$\Sigma: \begin{cases} x = r\cos\theta, \\ y = r\sin\theta, \\ z = \frac{1}{2}r^2, \end{cases} \quad (r, \theta) \in D,$$

其中, D: $0 \leqslant \theta \leqslant 2\pi$, $0 \leqslant r \leqslant 2$.

计算得 $A = \dfrac{D(y,z)}{D(r,\theta)} = r^2\cos\theta$, $C = \dfrac{D(x,y)}{D(r,\theta)} = r$.

先计算 $I_1 = \iint_{\bar{\Sigma}} (z^2 + x)\mathrm{d}y\mathrm{d}z$, 此时需将曲面 Σ 分割成前后两部分 $\bar{\Sigma}_1$ 和 $\bar{\Sigma}_2$, 因此, 若记

$$D_1: -\frac{\pi}{2} \leqslant \theta \leqslant \frac{\pi}{2}, 0 \leqslant r \leqslant 2,$$

$$D_2: \frac{\pi}{2} \leqslant \theta \leqslant \frac{3\pi}{2}, 0 \leqslant r \leqslant 2,$$

则 $\bar{\Sigma}_1$ 对应参数范围为 D_1 且 $A \geqslant 0$, $\bar{\Sigma}_2$ 对应的参数范围为 D_2 且 $A \leqslant 0$. 由于对应于 $\bar{\Sigma}_1$, 取定的下侧为前侧, 对应于 $\bar{\Sigma}_2$, 取定的下侧为后侧, 故

$$I_1 = \iint_{\bar{\Sigma}} (z^2 + x)\mathrm{d}y\mathrm{d}z = \iint_{\bar{\Sigma}_1} (z^2 + x)\mathrm{d}y\mathrm{d}z + \iint_{\bar{\Sigma}_2} (z^2 + x)\mathrm{d}y\mathrm{d}z$$

$$= \iint_{D_1} \left(\frac{1}{4}r^4 + r\cos\theta\right) A\mathrm{d}r\mathrm{d}\theta + \iint_{D_2} \left(\frac{1}{4}r^4 + r\cos\theta\right)(-|A|)\mathrm{d}r\mathrm{d}\theta$$

$$= \iint_{D} \left(\frac{1}{4}r^4 + r\cos\theta\right) A\mathrm{d}r\mathrm{d}\theta = \int_0^{2\pi} \mathrm{d}\theta \int_0^2 \left(\frac{1}{4}r^4 + r\cos\theta\right) r^2\cos\theta \mathrm{d}r = 4\pi.$$

再计算 $I_2 = \iint_{\bar{\Sigma}} \sqrt{z}\mathrm{d}x\mathrm{d}y$，由于 $C \geqslant 0$，故

$$I_2 = \iint_{\bar{\Sigma}} \sqrt{z}\mathrm{d}x\mathrm{d}y = -\iint_D \sqrt{\frac{1}{2}r^2}\,C r\mathrm{d}r\mathrm{d}\theta = -\iint_D \sqrt{\frac{1}{2}r^2}\,\mathrm{d}r\mathrm{d}\theta = -\frac{8}{3}\sqrt{2}\pi.$$

因而，$I = \iint_{\bar{\Sigma}} (z^2 + x)\mathrm{d}y\mathrm{d}z + \sqrt{z}\mathrm{d}x\mathrm{d}y = \left(4 - \frac{8}{3}\sqrt{2}\right)\pi$.

习 题 18.4

1. 计算下列第二类曲面积分.

1) $I = \iint_{\bar{\Sigma}} f(x)\mathrm{d}y\mathrm{d}z + g(y)\mathrm{d}z\mathrm{d}x + h(z)\mathrm{d}x\mathrm{d}y$，其中 Σ 为立方体 $0 \leqslant x \leqslant a$, $0 \leqslant y \leqslant b, 0 \leqslant z \leqslant c$ 的表面，$\bar{\Sigma}$ 取其外侧.

2) $I = \iint_{\bar{\Sigma}} (y - z)\mathrm{d}y\mathrm{d}z + (z - x)\mathrm{d}z\mathrm{d}x + (x - y)\mathrm{d}x\mathrm{d}y$，其中 Σ 为锥面 $z = \sqrt{x^2 + y^2}$ 被平面 $z = 1$ 所截下的部分，$\bar{\Sigma}$ 取其外侧.

3) $I = \iint_{\bar{\Sigma}} \frac{1}{x}\mathrm{d}y\mathrm{d}z + \frac{1}{y}\mathrm{d}z\mathrm{d}x + \frac{1}{z}\mathrm{d}x\mathrm{d}y$，其中 $\Sigma: x^2 + y^2 + z^2 = 1$，$\bar{\Sigma}$ 取其外侧.

4) $I = \iint_{\bar{\Sigma}} x\mathrm{d}y\mathrm{d}z + y\mathrm{d}z\mathrm{d}x + z\mathrm{d}x\mathrm{d}y$，其中 Σ 为平面 $x + y + z = 1$ 位于第一卦限中的部分，$\bar{\Sigma}$ 取其上侧.

5) $I = \iint_{\bar{\Sigma}} x\mathrm{d}y\mathrm{d}z + y\mathrm{d}z\mathrm{d}x + z\mathrm{d}x\mathrm{d}y$，其中曲面 Σ 为柱面 $\Sigma: x^2 + y^2 = 1$ 位于 $0 \leqslant z \leqslant 3$ 中的部分，$\bar{\Sigma}$ 取其外侧.

6) $I = \iint_{\bar{\Sigma}} x^3\mathrm{d}y\mathrm{d}z + y^3\mathrm{d}z\mathrm{d}x + z^3\mathrm{d}x\mathrm{d}y$，其中 $\Sigma: x^2 + y^2 + z^2 = 1$，$\bar{\Sigma}$ 取其外侧.

7) $I = \iint_{\bar{\Sigma}} xy\mathrm{d}y\mathrm{d}z + yz\mathrm{d}z\mathrm{d}x + zx\mathrm{d}x\mathrm{d}y$，其中 $\Sigma: \frac{x^2}{a^2} + \frac{y^2}{b^2} + \frac{z^2}{c^2} = 1, z \geqslant 0$，$\bar{\Sigma}$ 取其上侧.

8) $I = \iint_{\bar{\Sigma}} (x + y)\mathrm{d}y\mathrm{d}z + (y + z)\mathrm{d}z\mathrm{d}x + (z + x)\mathrm{d}x\mathrm{d}y$，其中 Σ 为以原点为中心、边长为 2 的正方体的表面，$\bar{\Sigma}$ 取其外侧.

2. 分析题目的结构特点, 设计对应的计算方法:

1) $I_1 = \iint_{\bar{\Sigma}} x\mathrm{d}y\mathrm{d}z + y\mathrm{d}z\mathrm{d}x + z\mathrm{d}x\mathrm{d}y$； 2) $I_2 = \iint_{\bar{\Sigma}} x^2\mathrm{d}y\mathrm{d}z + y^2\mathrm{d}z\mathrm{d}x + z^2\mathrm{d}x\mathrm{d}y$，

其中, $\Sigma: x^2 + y^2 + z^2 = 1$, $\bar{\Sigma}$ 取其外侧.

3. 利用两类曲面积分间的联系计算

$$I = \iint_{\bar{\Sigma}} (x + xy^2z^3)\mathrm{d}y\mathrm{d}z + (y + xy^2z^3)\mathrm{d}z\mathrm{d}x + (z + xy^2z^3)\mathrm{d}x\mathrm{d}y,$$

其中, $\Sigma: x - y + z = 1$ 在第四卦限中的部分, $\bar{\Sigma}$ 取其上侧.

4. 利用两类曲面积分间的联系计算 $I = \iint_{\bar{\Sigma}} z^3\mathrm{d}S$，其中曲面为上半球面 $\Sigma: x^2 + y^2 + z^2 = 1$ $(z > 0)$，$\bar{\Sigma}$ 取其外侧.

5. 给定光滑曲面 $\Sigma : z = z(x,y), (x,y) \in D$，证明：

$$\iint_{\overline{\Sigma}} P(x,y,z)\mathrm{d}y\mathrm{d}z + Q(x,y,z)\mathrm{d}z\mathrm{d}x + R(x,y,z)\mathrm{d}x\mathrm{d}y$$

$$= \iint_{\overline{\Sigma}} [-P(x,y,z)z_x - Q(x,y,z)z_y + R(x,y,z)]\mathrm{d}x\mathrm{d}y,$$

其中，$\overline{\Sigma}$ 为曲面沿取定的一侧.

6. 试用至少三种不同的方法计算

$$\iint_{\overline{\Sigma}} (y-z)\mathrm{d}y\mathrm{d}z + (z-x)\mathrm{d}z\mathrm{d}x + (x-y)\mathrm{d}x\mathrm{d}y,$$

其中，$\Sigma : x^2 + y^2 + z^2 = 1$，$\overline{\Sigma}$ 取其外侧.

第19章　各种积分间的联系

前面几章, 我们介绍了多元函数的各种积分理论, 包括重积分、线积分、面积分. 本章探讨各种积分间的联系.

19.1　Green 公式及其应用

一、Green 公式

本节我们讨论平面上第二类曲线积分与二重积分之间的关系, 为此, 先引入区域的概念.

定义 1.1　设 D 是平面区域, 如果 D 内任意一条封闭曲线所围的区域仍含于 D 内, 则称 D 是平面单连通区域(图 19-1).

平面单连通区域的几何特征　所谓平面单连通区域是指"实心"或"无洞"的平面区域, 可以有界也可以无界.

不是单连通区域的平面区域称为平面复连通区域(图 19-2).

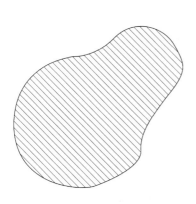
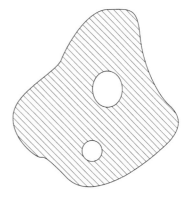

图 19-1　单连通区域　　　　　　　　图 19-2　复连通区域

下述定理是本节的主要结论.

定理 1.1 (Green 公式)　设 D 是平面单连通的有界闭区域, $l = \partial D$ 是光滑封闭曲线, $P(x,y), Q(x,y) \in C'(\bar{D})$, 则

$$\oint_{\vec{l}} P dx + Q dy = \iint_D \left[\frac{\partial Q}{\partial x} - \frac{\partial P}{\partial y} \right] dx dy ,$$

其中, $\vec{l}$ 是 l 的正向曲线.

结构分析 要证明等式的结构特征: 两端关于函数 $P(x,y)$, $Q(x,y)$ 具有分离结构, 因此, 证明的思路之一就是证明两端对应的项相等; 更进一步, 要证明的等式左端是第二类曲线积分, 右端是二重积分, 是两类不同的积分, 因此, 必须借助一个共同的对象在二者之间建立联系. 类比已知, 我们知道, 第二类曲线积分可以转化为定积分计算, 二重积分先转化为累次积分, 再转化为定积分计算, 因此, 二者的联系桥梁是定积分, 这又是证明定理的思路之一. 继续比较两端对应项, 左端的第二类曲线积分可以转化为对应函数的定积分, 而右端的二重积分如 $\iint_D \frac{\partial Q}{\partial x} dx dy$, 要化为以 $Q(x,y)$ 为被积函数的定积分, 需要利用区域 D 的特定类型(x-型或y-型)化为特定次序的累次积分, 去掉偏导数, 再化为以 $Q(x,y)$ 为被积函数的定积分, 注意到右端两项涉及两个不同变量的偏导数, 因此, 区域的选择能以同时去掉两个偏导数为出发点; 因此, 利用从简单到复杂、从特殊到一般的方法, 我们从最简单的既是 x-型、又是 y-型的区域入手, 在最简单的区域上完成证明, 再逐步推广到一般区域.

证明 **情形1** 先设 D 既是 x-型, 又是 y-型区域.

视 D 为 x-型区域, 此时区域可以表示为
$$D = \{(x,y) : y_1(x) \leqslant y \leqslant y_2(x), a \leqslant x \leqslant b\},$$
其正向边界可以分为四部分 $\vec{l} = \vec{l}_1 + \vec{l}_2 + \vec{l}_3 + \vec{l}_4$, 其中

$$\vec{l}_1 : y = y_1(x), x \text{ 从 } a \text{ 变到 } b; \quad \vec{l}_2 : x = b, \ y \text{ 从 } y_1(b) \text{ 变到 } y_2(b);$$

$$\vec{l}_3 : y = y_2(x), x \text{ 从 } b \text{ 变到 } a; \quad \vec{l}_4 : x = a, \ y \text{ 从 } y_2(b) \text{ 变到 } y_1(a).$$

由二重积分的计算公式, 则

$$\iint_D \frac{\partial P}{\partial y} dx dy = \int_a^b dx \int_{y_1(x)}^{y_2(x)} \frac{\partial P}{\partial y} dy = \int_a^b [P(x, y_2(x)) - P(x, y_1(x))] dx .$$

再利用第二类曲线积分的计算公式, 则

$$\oint_{\vec{l}} P(x,y) dx = \int_{\vec{l}_1} P(x,y) dx + \int_{\vec{l}_2} P(x,y) dx + \int_{\vec{l}_3} P(x,y) dx + \int_{\vec{l}_4} P(x,y) dx$$

$$= \int_a^b P(x, y_1(x)) dx + \int_b^a P(x, y_2(x)) dx + 0$$

$$= \int_a^b \left[P(x, y_1(x)) - P(x, y_2(x)) \right] dx = -\iint_D \frac{\partial P}{\partial y} dx dy .$$

类似地, 将 D 视为 y-型区域, 有

$$\oint_{\vec{l}} Q \mathrm{d}x = \iint_D \frac{\partial Q}{\partial x} \mathrm{d}x\mathrm{d}y ,$$

故, 此时 Green 公式成立.

情形 2　一般区域. 先设 D 是这样的单连通区域: 通过一条曲线 l' 将其分割成两个区域 D_1, D_2, 其中 D_1, D_2 既是 x-型, 又是 y-型. 如图 19-3 所示, 记 $\vec{l}' = \overparen{AB}$, 按正向通过 A, B 两点将边界 l 分为两部分, $\overrightarrow{\partial D_1} = \vec{l}_1 + \vec{l}'$ 为区域 D_1 的正向边界, $\overrightarrow{\partial D_2} = \vec{l}_2 - \vec{l}'$ 为 D_2 的正向边界, 由情形 1,

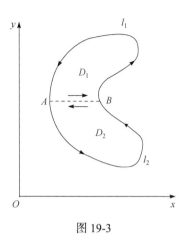

图 19-3

$$\iint_D \left[\frac{\partial Q}{\partial x} - \frac{\partial P}{\partial y} \right] \mathrm{d}x\mathrm{d}y = \iint_{D_1} \left[\frac{\partial Q}{\partial x} - \frac{\partial P}{\partial y} \right] \mathrm{d}x\mathrm{d}y + \iint_{D_2} \left[\frac{\partial Q}{\partial x} - \frac{\partial P}{\partial y} \right] \mathrm{d}x\mathrm{d}y$$

$$= \left[\oint_{\overrightarrow{\partial D_1}} + \oint_{\overrightarrow{\partial D_2}} \right] (P\mathrm{d}x + Q\mathrm{d}y)$$

$$= \int_{\vec{l}_1} P\mathrm{d}x + Q\mathrm{d}y + \int_{\vec{l}'} P\mathrm{d}x + Q\mathrm{d}y + \int_{\vec{l}_2} P\mathrm{d}x + Q\mathrm{d}y - \int_{\vec{l}'} P\mathrm{d}x + Q\mathrm{d}y$$

$$= \int_{\vec{l}_1 \cup \vec{l}_2} P\mathrm{d}x + Q\mathrm{d}y = \oint_{\vec{l}} P\mathrm{d}x + Q\mathrm{d}y,$$

因而, 此时 Green 公式仍成立.

再设 D 是更一般的单连通区域, 可通过分割将其分割成若干个既是 x-型, 又是 y-型的区域, 类似可归纳证明 Green 公式仍成立.

注意, Green 公式对复连通区域同样成立, 只考虑一种特殊的复连通区域, 即区域 D 的内部只含有一个洞, 此时, 边界曲线 ∂D 有内、外两条 l_1, l_2, 按边界曲线正向的确定, 外边界 l_1 的正向外边界 $\vec{l}_1$ 为逆时针方向, 内边界 l_2 的正向内边界 $\vec{l}_2$ 为顺时针方向. 为证明 Green 公式, 按常用的处理方法, 需将这种情形转化为定理 1.1 的单连通区域处理, 为此, 在内边界曲线上选择一点 A, 在外边界曲线上选择一点 B, 连接 A 与 B, 将 D 沿直线 AB 剪开, 则 D 变为单连通区域, 其正向边界为 $\vec{l} = \vec{l}_1 + \overrightarrow{BA} + \vec{l}_2 + \overrightarrow{AB}$, 则由定理 1.1,

$$\iint_D \left[\frac{\partial Q}{\partial x} - \frac{\partial P}{\partial y} \right] \mathrm{d}x\mathrm{d}y = \left[\int_{\vec{l}_1} + \int_{\overrightarrow{BA}} + \int_{\vec{l}_2} + \int_{\overrightarrow{AB}} \right] (P\mathrm{d}x + Q\mathrm{d}y)$$

$$= \left(\int_{\vec{l}_1} + \int_{\vec{l}_2} \right) (P\mathrm{d}x + Q\mathrm{d}y) = \oint_{\vec{l}} P\mathrm{d}x + Q\mathrm{d}y.$$

抽象总结　1) 定理建立了第二类曲线积分和二重积分的联系, 或者, 从等式

的结构看, 实现了化第二类曲线积分为二重积分, 这也体现了 Green 公式的重要作用.

2) 分析 Green 公式两端的积分区域, 曲线 l 正是区域 D 的边界, 因此, Green 公式建立了区域上的积分与边界积分的关系, 这种关系在已经学过的积分理论中遇到过, 这就是定积分中的 Newton-Leibniz 公式, 事实上, 这两个公式和后面的 Stokes 公式、Gauss 公式本质上是相同的, 有的课本将这些公式统一到同一形式中.

作为 Green 公式的另一应用, 很容易得到了平面面积的又一计算公式.

定理 1.2　假设平面有界区域 D 的正向边界为 $\vec{l}$, 则其面积为

$$S_D = \iint_D \mathrm{d}x\mathrm{d}y = \frac{1}{2}\oint_{\vec{l}} x\mathrm{d}y - y\mathrm{d}x,$$

其中, 右端的第二类曲线积分沿 $\vec{l}$ 的正向进行.

二、Green 公式的应用

1. 平面面积的计算

例 1　计算由椭圆曲线 $\dfrac{x^2}{a^2} + \dfrac{y^2}{b^2} = 1$ 所围的椭圆区域 D 的面积.

解　由定理 1.2, 其面积为

$$S_D = \frac{1}{2}\oint_{\vec{l}} x\mathrm{d}y - y\mathrm{d}x,$$

其中 $\vec{l}$ 取为正向边界, 其参数方程为

$$\vec{l}: \begin{cases} x = a\cos\theta, \\ y = b\sin\theta, \end{cases} \quad \theta \text{ 从 } 0 \text{ 变到 } 2\pi.$$

利用第二类曲线积分的计算, 则

$$S_D = \frac{1}{2}\int_0^{2\pi} [a\cos\theta \cdot b\cos\theta + b\sin\theta \cdot a\sin\theta]\mathrm{d}\theta = \pi ab.$$

可以看到, 这个计算方法比用二重积分计算面积简单.

2. 复杂结构的第二类曲线积分的计算的新方法

第二类曲线积分的计算取决于其结构, 基本计算公式只能处理简单结构的第二类曲线积分的计算, 复杂结构的第二类曲线积分需要利用 Green 公式进行计算, 因此, 后续遇到第二类曲线积分的计算一般优先考虑利用 Green 公式.

为此, 我们对 Green 公式进行进一步的分析.

假设区域 D 的正向边界为 $\vec{l}$，且由两部分组成 $\vec{l} = \vec{l}_1 + \vec{l}_2$，进一步假设在区域 D 上满足

$$\frac{\partial Q}{\partial x} - \frac{\partial P}{\partial y} = c,$$

c 为某个常数. 由 Green 公式，则

$$\oint_{\vec{l}} P\mathrm{d}x + Q\mathrm{d}y = \iint_D \left[\frac{\partial Q}{\partial x} - \frac{\partial P}{\partial y} \right] \mathrm{d}x\mathrm{d}y = cS,$$

S 为区域 D 的面积，因而

$$\int_{\vec{l}_1} P\mathrm{d}x + Q\mathrm{d}y = -\int_{\vec{l}_2} P\mathrm{d}x + Q\mathrm{d}y + cS.$$

特别地，当 $c = 0$ 时，

$$\int_{\vec{l}_1} P\mathrm{d}x + Q\mathrm{d}y = -\int_{\vec{l}_2} P\mathrm{d}x + Q\mathrm{d}y.$$

结构分析　上述结论表明，在一定条件下，可以将一条曲线上的第二类曲线积分转化为另一条曲线上的第二类曲线积分. 我们知道，第二类曲线积分计算的难易程度由被积函数和曲线的复杂程度来决定(由积分结构的复杂度决定)，因此，假如对给定的第二类曲线积分，被积函数在给定的曲线上结构较为复杂，则此时直接计算就很困难，但是，若存在另外一条特殊的曲线，使得在此曲线上，被积函数结构比较简单，则在满足上述条件下，可以将沿复杂曲线上的第二类曲线积分转化为特殊曲线上简单的第二类曲线积分，这正是 Green 公式的应用机理. 将上述分析总结为如下定理.

定理 1.3　假设给定方向的曲线 $\vec{l}_1$ 和 $\vec{l}_2$ 围成封闭区域 D，且 $\vec{l} = \vec{l}_1 + \vec{l}_2$ 为 D 的正向边界，又设在区域 D 上满足条件：$\dfrac{\partial Q}{\partial x} - \dfrac{\partial P}{\partial y} = 0$，则

$$\int_{\vec{l}_1} P\mathrm{d}x + Q\mathrm{d}y = -\int_{\vec{l}_2} P\mathrm{d}x + Q\mathrm{d}y.$$

定理中的条件可以称为 Green 公式作用对象的特征，因此，将来遇到第二类曲线积分的计算，可以先验证是否具有此特征.

例 2　计算 $I = \displaystyle\int_{\vec{l}} \frac{x-y}{x^2+y^2}\mathrm{d}x + \frac{x+y}{x^2+y^2}\mathrm{d}y$，其中 $\vec{l}$ 沿 $y = -2x^2 + 8$ 从 $A(-2,0)$ 到 $B(2,0)$ (图 19-4).

结构分析　分析给定的第二类曲线积分，

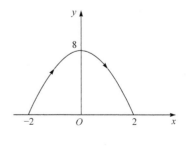

图 19-4

在给定的曲线上, 被积函数的结构复杂, 若直接按曲线积分计算, 非常困难, 其难点在于因子 $\dfrac{1}{x^2+y^2}$ 不易处理, 那么, 在什么样的曲线上 $\dfrac{1}{x^2+y^2}$ 易于处理? 显然: 沿下述这类曲线 $x^2+y^2=a^2$ 可以将困难的因子简单化, 因为此时有 $\dfrac{1}{x^2+y^2}=\dfrac{1}{a^2}$, 因而, 问题的关键在于如何将在 $\vec{l}$ 上的曲线积分转化为沿圆周曲线上的曲线积分. 由定理 1.3, 关键在于能否找到满足定理的特殊的曲线. 事实上, 这样的曲线可以找到.

解　取上半圆周曲线 $\vec{l_1}:x^2+y^2=4$, 方向为逆时针方向, 则 $\vec{l_1}$ 与 $\vec{l}$ 形成封闭曲线, 所围区域记为 D, 记

$$P=\frac{x-y}{x^2+y^2}, \quad Q=\frac{x+y}{x^2+y^2},$$

则在区域 D 上, Green 公式的条件满足, 进一步计算得

$$\frac{\partial P}{\partial y}=\frac{\partial Q}{\partial y}=\frac{y^2-2xy-x^2}{(x^2+y^2)^2}.$$

注意到区域 D 的正向边界 $\overrightarrow{\partial D}=-\vec{l}+(-\vec{l_1})$, 由定理 1.3,

$$I=\int_{\vec{l}}P\mathrm{d}x+Q\mathrm{d}y=\int_{-\vec{l_1}}P\mathrm{d}x+Q\mathrm{d}y$$

$$=-\frac{1}{4}\int_{\vec{l_1}}(x-y)\mathrm{d}x+(x+y)\mathrm{d}y$$

$$=-\frac{1}{4}\int_0^{\pi}[(2\cos t-\sin t)(-2\sin t)+2(\cos t+\sin t)2\cos t]\mathrm{d}t$$

$$=-\pi.$$

总结　通过构造辅助曲线, 借助 Green 公式将沿某曲线上的第二类线积分转化为特殊曲线上的线积分, 是 Green 公式的重要应用, 可以把这种第二类曲线积分的计算方法称为基于 Green 公式的闭化方法: 通过添加一条曲线, 使其成为封闭曲线, 然后使用 Green 公式进行简化计算.

思考问题: 例 2 中辅助曲线的构造方法唯一吗?

构造辅助曲线的方法有多种, 构造的原则是: 既要使得积分结构更加简单, 又要满足格林公式的条件: 所围区域不能有奇点. 如例 2 中, 若选择 x 轴上的直线段 AB, 也可闭化, 但是, 此时有奇点 $O(0,0)$ (函数 $P(x,y)$, $Q(x,y)$ 的偏导不存在的点)落在直线 AB 上, 转化为 AB 上的定积分时, 出现奇异积分, 因而, 不能选取这样的直线, 但是, 可以在 $O(0,0)$ 附近, 用小圆周曲线 $x^2+y^2=\varepsilon^2(y\geqslant0)$ 过渡一下.

对含有奇点的区域, 经常利用下面的 "挖洞法".

例 3　计算 $I = \oint_{\vec{l}} \dfrac{-y}{x^2+y^2}\mathrm{d}x + \dfrac{x}{x^2+y^2}\mathrm{d}y$，其中 $\vec{l}$ 由抛物线 $y^2 = x+2$ 及 $x=2$ 所围区域的顺时针边界(图 19-5).

结构分析　难点同例 2. 解决问题的关键如何将其转化为圆周曲线上的线积分. 但是, 本题还有一个特点: 给定的曲线是闭曲线, 所围区域内部有奇点. 这类问题的处理方法是如下的"挖洞方法".

解　记 $l_1 : x^2 + y^2 = \varepsilon^2$，$\vec{l}_1$ 为 l_1 的逆时针方向，ε 充分小，则 $-\vec{l}$ 和 $-\vec{l}_1$ 形成复连通区域 D_1 的正向边界, 且在 D_1 满足 Green 公式的条件, 记

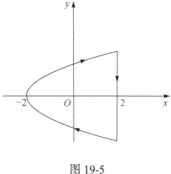

图 19-5

$$P = \frac{-y}{x^2+y^2}, \qquad Q = \frac{x}{x^2+y^2},$$

则在 D_1 上成立 $\dfrac{\partial P}{\partial y} = \dfrac{\partial Q}{\partial x}$. 由 Green 公式, 则

$$\left[\int_{-\vec{l}} + \int_{-\vec{l}_1}\right] P\mathrm{d}x + Q\mathrm{d}y = \iint_{D_1}\left[\frac{\partial Q}{\partial x} - \frac{\partial P}{\partial y}\right]\mathrm{d}x\mathrm{d}y = 0 .$$

故,

$$I = \int_{-\vec{l}_1} P\mathrm{d}x + Q\mathrm{d}y = -\frac{1}{\varepsilon^2}\int_0^{2\pi}\left[-\varepsilon\sin t \cdot (-\varepsilon\sin t) + \varepsilon\cos t \cdot \varepsilon\cos t\right] = -2\pi .$$

上述例子反映 Green 公式两种重要的作用, 从中可看出其处理对象 $\int_l P\mathrm{d}x + Q\mathrm{d}y$ 通常具有结构特点: $\dfrac{\partial P}{\partial y} - \dfrac{\partial Q}{\partial y} =$ 常数(特别为 0), 常用的处理方法:

1) 闭化法: $\vec{l}$ 不封闭, 通过添加一条特殊曲线, 将沿 $\vec{l}$ 的结构复杂的线积分转化为沿特殊曲线的简单线积分.

2) 挖洞法: $\vec{l}$ 封闭, 但所围区域含奇点, 通过挖洞去掉奇性. 因而, 在涉及复杂结构第二类曲线积分计算时, 优先考虑用 Green 公式.

例 4　计算 $I = \int_{\vec{l}} \dfrac{x\mathrm{d}y - y\mathrm{d}x}{4x^2+y^2}$，其中 $\vec{l}$ 为圆周曲线 $(x-1)^2 + y^2 = R^2$ 的正向边界, $R \neq 1$.

解　记 $P = \dfrac{-y}{4x^2+y^2}, Q = \dfrac{x}{4x^2+y^2}$，则

$$\frac{\partial P}{\partial y} = \frac{y^2 - 4x^2}{(4x^2 + y^2)^2} = \frac{\partial Q}{\partial x}, \quad (x,y) \neq (0,0).$$

1) 当 $R < 1$ 时, 满足 Green 公式的条件, 故 $I = 0$.

2) 当 $R > 1$ 时, 内部含有奇点, 用挖洞法解决.

作椭圆曲线 $l_1 : 4x^2 + y^2 = \varepsilon^2$, $\vec{l}_1$ 取其顺时针方向, 取 ε 充分小, 使得 $\vec{l}_1$ 包含在 $\vec{l}$ 内, 二者所围的区域上满足 Green 公式的条件, 则

$$\oint_{\vec{l}+\vec{l}_1} \frac{x\mathrm{d}y - y\mathrm{d}x}{4x^2 + y^2} = 0,$$

故

$$I = -\int_{\vec{l}_1} \frac{x\mathrm{d}y - y\mathrm{d}x}{4x^2 + y^2} = \frac{1}{\varepsilon^2} \oint_{-\vec{l}_1} x\mathrm{d}y - y\mathrm{d}x = \pi.$$

习　题　19.1

1. 计算下列第二类曲线积分.

1) $I = \int_{\vec{l}} (\mathrm{e}^x \sin y - y + x^3)\mathrm{d}x + (\mathrm{e}^x \cos y + y^4 - 1)\mathrm{d}y$, 其中 $\vec{l}$ 为逆时针方向的上半圆周曲线 $(x-1)^2 + y^2 = 1$ $(y \geqslant 0)$.

2) $I = \int_{\vec{l}} (2y + \mathrm{e}^x \sin x - x^3)\mathrm{d}x + (2x + y^3 \cos y)\mathrm{d}y$, 其中 $\vec{l}$ 为顺时针的正弦曲线 $y = \sin x$ 在 $0 \leqslant x \leqslant \pi$ 中的部分.

3) $I = \int_{\vec{l}} (2xy + 2x\mathrm{e}^{x^2})\mathrm{d}x + (x^2 + 6y^2 \arctan y)\mathrm{d}y$, 其中 $\vec{l}$ 为曲线 $y = x^2$ 从点 $O(0,0)$ 到点 $A(1,1)$.

4) $I = \int_{\vec{l}} \frac{y}{x^2 + y^2}\mathrm{d}x - \frac{x}{x^2 + y^2}\mathrm{d}y$, 其中 $\vec{l}$ 为曲线 $y = x^2$ 从点 $O(0,0)$ 到点 $A(1,1)$.

5) $I = \int_{\vec{l}} x\ln(x^2 + y^2 + 1)\mathrm{d}x + y\ln(x^2 + y^2 + 1)\mathrm{d}y$, 其中 $\vec{l}$ 为沿曲线 $y = \sin x$ 从点 $O(0,0)$ 到点 $A(\pi,0)$.

6) $I = \int_{\vec{l}} \frac{x+y}{x^2 + 2y^2}\mathrm{d}x + \frac{2y-x}{x^2 + 2y^2}\mathrm{d}y$, 其中 $\vec{l}$ 为取逆时针方向的单位圆周曲线 $x^2 + y^2 = 1$.

2. 给定椭圆区域 $D = \left\{(x,y) : \frac{x^2}{2} + \frac{y^2}{3} \leqslant 1\right\}$, 记 $\vec{l}$ 为区域 D 的正向边界, 挖掘区域 D 和其边界的结构特征, 并计算

$$\oint_{\vec{l}} (x^3 \sin y + \mathrm{e}^y)\mathrm{d}x + (xy^5 + x\mathrm{e}^y)\mathrm{d}y.$$

3. 计算 $I = \oint_{\vec{l}} (x\cos\alpha + y\cos\beta)\mathrm{d}s$, 其中, $\vec{l}$ 为顺时针方向的单位圆周曲线, $(\cos\alpha, \cos\beta)$ 为单位圆周曲线上点 (x,y) 处对应于逆时针方向的切线的方向余弦.

4. 设 D 是平面单连通闭区域, $l = \partial D$ 为区域 D 的光滑边界, $u(x,y)$ 在区域 D 上具有连续的二阶偏导数, 则成立结论:

$$\oint_l \frac{\partial u}{\partial \vec{n}} \mathrm{d}s = \iint_D (u_{xx} + u_{yy}) \mathrm{d}x\mathrm{d}y,$$

其中, $\vec{n}$ 为曲线 l 上点 (x,y) 处对应的外法线方向.

 1) 分析结论的结构, 能否给出结论证明的思路?

 2) 根据你给出的思路, 证明过程可能遇到的难点是什么? 如何解决?

 3) 利用你的思路给出具体的证明.

5. 关于例 4 的进一步思考: 研究 $I = \int_{\vec{l}} \frac{x\mathrm{d}y - y\mathrm{d}x}{4x^2 + y^2}$, 其中 $\vec{l}$ 为圆周曲线 $(x-1)^2 + y^2 = R^2$ 的正向边界, $R = 1$.

此时, 问题的结构特点是什么? 能否利用 Green 公式进行计算? 能否提出一些研究思路和方法? (提示: 考虑用各种方式逼近, 收敛性.)

19.2　平面曲线积分和路径的无关性

在讨论 Green 公式的应用时, 我们曾经讨论过, 在一定条件下, 能将复杂路径上的第二类曲线积分转化为简单路径上的第二类曲线积分, 这实际上就是第二类曲线积分与路径的无关性, 本节我们系统讨论第二类曲线积分与路径的无关性.

定理 2.1　设 D 是平面单连通有界区域, $P(x,y)$, $Q(x,y)$ 在 $\overline{D}$ 具有连续的偏导数, 则以下结论等价:

 1) 对任意闭路 $l \subset D$, 成立 $\oint_{\vec{l}} P\mathrm{d}x + Q\mathrm{d}y = 0$, 其中 $\vec{l}$ 为指定方向的闭路 l;

 2) 对任意有向曲线 $\vec{l} \subset D$, $\oint_{\vec{l}} P\mathrm{d}x + Q\mathrm{d}y$ 与路径无关, 只与起始点、终点有关;

 3) 存在函数 $U(x,y)$, 使 $\mathrm{d}U = P\mathrm{d}x + Q\mathrm{d}y$, 即 $P\mathrm{d}x + Q\mathrm{d}y$ 是全微分形式;

 4) 在 D 内成立 $\dfrac{\partial P}{\partial y} = \dfrac{\partial Q}{\partial x}$.

证明　1)$\Rightarrow$2). 设 $\vec{l}_1, \vec{l}_2$ 是任意两条都以 A 为始点, B 为终点的有向曲线段, 则 $\vec{l} = \vec{l}_1 + (-\vec{l}_2)$ 为一有向闭路. 由 1), 则 $\oint_{\vec{l}} P\mathrm{d}x + Q\mathrm{d}y = 0$. 故,

$$\oint_{\vec{l}_1} P\mathrm{d}x + Q\mathrm{d}y = \oint_{\vec{l}_2} P\mathrm{d}x + Q\mathrm{d}y.$$

2)$\Rightarrow$3). 利用与路径无关性, 构造 $U(x,y)$, 构造方法是唯一的——通过积分完成.

任取 $A_0(x_0, y_0) \in D$，则对任意 $A(x, y)$，由路径无关性，以 A_0 为始点，A 为终点的积分 $\int_{A_0}^{A} P\mathrm{d}x + Q\mathrm{d}y$ 与路径无关，唯一确定，记为

$$U(x, y) = \int_{A_0}^{A} P\mathrm{d}x + Q\mathrm{d}y.$$

下证：$\mathrm{d}U = P\mathrm{d}x + Q\mathrm{d}y$，即 $\dfrac{\partial U}{\partial x} = P, \dfrac{\partial U}{\partial y} = Q$.

充分利用与路径无关性条件，选取沿平行于坐标轴的直线的特殊路径研究函数的微分性质，则

$$\frac{U(x+\Delta x, y) - U(x, y)}{\Delta x} = \frac{\int_{(x,y)}^{(x+\Delta x, y)} P\mathrm{d}x + Q\mathrm{d}y}{\Delta x} = \frac{\int_{x}^{x+\Delta x} P(x, y)\mathrm{d}x}{\Delta x},$$

故

$$\frac{\partial U}{\partial x} = \lim_{\Delta x \to 0} \frac{U(x+\Delta x, y) - U(x, y)}{\Delta x} = P(x, y),$$

同理，$\dfrac{\partial U}{\partial y} = Q$.

3) $\Rightarrow$ 4). 设存在 $U(x, y)$，使 $\mathrm{d}U = P\mathrm{d}x + Q\mathrm{d}y$，则 $\dfrac{\partial U}{\partial x} = P, \dfrac{\partial U}{\partial y} = Q$，故
$\dfrac{\partial P}{\partial y} = \dfrac{\partial^2 U}{\partial x \partial y} = \dfrac{\partial Q}{\partial x}$.

4) $\Rightarrow$ 1). 这是 Green 公式的直接推论.

定理 2.1 中涉及函数 U，给出相关的定义.

定义 2.1 若存在 $U(x, y)$，使 $\mathrm{d}U = P\mathrm{d}x + Q\mathrm{d}y$，称 $P\mathrm{d}x + Q\mathrm{d}y$ 为全微分形式，也称 $U(x, y)$ 为 $P\mathrm{d}x + Q\mathrm{d}y$ 的原函数.

因此，定理 2.1 给出了 $P\mathrm{d}x + Q\mathrm{d}y$ 为全微分形式的条件，也给出了此时原函数的计算方法. 反之，在已知原函数的情形下，也可以用原函数计算第二类曲线积分. 这样，我们利用 Green 公式引入了多元函数原函数的概念，与一元函数的定积分基本概念相对应，因此，也可以设想关于原函数也有相类似的性质.

性质 2.1 若 $P\mathrm{d}x + Q\mathrm{d}y$ 为全微分形式，则其原函数最多相差一个常数.

证明 设 $U_1(x, y), U_2(x, y)$ 为其两个原函数，则

$$\frac{\partial U_1}{\partial x} = \frac{\partial U_2}{\partial x}, \qquad \frac{\partial U_1}{\partial y} = \frac{\partial U_2}{\partial y},$$

故

$$U_1 = U_2 + C(y), \quad U_1 = U_2 + \bar{C}(x),$$

显然 $C(y) = \bar{C}(x) = C$，因而，$U_1 = U_2 + C$．

性质 2.2　若 $U(x,y)$ 为 $P\mathrm{d}x + Q\mathrm{d}y$ 的原函数，则对 $\forall (x_0, y_0) \in D$，

$$U(x,y) = \int_{x_0}^{x} P(x, y_0)\mathrm{d}x + \int_{y_0}^{y} Q(x, y)\mathrm{d}y + C.$$

证明　由定理 2.1，$U_1(x,y) = \int_{(x_0, y_0)}^{(x,y)} P\mathrm{d}x + Q\mathrm{d}y$ 是其一个原函数，由积分与路径的无关性，沿平行于坐标轴的折线路径积分(图 19-6)，则

$$U_1(x,y) = \int_{x_0}^{x} P(x, y_0)\mathrm{d}x + \int_{y_0}^{y} Q(x, y)\mathrm{d}y,$$

再利用由性质 2.1，可得证．

性质 2.2 给出了原函数的计算方法，当然，沿其他方式的折线积分，可以得到不同的表达式．

性质 2.3　若 $U(x,y)$ 为 $P\mathrm{d}x + Q\mathrm{d}y$ 的原函数，A, B 是两个给定点，则 $\int_{A}^{B} P\mathrm{d}x + Q\mathrm{d}y$ 与路径无关且 $\int_{A}^{B} P\mathrm{d}x + Q\mathrm{d}y = U(B) - U(A)$．

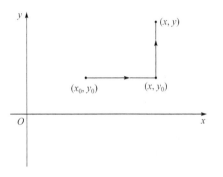

图 19-6

证明　任取 $A_0(x_0, y_0)$，则 $U(x,y) = \int_{A_0}^{A(x,y)} P\mathrm{d}x + Q\mathrm{d}y + C$，由于 $\int_{A}^{B} P\mathrm{d}x + Q\mathrm{d}y$ 与路径无关，则

$$\int_{A}^{B} P\mathrm{d}x + Q\mathrm{d}y = \int_{A}^{A_0} P\mathrm{d}x + Q\mathrm{d}y + \int_{A_0}^{B} P\mathrm{d}x + Q\mathrm{d}y = U(B) - U(A).$$

在上述积分与路径无关性的研究中，必须满足条件在 D 上 $\dfrac{\partial P}{\partial y} = \dfrac{\partial Q}{\partial x}$，此时 P，Q 在 D 中不会发生奇性，当 P, Q 在 D 内有奇点时，结论是否仍成立？

设 $M_0 \in D$ 为 P, Q 的奇点，此时不能直接用 Green 公式，为此采用挖洞法．

设 $l \subset D$ 为包含奇点 M_0 的闭路，以 M_0 为心，ε 为半径，作圆周 l_ε，取 $\vec{l}_\varepsilon$ 为顺时针方向，$\vec{l}$ 为逆时针方向，则 l 与 l_ε 所围区域 D_ε 满足 Green 公式，故

$$\oint_{\vec{l}+\vec{l}_\varepsilon} P\mathrm{d}x + Q\mathrm{d}y = \iint_{D_\varepsilon} \left[\frac{\partial Q}{\partial x} - \frac{\partial P}{\partial y} \right] \mathrm{d}x\mathrm{d}y = 0,$$

因而，

$$\oint_{\vec{l}} P\mathrm{d}x + Q\mathrm{d}y = -\oint_{\vec{l}_\varepsilon} P\mathrm{d}x + Q\mathrm{d}y = \oint_{-\vec{l}_\varepsilon} P\mathrm{d}x + Q\mathrm{d}y,$$

即: 绕某一奇点的任意闭路沿同一方向的积分相等. 因此, 若记 $\vec{l}$ 为逆时针方向有 $\oint_{\vec{l}} P\mathrm{d}x + Q\mathrm{d}y = \omega$, 称 ω 为对应的循环常数.

可归纳证明: 若 $\vec{l}$ 沿闭路按逆时针方向绕 M_0 为 n 圈, 则 $\oint_{\vec{l}} P\mathrm{d}x + Q\mathrm{d}y = n\omega$.

类似地, 若 $\vec{l}$ 按逆时针绕 M_0 的圈数为 n_1, 按顺时针绕 M_0 的圈数为 n_2, 则

$$\oint_l P\mathrm{d}x + Q\mathrm{d}y = (n_1 - n_2)\omega.$$

更进一步, 若 D 中有 k 个奇点 $M_1, M_2, \cdots, M_k$, 则 $\oint_{\vec{l}} P\mathrm{d}x + Q\mathrm{d}y = \sum_{i=1}^{k} n_i\omega_i$, ω_i 为对应的循环常数, n_i 为对应的圈数.

例 1　计算 $I = \oint_{\vec{l}} \dfrac{x\mathrm{d}y - y\mathrm{d}x}{x^2 + y^2}$, $\vec{l}$ 为包含 $(0,0)$ 点的逆时针方向的闭路.

解　记 $P(x,y) = -\dfrac{y}{x^2+y^2}$, $Q(x,y) = \dfrac{x}{x^2+y^2}$, 二者都以 $(0,0)$ 为奇点, 且 $\dfrac{\partial P}{\partial y} = \dfrac{\partial Q}{\partial x}$, $(x,y) \neq (0,0)$, 计算循环常数,

$$\omega = \int_{x^2+y^2=1} P\mathrm{d}x + Q\mathrm{d}y = \int_0^{2\pi} (\cos^2 t + \sin^2 t)\mathrm{d}t = 2\pi,$$

故 $I = 2\pi$.

例 2　计算 $I = \int_{(0,0)}^{(2,2)} (2x + \sin y)\mathrm{d}x + x\cos y\mathrm{d}y$.

解　记 $P(x,y) = 2x + \sin y$, $Q(x,y) = x\cos y$, 则 $\dfrac{\partial P}{\partial y} = \dfrac{\partial Q}{\partial x}$, 因此, 积分与路径无关, 沿折线积分, 则

$$I = \int_0^2 2x\mathrm{d}x + \int_0^2 2\cos y\mathrm{d}x = 4 + 2\sin 2.$$

例 3　验证 $(x^2 + 2xy - y^2)\mathrm{d}x + (x^2 - 2xy - y^2)\mathrm{d}y$ 是全微分形式, 并计算其一个原函数.

解　记 $P(x,y) = x^2 + 2xy - y^2$, $Q(x,y) = x^2 - 2xy - y^2$, 则 $\dfrac{\partial P}{\partial y} = \dfrac{\partial Q}{\partial x}$, 因此, 其为全微分形式, 其一个原函数为

$$U(x, y) = \int_{(0,0)}^{(x,y)} (x^2 + 2xy - y^2)\mathrm{d}x + (x^2 - 2xy - y^2)\mathrm{d}y$$

$$= \int_0^x x^2 \mathrm{d}x + \int_0^y (x^2 - 2xy - y^2)\mathrm{d}y$$

$$= \frac{x^3}{3} + x^2 y - xy^2 - \frac{y^3}{3}.$$

习　题　19.2

1. 计算下列全微分的第二类线积分.

1) $I = \int_{(0,0)}^{(1,2)} (2x + y)\mathrm{d}x + (x + \cos y)\mathrm{d}y$;

2) $I = \int_{(0,0)}^{(1,1)} (4x^3 + \mathrm{e}^y)\mathrm{d}x + x\mathrm{e}^y \mathrm{d}y$;

3) $I = \int_{(0,0)}^{(1,1)} \frac{x\mathrm{d}x + y\mathrm{d}y}{1 + x^2 + y^2}$;

4) $I = \int_{(0,0)}^{(1,1)} \frac{y\mathrm{d}x + x\mathrm{d}y}{1 + x^2 y^2}$.

2. 分析下列题目并完成计算: 假设 $f(t)$ 具有连续的导数, $\vec{l}$ 是以 $A(2, 3)$ 为始点, 以 $B(3, 2)$ 为终点的完全位于第一象限(与坐标轴无交点)有向曲线段, 计算 $I = \int_{\vec{l}} \frac{x^3 y f(xy) - y^2}{x^3}\mathrm{d}x + \frac{x^3 f(xy) + y}{x^2}\mathrm{d}y$.

1) 简化结构, 能否抽象出题目的一些结构特点?

2) 由于题目涉及抽象函数, 对计算结果有何猜想?

3) 关于 I 的计算, 预计有哪些计算方法? 分析对应方法的可行性(难点及是否有解决方法).

4) 给出题目的计算.

5) 进一步分析, 能否选择其他的点 A, B, 使得能计算出确定的、与 $f(t)$ 无关的 I 值.

3. 计算下列全微分的原函数:

1) $xy(2 + xy)\mathrm{e}^{xy}\mathrm{d}x + x^2(1 + xy)\mathrm{e}^{xy}\mathrm{d}y$;

2) $\frac{-2xy}{(1 + x^2)^2 + y^2}\mathrm{d}x + \frac{1 + x^2}{(1 + x^2)^2 + y^2}\mathrm{d}y$.

19.3　Gauss　公　式

本节讨论第二类曲面积分和三重积分的关系.

一、Gauss 公式

先引入几个空间区域的概念. 给定空间区域 V.

定义 3.1　若空间区域 V 内任何两点都可以用全属于此区域的曲线连接起来, 称区域 V 为连通区域.

空间连通区域允许区域内部有空洞, 但不允许区域内的不同部分相互隔离, 因此, 从几何上看, 所谓连通区域是指空间连在一起的区域. 这与平面连通区域有很大的区别.

定义 3.2 空间区域 V 内任何闭曲面都可不经过区域外的点而连续收缩为区域内的一点, 称空间区域 V 为二维单连通区域.

定义 3.2 等价于区域内的任何闭曲面所围的区域仍包含在此区域内, 因而, 二维单连通空间区域不允许内部有洞, 因而强于空间区域的连通性.

定义 3.3 空间区域内任何闭曲线都可不经过区域外的点而连续收缩为区域内的一点, 则称此区域为一维单连通区域.

如球的内部是二维单连通区域, 两个同心球之间的区域是一维单连通区域.

定理 3.1 (Gauss 公式)　设 V 是空间二维单连通有界闭区域, 边界曲面 $S = \partial V$ 是光滑的, $P(x,y,z)$, $Q(x,y,z)$ 和 $R(x,y,z)$ 在 V 上具有连续的偏导数, 则

$$\iint_{\vec{S}} P\mathrm{d}y\mathrm{d}z + Q\mathrm{d}z\mathrm{d}x + R\mathrm{d}x\mathrm{d}y = \iiint_{V}\left(\frac{\partial P}{\partial x} + \frac{\partial Q}{\partial y} + \frac{\partial R}{\partial z}\right)\mathrm{d}x\mathrm{d}y\mathrm{d}z,$$

其中, $\vec{S}$ 是指对应于 S 的外侧的有向曲面.

分析　证明思路与 Green 公式完全类似, 从最特殊、最简单的区域结构入手.

证明　首先设 V 既是 xy-型区域, 又是 yz-型和 zx-型区域. 若视 V 为 xy-型区域, 则可以表示为

$$V = \{(x,y,z) : z_1(x,y) \leqslant z \leqslant z_2(x,y), (x,y) \in D_{xy}\}.$$

记 $S_i : z = z_i(x,y), (x,y) \in D_{xy}, i = 1, 2$, S_3 为以 $l = \partial D_{xy}$ 为准线, 母线平行于 z 轴的夹在 S_1 和 S_2 间的柱面, 则 V 可以视为这样的一个封闭区域: 其顶为曲面 S_2, 底为曲面 S_1, 围为柱面 S_3, 因而, $S = \partial V = S_1 \cup S_2 \cup S_3$, 故

$$\iiint_{V}\frac{\partial R}{\partial z}\mathrm{d}x\mathrm{d}y\mathrm{d}z = \iint_{D_{xy}}\left(\int_{z_1(x,y)}^{z_2(x,y)}\frac{\partial R}{\partial z}\mathrm{d}z\right)\mathrm{d}x\mathrm{d}y$$

$$= \iint_{D_{xy}}[R(x,y,z_2(x,y)) - R(x,y,z_1(x,y))]\mathrm{d}x\mathrm{d}y.$$

记 $\vec{S}_i (i = 1,2,3)$ 为对应于 $S_i (i = 1,2,3)$ 取外侧的有向曲面, 利用第二类曲面积分的计算, 则

$$\iint_{\vec{S}} R(x,y,z)\mathrm{d}x\mathrm{d}y = \left[\iint_{\vec{S}_1} + \iint_{\vec{S}_2} + \iint_{\vec{S}_3}\right] R(x,y,z)\mathrm{d}x\mathrm{d}y$$

$$= \iint_{D_{xy}} R(x,y,z_2(x,y))\mathrm{d}x\mathrm{d}y - \iint_{D_{xy}} R(x,y,z_1(x,y))\mathrm{d}x\mathrm{d}y,$$

故 $\iiint_{V}\dfrac{\partial R}{\partial z}\mathrm{d}x\mathrm{d}y\mathrm{d}z = \iint_{\vec{S}} R(x,y,z)\mathrm{d}x\mathrm{d}y$.

类似地, 若 V 是 yz-型, 则 $\iiint_V \dfrac{\partial P}{\partial x}\mathrm{d}x\mathrm{d}y\mathrm{d}z = \iint_{\overline{S}} P(x,y,z)\mathrm{d}y\mathrm{d}z$; 若 V 是 zx-型, 则

$\iiint_V \dfrac{\partial Q}{\partial y}\mathrm{d}x\mathrm{d}y\mathrm{d}z = \iint_{\overline{S}} Q(x,y,z)\mathrm{d}z\mathrm{d}x$; 因而, 当 V 既是 xy-型, 又是 yz-型和 zx-型区域

时, Gauss 公式成立.

其次, 设 V 是这样的区域, 通过插入一个曲面 S', 将其分割为两个区域 V_1,V_2, 其中 V_1,V_2 满足情形 1, 则由情形 1,

$$\iiint_V \left(\frac{\partial P}{\partial x} + \frac{\partial Q}{\partial y} + \frac{\partial R}{\partial z} \right)\mathrm{d}x\mathrm{d}y\mathrm{d}z = \left[\iiint_{V_1} + \iiint_{V_2} \right]\left(\frac{\partial P}{\partial x} + \frac{\partial Q}{\partial y} + \frac{\partial R}{\partial z} \right)\mathrm{d}x\mathrm{d}y\mathrm{d}z$$

$$= \iint_{\overline{\partial V_1}} P\mathrm{d}x + Q\mathrm{d}y + R\mathrm{d}z + \iint_{\overline{\partial V_2}} P\mathrm{d}x + Q\mathrm{d}y + R\mathrm{d}z$$

$$= \iint_{(\overline{\partial V}\cap\overline{\partial V_1})\cup\overline{S'}} P\mathrm{d}x + Q\mathrm{d}y + R\mathrm{d}z$$

$$+ \iint_{(\overline{\partial V}\cap\overline{\partial V_2})\cup(-\overline{S'})} P\mathrm{d}x + Q\mathrm{d}y + R\mathrm{d}z$$

$$= \iint_{\overline{\partial V}} P\mathrm{d}x + Q\mathrm{d}y + R\mathrm{d}z,$$

其中, $\overline{\partial V_i}$ 为区域 V_i 的外侧曲面($i=1,2$), $\overline{S'}$ 为相对于 V_1 的外侧曲面, $-\overline{S'}$ 为相对于 V_2 的外侧曲面, 因而, 插入一个曲面 S', Gauss 公式仍成立.

最后, 设 V 一般的二维单连通区域, 此时, 总可经过若干次分割将其分割成若干个区域 V_i, 而每个 V_i 都满足情形 1, 故可归纳证明此时 Gauss 公式仍成立.

对一维单连通区域, Gauss 公式仍成立.

Gauss 公式的结构分析　1) 从公式的表示形式看, 它实现了将第二类曲面积分化为三重积分的计算, 给出了第二类曲面积分计算的又一新方法.

2) 从应用层面看, 和 Green 公式的应用机理相似, 它实现了将复杂曲面上的第二类曲面积分转化为简单曲面上的第二类曲面积分以进行计算, 即实现了简化结构以简化计算的目的.

3) 注意到三重积分的几何意义, 利用 Gauss 公式还可以实现有界的空间区域的体积的计算.

二、Gauss 公式的应用

根据上述结构分析, 建立 Gauss 公式的应用.

1. 有界空间区域的体积计算

作为 Gauss 公式的应用, 可得体积计算公式.

定理 3.2　设封闭的光滑曲面 S 所围的有界空间区域为 V, 则其体积为

$$V = \iiint_V \mathrm{d}x\mathrm{d}y\mathrm{d}z = \iint_{\vec{S}} x\mathrm{d}y\mathrm{d}z = \iint_{\vec{S}} y\mathrm{d}z\mathrm{d}x = \iint_{\vec{S}} z\mathrm{d}x\mathrm{d}y$$

$$= \frac{1}{3}\iint_S x\mathrm{d}y\mathrm{d}z + y\mathrm{d}z\mathrm{d}x + z\mathrm{d}x\mathrm{d}y,$$

其中, $\vec{S}$ 为对应于 S 的外侧曲面.

例 1　计算由椭圆曲面 $S: \dfrac{x^2}{a^2} + \dfrac{y^2}{b^2} + \dfrac{z^2}{c^2} = 1$ 所围的椭球体的体积.

分析　计算空间区域体积的方法不唯一, 此处我们采用定理3.2进行计算, 此时, 还有不同的计算途径, 从应用习惯上, 我们采用下述求解方法.

解　由定理 3.2, 则所求的体积为 $V = \iint_{\vec{S}} z\mathrm{d}x\mathrm{d}y$, 由第二类曲面积分的计算公式, 注意到曲面 S 的对称性和被积函数的奇偶性, 若记 $\vec{S}_+$ 为 $\vec{S}$ 的上半部分, 即 $\vec{S}_+$ 为对应于 $S_+: z = c\sqrt{1 - \dfrac{x^2}{a^2} - \dfrac{y^2}{b^2}}, (x, y) \in D$ 的上侧曲面, 其中 $D = \left\{ (x, y): \dfrac{x^2}{a^2} + \dfrac{y^2}{b^2} \leqslant 1 \right\}$, 则

$$V = 2\iint_{\vec{S}_+} z\mathrm{d}x\mathrm{d}y = 2c\iint_D \sqrt{1 - \frac{x^2}{a^2} - \frac{y^2}{b^2}}\,\mathrm{d}x\mathrm{d}y$$

$$= 2abc\int_0^{2\pi} \mathrm{d}\theta \int_0^1 r\sqrt{1 - r^2}\,\mathrm{d}r = \frac{4}{3}\pi abc.$$

2. 复杂结构的第二类曲面积分的计算

Gauss 公式的主要作用还是计算第二类曲面积分. 从形式上看, Gauss 公式将三种类型的第二类曲面积分统一转化为一个三重积分, 一个三重积分的计算比三个第二类曲面积分的计算要简单, 因此, 学过 Gauss 公式后, 对第二类曲面积分的计算要优先考虑用此公式; Gauss 公式的更重要作用还是实现第二类曲面积分的计算转换, 其利用的思想完全等同于 Green 公式, 我们作类似的进一步的分析.

设封闭的光滑曲面 S 由两部分 S_1 和 S_2 构成, 所围的空间区域 V, $\vec{S}$, $\vec{S}_1$, $\vec{S}_2$ 表示对应的外侧曲面, 且在所围的空间区域 V 上成立

$$\frac{\partial P}{\partial x} + \frac{\partial Q}{\partial y} + \frac{\partial R}{\partial z} = 0, \quad (x, y, z) \in V,$$

则由 Gauss 公式,

$$0 = \iiint_V \left(\frac{\partial P}{\partial x} + \frac{\partial Q}{\partial y} + \frac{\partial R}{\partial z} \right) dxdydz = \iint_{\vec{S}} Pdydz + Qdzdx + Rdxdy$$

$$= \left\{ \iint_{\vec{S}_1} + \iint_{\vec{S}_2} \right\} Pdydz + Qdzdx + Rdxdy,$$

故

$$\iint_{\vec{S}_1} Pdydz + Qdzdx + Rdxdy = -\iint_{\vec{S}_2} Pdydz + Qdzdx + Rdxdy .$$

因而, 利用 Gauss 公式, 可以将有侧曲面 $\vec{S}_1$ 上的第二类曲面积分转化为沿有侧曲面 $\vec{S}_2$ 上的第二类曲面积分.

对给定的沿某个非封闭有侧曲面 $\vec{S}$ 上的第二类曲面积分, 若被积函数和曲面 S 都比较复杂, 而又能找到一个特殊的简单的曲面 S', 使得 S 和 S' 组成封闭曲面, 在所围的空间区域 V 上成立 $\frac{\partial P}{\partial x} + \frac{\partial Q}{\partial y} + \frac{\partial R}{\partial z} = 0$, 且在特殊的曲面 S' 上, 相应的第二类曲面积分结构简单, 则通过上述闭化方法, 借助 Gauss 公式, 就可以将有侧曲面 $\vec{S}$ 上的复杂结构的第二类曲面积分转化为沿特殊有侧曲面 $\vec{S'}$ 上的简单第二类曲面积分. 这种计算第二类曲面积分的方法也称为闭化方法, 作用对象通常具有结构特点 $\frac{\partial P}{\partial x} + \frac{\partial Q}{\partial y} + \frac{\partial R}{\partial z} = 0$.

例 2　计算 $I = \iint_{\vec{S}} \sqrt{x^2 + y^2 + z^2}\,(xdydz + ydzdx + zdxdy)$, 其中曲面为球面 S: $x^2 + y^2 + z^2 = 1$, $\vec{S}$ 取其外侧.

结构分析　题型是第二类曲面积分的计算, 虽然积分结构并不复杂, 但是, 若直接计算, 计算量较大; 进一步分析被积函数结构, 具备 Gauss 作用对象的特征, 由此, 确定利用 Gauss 公式进行计算, 将其合并为一个三重积分计算的思路. 当然, 简化结构是解决问题的第一步.

解　由于在曲面上成立 $x^2 + y^2 + z^2 = 1$, 故

$$I = \iint_S (xdydz + ydzdx + zdxdy).$$

记空间区域 $V = \{(x,y,z) : x^2 + y^2 + z^2 \leqslant 1\}$, 由 Gauss 公式,

$$I = \iiint_V 3dxdydz = 4\pi.$$

例 3　计算 $I = \iint_{\vec{\Sigma}} (y^2 - z)dydz + (z^2 - x)dzdx + (x^2 - y)dxdy$, 其中曲面为锥面 $\Sigma : z = \sqrt{x^2 + y^2}, 0 \leqslant z \leqslant 1$, $\vec{\Sigma}$ 为对应于 Σ 的下侧曲面(图 19-7).

简析　题型是第二类曲面积分的计算, 被积函数满足 Gauss 公式作用对象的

特征, 确定用 Gauss 公式进行计算; 由于曲面是非封闭的, 因而, 需要采用闭化方法; 当然, 由于积分结构并不复杂, 可以利用第二类曲面积分的基本计算公式或利用两类曲面积分间的联系进行计算, 但是这些方法的计算量较大.

解 记平面 $\Sigma_1: z = 1, (x, y) \in D = \{(x, y): x^2 + y^2 \leqslant 1\}$, $\vec{\Sigma}_1$ 为对应于 Σ_1 的上侧的有侧曲面, 则 Σ_1 和 Σ 围成封闭区域 V, 用 $\overline{\partial V}$ 表示 V 的外侧边界曲面, 由 Gauss 公式, 则

$$
\begin{aligned}
I &= \iint_{\overline{\partial V}} (y^2 - z)\mathrm{d}y\mathrm{d}z + (z^2 - x)\mathrm{d}z\mathrm{d}x + (x^2 - y)\mathrm{d}x\mathrm{d}y \\
&\quad - \iint_{\vec{\Sigma}_1} (y^2 - z)\mathrm{d}y\mathrm{d}z + (z^2 - x)\mathrm{d}z\mathrm{d}x + (x^2 - y)\mathrm{d}x\mathrm{d}y \\
&= 0 - \iint_{\vec{\Sigma}_1} (x^2 - y)\mathrm{d}x\mathrm{d}y = -\iint_D (x^2 - y)\mathrm{d}x\mathrm{d}y \\
&= -\iint_D (x^2 - y)\mathrm{d}x\mathrm{d}y = -\iint_D x^2 \mathrm{d}x\mathrm{d}y \\
&= -\frac{1}{2}\iint_D (x^2 + y^2)\mathrm{d}x\mathrm{d}y = -\frac{\pi}{4}.
\end{aligned}
$$

上述计算过程中, 二重积分的计算用到了对称性和奇偶性. 对积分 I 的计算不能用轮换对称性(请读者思考原因).

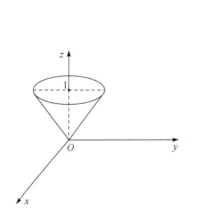

图 19-7

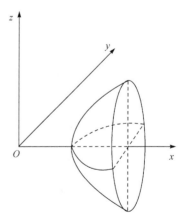

图 19-8

例 4 计算 $I = \iint_{\vec{S}} 2(1 - x^2)\mathrm{d}y\mathrm{d}z + 8xy\mathrm{d}z\mathrm{d}x - 4xz\mathrm{d}x\mathrm{d}y$, 其中 $\vec{S}$ 为由曲线 $x = \mathrm{e}^y$ ($0 \leqslant y \leqslant a$) 绕 x 轴旋转而成的旋转曲面 S 的外侧(图 19-8).

解 记 $P = 2(1 - x^2)\mathrm{d}y\mathrm{d}z, Q = 8xy\mathrm{d}z\mathrm{d}x, R = -4xz\mathrm{d}x\mathrm{d}y$, 则

$$
\frac{\partial P}{\partial x} + \frac{\partial Q}{\partial y} + \frac{\partial R}{\partial z} = 0 .
$$

在平面 $x = \mathrm{e}^a$ 上, 取一块 $S_1: x = \mathrm{e}^a, (y,z) \in D = \{(y,z): y^2 + z^2 \leqslant a\}$, 使之与 S 构成闭曲面, 所围区域记为 V, 则由 Gauss 公式,

$$\iint_{\vec{S}+\vec{S}_1} P\mathrm{d}y\mathrm{d}z + Q\mathrm{d}z\mathrm{d}x + R\mathrm{d}x\mathrm{d}y = 0,$$

其中 $\vec{S}_1$ 为曲面 S_1 的外侧, 故

$$I = -\iint_{\vec{S}_1} P\mathrm{d}y\mathrm{d}z + Q\mathrm{d}z\mathrm{d}x + R\mathrm{d}x\mathrm{d}y = -\iint_D 2(1 - \mathrm{e}^{2a})\mathrm{d}y\mathrm{d}z = 2(\mathrm{e}^{2a} - 1) \cdot \pi a^2.$$

例 5　设 V 是有界二维单连通区域, $\Delta u = \dfrac{\partial^2 u}{\partial x^2} + \dfrac{\partial^2 u}{\partial y^2} + \dfrac{\partial^2 u}{\partial z^2}$, 证明:

$$\iint_S u\frac{\partial u}{\partial n}\mathrm{d}S = \iiint_V u\Delta u\mathrm{d}x\mathrm{d}y\mathrm{d}z + \iiint_V \left[\left(\frac{\partial u}{\partial x}\right)^2 + \left(\frac{\partial u}{\partial y}\right)^2 + \left(\frac{\partial u}{\partial z}\right)^2\right]\mathrm{d}x\mathrm{d}y\mathrm{d}z,$$

其中, $S = \partial V$ 为光滑边界曲面, $\vec{n}$ 为曲面 S 的单位外法向.

结构分析　要证明的等式是第一类曲面积分和三重积分的关系, 类比已知, 能够建立曲面积分和三重积分关系的已知工具是 Gauss 公式——化第二类曲面积分为三重积分, 因此, 证明的思路是: 利用两类曲面积分间的联系, 将第一类曲面积分化为第二类曲面积分, 再利用 Gauss 公式, 化为三重积分; 难点是将左端的第一类曲面积分化为第二类曲面积分, 为此, 必须处理方向导数, 类比已知, 可以利用已知的方向导数的计算公式进行处理, 由此, 确定了问题解决的思路和方法.

证明　设 $\vec{n} = \{\cos\alpha, \cos\beta, \cos\gamma\}$, 则

$$\frac{\partial u}{\partial \vec{n}} = \frac{\partial u}{\partial x}\cos\alpha + \frac{\partial u}{\partial y}\cos\beta + \frac{\partial u}{\partial z}\cos\gamma.$$

记 $\vec{S}$ 为 S 的对应于 $\vec{n}$ 的外侧曲面, 利用两类曲面积分的联系和 Gauss 公式, 则

$$\iint_S u\frac{\partial u}{\partial \vec{n}}\mathrm{d}S = \iint_{\vec{S}} u \cdot \frac{\partial u}{\partial x}\mathrm{d}y\mathrm{d}z + u \cdot \frac{\partial u}{\partial y}\mathrm{d}z\mathrm{d}x + u \cdot \frac{\partial u}{\partial z}\mathrm{d}x\mathrm{d}y$$

$$= \iiint_V \left[\frac{\partial}{\partial x}\left(u\frac{\partial u}{\partial x}\right) + \frac{\partial}{\partial y}\left(u\frac{\partial u}{\partial y}\right) + \frac{\partial}{\partial z}\left(u\frac{\partial u}{\partial z}\right)\right]\mathrm{d}x\mathrm{d}y$$

$$= \iiint_V u\Delta u\mathrm{d}x\mathrm{d}y\mathrm{d}z + \iiint_V \left[\left(\frac{\partial u}{\partial x}\right)^2 + \left(\frac{\partial u}{\partial y}\right)^2 + \left(\frac{\partial u}{\partial z}\right)^2\right]\mathrm{d}x\mathrm{d}y\mathrm{d}z.$$

与 Green 公式类似, 当 V 内部含有奇点时, 可用挖洞方法, 将闭曲面 ∂V 上的第二类曲面积分转化为特殊曲面(如球面)上的第二类曲面积分.

习　题　19.3

1. 计算下列第二类曲面积分.

1) $I = \iint_{\vec{S}} x\mathrm{d}y\mathrm{d}z + 2y\mathrm{d}z\mathrm{d}x + 3z\mathrm{d}x\mathrm{d}y$，$\vec{S}$ 为区域 $V = \{(x,y,z) : |x| + |y| + |z| \leqslant 1\}$ 的表面 S 的外侧曲面.

2) $I = \oiint_{\vec{S}} (x - y - z)\mathrm{d}y\mathrm{d}z + (2y + \sin(x+z))\mathrm{d}z\mathrm{d}x + (3z + \mathrm{e}^{x+y})\mathrm{d}x\mathrm{d}y$，$\vec{S}$ 为曲面 $S : |x - y + z| + |y - z + x| + |z - x + y| = 1$ 的外侧.

3) $I = \iint_{\vec{S}} x^3\mathrm{d}y\mathrm{d}z + 2y^3\mathrm{d}z\mathrm{d}x + 3z^3\mathrm{d}x\mathrm{d}y$，$\vec{S}$ 为单位球面 $S : x^2 + y^2 + z^2 = 1$ 外侧曲面.

4) $I = \iint_{\vec{S}} y^3\mathrm{e}^z\mathrm{d}y\mathrm{d}z + (y + xz)\mathrm{d}z\mathrm{d}x + (1 - z)\mathrm{d}x\mathrm{d}y$，$\vec{S}$ 为抛物面 $S : z = x^2 + y^2, 0 \leqslant z \leqslant 1$ 的下侧曲面.

2. 设 $r = \sqrt{x^2 + y^2 + z^2}$，$\vec{r} = \frac{1}{r}\{x, y, z\}$，$S$ 为封闭的光滑曲面, 原点在曲面 S 的外部, V 为 S 所围的区域, $\vec{n} = \{\cos\alpha, \cos\beta, \cos\gamma\}$ 为 S 的单位外法向, 证明

$$\iiint_V \frac{\mathrm{d}x\mathrm{d}y\mathrm{d}z}{r} = \frac{1}{2}\oiint_S \cos\langle \vec{r}, \vec{n} \rangle \mathrm{d}S,$$

并通过结构分析说明证明思路是如何形成的.

19.4　Stokes　公　式

　　继续研究线、面积分间的联系, 给出第二类曲线积分与第二类曲面积分之间的联系, 也是 Green 公式从平面推广到空间, 建立空间曲面与边界曲线间的积分关系, 这就是 Stokes 公式.

一、Stokes 公式

定理 4.1 (Stokes 公式)　设 S 为非封闭的光滑曲面, $l = \partial S$ 为 S 的分段光滑的边界闭曲线, $P(x,y,z), Q(x,y,z), R(x,y,z)$ 在 $\bar{S} = S \cup \partial S$ 上具有连续的偏导数, 则

$$\oint_l P\mathrm{d}x + Q\mathrm{d}y + R\mathrm{d}z = \iint_{\vec{S}} \left(\frac{\partial R}{\partial y} - \frac{\partial Q}{\partial z}\right)\mathrm{d}y\mathrm{d}z + \left(\frac{\partial P}{\partial z} - \frac{\partial R}{\partial x}\right)\mathrm{d}z\mathrm{d}x + \left(\frac{\partial Q}{\partial x} - \frac{\partial P}{\partial y}\right)\mathrm{d}x\mathrm{d}y$$

$$= \iint_{\vec{S}} \begin{vmatrix} \mathrm{d}y\mathrm{d}z & \mathrm{d}z\mathrm{d}x & \mathrm{d}x\mathrm{d}y \\ \dfrac{\partial}{\partial x} & \dfrac{\partial}{\partial y} & \dfrac{\partial}{\partial z} \\ P & Q & R \end{vmatrix} = \iint_S \begin{vmatrix} \cos\alpha & \cos\beta & \cos\gamma \\ \dfrac{\partial}{\partial x} & \dfrac{\partial}{\partial y} & \dfrac{\partial}{\partial z} \\ P & Q & R \end{vmatrix}\mathrm{d}S,$$

其中, 有向曲线 $\vec{l}$ 的方向和有侧曲面 $\vec{S}$ 的侧满足右手法则. 右手法则即右手握拳,

拇指与四指垂直, 四指指向 $\vec{l}$ 的方向, 则拇指指向有侧曲面 $\vec{S}$ 选定侧的方向 (图 19-9); $\vec{n} = \{\cos\alpha, \cos\beta, \cos\gamma\}$ 为曲面 S 上任意点 (x, y, z) 对应于有侧曲面 $\vec{S}$ 的法向量的单位方向余弦.

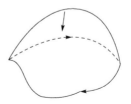

图 19-9　右手法则

结构分析　类似 Green 公式、Gauss 公式的证明思路, 即从右端三个第二类曲面积分能同时计算的最简情形入手, 逐步推广.

进一步结构分析, 从要证明的等式看, 要建立线面积分的联系, 类比已知, 已知结论为 Green 公式——建立了平面上线面积分的联系, 因此, Green 公式可以视为 Stokes 公式的特例, 这有助于证明思路的形成: 将空间曲面积分利用计算公式转化为投影区域上的二重积分, 利用 Green 公式将二重积分化为投影面的线积分, 最后, 通过空间曲线积分和投影曲线积分的关系完成证明, 由此确定证明方法.

证明　先建立两端对应 $P(x, y, z)$ 项的关系式.

首先设 S 相对于 z 轴方向是简单光滑曲面, 即曲面可以表示为 $S: z = z(x, y)$, $(x, y) \in D_{xy}$, 其中 D_{xy} 为 S 在 xOy 平面上的投影. 此时, 过区域 D_{xy} 且平行于 z 轴的直线与 S 只有一个交点. 若记 $l' = \partial D_{xy}$, 则 l' 正是 l 在 xOy 平面的投影, 不妨取定 $\vec{S}$ 为 S 的上侧, 则 $\vec{l}$, $\vec{l'}$ 的方向皆为逆时针方向, 利用第二类曲线积分的计算公式和 Green 公式, 则

$$\oint_{\vec{l}} P(x, y, z)\mathrm{d}x = \oint_{\vec{l'}} P(x, y, z(x, y))\mathrm{d}x$$

$$= -\iint_{D_{xy}} \frac{\partial}{\partial y} P(x, y, z(x, y))\mathrm{d}x\mathrm{d}y$$

$$= -\iint_{D_{xy}} \left[\frac{\partial P}{\partial y}(x, y, z(x, y)) + \frac{\partial P}{\partial z}(x, y, z(x, y)) \frac{\partial z}{\partial y} \right]\mathrm{d}x\mathrm{d}y.$$

由于曲面 $S: z = z(x, y)$, 其单位法向的方向余弦为

$$\{\cos\alpha, \cos\beta, \cos\gamma\} = \pm \frac{1}{\sqrt{1 + z_x^2 + z_y^2}} \{-z_x, -z_y, 1\},$$

$\vec{S}$ 为 S 的上侧, 对应于 $\vec{S}$. 由于 $\cos\lambda > 0$, 故对应于 $\vec{S}$ 的法向的方向余弦为

$$\{\cos\alpha,\cos\beta,\cos\gamma\}=\frac{1}{\sqrt{1+z_x^2+z_y^2}}\{-z_x,-z_y,1\}.$$

利用两类曲面积分之联系, 则

$$\iint_{\bar{S}}\frac{\partial P}{\partial y}\mathrm{d}x\mathrm{d}y-\iint_{\bar{S}}\frac{\partial P}{\partial z}\mathrm{d}z\mathrm{d}x=\iint_{S}\left[\frac{\partial P}{\partial y}\cos\gamma-\frac{\partial P}{\partial z}\cos\beta\right]\mathrm{d}S$$

$$=\iint_{D_{xy}}\left[\frac{\partial P}{\partial y}(x,y,z(x,y))\cos\gamma\right.$$

$$\left.-\frac{\partial P}{\partial z}(x,y,z(x,y))\cos\beta\right]\frac{1}{\cos\gamma}\mathrm{d}x\mathrm{d}y$$

$$=\iint_{D_{xy}}\left[\frac{\partial P}{\partial y}(x,y,z(x,y))-\frac{\partial P}{\partial z}(x,y,z(x,y))\frac{\cos\beta}{\cos\gamma}\right]\mathrm{d}x\mathrm{d}y$$

$$=\iint_{D_{xy}}\left[\frac{\partial P}{\partial y}(x,y,z(x,y))-\frac{\partial P}{\partial z}(x,y,z(x,y))(-z_y)\right]\mathrm{d}x\mathrm{d}y$$

$$=-\int_{\bar{l}}P(x,y,z)\mathrm{d}x,$$

故

$$\int_{\bar{l}}P(x,y,z)\mathrm{d}x=\iint_{\bar{S}}\frac{\partial P}{\partial z}\mathrm{d}z\mathrm{d}x-\frac{\partial P}{\partial y}\mathrm{d}x\mathrm{d}y,$$

即两端对应于 $P(x,y,z)$ 有关的项相等.

类似地, 若 S 相对于 x 轴方向是简单光滑曲面, 类似可证

$$\int_{\bar{l}}Q\mathrm{d}x=\iint_{\bar{S}}\frac{\partial Q}{\partial x}\mathrm{d}x\mathrm{d}y-\frac{\partial Q}{\partial z}\mathrm{d}y\mathrm{d}z.$$

同样地, 若 S 为相对于 y 轴方向是简单光滑曲面时, 同样成立

$$\int_{\bar{l}}R\mathrm{d}z=\iint_{\bar{S}}\frac{\partial R}{\partial y}\mathrm{d}y\mathrm{d}z-\frac{\partial R}{\partial x}\mathrm{d}z\mathrm{d}x.$$

综合上述情形可知: 当 S 相对于三个坐标轴都是简单光滑曲面时, Stokes 公式成立.

对一般曲面, 可通过分割成若干个上述曲面, 验证 Stokes 公式仍成立.

Stokes 公式结构分析 1) 理论上, 从公式的形式看, 公式建立了空间曲面上的第二类曲面积分与沿边界(空间曲线)的第二类曲线积分间的联系.

2) 从被积函数结构看, 两端被积函数的关系是函数和其偏导函数的关系, 由于给定函数, 容易计算其偏导函数, 逆向过程不容易, 这也隐藏了公式应用的方向——将空间曲线的第二类曲线积分转化为空间曲面的第二类曲面积分计算.

3) 从积分区域结构看, 一旦给定空间曲面块, 其边界曲线也确定了, 而给定空间曲线, 可以选择不同的曲面块使空间曲线为对应曲面块的边界, 因而, 可以选择简单的曲面, 把复杂的空间曲线的第二类曲线积分化为简单曲面上的简单结构的第二类曲面积分, 实现第二类曲线积分计算的简化.

4)特别当被积函数具有特殊结构时, 如满足 $\dfrac{\partial R}{\partial y} = \dfrac{\partial Q}{\partial z}$, $\dfrac{\partial Q}{\partial x} = \dfrac{\partial P}{\partial y}$, $\dfrac{\partial P}{\partial z} = \dfrac{\partial R}{\partial x}$, 这些关系式也可以视为 Stokes 公式作用对象的特征.

类似 Green 公式的应用, 当具备这些特征时, 可以得到空间曲线的第二类曲线积分与路径无关的条件并类似引入三元函数的原函数概念.

二、Stokes 公式的应用

1. 第二类曲线积分的计算

例 1　计算 $I = \oint_{\vec{l}} (y-z)\mathrm{d}x + (z-x)\mathrm{d}y + (x-y)\mathrm{d}z$, $\vec{l}$ 为柱面 $x^2 + y^2 = a^2$ 和平面 $\dfrac{x}{a} + \dfrac{z}{h} = 1\,(a>0, h>0)$ 的逆时针方向的交线(图 19-10).

简析　本题为空间曲线上第二类曲线积分的计算; 结构特征: 空间曲线位于斜平面内, 其所围的区域为平面, 结构简单; 思路确立: Stokes 公式.

解　记 l 在平面 $\dfrac{x}{a} + \dfrac{z}{h} = 1$ 内所围的区域为 S, 且 $\vec{S}$ 为其上侧, 由 Stokes 公式, 则

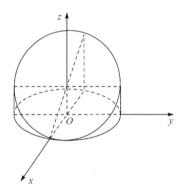

$$I = -2\iint_{\vec{S}} \mathrm{d}y\mathrm{d}z + \mathrm{d}z\mathrm{d}x + \mathrm{d}x\mathrm{d}y$$

$$= -2\iint_{S} [\cos\alpha + \cos\beta + \cos\gamma]\mathrm{d}S.$$

图 19-10

又 $S: z = h\left[1 - \dfrac{x}{a}\right]$, 且 $\vec{S}$ 取上侧, 故

$$\{\cos\alpha, \cos\beta, \cos\gamma\} = \frac{1}{\sqrt{1 + \dfrac{h^2}{a^2}}}\left\{\frac{h}{a}, 0, 1\right\} = \frac{1}{\sqrt{a^2 + h^2}}\{h, 0, a\}.$$

记 $D = \{(x,y): x^2 + y^2 \leqslant a^2\}$ 为 S 在 xOy 面的投影区域, 则

$$I = -2\iint_S \left[\frac{h}{\sqrt{a^2 + h^2}} + 0 + \frac{a}{\sqrt{a^2 + h^2}} \right] \mathrm{d}S$$

$$= -2 \cdot \frac{a+h}{\sqrt{a^2+h^2}} \iint_S \mathrm{d}S$$

$$= -2 \cdot \frac{a+h}{\sqrt{a^2+h^2}} \iint_D \sqrt{1 + \frac{h^2}{a^2}} \mathrm{d}x\mathrm{d}y$$

$$= -2\pi a(a+h).$$

例 2　计算 $I = \oint_{\vec{l}} (y^2 - z^2)\mathrm{d}x + (z^2 - x^2)\mathrm{d}y + (x^2 - y^2)\mathrm{d}z$，其中：$\vec{l}$ 为 $x + y +$

$z = 1$ 被三个坐标面平面所截的三角形区域 Σ 的

正向边界(图 19-11).

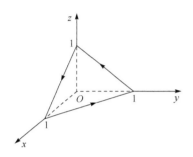

图 19-11

解　由 Stokes 公式, 则

$$I = -2\iint_\Sigma [(y+z)\cos\alpha + (x+z)\cos\beta$$
$$+ (x+y)\cos\gamma]\mathrm{d}S.$$

又 $\{\cos\alpha, \cos\beta, \cos\gamma\} = \dfrac{1}{\sqrt{3}}\{1,1,1\}$，故

$$I = -\frac{4}{\sqrt{3}}\iint_\Sigma (x+y+z)\mathrm{d}S$$

$$= -\frac{4}{\sqrt{3}}\iint_\Sigma \mathrm{d}S = -\frac{4}{\sqrt{3}}\iint_D \sqrt{3}\mathrm{d}x\mathrm{d}y = -2,$$

其中, $D = \{(x,y): 0 \leqslant y \leqslant 1-x, 0 \leqslant x \leqslant 1\}$ 为 S 在 xOy 面的投影区域.

2. 第二类曲线积分与路径的无关性和原函数的确定

根据 Stokes 公式, 很容易得到下列结论.

定理 4.2　设 l 为空间光滑闭曲线, 若存在非封闭的光滑曲面 S, 使得 $l = \partial S$ 为 S 的边界曲线, $P(x,y,z)$，$Q(x,y,z)$，$R(x,y,z)$ 在 $\overline{S} = S \cup \partial S$ 上具有连续的偏导数, 且满足 $\dfrac{\partial R}{\partial y} = \dfrac{\partial Q}{\partial z}$，$\dfrac{\partial Q}{\partial x} = \dfrac{\partial P}{\partial y}$，$\dfrac{\partial P}{\partial z} = \dfrac{\partial R}{\partial x}$，则

$$\oint_{\vec{l}} P\mathrm{d}x + Q\mathrm{d}y + R\mathrm{d}z = 0,$$

其中, 有向曲线 $\vec{l}$ 为选定方向的曲线 l.

推论 4.1　若 $P(x,y,z)$，$Q(x,y,z)$，$R(x,y,z)$ 在 $\mathbf{R}^3$ 内具有连续的偏导数, 且

满足 $\dfrac{\partial R}{\partial y} = \dfrac{\partial Q}{\partial z}$, $\dfrac{\partial Q}{\partial x} = \dfrac{\partial P}{\partial y}$, $\dfrac{\partial P}{\partial z} = \dfrac{\partial R}{\partial x}$, A, B 是任意两点, 则对任意以 A 点为始点,
以 B 点为终点的有向曲线 $\vec{l}_1, \vec{l}_2$ 都成立

$$\int_{\vec{l}_1} P\mathrm{d}x + Q\mathrm{d}y + R\mathrm{d}z = \int_{\vec{l}_2} P\mathrm{d}x + Q\mathrm{d}y + R\mathrm{d}z ,$$

此时, 第二类曲线积分与路径无关.

　　定义 4.1　给定 $P(x,y,z), Q(x,y,z), R(x,y,z)$, 若存在可微函数 $U(x,y,z)$,
使得

$$\mathrm{d}U = P(x,y,z)\mathrm{d}x + Q(x,y,z)\mathrm{d}y + R(x,y,z)\mathrm{d}z ,$$

则称 $P(x,y,z)\mathrm{d}x + Q(x,y,z)\mathrm{d}y + R(x,y,z)\mathrm{d}z$ 为全微分形式, $U(x,y,z)$ 称为其一个
原函数.

　　推论 4.2　若 $P(x,y,z), Q(x,y,z), R(x,y,z)$ 在 $\mathbf{R}^3$ 内具有连续的偏导数, 且满足
$\dfrac{\partial R}{\partial y} = \dfrac{\partial Q}{\partial z}$, $\dfrac{\partial Q}{\partial x} = \dfrac{\partial P}{\partial y}$, $\dfrac{\partial P}{\partial z} = \dfrac{\partial R}{\partial x}$, 则 $P(x,y,z)\mathrm{d}x + Q(x,y,z)\mathrm{d}y + R(x,y,z)\mathrm{d}z$ 为全微
分形式; 若 A, B 是任意两点, $U(x,y,z)$ 为其一个原函数, 则对任意以 A 点为始点,
以 B 点为终点的有向曲线 $\vec{l}$ 都成立

$$\int_{\vec{l}} P\mathrm{d}x + Q\mathrm{d}y + R\mathrm{d}z = U(B) - U(A) .$$

　　例 3　设 $P(x,y,z) = 3x^2 + 3y + 2z$, $Q(x,y,z) = 3x + 4y^3 + z$, $R(x,y,z) = 2x +$
$y + \mathrm{e}^z$.

　　1) 验证 $P(x,y,z)\mathrm{d}x + Q(x,y,z)\mathrm{d}y + R(x,y,z)\mathrm{d}z$ 为全微分形式;

　　2) 计算其一个原函数;

　　3) 计算 $\displaystyle\int_{A(0,1,0)}^{B(1,0,3)} P(x,y,z)\mathrm{d}x + Q(x,y,z)\mathrm{d}y + R(x,y,z)\mathrm{d}z$.

　　解　1) 容易验证 $\dfrac{\partial R}{\partial y} = \dfrac{\partial Q}{\partial z}$, $\dfrac{\partial Q}{\partial x} = \dfrac{\partial P}{\partial y}$, $\dfrac{\partial P}{\partial z} = \dfrac{\partial R}{\partial x}$, 因而, $P(x,y,z)\mathrm{d}x +$
$Q(x,y,z)\mathrm{d}y + R(x,y,z)\mathrm{d}z$ 为全微分形式.

　　2) 由于 $P(x,y,z)\mathrm{d}x + Q(x,y,z)\mathrm{d}y + R(x,y,z)\mathrm{d}z$ 为全微分形式, 因而,
$\displaystyle\int_{\vec{l}} P\mathrm{d}x + Q\mathrm{d}y + R\mathrm{d}z$ 与路径无关, 因而, 可以取

$$U(x,y,z) = \int_{(0,0,0)}^{(x,y,z)} P(x,y,z)\mathrm{d}x + Q(x,y,z)\mathrm{d}y + R(x,y,z)\mathrm{d}z .$$

由于与路径无关, 取折线 $(0,0,0) \to (x,0,0) \to (x,y,0) \to (x,y,z)$ 为积分路径, 则

$$U(x,y,z) = \int_0^x P(x,0,0)\mathrm{d}x + \int_0^y Q(x,y,0)\mathrm{d}y + \int_0^z R(x,y,z)\mathrm{d}z$$

$$= x^3 + y^4 + 3xy + 2xz + yz + \mathrm{e}^z - 1.$$

3) 根据第二类曲线积分与路径的无关性, 则

$$\int_{A(0,1,1)}^{B(1,2,3)} P(x,y,z)\mathrm{d}x + Q(x,y,z)\mathrm{d}y + R(x,y,z)\mathrm{d}z = U(1,0,3) - U(0,1,0) = 5 + \mathrm{e}^3.$$

习　题　19.4

1. 计算下列第二类曲线积分.

1) $I = \oint_{\vec{l}}(z - y^3)\mathrm{d}x + (x^3 + y)\mathrm{d}y + (z^3 + y)\mathrm{d}z$, 其中, $\vec{l}$ 为平面 $z = 1$ 与抛物面 $z = x^2 + y^2$ 的逆时针方向的交线.

2) $I = \oint_{\vec{l}}(y + y^2 + yz)\mathrm{d}x + (xz + 2xy)\mathrm{d}y + (xy + y)\mathrm{d}z$, 其中, $\vec{l}$ 为平面 $x + y + z = 1$ 与球面 $x^2 + y^2 + z^2 = 1$ 的逆时针方向的交线.

2. 计算下列全微分的原函数:

1) $(x^2 + 2xy + z)\mathrm{d}x + (2y + x^2)\mathrm{d}y + (x + z^2)\mathrm{d}z$;

2) $(2xz + \mathrm{e}^y)\mathrm{d}x + (x\mathrm{e}^y + yz^2)\mathrm{d}y + (x^2 + zy^2)\mathrm{d}z$.

3. 计算下列第二类曲线积分:

1) $\int_{A(0,0,0)}^{B(1,2,3)}(z^2 + y)\mathrm{d}x + (x + \mathrm{e}^z)\mathrm{d}y + (2xz + y\mathrm{e}^z)\mathrm{d}z$;

2) $\int_{A(0,1,0)}^{B(1,0,1)}(1 + z)\mathrm{e}^y\mathrm{d}x + x(1 + z)\mathrm{e}^y\mathrm{d}y + (x\mathrm{e}^y + 3z^2)\mathrm{d}z.$